LAMBACHER-SCHWEIZER

MATHEMATISCHES UNTERRICHTSWERK

Herausgegeben von Oberstudiendirektor Professor Wilhelm Schweizer, Tübingen,
in Verbindung mit Gymnasialprofessor Walter Götz, Stuttgart-Bad Cannstatt;
Oberstudiendirektor Helmut Rixecker, Saarbrücken; Professor Kurt Schönwald, Hamburg;
Oberschulrat Dr. Paul Sengenhorst, Rodenberg (Han.);
Professor Dr. Hans-Georg Steiner, Bayreuth

Geometrie 2

Bearbeitet von Oberstudiendirektor Professor Wilhelm Schweizer, Tübingen,
unter Mitarbeit von Oberstudienrat Karl Mütz, Tübingen,
Gymnasialprofessor Reinhold Epple, Stuttgart,
Oberstudiendirektorin Professor Dr. Ruth Proksch, Hannover,
und unter Mitarbeit der Verlagsredaktion Mathematik

ERNST KLETT VERLAG STUTTGART

INHALT

Die im Buch verwendeten Kennzeichnungen haben folgende Bedeutung:

▸ *Keil vor der Aufgabennummer:* die Aufgabe stellt höhere Ansprüche an den Schüler und sollte nicht ohne zusätzliche Erläuterung als Hausaufgabe gestellt werden.

10. *schwarze Aufgabennummer* (ohne oder mit Keil): die Aufgabe sollte möglichst nicht weggelassen werden;

18. *grüne Aufgabennummer* (ohne oder mit Keil): zusätzliche Aufgabe, zur freien Wahl gestellt.

D 1 Definition; Festlegung der Bedeutung und Verwendung eines neuen Namens (Zeichens).

G 1 Grundsatz; eine anschaulich einleuchtende Aussage, die unserem Aufbau der Geometrie zugrunde liegt.

S 1 Satz; aus schon Bekanntem wird eine Folgerung gezogen; ist der Satz fettgedruckt, so ist er für die Weiterarbeit wichtig und soll für dauernd eingeprägt werden.

❶ Diese in kleinerer Schrift gedruckten Vorübungen führen an den neuen Stoff heran; sie sind nicht Lehrtext.

Beispiele sind *grün* gedruckt.

---

1. Auflage 15 4 3 2 | 1974 73 72 71

Die letzte Zahl bezeichnet das Jahr dieses Druckes.

Einbandendwurf: S. u. H. Lämmle, Stuttgart – Zeichnungen: G. Wustmann, Stuttgart.

Gesamtherstellung: Druckhaus Sellier OHG Freising vormals Dr. F. P. Datterer & Cie.

ISBN 3-12-734200-4

Wiederholung aus Geometrie 1

Die Kongruenzabbildungen. Verkettungen

In Geom. 1 haben wir gezeigt, daß es fünf verschiedene Arten von Kongruenzabbildungen gibt:

die *Geradenspiegelung*	S_g	(Fig. 5.1.),
die *Punktspiegelung*	S_M	(Fig. 5.5.),
die *Verschiebung*	$V_{\mathfrak{v}}$	(Fig. 5.2.),
die *Drehung*	D_α	(Fig. 5.3.),
die *Gleitspiegelung*	$G_{\mathfrak{v},g}$	(Fig. 5.4.).

Die Abbildungen S_M, $V_{\mathfrak{v}}$, D_α, $G_{\mathfrak{v},g}$ lassen sich als *Hintereinanderausführung* oder, wie man heute meist sagt, als **Verkettung** von zwei bzw. drei Geradenspiegelungen darstellen:

$$S_M = S_g \circ S_h \text{ mit } g \perp h \text{ und } g \cap h = \{M\},$$
$$V_{\mathfrak{v}} = S_g \circ S_h \text{ mit } g \parallel h \text{ und } \mathfrak{v} = 2\,\vartheta,$$
$$D_\alpha = S_g \circ S_h \text{ mit } \sphericalangle(g, h) = \delta \text{ und } \alpha = 2\,\delta,$$
$$G_{\mathfrak{v},g} = S_g \circ V_{\mathfrak{v}} = S_g \circ (S_h \circ S_k) \text{ und } \mathfrak{v} \parallel g \text{ bzw. } h \perp g \text{ und } k \perp g\,.$$

Das Zeichen $\circ$ liest man als „verkettet mit". Das *Verketten* von Abbildungen ist eine spezielle Art des „*Verknüpfens*". Bei jeder Verknüpfung wird zwei Elementen einer Menge in dieser Reihenfolge eindeutig ein drittes zugeordnet.

Einfache Beispiele: Beim *Addieren* zweier Zahlen entsteht die Summe $a + b$; beim *Multiplizieren* das Produkt $a \cdot b$. Beim *Verketten* der Kongruenzabbildungen S_g und S_h entsteht eine Kongruenzabbildung, die Verkettung $S_g \circ S_h$.

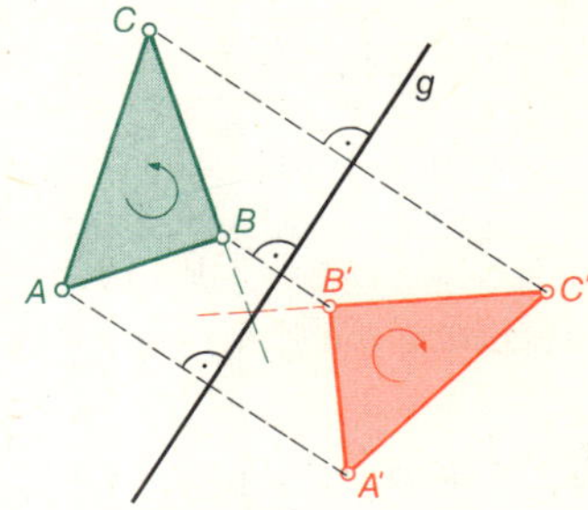

5.1. Geradenspiegelung S_g

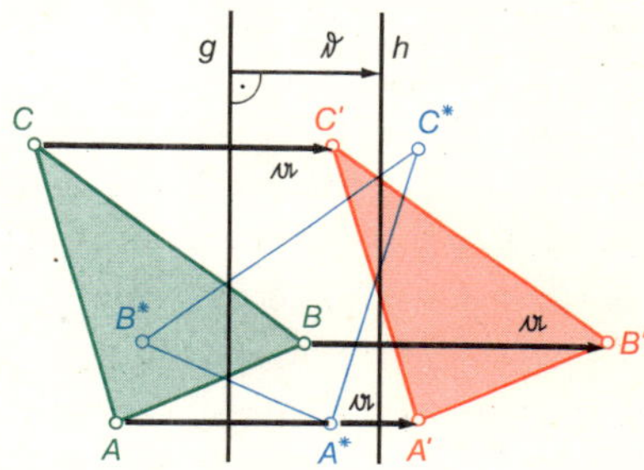

5.2. Verschiebung $V_{\mathfrak{v}}$
$g \parallel h$; $\mathfrak{v} = 2\,\vartheta$; $S_g \circ S_h = V_{\mathfrak{v}}$

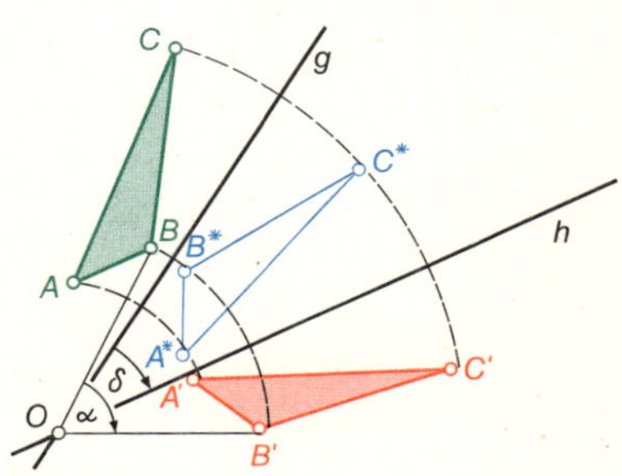

5.3. Drehung D_α
$g \cap h = \{O\}$, $\alpha = 2\,\delta$; $S_g \circ S_h = D_\alpha$

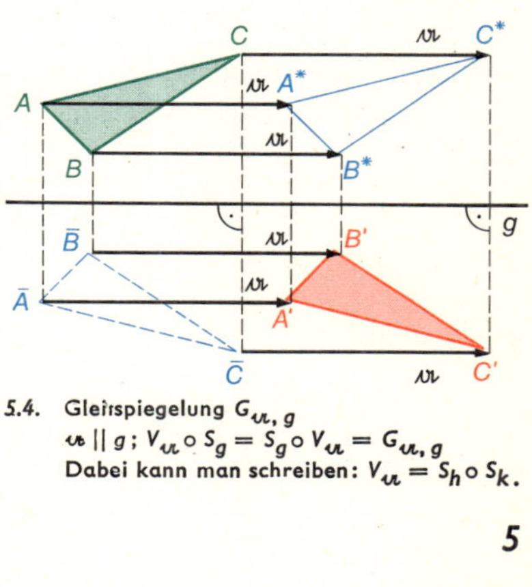

5.4. Gleitspiegelung $G_{\mathfrak{v},g}$
$\mathfrak{v} \parallel g$; $V_{\mathfrak{v}} \circ S_g = S_g \circ V_{\mathfrak{v}} = G_{\mathfrak{v},g}$
Dabei kann man schreiben: $V_{\mathfrak{v}} = S_h \circ S_k$.

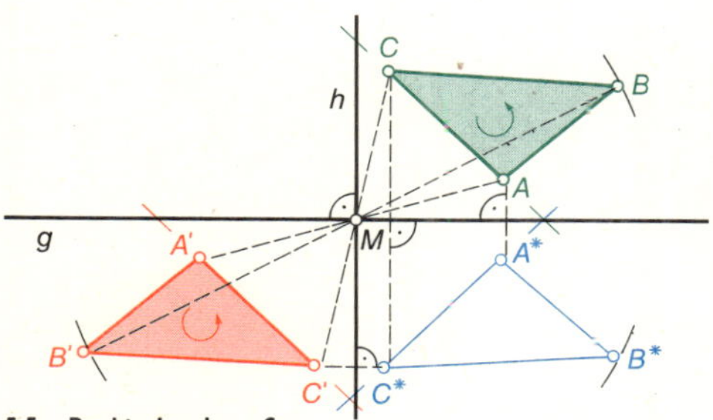

5.5. Punktspiegelung S_M
$g \perp h$ mit $g \cap h = \{M\}$; $S_g \circ S_h = S_M$

IX | Flächensätze beim Dreieck

Schon in früheren Klassen haben wir uns mit dem Messen von *Streckenlängen* und dem Berechnen von *Flächeninhalten* beschäftigt. Diese Aufgaben werden uns im folgenden zu neuen Eigenschaften von Zahlen und Figuren führen.

56 Streckenlängen

❶ In Fig. 6.1 ist die Strecke *OE* in 5 kongruente Strecken geteilt. Gib die Länge der Strecken *OA*, *OB*, *BE*, *AE* an, wenn *OE* die Länge e hat.

❷ Zeichne eine Strecke mit der Länge e = 5,1 cm. Konstruiere Strecken mit der Länge a) $\frac{1}{4}$ e, $\frac{3}{4}$ e, b) $\frac{4}{7}$ e, $\frac{10}{7}$ e.

1. *Streckenkongruenz.* In Geometrie 1 haben wir (auf S. 12) kongruente Strecken anschaulich eingeführt durch die folgende Definition D 1 und den Grundsatz G 10:

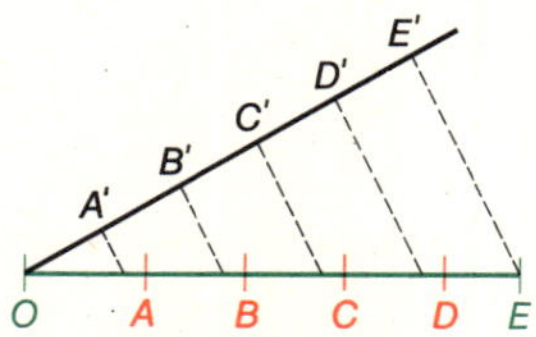

6.1. Streckenteilung

D 1 Erhält man aus der Strecke *AB* durch Abtragen mit dem Zirkel die Strecke *OP*, so heißen *AB* und *OP* **kongruent:** $AB \cong OP$.

G 10 **Auf einem von *O* ausgehenden Strahl gibt es zu *AB* genau *einen* Punkt *P*, so daß $AB \cong OP$ ist** (Fig. 6.2).

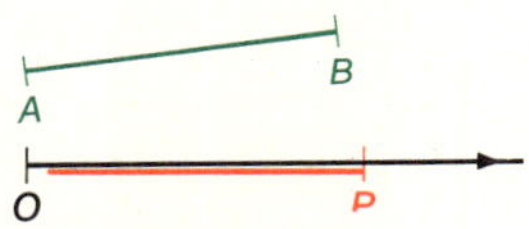

6.2. $AB \cong OP$

Auf S. 80 von Geometrie 1 beschrieben wir die durch $AB \cong OP$ ausgedrückte „Relation“, die *Kongruenzrelation*, durch die folgenden anschaulich deutlichen Eigenschaften (Fig. 6.3):

		Die Relation $\cong$
(I)	$(AB \cong CD) \Rightarrow (CD \cong AB)$	ist *symmetrisch,*
(II)	$(AB \cong CD,\ CD \cong EF) \Rightarrow (AB \cong EF)$	*transitiv*
(III)	$AB \cong AB$	und *reflexiv.*

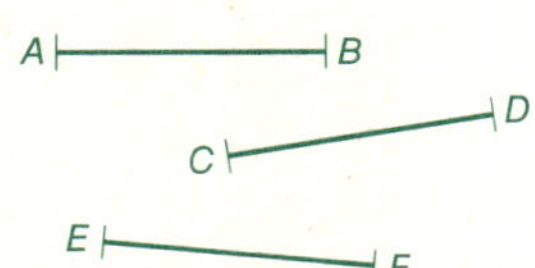

6.3.

Die Kongruenzrelation ist wegen dieser 3 Eigenschaften eine *Äquivalenzrelation.* Sie teilt die Menge aller Strecken in **Klassen kongruenter Strecken** ein.

D 2 **2.** *Streckenlänge.* Man nennt das „Gemeinsame“ einer Klasse kongruenter Strecken die **Länge** dieser Strecken und sagt:

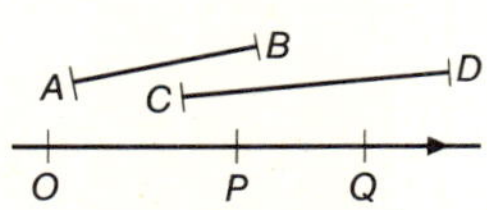

6.4. $\overline{OP} < \overline{OQ}$, $\overline{AB} < \overline{CD}$

G 11 **Kongruente Strecken haben gleiche Länge** (Geom. 1, S. 12).

D 3 Die **Länge der Strecke *AB*** bezeichnet man mit $\overline{AB}$ oder mit $\overline{BA}$ oder auch mit kleinen lateinischen Buchstaben. In Fig. 6.2 kann man schreiben: $\overline{AB} = \overline{OP}$, in Fig. 6.3: $\overline{AB} = \overline{CD} = \overline{EF} = a$.

D 4 Trägt man in Fig. 6.4 *AB* und *CD* wie in Fig. 6.2 von O aus ab bis *P* und Q und ist $O \prec P \prec Q$, so schreibt man $\overline{OP} < \overline{OQ}$, also $\overline{AB} < \overline{CD}$, bei $O \succ Q \succ P$ dagegen $\overline{AB} > \overline{CD}$.

D 5 **3.** *Längenmessung. Die Länge $\overline{AB} = a$ einer Strecke AB messen heißt, ihr nach Wahl einer Einheitsstrecke OE mit Länge $\overline{OE} = e$ eine Zahl $z \geqq 0$ zuordnen.* Man nennt ***e*** die **Längeneinheit,** ***z*** den **Zahlenwert** (die Maßzahl) **von *a* bezüglich *e*** und schreibt die Länge $\overline{AB} = a$ in der Form $a = z \cdot e = ze$ (z.B. $a = 3 \cdot e = 3\,e = 3 \cdot 1$ cm, kurz $a = 3$ cm, Fig. 7.2). Für $A \neq B$ setzt man $z > 0$ und schreibt in diesem Fall $\overline{AB} > 0$; für $A = B$ ist $z = 0$, man schreibt dann $\overline{AB} = 0$.

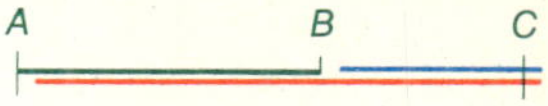

7.1 $\overline{AB} + \overline{BC} = \overline{AC}$

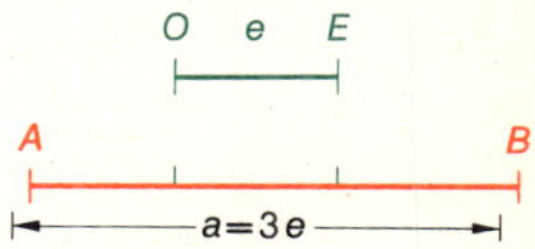

7.2. $\overline{AB} = n \cdot \overline{OE}$
$a = n \cdot e$

G 12 **Besteht eine Strecke aus Teilstrecken, so ist der Zahlenwert der Gesamtlänge die Summe der Zahlenwerte der Teillängen.**

D 6 Die Gesamtlänge heißt *Summe der Teillängen* (7.1): $\overline{AB} + \overline{BC} = \overline{AC}$.
Wir schreiben: $\overline{AB} + \overline{AB} = 2\,\overline{AB}$, $e + e + e = 3\,e$, usw.
Man kann dann sagen: *Längen werden addiert, indem man ihre Zahlenwerte addiert und die Einheit beibehält.* Z. B. 13 cm + 28 cm = 41 cm.

Beim Vergleich von $\overline{AB} = a \neq 0$ mit der Längeneinheit $\overline{OE} = e$ sind 3 Fälle möglich:

Fall I (Fig. 7.2): AB läßt sich in n kongruente Teilstrecken der Länge e zerlegen $(n \in \mathbb{N})$. Nach G 12 ist dann $a = n \cdot e = n\,e$. In Fig. 7.2 ist z.B. $n = 3$, also $a = 3\,e$.

Fall II: Wir denken uns OE in q kongruente Teilstrecken der Länge t zerlegt $(q \in \mathbb{N} \setminus \{1\})$ und nehmen an, daß AB aus p solchen Teilstrecken besteht $(p \in \mathbb{N})$. Es ist $t = \frac{1}{q} \cdot e = \frac{e}{q}$, da q solche Summanden nach G 12 und D 6 die Länge e ergeben. Zu p Teilstrecken gehört dann nach G 12 der Zahlenwert $p \cdot \frac{1}{q} = \frac{p}{q}$; daher gilt: $\overline{AB} = a = \frac{p}{q} \cdot e$.
$q = 1$ ergibt Fall I. Für Fall I/II gilt also: Der Zahlenwert von $\overline{AB}$ bez. e ist $\frac{p}{q}$, eine positive rationale Zahl. In Fig. 7.3 ist z.B. $q = 4$, $p = 7$, $a = \frac{7}{4}\,e$.

Fall III: $\overline{AB}$ läßt sich nicht wie in Fall I und II darstellen. Wir können uns dies zwar nicht vorstellen, zeigen aber auf S. 10, daß es zu jedem OE solche Strecken AB gibt.

Gemeinsames Maß von Strecken. Maßverwandte Strecken

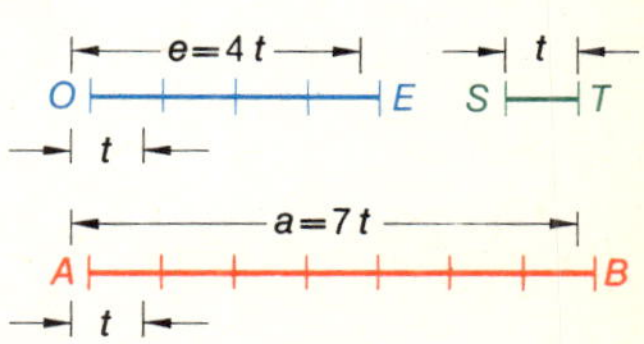

7.3. $a = 7\,t$; $e = 4\,t$

4. Im Fall I und II ist $\overline{AB} = a = p \cdot \frac{e}{q}$. Entsprechend ist $e = q \cdot \frac{e}{q}$ mit $(p, q \in \mathbb{N})$. In diesen Fällen gibt es also zu den Streckenlängen $\overline{AB} = a$ und $\overline{OE} = e$ stets eine Teilstrecke ST mit der Länge $t = \frac{e}{q}$, so daß a und e natürliche Vielfache von t
D 7 sind; t heißt dann ein **gemeinsames Maß** von a und e (Fig. 7.3).
Es ist $a = p\,t$, $e = q\,t$. AB und OE heißen in diesem Fall **maßverwandt** (*kommensurabel*).
Aus $a = p \cdot \frac{e}{q}$ und $e = q \cdot \frac{e}{q}$ ergab sich $a = p\,t$ und $e = q\,t$ mit $t = \frac{e}{q}$.
Aus $a = p\,t$ und $e = q\,t$ folgt umgekehrt $t = \frac{e}{q}$ und damit $a = \frac{p}{q} \cdot e$. — Es gilt also:

S 1 **Die Strecken AB und OE sind genau dann maßverwandt, wenn der Zahlenwert von $\overline{AB}$ bezüglich der Längeneinheit $\overline{OE}$ rational ist.**

Aufgaben

1. Wähle $\overline{OE} = e = 2{,}54$ cm = 1 Zoll. Zeichne AB (CD) mit $\overline{AB} = \frac{5}{6}\,e$ ($\overline{CD} = \frac{20}{9}\,e$).
2. Zeichne im Koordinatensystem die Punkte $A(2 \mid 1)$ und $B(4 \mid 6)$. Wähle $\overline{AB} = e$ als Längeneinheit und konstruiere $P \in AB$ ($Q \in AB$) so, daß $\overline{AP} = \frac{5}{8}\,e$ ($\overline{BQ} = \frac{7}{10}\,e$) ist.
3. Gib das größtmögliche gemeinsame Maß an für folgende Paare von Streckenlängen:
a) 75 mm; 15 mm b) 8,0 cm; 9,6 cm c) 144 m; 180 m d) 10,5 km; 22,5 km.

Zahlenstrahl und Zahlengerade

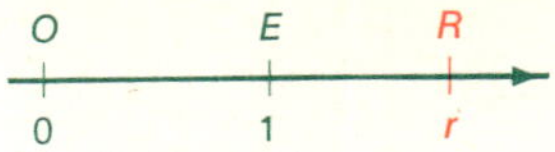

8.1. Zahlenstrahl

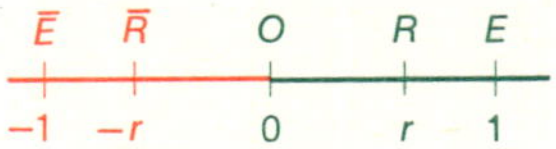

8.2. Zahlengerade

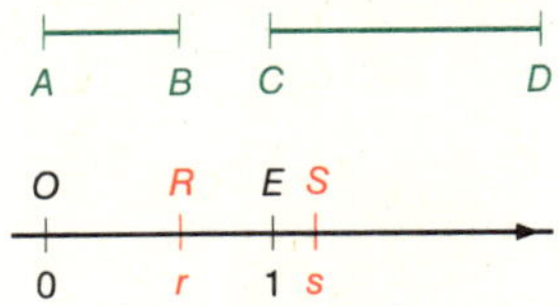

8.3. $r < s \Rightarrow \overline{OR} < \overline{OS}$

5. Es sei OE die Einheitsstrecke. Denkt man sich auf dem Strahl $(\overrightarrow{OE})$ die Strecke mit der Länge $a = r\,e$ für alle $r \in \mathbb{Q}^+ \cup \{0\}$ von O aus abgetragen bis R und bei R die Zahl r angeschrieben, so wird $(\overrightarrow{OE})$ zu einem **Zahlenstrahl** (Fig. 8.1).

6. Spiegelt man $(\overrightarrow{OE})$ an O und denkt man sich zu jedem Punkt R den Spiegelpunkt $\bar{R}$ bez. O gezeichnet und bei $\bar{R}$ die Zahl $-r$ angeschrieben, so hat man eine **Zahlengerade** (Fig. 8.2).

7. Da zwischen 2,50 und 2,60 die Zahlen 2,51; 2,52; ...; 2,59 liegen, ferner zwischen 2,500 und 2,510 z.B. die Zahlen 2,501; 2,502; ...; 2,509, usw., gilt: Zwischen irgend zwei rationale Zahlen kann man beliebig viele rationale Zahlen einschalten, und zwar so, daß die Differenz von je zwei benachbarten Zahlen und damit auch der Abstand ihrer Bildpunkte beliebig klein wird. Man sagt dafür: *Die rationalen Zahlen bzw. ihre Bildpunkte, die rationalen Punkte, liegen auf der Zahlengerade „überall dicht“.*

8. In Fig. 8.3 ist $\overline{AB} = \overline{OR} = re$ und $\overline{CD} = \overline{OS} = se$ mit $(r, s \in \mathbb{Q}^+ \cup \{0\})$.
Liegt dabei R zwischen O und S, ist also $O \prec R \prec S$, so ist $r < s$, und man schreibt gemäß D 4: $\overline{OR} < \overline{OS}$ und $\overline{AB} < \overline{CD}$. $r > s$ führt zu $\overline{AB} > \overline{CD}$.

Aufgaben

4. Welche der Eigenschaften „symmetrisch, transitiv, reflexiv“ hat die Relation $\overline{AB} < \overline{CD}$?

5. Es sei $a = u \cdot e$, $b = v \cdot e$, $c = w \cdot e$ mit $(u, v, w \in \mathbb{Q}^+ \cup \{0\})$. Zeige mit Benutzung von G 12: Wegen $u + v = v + u$ und $(u + v) + w = u + (v + w)$ gilt für das Addieren von Längen:

S 2 $\boldsymbol{a + b = b + a}$; $\boldsymbol{(a + b) + c = a + (b + c)}$; speziell: $\boldsymbol{a + 0 = 0 + a = a}$.

D 8 Ist $a + b = c$, so definiert man $a = c - b$ und $b = c - a$ (*Differenzen von Längen*).
$c - a$ bzw. $c - b$ existieren genau dann, wenn $c \geqq b$ bzw. $c \geqq a$ ist.

6. Zeige: Mit Aufg. 5 gilt für die zugehörigen Zahlenwerte: $u = w - v$, $v = w - u$:

S 3 *Längen werden subtrahiert, indem man ihre Zahlenwerte subtrahiert und die Einheit beibehält.*

7. Zeige nach G 12: a) $5 \cdot (3\,e) = (5 \cdot 3)\,e$, b) $m \cdot (n\,e) = (m \cdot n)\,e$ mit $(m, n \in \mathbb{N}_0)$.

▸ **8.** Zeige (G 12, Aufg. 7): a) $\frac{5}{7} \cdot (\frac{3}{4}\,e) = (\frac{5}{7} \cdot \frac{3}{4})\,e$, b) $\frac{p}{q} \cdot \left(\frac{r}{s}\,e\right) = \left(\frac{p}{q} \cdot \frac{r}{s}\right)e$ mit $(p, r \in \mathbb{N}_0;\ q, s \in \mathbb{N})$.
Anleitung zu a): Ist $a = \frac{3}{4}\,e$, so gilt $4\,a = 3\,e$, also auch $20\,a = 15\,e$
Ist $b = \frac{5}{7}\,a$, so gilt $5\,a = 7\,b$, also auch $20\,a = 28\,b$ $\Big\} \Rightarrow (28\,b = 15\,e)$.

Nach b) hat man den Satz:

S 4 *Eine Länge wird mit einer nichtnegativen rationalen Zahl multipliziert, indem man den Zahlenwert der Länge mit der Zahl multipliziert und die Einheit beibehält.*

9. Zeige nach Aufg. 8:

S 5 Ist $a = u \cdot e$ und $b = v \cdot e$, so gilt $\boldsymbol{k\,(a + b) = k \cdot a + k \cdot b}$ $(u, v, k \in \mathbb{Q}^+ \cup \{0\})$.
Beispiel: $12 \cdot (\frac{3}{4}$ Zoll $+ \frac{5}{6}$ Zoll$) = (12 \cdot \frac{3}{4})$ Zoll $+ (12 \cdot \frac{5}{6})$ Zoll $= (9 + 10)$ Zoll $= 19$ Zoll.

57 Flächeninhalt

D 1 1. *Flächenkongruenz. Ebene Vielecke* heißen *kongruent*, wenn sie durch Kongruenzabbildungen ineinander übergeführt werden können (Geom. 1, § 40). Da die Relation $\cong$ eine *Äquivalenzrelation* ist, teilt sie die Menge dieser Flächen in *Klassen* kongruenter Flächen ein (vgl. S. 6).

D 2 2. *Flächeninhalt.* Das „Gemeinsame" einer Klasse kongruenter Flächen heißt **Flächeninhalt:**

G 23 **Kongruente Flächen haben den gleichen Flächeninhalt A** (vgl. Geom. 1, § 49).

D 3 3. *Messung von Flächeninhalten.* Den Inhalt A einer Fläche messen heißt, ihm nach Wahl einer *Einheitsfläche* einen Zahlenwert $z \geqq 0$ zuordnen. Als Einheitsfläche nimmt man ein Quadrat mit Längeneinheit e als Seitenlänge, das *Einheitsquadrat*; sein Inhalt heißt **Flächeneinheit.** Wir schreiben sie als zweite Potenz („Quadrat") e^2 der Längeneinheit e. Für $e = 1$ cm ist $e^2 = (1\text{ cm})^2 = 1\text{ cm} \cdot 1\text{ cm}$ oder kürzer $e^2 = 1\text{ cm}^2$ (Fig. 9.1).

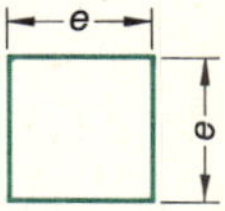

9.1. $e^2 = 1\text{ cm}^2$

D 4 Beliebige Inhalte schreibt man in der Form: $\boldsymbol{A = z \cdot e^2 = z\, e^2}$ mit z als Zahlenwert.

G 24 **Setzt sich eine Fläche aus Teilflächen zusammen, die sich nicht überdecken, so ist der Zahlenwert des Gesamtflächeninhalts die Summe der Zahlenwerte der Teilflächeninhalte.**

D 5 *Man addiert Flächeninhalte, indem man die Zahlenwerte addiert und die Einheit beibehält.* (Vgl. G 12 und D 6 in § 56.)

D 6 Ist $A_1 = z_1\, e^2$, $A_2 = z_2\, e^2$ so gilt: $A_1 \gtreqless A_2 \Leftrightarrow z_1 \gtreqless z_2$.

4. *Flächeninhalt von Rechteck und Quadrat.*

Fall I (Fig. 9.2): Ist $\overline{PQ} = a = m\,e$ und $\overline{QR} = b = n\,e$ mit $(m, n \in \mathbb{N})$, z.B. $m = 3$, $n = 2$, so läßt sich $\square$ $PQRS$ in $m \cdot n$ (z.B. $3 \cdot 2$) Einheitsquadrate zerlegen. Nach G 23/24 ist dann $A = (m \cdot n)\, e^2$, z.B. $A = (3 \cdot 2)\text{ cm}^2$. Man schreibt dafür: $A = m\,e \cdot n\,e = a \cdot b$.

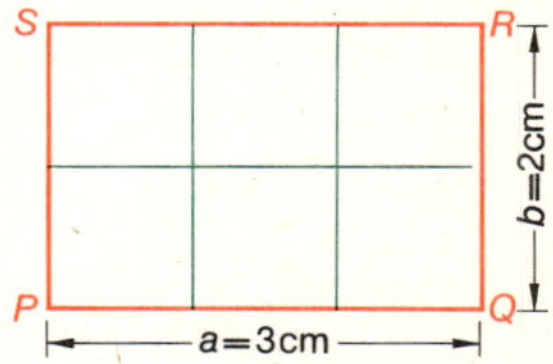

9.2. $A = 6\text{ cm}^2 = 3\text{ cm} \cdot 2\text{ cm}$

Fall II (Fig. 9.3): Beispiel: Ist $a = \frac{4}{5}e$ und $b = \frac{2}{3}e$, so läßt sich $\square$ $PQRS$ in $(4 \cdot 2)$ Rechtecke zerlegen, von denen jedes $(5 \cdot 3)$ mal im Einheitsquadrat enthalten ist, also den Flächeninhalt $\frac{1}{5 \cdot 3}e^2$ hat. $\square$ $PQRS$ hat daher den Inhalt $A = \frac{4 \cdot 2}{5 \cdot 3}e^2 = \frac{4}{5}e \cdot \frac{2}{3}e = a \cdot b$.

Ist $a = \dfrac{p}{q}\,e$ und $b = \dfrac{r}{s}\,e$ mit $(p, q, r, s \in \mathbb{N})$, so folgt ebenso:

$$A = \frac{p \cdot r}{q \cdot s}\,e^2 = \frac{p}{q}\,e \cdot \frac{r}{s}\,e = a \cdot b\,.$$

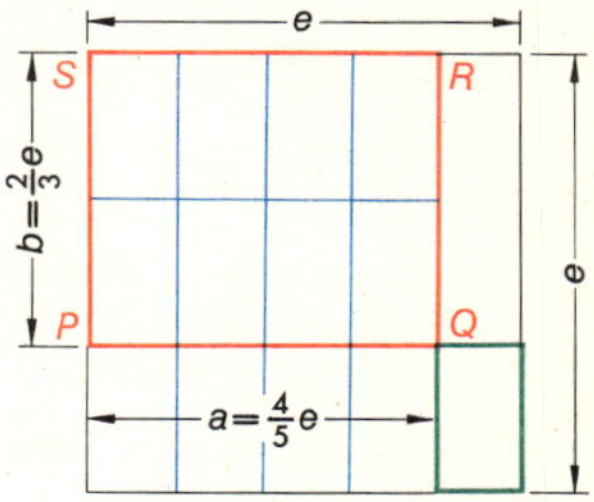

9.3. $A = \frac{8}{15}e^2 = \frac{4}{5}e \cdot \frac{2}{3}e = a \cdot b$

Fall III: Sind die Zahlenwerte von a und b nicht rational, so kann man vorerst nichts über A sagen.

Da Fall I und der Fall $a = \dfrac{p}{q}\,e$, $b = n\,e$ in II enthalten sind, gilt:

S 1 **Haben die Seitenlängen $a = r\,e$ und $b = s\,e$ eines Rechtecks rationale Zahlenwerte, so ist dies auch beim Inhalt A der Fall. Es ist $A = a\,b = r\,s \cdot e^2 = r\,s\,e^2$.**

S 2 **Hat die Seitenlänge $a = r\,e$ eines Quadrats einen rationalen Zahlenwert, so gilt dies auch für den Flächeninhalt A. Es ist $A = a^2 = r^2 \cdot e^2 = r^2\,e^2$.**

Aufgaben

1. Verdeutliche Fall II auch für $a = \frac{3}{4}e$, $b = \frac{5}{6}e$. Zeichne wie in Fig 9.3.
2. Berechne A in S 1 für $a = 37{,}5$ mm, $b = 26{,}4$ mm (in S 2 für $a = 62{,}5$ mm).
3. Übertrage D 8 und S 2 bis 5 von § 56 auf Flächeninhalte und begründe sie.

Berechnung der Seitenlänge eines Quadrats aus dem Flächeninhalt

❶ Wie groß ist der Flächeninhalt eines Quadrats mit der Seitenlänge 1 cm; 2 cm; 1,4 cm; 1,5 cm?

❷ Wie lang ist die Seite eines Quadrats mit dem Flächeninhalt 9 cm²; 25 cm²; 6,25 cm²?

1. In § 57 haben wir aus der Seitenlänge a eines Quadrats den Flächeninhalt A berechnet. Nun denken wir uns einen Flächeninhalt A gegeben und fragen, ob es ein Quadrat gibt, das A als Flächeninhalt hat. Da sich in § 57 der Zahlenwert von A durch Quadrieren des Zahlenwerts von a ergab, fragen wir bei gegebenem $A = z \cdot e^2$ mit $z \in \mathbb{Q}^+$: Gibt es eine positive Zahl w, die quadriert die positive Zahl z ergibt? Nach Alg. 2, § 43, heißt eine solche Zahl w die *Quadratwurzel* aus z, geschrieben: $w = \sqrt{z}$. Es gilt dann: $w = \sqrt{z} \Leftrightarrow w^2 = z$, in anderer Form: $\sqrt{z} \cdot \sqrt{z} = (\sqrt{z})^2 = z$, $(z > 0,\ w > 0)$.

Beispiele: $\sqrt{9} = 3$; $\sqrt{81} = 9$; $\sqrt{0{,}81} = 0{,}9$; $\sqrt{\frac{4}{9}} = \frac{2}{3}$.

2. Bei der Berechnung der Seitenlänge a aus dem Flächeninhalt A treten *zwei Fälle* auf: *Fall I: Der Zahlenwert des Flächeninhaltes A ist das Quadrat einer rationalen Zahl.* Der Zahlenwert der Seitenlänge a ist dann eine rationale Zahl.

Beispiele:							
A in cm²	16	49	144	$\frac{9}{4}$	$\frac{64}{25}$	0,36	6,25
a in cm	4	7	12	$\frac{3}{2}$	$\frac{8}{5}$	0,6	2,5

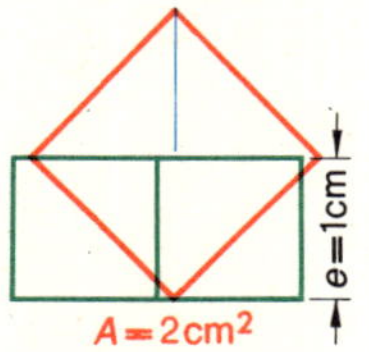

10.1. $A = 2\ \text{cm}^2$

Fall II: Der Zahlenwert von A ist nicht das Quadrat einer rationalen Zahl. Nach Wahl einer Längeneinheit e kann man solche Quadrate angeben. So zeigt z.B. Fig. 10.1, daß sich aus zwei Einheitsquadraten ein einziges Quadrat mit dem Flächeninhalt $A = 2\ \text{cm}^2$ herstellen läßt. Seine Seite ist die *Diagonale des Einheitsquadrates.* Die Zahl 2, der Zahlenwert von A, ist weder das Quadrat einer natürlichen Zahl noch das Quadrat einer rationalen Zahl (Alg. 2, § 44).

S 1 **Die Länge der Diagonale des Einheitsquadrats hat keinen rationalen Zahlenwert bezüglich einer Längeneinheit e.**

Bestimmung der Diagonalenlänge beim Einheitsquadrat (vgl. Alg. 2, § 44/45).

3. Um der Diagonalenlänge einen Zahlenwert zuordnen zu können, versuchen wir zunächst, Zahlen zu finden, deren Quadrat nahe an 2 liegt. Durch Probieren erhalten wir:

$1^2 = 1$	$2^2 = 4$	$2 - 1 = 1$
$1{,}4^2 = 1{,}96$	$1{,}5^2 = 2{,}25$	$1{,}5 - 1{,}4 = 0{,}1$
$1{,}41^2 = 1{,}9881$	$1{,}42^2 = 2{,}0164$	$1{,}42 - 1{,}41 = 0{,}01$
$1{,}414^2 = 1{,}999396$	$1{,}415^2 = 2{,}002225$	$1{,}415 - 1{,}414 = 0{,}001$
$1{,}4142^2 = 1{,}99996164$	$1{,}4143^2 = 2{,}00024449$	$1{,}4143 - 1{,}4142 = 0{,}0001$

In Fig. 10.2 sind die Bilder der Zahlenpaare [1; 2], [1,4; 1,5], [1,41; 1,42], ... auf der Zahlengerade dargestellt. Sie begrenzen „Intervalle" $I_1, I_2, I_3, \ldots$, die „ineinandergeschachtelt" sind, und deren Längen mit wachsender Nummer beliebig klein werden.

10.2.

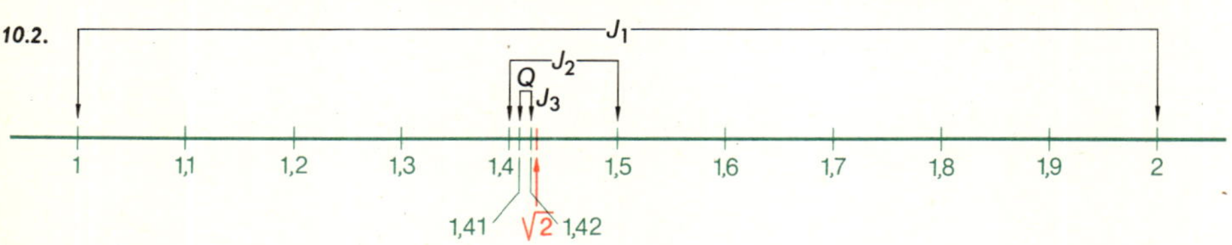

Für solche *„Intervallschachtelungen“* gilt der Grundsatz (Näheres in Alg. 2, § 44/46):

G 27 *Jede Intervallschachtelung auf der Zahlengerade bestimmt genau einen Punkt Q, der allen Intervallen angehört; ihm wird eine Zahl zugeordnet.* Umgekehrt lassen sich zu jedem Punkt Q der Zahlengerade Intervallschachtelungen angeben, die Q bestimmen. Dem Punkt Q in Fig. 10.2 wird die Zahl zugeordnet, deren Quadrat gleich 2 ist. Wir bezeichnen sie mit $\sqrt{2}$ und nennen sie den *Zahlenwert der Diagonalenlänge $\overline{OP}$ im Einheitsquadrat* (Fig. 11.1). Der zu $\sqrt{2}$ gehörige Bildpunkt Q ist nach Fig. 11.1 leicht konstruierbar.

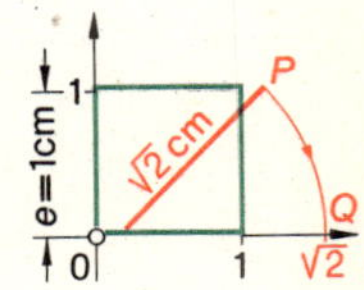

11.1

Irrationale und reelle Zahlen (vgl. Alg. 2, § 45/46)

D 1 4. Nach S 1 ist $\sqrt{2}$ keine rationale Zahl; Zahlen, die nicht rational sind, heißen **irrational.** Es gibt unendlich viele irrationale Zahlen. Teilt man z.B. OQ in Fig. 11.1 in n gleiche Teile und setzt m von ihnen zu einer Strecke OR zusammen ($m, n \in \mathbb{N}$), so kann zu R keine rationale Zahl $\frac{p}{q}$ mit ($p, q \in \mathbb{N}$) gehören; nach § 56 wäre ja sonst der Zahlenwert von $\overline{OQ}$ die rationale Zahl $\frac{p}{q} \cdot \frac{n}{m}$ und nicht $\sqrt{2}$. Ebenso wie die rationalen Zahlen auf der Zahlengerade überall dicht liegen, so ist dies auch für die (speziellen) irrationalen Zahlen der Fall. Es gilt damit: *Die irrationalen Zahlen bzw. ihre Bilder, liegen auf der Zahlengerade überall dicht.*

S 2 *Jede rationale Zahl läßt sich durch eine abbrechende oder durch eine periodische Dezimalzahl darstellen* (z.B. $\frac{3}{4} = 0{,}75$; $\frac{5}{6} = 0{,}8333\ldots$), jede irrationale durch eine *nichtperiodische und nichtabbrechende Dezimalzahl* (z.B. $\sqrt{2} = 1{,}414213562\ldots$), vgl. Alg. 2, § 44/45.

D 2 5. Die Irrationalzahlen ergänzen die Menge $\mathbb{Q}$ zur **Menge $\mathbb{R}$ der reellen Zahlen.**

S 3 **Zu jedem Punkt der Zahlengerade gehört genau eine reelle Zahl.**
Trägt man AB von O aus ab bis R (11.2), so ist die zu R gehörige reelle Zahl r der Zahlenwert von $\overline{AB}$. Fall III von S. 7 ist damit geklärt.

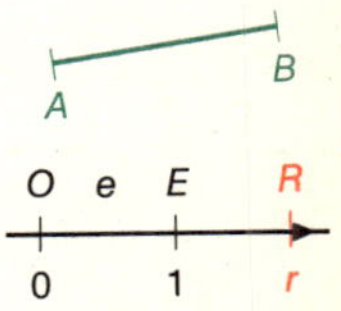

11.2. $\overline{AB} = \overline{OR} = r \cdot e$

6. Ist $\overline{AB} = r \cdot e$ und $\overline{CD} = s \cdot e$ mit ($r, s \in \mathbb{R}^+ \cup \{0\}$), so setzt man jetzt auch für reelle Zahlenwerte nach G 12 fest: $\overline{AB} + \overline{CD} = (r + s) \cdot e$. Die Summe $r + s$ wird dabei wie auf S. 188/189 von Alg. 2 durch eine Intervallschachtelung definiert (vgl. das Beispiel $\sqrt{2} + \sqrt{3}$ auf S. 188 von Alg. 2). Da für die reellen Zahlen dieselben Rechengesetze gelten wie für die rationalen (vgl. Alg. 2, S 5 von § 46), lassen sich die Aussagen über das Rechnen mit Längenmaßen auf S. 8 auf Längenmaße mit reellen Zahlenwerten übertragen.

Aufgaben

1. Berechne a) $\sqrt{1{,}69}$, $\sqrt{0{,}81}$, $\sqrt{0{,}04}$ b) $\sqrt{4\,a^2}$, $\sqrt{0{,}25\,b^2}$, $\sqrt{2{,}25\,c^2}$, $\sqrt{10{,}24\,d^2}$.
2. Welche Seitenlänge haben die Quadrate mit dem Inhalt 121 cm²; 5,76 m²; 40,96 ha?
3. Welche Zahlen stellen folgende Intervallschachtelungen dar?
   a) [2,4; 2,6], [2,49; 2,51], [2,499; 2,501], … b) [0,6; 0,7], [0,66; 0,67], [0,666; 0,667], …
4. Zeige, daß $\sqrt{8}$ ($\sqrt{18}$) eine irrationale Zahl ist. Gib die 3 ersten Intervalle einer zugehörigen Intervallschachtelung an. Konstruiere $\sqrt{8}$ ($\sqrt{18}$) wie in Fig. 11.1.

Maßfremde Strecken und irrationale Zahlen

7. Auf S. 11 haben wir festgestellt, daß die Diagonalenlänge im Einheitsquadrat keinen rationalen Zahlenwert besitzt, sondern einen irrationalen. Nach S 1 von § 56 (S. 7) haben daher die *Diagonalenlänge* und die *Seitenlänge* dieses Quadrats *kein gemeinsames Maß;* da die Längeneinheit beliebig gewählt werden kann, gilt dies für jedes Quadrat. Die Diagonale und die Seite eines Quadrats sind also *nicht maßverwandt.*

D 3 Strecken, die nicht maßverwandt sind, heißen **maßfremd** (*inkommensurabel*).

S 4 Nach § 56, S 1, gilt daher: **Die Strecken AB und OE sind genau dann maßfremd, wenn der Zahlenwert von AB bezüglich OE irrational ist.**

Gehört zum Punkt Z des Zahlenstrahls die Zahl z, so sind OZ und OE maßverwandt, wenn z rational ist; OZ und OE sind maßfremd, wenn z irrational ist. (Vgl. auch S. 22.)

Flächeninhalt von Rechtecken mit maßfremden Seiten

8. *Beispiel 1:* Flächeninhalt eines Rechtecks mit den Seitenlängen $a = 5$ cm, $b = \sqrt{2}$ cm. Wählt man für $\sqrt{2}$ die Näherungswerte 1,4; 1,41; 1,414; 1,5; 1,42; 1,415, so entstehen Rechtecke mit der Inhaltszahl $5 \cdot 1{,}4$; $5 \cdot 1{,}41$; $5 \cdot 1{,}414$; $5 \cdot 1{,}5$; $5 \cdot 1{,}42$; $5 \cdot 1{,}415$. Da die Paare [1,4; 1,5], [1,41; 1,42], [1,414; 1,415]; … eine Intervallschachtelung bilden, so ist dies auch für die Paare $[5 \cdot 1{,}4;\ 5 \cdot 1{,}5]$, $[5 \cdot 1{,}41;\ [5 \cdot 1{,}42]$, $[5 \cdot 1{,}414;\ 5 \cdot 1{,}415]$, … der Fall; die Intervalle liegen ja ineinander, und ihre Längen $5 \cdot 0{,}1$; $5 \cdot 0{,}01$; $5 \cdot 0{,}001$; … werden beliebig klein (vgl. S. 11). Diese Intervallschachtelung definiert die Zahl $5 \cdot \sqrt{2}$; als Inhalt des Rechtecks mit $a = 5$ cm, $b = \sqrt{2}$ cm setzt man daher $A = 5 \cdot \sqrt{2}\ \text{cm}^2 = 5\ \text{cm} \cdot \sqrt{2}\ \text{cm}$. Es gilt dann also auch in diesem Fall: $\boldsymbol{A = a \cdot b}$ (vgl. Fall III, S. 9).

Beispiel 2: Flächeninhalt eines Rechtecks mit den Seitenlängen $a = \sqrt{3}$ cm, $b = \sqrt{2}$ cm. $\sqrt{3}$ ist bestimmt durch die Schachtelung [1,7; 1,8], [1,73; 1,74], [1,732; 1,733], …. Wählt man für $\sqrt{3}$ und $\sqrt{2}$ wieder Näherungswerte, so erhält man Rechtecke mit dem Inhalt $[1{,}7 \cdot 1{,}4;\ 1{,}8 \cdot 1{,}5]$, $[1{,}73 \cdot 1{,}41;\ 1{,}74 \cdot 1{,}42]$, $[1{,}732 \cdot 1{,}415;\ 1{,}733 \cdot 1{,}415]$, ….

Man hat auch hier eine Intervallschachtelung (zeige dies); sie definiert die Zahl $\sqrt{3} \cdot \sqrt{2}$. Man setzt daher $A = \sqrt{3} \cdot \sqrt{2}\ \text{cm}^2 = \sqrt{6}\ \text{cm}^2 = \sqrt{3}\ \text{cm} \cdot \sqrt{2}\ \text{cm}$, also $\boldsymbol{A = a \cdot b = a\,b}$.

Von den Rechtecken ausgehend kann man wie in Geometrie 1 Flächeninhalte von Parallelogrammen, Dreiecken, usw. erhalten, deren Seitenlängen Zahlenwerte aus $\mathbb{R}^+$ besitzen. Dabei ergeben sich dieselben Formeln für die Flächeninhalte wie in Geometrie 1.

Aufgaben

5. Ein Rechteck hat die Seitenlängen $a = 2$ cm, $b = \sqrt{3}$ cm. Verfahre wie in Beispiel 1.

6. Löse Aufg. 5 für a) $a = 6$ cm, $b = 2\sqrt{3}$ cm b) $a = 4\sqrt{3}$ cm, $b = 2\sqrt{6}$ cm.

7. In Fig. 12.1 ist $PQRS$ das Einheitsquadrat und $\overline{PT} = \overline{PR}$. Welchen Inhalt hat a) $\triangle\ PTR$ b) $\triangle\ QTR$ c) ▱ $PTRS$?

8. In ▱ $ABCD$ ist $a = 6$ cm, $b = 4{,}5$ cm, $h_a = \sqrt{18}$ cm. Berechne h_b.

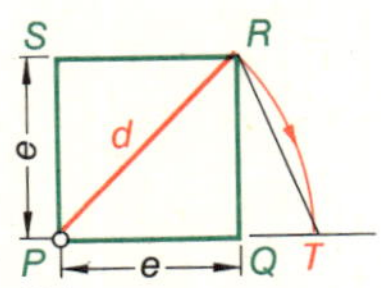

12.1.

59 Flächensätze beim rechtwinkligen Dreieck

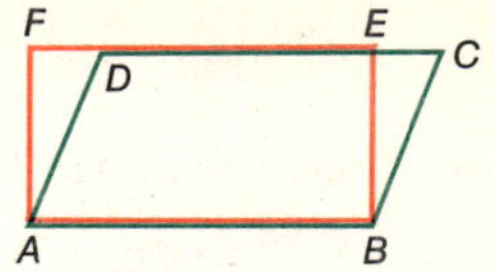

13.1. Scherung

In Geom. 1, § 50/51, zeigten wir: ▱ $ABCD$ und □ $ABEF$ (Fig. 13.1) haben gleiche Flächeninhalte (Grund?), ebenso ▱ $ABCD$ und ▱ $ABEF$ in Fig. 13.2. $ABFE$ entsteht aus $ABCD$, wenn man AB festhält und CD parallel zu AB verschiebt bis FE. Wir sagten: $ABFE$ entsteht aus $ABCD$ durch **Scherung.** In dieser einfachen Form benutzen wir die Scherung im folgenden zur Gewinnung von Flächensätzen beim Dreieck; die Scherung als Abbildung behandeln wir in § 94.

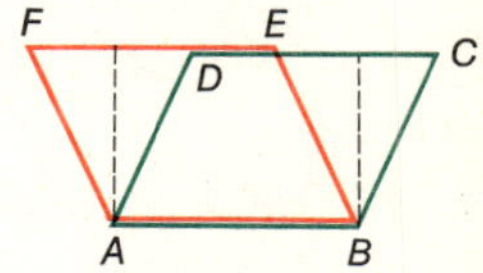

13.2. Scherung

Der Kathetensatz

1. Wir verwenden folgende *Bezeichnungen beim rechtwinkligen Dreieck.*

D 1 Die Höhe $\overline{CD} = h$ eines rechtwinkligen Dreiecks ABC (Fig. 13.3) teilt die Hypotenuse in die **Hypotenusenabschnitte** $\overline{BD} = p$ und $\overline{AD} = q$. Man nennt $\overline{AD}$ und $\overline{BD}$ auch die (orthogonalen) **Projektionen** der Katheten auf die Hypotenuse.

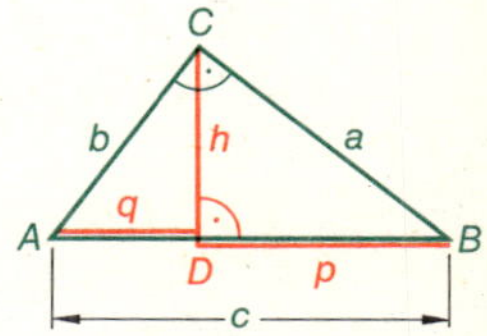

13.3. Bezeichnungen am rechtwinkligen Dreieck

2. Dreht man in Fig. 13.4. △ ABC um B mit Drehwinkel 90° in die Lage HBF und ist $(AC) \cap (HF) = \{E\}$, so ist $BCEF$ ein Quadrat mit dem Flächeninhalt a^2. Durch Scherung geht □ $BCEF$ in ▱ $BCGH$ und dieses in □ $BDIH$ mit Inhalt cp über. Also gilt der **Kathetensatz:**

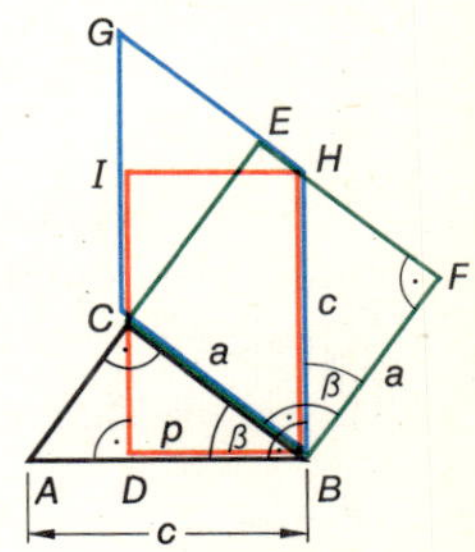

13.4. Herleitung des Kathetensatzes

S 1 **Im rechtwinkligen Dreieck ist das Quadrat über einer Kathete inhaltsgleich dem Rechteck aus der Hypotenuse und dem der Kathete anliegenden Hypotenusenabschnitt** (Fig. 13.5):

$$a^2 = c \cdot p \qquad\qquad b^2 = c \cdot q \qquad\qquad \text{(I)}$$

3. Der Kathetensatz ermöglicht die Lösung folgender:

Grundaufgabe: **Verwandle ein Rechteck in ein inhaltsgleiches Quadrat.** *Lösung:* Vgl. Fig. 13.6. Gib den Konstruktionstext an.

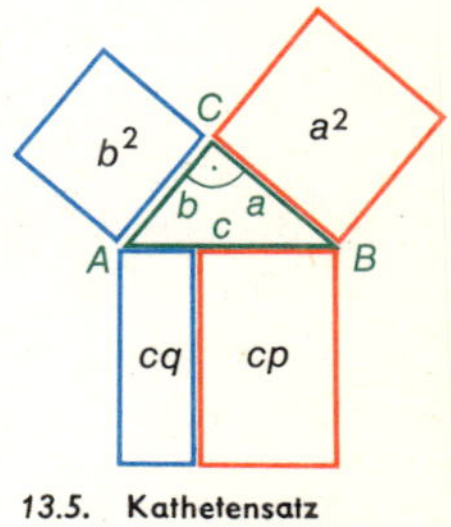

13.5. Kathetensatz

Aufgaben

1. Verwandle das Rechteck mit den Seiten $a = 6$ cm (4,5 cm), $b = 3$ cm (2,5 cm) in ein inhaltsgleiches Quadrat.
2. Konstruiere ein Quadrat mit dem Inhalt a) 10 cm² b) 20 cm².
3. Es sei $r = 5{,}0$ cm (4,5 cm), $s = 3{,}2$ cm (1,8 cm). Konstruiere die Strecke mit der Länge t, so daß $t^2 = r \cdot s$ ist. Bestimme t auch durch Rechnung.
4. Konstruiere Strecken der Länge (in cm) a) $\sqrt{6}$ b) $\sqrt{14}$ c) $\sqrt{21{,}6}$.
5. Verwandle in ein inhaltsgleiches Quadrat:
   a) △ ABC mit $c = 6{,}4$ cm, $h_c = 5{,}0$ cm, $\alpha = 60°$
   b) das Dreieck mit $b = 5{,}4$ cm, $h_b = 4{,}8$ cm, $s_b = 5{,}0$ cm
   c) das Trapez mit $a = 8{,}2$ cm, $c = 4{,}6$ cm, $h = 2{,}5$ cm, $\alpha = 60°$
   d) das Parallelogramm mit $a = 4{,}5$ cm, $e = 6{,}8$ cm, $f = 3{,}7$ cm

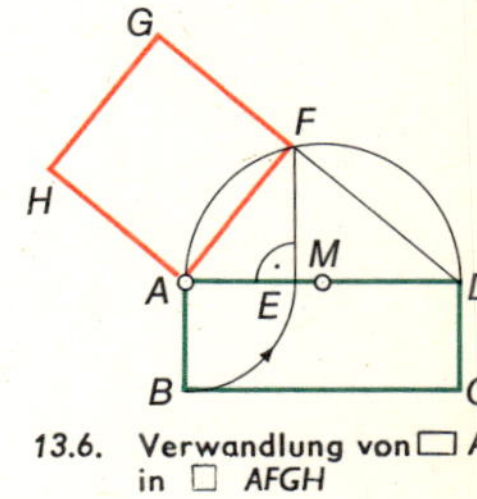

13.6. Verwandlung von ▭ ABCD in □ AFGH

Der Satz des Pythagoras

➊ Welche Beziehung zwischen den Katheten *a* und der Hypotenuse *c* des roten rechtwinklig-gleichschenkligen Dreiecks ergibt sich aus 14.1?

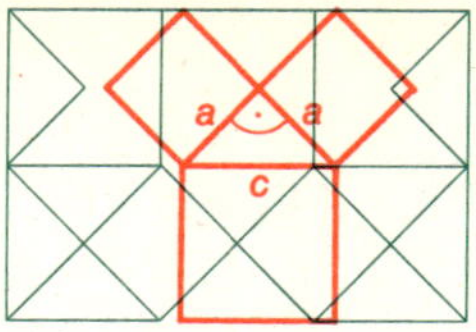

14.1.

4. Aus den Formeln (I) zum Kathetensatz (S. 13) folgt:

$$a^2 + b^2 = c \cdot p + c \cdot q = c(p + q) = c^2$$

Dasselbe ergibt sich geometrisch, wenn man in Fig. 14.2 wie in Fig. 13.4 verfährt und die beiden Kathetenquadrate durch je 2 Scherungen in die (roten) Rechtecke verwandelt.

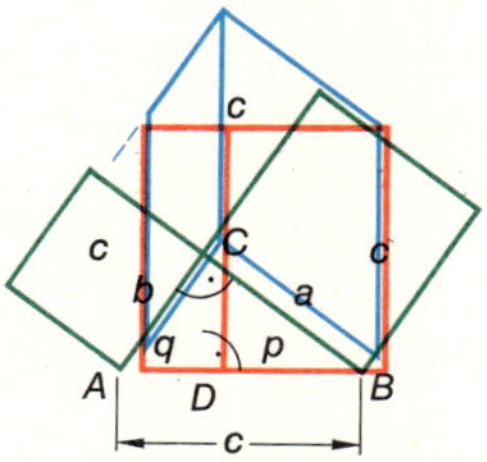

14.2. **Herleitung des Satzes von Pythagoras**

S 2 **Satz des Pythagoras: Im rechtwinkligen Dreieck ist die Summe der Inhalte der Kathetenquadrate gleich dem Inhalt des Hypotenusenquadrats:**

$$\boldsymbol{a^2 + b^2 = c^2} \quad \text{(Fig. 14.3)} \qquad \text{(II)}$$

Pythagoras von Samos (um 550 v. Chr.), Gründer einer Philosophenschule in Unteritalien, hat den allgemeinen Beweis wohl nicht gekannt; dieser wurde erst von seinen Schülern gefunden.

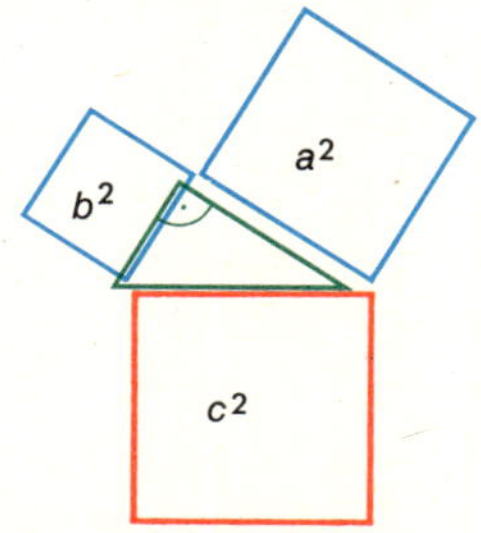

14.3. **Satz des Pythagoras** $c^2 = a^2 + b^2$

5. Der Satz des Pythagoras ist von größter Bedeutung für die Mathematik, Naturwissenschaften und Technik. Wir verwenden ihn besonders zur Bestimmung von Streckenlängen.

Beispiele:

1. Sind Quadrate mit den Seiten r und s gegeben ($r > s$), und ist ein Quadrat gesucht, dessen Inhalt die Differenz der Quadratinhalte ist, so verfährt man nach Fig. 14.4.

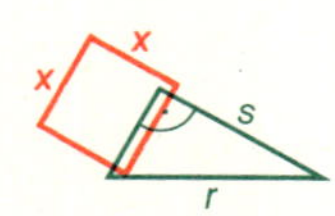

14.4. $x^2 = r^2 - s^2$

2. Für die **Diagonale d im Quadrat** mit Seite a gilt (14.5):

$$d^2 = a^2 + a^2 = 2\,a^2, \text{ also } \boldsymbol{d = a\sqrt{2}} \text{ bzw. } \boldsymbol{a = \frac{d}{\sqrt{2}} = \frac{d}{2}\sqrt{2}}.$$

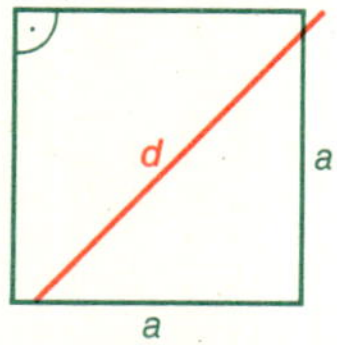

14.5. **Diagonale im Quadrat**

3. Für die **Höhe h** und den **Flächeninhalt A** im **gleichseitigen Dreieck** mit der Seite a gilt (Fig. 14.6):

$$h^2 = a^2 - \frac{a^2}{4} = \frac{3}{4}\,a^2, \quad \text{also} \quad \boldsymbol{h = \frac{a}{2}\sqrt{3}} \quad \text{und} \quad \boldsymbol{A = \frac{a^2}{4}\sqrt{3}}.$$

4. Ist $x_0 = \sqrt{5}$ gesucht, so stellt man die Gleichung auf: $x^2 = 5 = 2^2 + 1^2$ und findet die Lösung x_0 als Zahlenwert der Hypotenusenlänge eines rechtwinkligen Dreiecks, dessen Kathetenlängen die Zahlenwerte 2 und 1 besitzen.

Aufgaben

6. Löse Aufg. 2 mit Hilfe des Satzes von Pythagoras.

7. Zeichne Strecken der Länge (in cm): a) $\sqrt{13}$ b) $\sqrt{7}$ c) $\sqrt{11}$.

8. Löse zeichnerisch a) $x^2 = 8\,a^2$ b) $x^2 = \frac{5}{4}\,a^2$ c) $x^2 = \frac{7}{4}\,a^2$, wenn a die Länge einer gegebenen Strecke ist.

9. Gegeben sei eine Strecke mit Länge s. Konstruiere eine Strecke mit Länge a) $x_1 = \frac{1}{2}\,s\sqrt{2}$ b) $x_2 = \frac{1}{2}\,s\sqrt{3}$ c) $x_3 = \frac{1}{3}\,s\sqrt{10}$

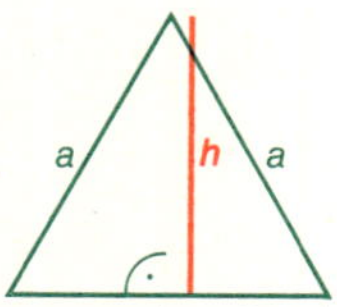

14.6. **Höhe im gleichseitigen Dreieck**

Der Höhensatz

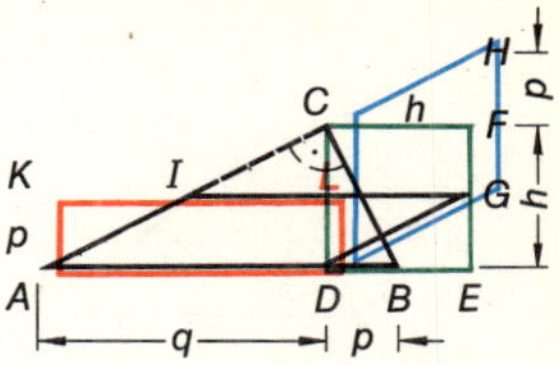

15.1. Beweis des Höhensatzes

6. In Fig. 15.1 geht das (grüne) Quadrat *CDEF* durch Scherung in das (blaue) Parallelogramm *CDGH* über und dieses dann durch Scherung in das (schwarze) Parallelogramm *ADGI* und durch eine weitere Scherung in das (rote) Rechteck *ADLK*. Dabei gilt: $\triangle CDB \cong \triangle CFH \cong \triangle DEG \cong \triangle IKA$, also $\overline{KA} = \overline{DB} = p$. Da $\overline{AD} = q$ und $\overline{CD} = \overline{DE} = h$ ist, folgt hieraus der

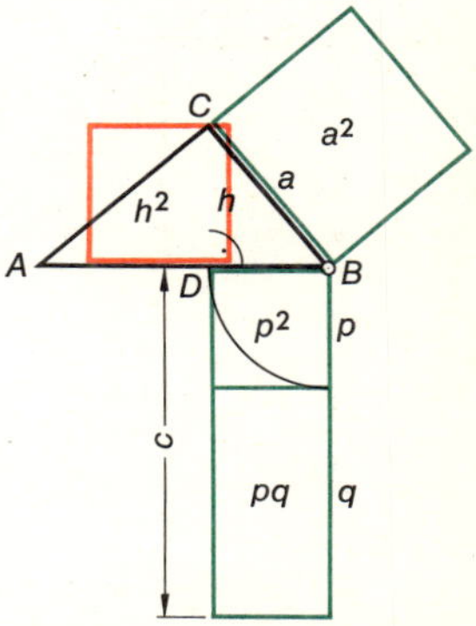

15.2. Beweis des Höhensatzes

S 3 **Höhensatz: Im rechtwinkligen Dreieck ist das Quadrat über der Höhe inhaltsgleich dem Rechteck aus den beiden Hypotenusenabschnitten:** $h^2 = p \cdot q$ (Fig. 15.2) (III)

Anderer Beweis: Aus Satz I und II folgt:

$$h^2 = a^2 - p^2 = cp - p^2 = p(c - p) = pq.$$

7. Der Höhensatz erlaubt wie der Kathetensatz die Lösung der Grundaufgabe: *Verwandle ein Rechteck in ein inhaltsgleiches Quadrat.* *Lösung:* Vgl. Fig. 15.3. Gib den Konstruktionstext an.

Aufgaben

10. Löse Aufg. 1 bis 4 von S. 13 mit Hilfe des Höhensatzes (15.4).

11. Löse zeichnerisch: a) $x^2 = \frac{4}{3}a^2 = \frac{4}{3}a \cdot a$ b) $x^2 = 1{,}2\,a^2$ c) $x^2 = 1{,}5\,a\,b$ wenn a und b gegebene Streckenlängen sind.

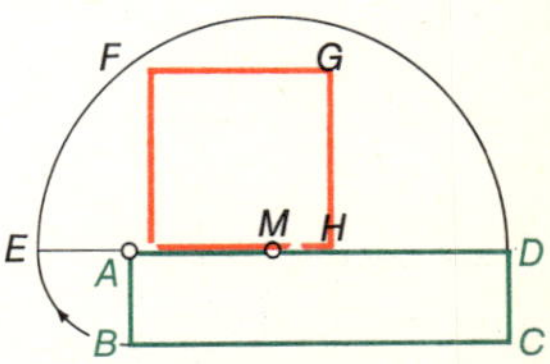

15.3. Verwandlung eines Rechtecks in ein Quadrat

12. Gegeben sei die Streckenlänge s. Konstruiere die Längen a) $x_1 = s\sqrt{12}$ b) $x_2 = s\sqrt{6{,}4}$ c) $x_3 = \frac{1}{2}s\sqrt{15}$ (Bilde x^2!)

13. Zeichne ein Quadrat, dessen Flächeninhalt a) $\frac{1}{3}$ b) $\frac{2}{5}$ c) das $1\frac{1}{2}$fache des Flächeninhalts eines Quadrats mit der Seite $a = 4{,}8$ cm ist.

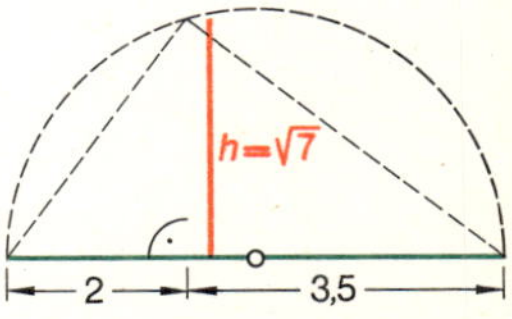

15.4. $h = \sqrt{2 \cdot 3{,}5} = \sqrt{7}$

Kehrsatz zum Satz des Pythagoras

S 4 **8.** *Wenn für die Seiten a, b, c eines Dreiecks ABC die Beziehung $a^2 + b^2 = c^2$ gilt, dann ist das Dreieck bei C rechtwinklig.*

Beweis: Zeichnet man ein rechtwinkliges Dreieck $A'B'C'$ mit den Katheten $a' = a$ und $b' = b$, so gilt für seine Hypotenuse $c'^2 = a'^2 + b'^2 = a^2 + b^2$, also $c' = c$. Die Dreiecke ABC und $A'B'C'$ stimmen also in den 3 Seiten überein, sind somit kongruent. Hieraus folgt $\sphericalangle ACB = \sphericalangle A'C'B' = 90°$.

Aufgaben

14. 4 Dreiecke haben die Seiten (in cm) a) 8; 6; 10 b) 4; 7,5; 8,5 c) 12; 4,5; 12,5 d) 11,2; 6,6; 13. Prüfe nach, welche der Dreiecke rechtwinklig sind.

15. Zeige: Die Zahlenwerte a) 3; 4; 5 b) 5; 12; 13 c) 8; 15; 17 d) 7; 24; 25 gehören zu Seiten rechtwinkliger Dreiecke (vgl. S. 21, Aufg. 10 bis 12).

16. Welche Gestalt hat ein Dreieck mit $a^2 - b^2 > c^2$ ($a^2 - b^2 < c^2$)?

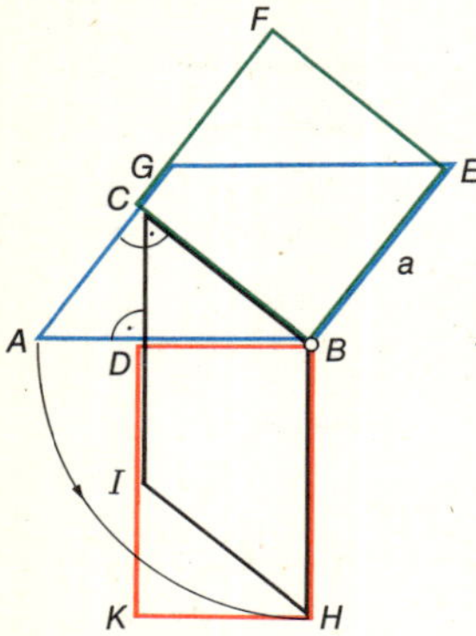

16.1. Kathetensatz

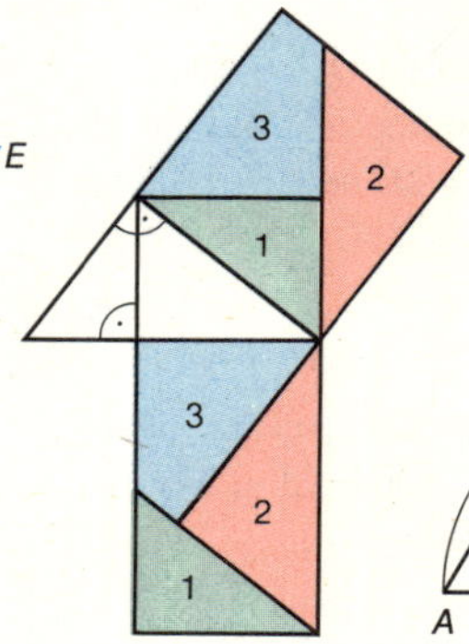

16.2. Kathetensatz

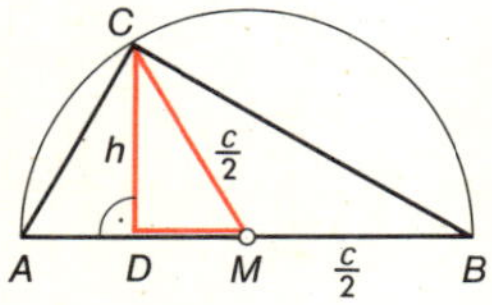

16.3. Höhensatz

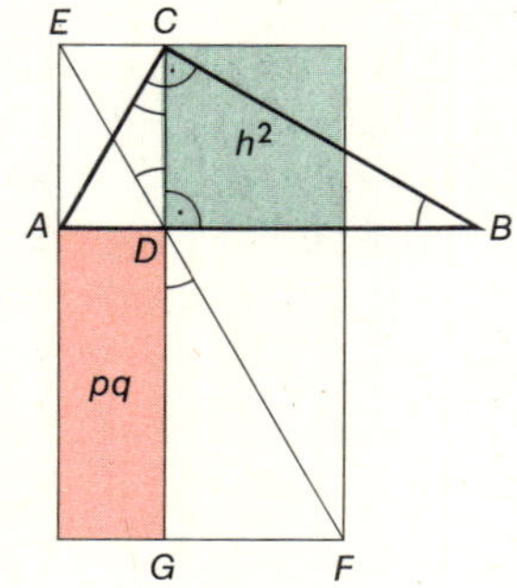

16.4. Höhensatz

60 Weitere Aufgaben zu den Flächensätzen beim rechtwinkligen Dreieck

Weitere Beweise der Flächensätze

1. Beweise den *Kathetensatz*

a) nach Fig. 16.1 mittels einer Scherung, einer Drehung und einer zweiten Scherung

b) durch Flächenzerlegung nach Fig. 16.2.

Wie gehen die Teilfiguren ineinander über?

2. Beweise den *Höhensatz*

a) nach Fig 16.3 aus $h^2 = \left(\frac{c}{2}\right)^2 - \overline{MD}^2 = \left(\frac{c}{2} + \overline{MD}\right)\left(\frac{c}{2} - \overline{MD}\right)$

b) nach Fig 16.4 mit Hilfe des Satzes von den Ergänzungsparallelogrammen. (Zeige, daß die 4 bezeichneten Winkel gleich groß sind und daher E, D, F auf einer Gerade liegen.)

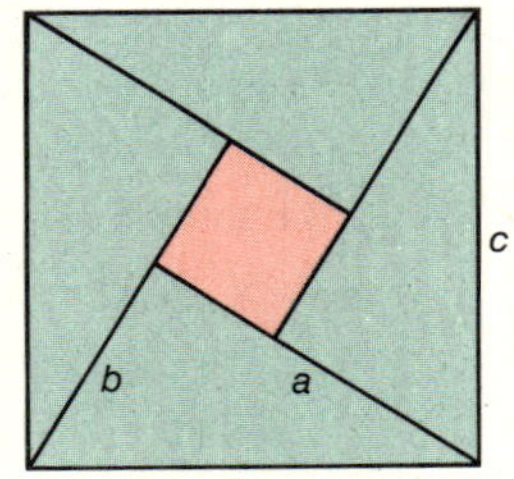

16.8. Satz des Pythagoras

3. Beweise den *Satz des Pythagoras*

a) nach Fig. 16.5 durch Drehung der getönten Dreiecke um D bzw. F. Modell! („Stuhl der Braut"; alter indischer Beweis.)

b) nach Fig. 16.6a) und b) durch Schiebung der getönten Dreiecke (indischer Beweis)

c) nach Fig. 16.7 durch Flächenzerlegung

d) nach Fig. 16.8 durch Flächenberechnung: $(a-b)^2 = c^2 - 4 \cdot \frac{1}{2}ab$. Welche Symmetrie zeigen die Figuren 16.6 bis 8?

Wie gehen die Teilfiguren ineinander über?

16.5. bis 16.7. Beweise zum Satz des Pythagoras

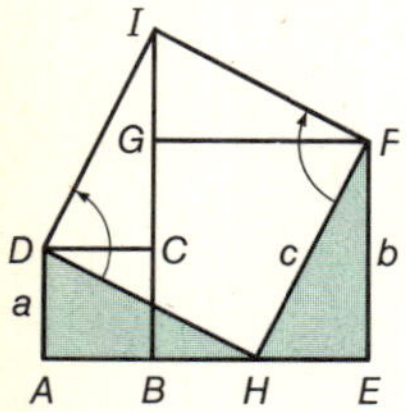

16.5.

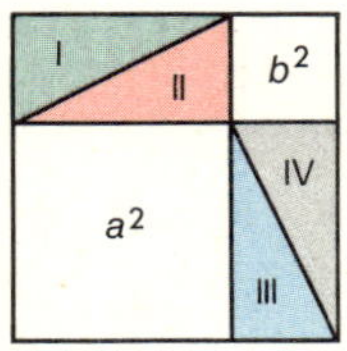

16.6. a

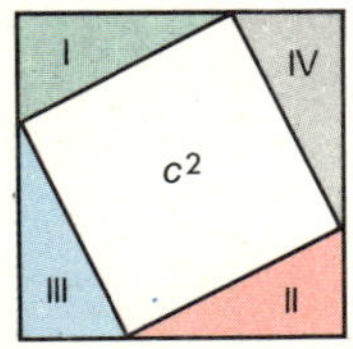

16.6. b

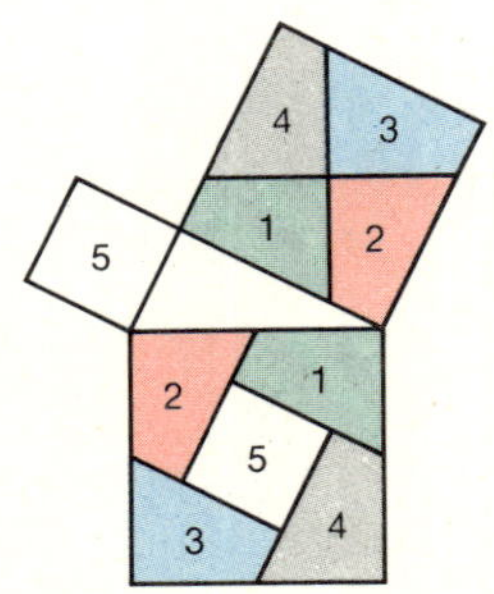

16.7

Flächenverwandlungen und Konstruktionen

4. Zeichne ein Quadrat, dessen Flächeninhalt a) gleich der Summe b) gleich der Differenz der Flächeninhalte zweier gegebener Quadrate ist.

5. Zeichne ein Quadrat, dessen Flächeninhalt gleich der Summe der Flächeninhalte von a) 3 b) 4 gegebenen Quadraten ist.

6. Zeige: In Fig. 17.1 sind u, v, w, x, y die Seiten von Quadraten mit den Flächeninhalten $2a^2$, $3a^2$, $4a^2$, $5a^2$, $6a^2$. Wie groß sind also u, v, w, x, y?

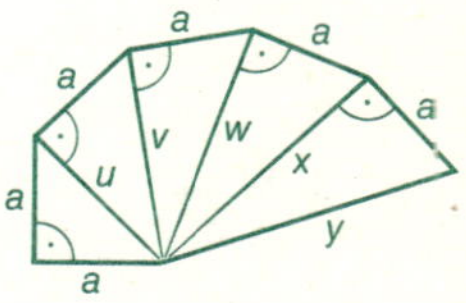

17.1.

7. Konstruiere eine Raute mit der gegebenen Seite a, deren Flächeninhalt doppelt so groß ist wie der Flächeninhalt eines gegebenen Quadrats mit der Seite b. Wie groß muß a mindestens sein, damit die Aufgabe lösbar ist?

8. a) Verwandle ein gleichseitiges Dreieck in ein Quadrat und berechne die Quadratseite (vgl. S. 14, Nr. 3). b) Verwandle das Quadrat über der Höhe eines gleichseitigen Dreiecks in ein Rechteck, dessen eine Seite die Dreieckseite ist.

Berechnungen an ebenen Figuren (prüfe stets durch eine Zeichnung nach)

9. In einem *rechtwinkligen Dreieck* (Fig. 13.3) können von den 6 Stücken a, b, c, p, q, h jeweils zwei Stücke vorgeschrieben werden. Berechne die übrigen. a) $a = 4$ cm, $b = 3$ cm b) $a = 4{,}5$ m, $c = 7{,}5$ m c) $b = 4{,}8$ cm, $q = 3{,}0$ cm d) $c = 8$ cm, $h = 3$ cm e) $p = 2{,}4$ cm, $q = 3{,}6$ cm f) $a = 5{,}4$ cm, $h = 3{,}6$ cm.

10. Berechne die Diagonale a) in einem *Quadrat* mit $a = 3{,}2$ cm b) in einem *Rechteck* mit $a = 4{,}5$ cm, $b = 2{,}7$ cm c) in einem *gleichschenkligen Trapez* mit Grundseiten $a = 6{,}4$ cm, $c = 3{,}6$ cm und Höhe $h = 2{,}5$ cm.

11. Berechne den Flächeninhalt a) eines *gleichseitigen Dreiecks* mit $a = 5$ cm b) eines *gleichschenkligen Dreiecks* mit Grundseite $c = 3{,}2$ cm und Schenkel $s = 4{,}8$ cm c) einer *Raute* mit $a = 3$ cm und $e = 5$ cm d) eines *regelmäßigen Sechsecks* mit Seite $a = 4$ cm.

12. Berechne Seite und Flächeninhalt eines *Quadrats* mit der Diagonale $d = 6$ cm.

13. Berechne die Seite eines *regelmäßigen* a) *Dreiecks* b) *Sechsecks* mit dem Flächeninhalt $A = 18\ \text{cm}^2$.

14. Berechne die Hypotenuse eines *rechtwinkligen Dreiecks* mit der einen Kathete a und der andern Kathete a) $2a$ b) $3a$ c) $\frac{1}{2}a$ d) $\frac{2}{3}a$.

15. Berechne die zweite Kathete eines *rechtwinkligen Dreiecks* mit der Hypotenuse c und der einen Kathete a) $\frac{1}{2}c$ b) $\frac{1}{3}c$ c) $\frac{3}{4}c$ d) $\frac{3}{5}c$.

16. a) In einem *gleichschenkligen Dreieck* ist der Umfang $u = 16$ cm und die Höhe $h = 4$ cm. Wie groß sind die Seiten?
b) Dieselbe Aufgabe für $u = 48{,}4$ cm, $h = 17{,}6$ cm

17. Berechne die fehlende der 3 Größen r, s, a in Fig. 17.2 für a) $r = 3$ cm, $s = 4{,}8$ cm b) $r = 4$ cm, $a = 2$ cm c) $s = 6$ cm, $a = 2{,}5$ cm. Stelle eine Formel auf.
Wie ändert sich s, wenn a zunimmt und r fest bleibt?

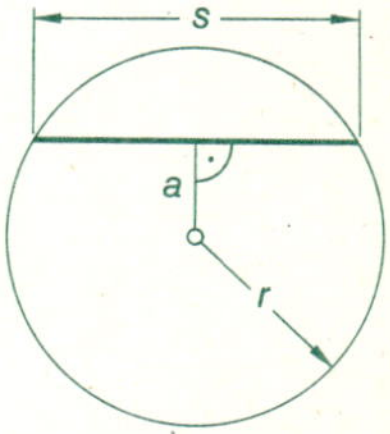

17.2. Sehne im Kreis

Berechnungen an Körpern

18. Zeige: Ein **Würfel** mit der Kante a (Fig. 18.1) hat die **Raumdiagonale** $\boldsymbol{e = a\sqrt{3}}$. (Verwende das rote Dreieck.) Wie kann man e konstruieren?

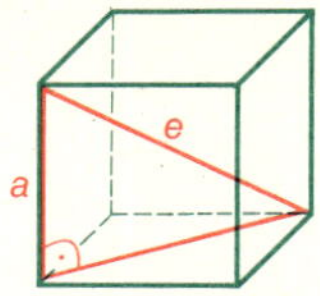

18.1. Raumdiagonale im Würfel

19. Berechne und konstruiere die Raumdiagonale d eines *Quaders* mit den Kanten a, b, c. Zeige: $d^2 = a^2 + b^2 + c^2$. (*Beispiel:* $a = 4{,}5$ cm, $b = 6$ cm, $c = 10$ cm.)

20. Eine *regelmäßige vierseitige Pyramide* (Fig. 18.2) hat die Grundkante a, die Seitenkante k und die Höhe h. Berechne und konstruiere die fehlende der drei Größen für a) $a = 6$ cm, $k = 8$ cm b) $a = 5$ cm, $h = 6$ cm.

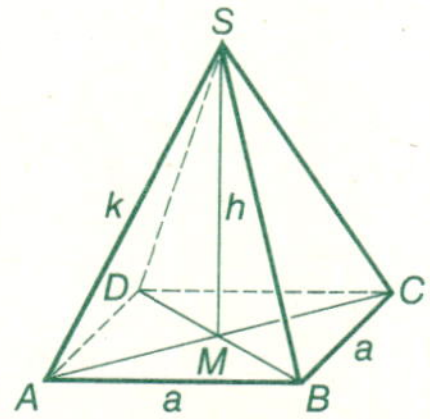

18.2. Regelmäßige vierseitige Pyramide

21. Berechne den Oberflächeninhalt der *Pyramiden* in Aufg. 20.

22. Berechne und konstruiere die Höhe eines *regelmäßigen Achtflachs* oder *Oktaeders* mit der Kante a (Fig. 18.3).

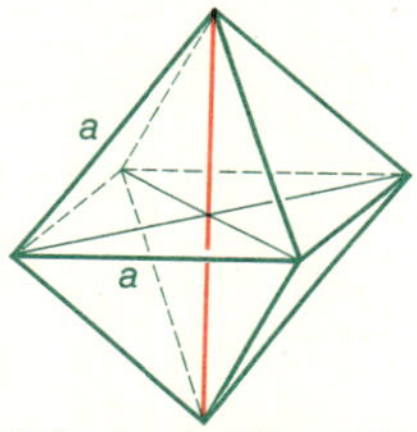

18.3. Regelmäßiges Achtflach (Oktaeder)

23. Eine regelmäßige vierseitige Pyramide (vgl. Fig. 18.2) habe 8 gleiche Kanten von der Länge $a = 4$ cm.

a) Wie groß ist der Oberflächeninhalt der Pyramide?

b) Berechne auf doppelte Weise die Höhe.

c) Wieso sind die Kanten AS und CS orthogonal?

24. a) Auf einen Würfel mit der Kante $a = 4$ cm ist eine regelmäßige Pyramide aufgesetzt, deren Seitenkante $k = 3$ cm ist (Fig. 18.4). Wie groß ist die Höhe h der Pyramide, und wie weit ist die Spitze S von der Ecke A entfernt?

b) Löse dieselbe Aufgabe für $a = 8$ cm, $k = 9$ cm; $a = 6$ cm, $k = 5$ cm; $a = 10$ cm, $k = 13$ cm.

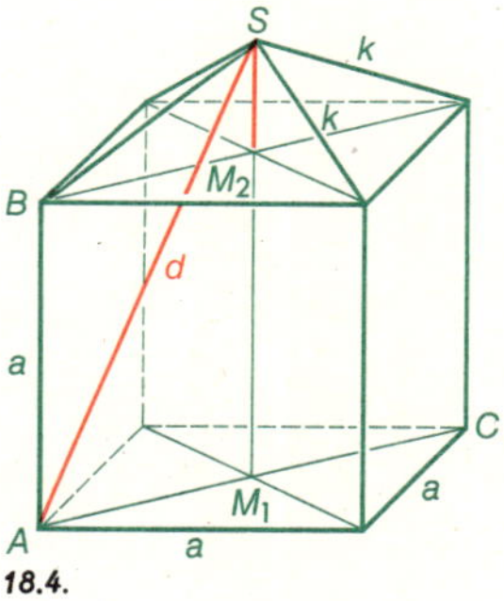

18.4.

25. Berechne den Oberflächeninhalt des Körpers in Fig. 18.4 a) $a = 6$ cm, $k = 5$ cm b) $a = 10$ cm, $k = 13$ cm.

26. Fig. 18.5 zeigt das Bild einer regelmäßigen Pyramide, deren Grundfläche das gleichseitige Dreieck ABC mit der Seite a und deren Seitenkante $\overline{AS} = k$ ist. Berechne die Höhe $\overline{MS} = h$ der Pyramide, wenn
a) $a = 9$ cm, $k = 14$ cm b) $a = 25$ cm, $k = 38$ cm ist.
(*Anl.:* M ist Schwerpunkt des Dreiecks ABC; wie groß ist also $\overline{AM} : \overline{MD}$?)

27. Beweise, daß die Pyramide der Fig. 18.5 die Höhe $h = \frac{a}{3}\sqrt{6}$ hat, wenn $k = a$ ist (*regelmäßiges Vierflach* oder *Tetraeder*[1]). Wie groß ist der Oberflächeninhalt?

28. Berechne die Höhe $\overline{DS}$ des Seitendreiecks BCS und den Oberflächeninhalt der Pyramide in Fig. 18.5 für
a) $a = 10$ cm, $k = 13$ cm b) $a = 6$ cm, $k = 10$ cm.

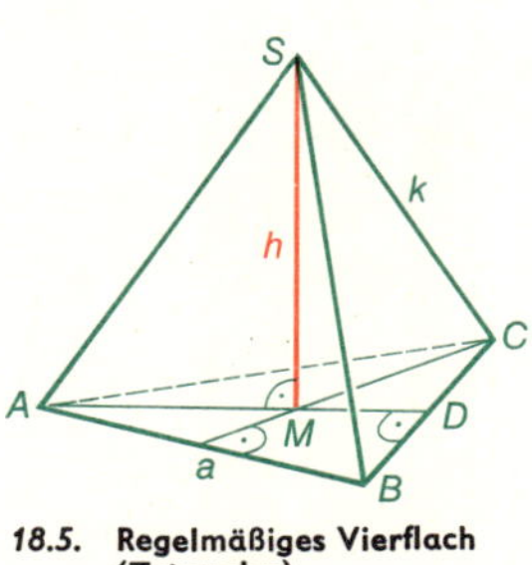

18.5. Regelmäßiges Vierflach (Tetraeder)

---

1. tettares (griech.), vier und hedra (griech.), Fläche.

Anwendungen

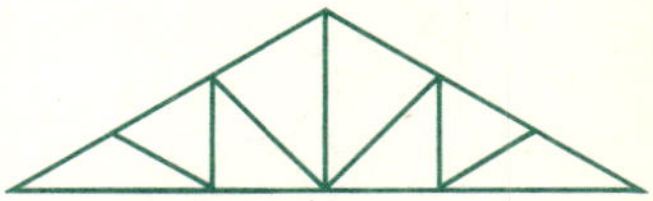

19.1. Fachwerkträger

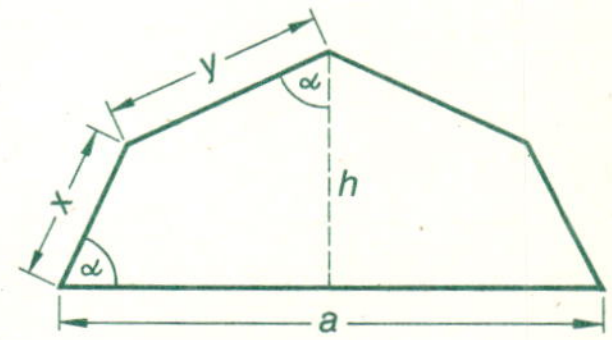

19.2. Giebeldreieck

29. a) Das Giebeldreieck eines *Satteldachs* ist 9,00 m (8,40 m) breit und 5,00 m (4,80 m) hoch. Wie lang sind die Sparren, wenn sie an der Dachtraufe 30 cm überstehen?

b) Ein 8,00 m (7,50 m) breites Satteldach hat 6,20 m (5,60 m) lange Sparren, die an der Dachtraufe 20 cm überstehen. Wie hoch ist das Giebeldreieck?

30. a) Ein *Kirchturmdach* hat die Form einer regelmäßigen vierseitigen Pyramide mit der Grundkante $a = 4{,}0$ m (3,0 m) und der Höhe $h = 6{,}0$ m (7,0 m). Bestimme die Seitenkante k und den Dachflächeninhalt A.

b) Bestimme h und A, wenn $a = 4{,}5$ m (3,6 m) und $k = 7{,}5$ m (6,0 m) ist.

▸ **31.** Bei dem in Fig. 19.1 dargestellten *Fachwerkträger* ist ein Paar von Dreiecken gleichseitig, die jeweils benachbarten sind gleichschenklig. Berechne alle Winkel und Stäbe, wenn die Gesamtbreite 8 m beträgt. Zeichne den Träger. (*Anleitung:* Bezeichne die Länge der beiden gleichlangen senkrechten Pfosten mit x, drücke die Gesamtbreite damit aus.)

▸ **32.** Bei dem *Dach* in Fig. 19.2 ist $a = 10{,}8$ m, $h = 4{,}8$ m und $\alpha = 60°$. Berechne x und y und zeichne das Dach.

33. Ein gerader *Weg* steigt auf einer Länge von 320 m (180 m) gleichmäßig um 48 m (25 m) an. Wie lang ist er auf der Karte? a) 1 : 25000 b) 1 : 10000? (*Anleitung:* Beachte, daß die Karte nur waagrechte Entfernungen angibt.)

34. Beim Wetterdienst mißt man bei Nacht die Höhe der Wolkenuntergrenze mit einem Wolkenscheinwerfer. Die Basis vom Beobachter zum vertikal nach oben strahlenden Wolkenscheinwerfer sei 150 m. Wie hoch ist die Wolkenuntergrenze, wenn der Lichtfleck an der Wolke unter einem Erhebungswinkel von 30° (45°, 60°) festgestellt wird?

35. Eine Zahnradbahnstrecke ist auf einer Landkarte 13,3 cm lang (Maßstab 1 : 25000). Sie überwindet auf dieser Strecke gleichmäßig einen Höhenunterschied von 475 m. Wie lang ist die Zahnradbahnstrecke?

36. Der württembergischen Landesvermessung liegt ein rechtwinkliges Achsenkreuz zugrunde, dessen Nullpunkt im Tübinger Schloß liegt. Die x-Achse zeigt nach Osten, die y-Achse nach Norden. Berechne die Seiten von $\triangle\, SUH$. Zeichne im Maßstab 1 : 1000000.

	Stiftskirchenturm Stuttgart (S),	Ulmer Münster (U),	Hohenstaufen (H)
Koordinaten (in m) x	+ 9320	+ 69680	+ 48980
(auf 10 m gerundet) y	+ 28560	− 13050	+ 25040

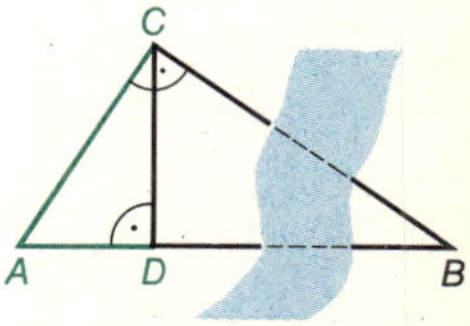

19.3. Unzugänglicher Punkt

37. Bestimme nach Fig. 19.3 die *Entfernung eines unzugänglichen Punktes* B von A durch Messung der Strecken AC und AD. Erläutere das Verfahren. *Beispiel:* $\overline{AC} = 64{,}0$ m, $\overline{AD} = 28{,}8$ m.

38. Stelle die Flächen der Erdteile als Quadrate dar, wenn Europa 10, Asien 44, Afrika 30, Amerika 42, Australien 9, die Antarktis 14 Millionen km² mißt (Maßstab 1 : 100000000).

61 Weitere Flächensätze beim Dreieck

1. In $\triangle ABC$ von Fig. 20.1 und 2 ist $AD \perp BC$ und $BI \perp AC$. Es ist also $\overline{CD} = b_a$ die *Projektion* von AC auf (BC) und $\overline{CI} = a_b$ die *Projektion* von BC auf (AC). Ferner ist $CF \perp BC$ und $\overline{CF} = \overline{DE} = a$, ebenso $CG \perp AC$ und $\overline{CG} = \overline{IH} = b$. Nun gilt der Satz:

S 1 **Projektionssatz: Bei jedem Dreieck ist das Rechteck aus einer Seite und der Projektion einer zweiten auf sie inhaltsgleich dem Rechteck aus dieser zweiten Seite und der Projektion der ersten auf die zweite.**

$$\boldsymbol{a \cdot b_a = b \cdot a_b} \quad \text{(Fig. 20.1 und 2)}$$

Beweis (Fig. 20.1 und 2): □ $CDEF$ geht durch Scherung in ▱ $CAKF$ über, □ $CGHI$ durch Scherung in ▱ $CGLB$. Nun ist ▱ $CAKF \cong$ ▱ $CGLB$, da sie in den Seiten a und b sowie dem Winkel $R + \gamma$ (bzw. $3R - \gamma$) übereinstimmen.

Bemerkung: Haben die Rechtecke $CDEF$ und $CGHI$ beim spitzwinkligen Dreieck ABC (Fig. 20.1) einen positiven Umlaufsinn, so besitzen sie bei gleicher Beschriftung im Fall des stumpfwinkligen Dreiecks (Fig. 20.2) einen negativen Umlaufsinn. Ist $\triangle ABC$ bei C rechtwinklig, so haben die Rechtecke den Inhalt 0.

2. Der Projektionssatz führt zu einer Erweiterung des Satzes von Pythagoras auf beliebige Dreiecke:

Verallgemeinerter Satz des Pythagoras (Fig. 20.3 und 4):

S 2 *Der Inhalt des Quadrates über einer Dreieckseite, die einem spitzen (stumpfen) Winkel gegenüberliegt, ist ebenso groß wie die Summe der Inhalte der Quadrate über den beiden andern Seiten, vermindert (vermehrt) um den doppelten Inhalt des Rechtecks aus der einen Seite und der Projektion der andern auf sie:*

$$\boldsymbol{c^2 = a^2 + b^2 - 2\,b \cdot a_b} \quad \text{oder} \quad \boldsymbol{c^2 = a^2 + b^2 - 2\,a \cdot b_a}$$

$$(c^2 = a^2 + b^2 + 2\,b \cdot a_b \quad \text{oder} \quad c^2 = a^2 + b^2 + 2\,a \cdot b_a)$$

Beweis: a) Ist γ spitz (Fig. 20.3), so gilt für die Flächeninhalte I, II, III, IV, V, VI nach dem Projektionssatz I = III, II = IV, V = VI, also

$$\text{I} + \text{II} = \text{III} + \text{IV} = (\text{III} + \text{V}) + (\text{IV} + \text{V}) - 2 \cdot \text{V} = (\text{III} + \text{V}) + (\text{IV} + \text{VI}) - 2 \cdot \text{VI}.$$

b) Ist γ stumpf (Fig. 20.4), so ist I = III, II = IV, V = VI, also

$$\text{I} + \text{II} = \text{III} + \text{IV} = (\text{III} - \text{V}) + (\text{IV} - \text{V}) + 2 \cdot \text{V} = (\text{III} - \text{V}) + (\text{IV} - \text{VI}) + 2 \cdot \text{VI}.$$

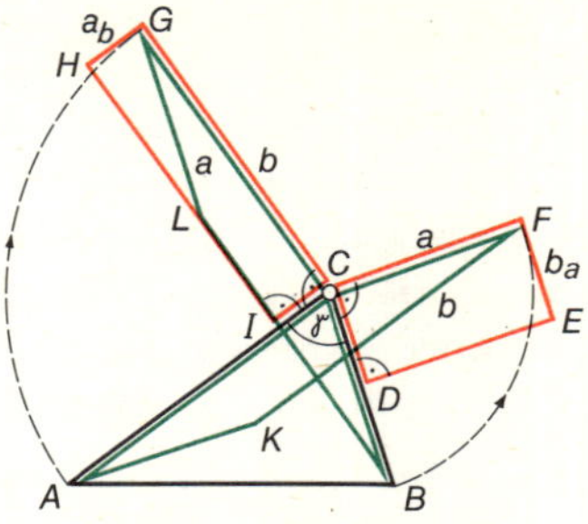

20.1. Projektionssatz $a \cdot b_a = b \cdot a_b$

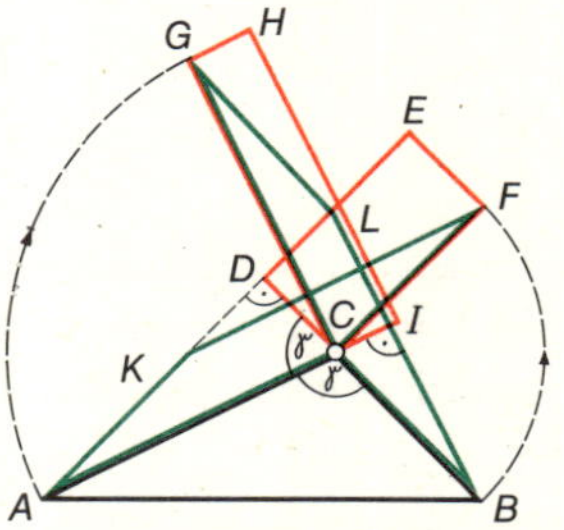

20.2. Projektionssatz beim stumpfwinkligen Dreieck

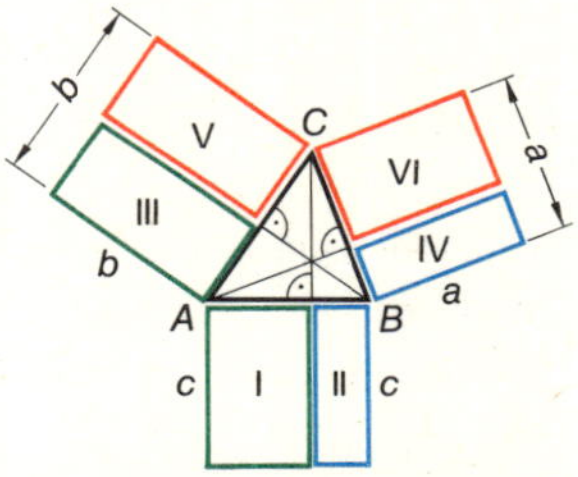

20.3. Verallgemeinerter Satz des Pythagoras: $c^2 = a^2 + b^2 - 2b \cdot a_b$ oder $c^2 = a^2 + b^2 - 2a \cdot b_a$

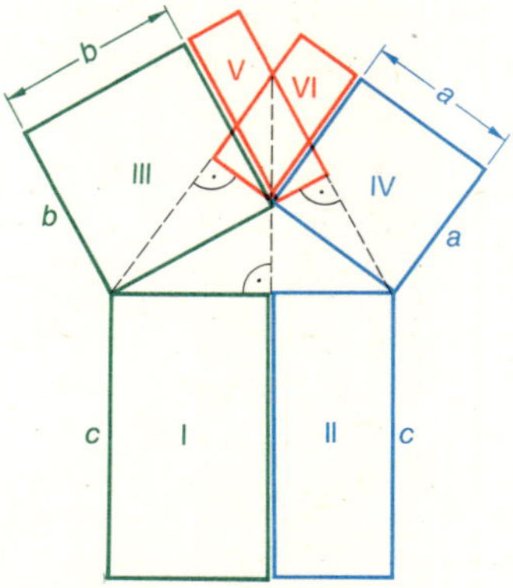

20.4. $c^2 = a^2 + b^2 + 2b \cdot a_b$

Aufgaben (über schiefwinklige und rechtwinklige Dreiecke)

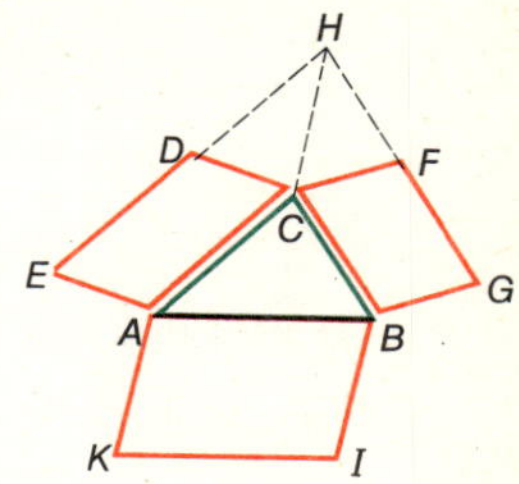

21.1.

1. Wie ergibt sich aus S 2 der Satz des Pythagoras für das rechtwinklige Dreieck?

2. Zeichne $\triangle ABC$ von Fig. 20.1 und 2 in doppelter Größe und verdeutliche $a \cdot c_a = c \cdot a_c$.

3. Zeige, daß der Kathetensatz ein Sonderfall des Projektionssatzes ist.

4. In einem Dreieck ist a) $a = 4$ cm, $b = 6$ cm, $\gamma = 45°$ b) $b = 5$ cm, $c = 6$ cm, $\alpha = 60°$. Berechne die dritte Seite nach S 2 auf zwei Arten.

5. a) Beweise mittels Scherungen den Satz (Fig. 21.1):

S 3 Zeichnet man über den Seiten AC und BC eines Dreiecks ABC Parallelogramme $ACDE$ und $BCFG$ und schneiden sich ED und GF in H, so ist die Summe der Parallelogramminhalte gleich dem Inhalt des Parallelogramms $ABIK$, bei welchem $\overline{AK} = \overline{CH}$ und $AK \parallel CH$ ist.

b) Was ergibt sich, wenn $\gamma = 90°$ ist und die beiden ersten Parallelogramme Quadrate sind?

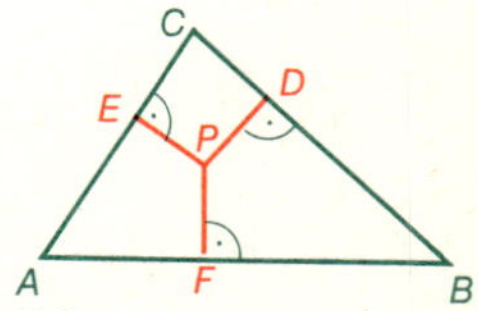

21.2.

6. In Fig. 21.2 ist P ein beliebiger Punkt im Innern von $\triangle ABC$.
a) Beweise: $\overline{AF}^2 + \overline{BD}^2 + \overline{CE}^2 = \overline{BF}^2 + \overline{CD}^2 + \overline{AE}^2$.
b) Wieso folgt aus a), daß sich die 3 Mittelsenkrechten (die 3 Höhen) des Dreiecks in *einem* Punkt schneiden?

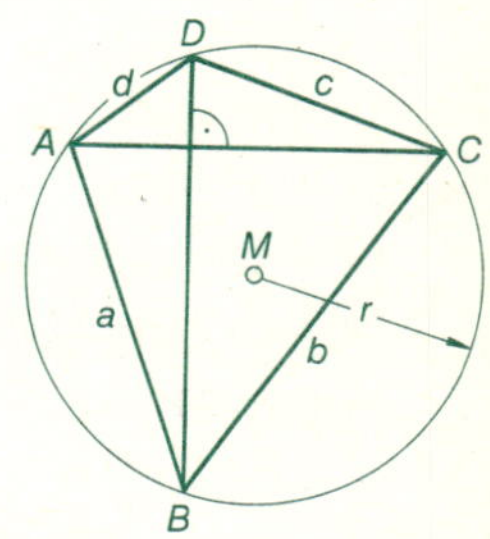

21.3.

7. Zeige: In Fig. 21.3 ist $a^2 + c^2 = b^2 + d^2 = 4r^2$.
(*Anl.:* Zeichne den Durchmesser AE und zeige, daß $\overline{BE} = c$ ist.)

8. Zeige: In Fig. 21.4 ist $\overline{AB}^2 = \overline{AP} \cdot \overline{AC} + \overline{BP} \cdot \overline{BD}$, falls $\overline{PM} \geqq r$ ist.

9. Zeige: In Fig. 21.5 ist $\overline{AP} \cdot \overline{BQ} = r^2$.

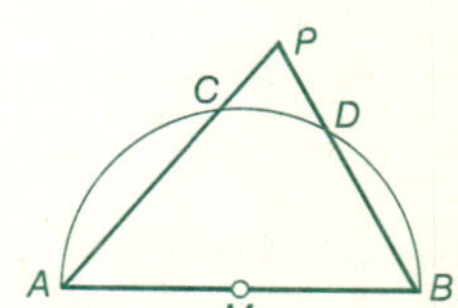

21.4.

D 1 Ein rechtwinkliges Dreieck, bei dem die Zahlenwerte der Seitenlängen (in einer geeigneten Einheit gemessen) natürliche Zahlen sind, heißt ein *pythagoreisches Dreieck;* die 3 Zahlenwerte heißen *pythagoreische Zahlen* (vgl. S. 15, Aufg. 15).

10. a) Zeige: Setzt man für u und v beliebige natürliche Zahlen und berechnet $a = u^2 - v^2$, $b = 2uv$, $c = u^2 + v^2$, so sind a, b, c pythagoreische Zahlen.
b) Setze für u und v die Zahlen 1, 2, 3, 4, … $(u > v)$. Vergleiche mit Aufg. 11.

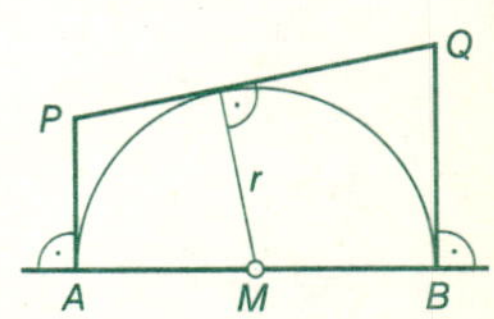

21.5.

11. Stelle eine 12teilige Knotenleine her (Fig. 21.6). Stecke damit im Gelände rechte Winkel ab.

12. Stelle pythagoreische Zahlen nach folgender Rechenvorschrift auf: Eine ungerade Zahl wird quadriert, dann 1 abgezogen und der Rest halbiert; diese Zahl und die um 1 größere sowie die ursprüngliche bilden 3 pythagoreische Zahlen.
a) Weise dies an einigen Zahlenbeispielen nach. b) Beweise die Rechenvorschrift allgemein. (Setze für die erste Zahl $2n + 1$.)

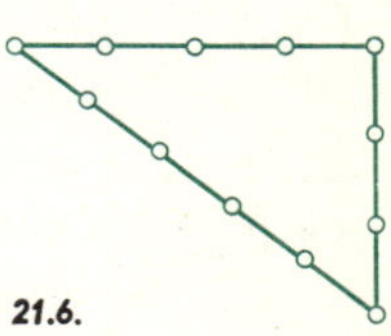
21.6.

X Zentrische Streckung. Perspektive Ähnlichkeit

62 Das Verhältnis von Streckenlängen und von Flächeninhalten

Das Verhältnis von Streckenlängen

❶ Gib gemeinsame Maße an für die Streckenlängen $a = 4{,}8$ cm, $b = 7{,}2$ cm. Welches ist das größte gemeinsame Maß t? Bestimme ($p, q \in \mathbb{N}$) so, daß $a = p\,t$, $b = q\,t$ ist. Vergleiche die Quotienten $4{,}8 : 7{,}2$ und $p : q$.

❷ Gib für ein Quadrat mit der Seitenlänge $a = 3$ cm die Diagonalenlänge d (in cm) an. Warum gibt es kein gemeinsames Maß für a und d? Was für eine Zahl ist der Quotient der Zahlenwerte von d und a?

1. In D 7 von § 56 wurde festgelegt: Wenn es zu zwei Streckenlängen a und b eine Länge t gibt, die ganzzahlig in a und b enthalten ist, so heißt t ein gemeinsames Maß von a und b. Es ist dann $a = p\,t$, $b = q\,t$ mit $(p, q \in \mathbb{N})$.
Beispiel (Fig. 22.1): $a = 7\,t$, $b = 3\,t$, $t = \frac{1}{2}$ cm.

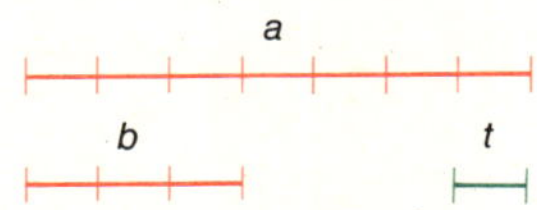

22.1. $a = 7\,t$; $b = 3\,t$

2. Will man zwei Streckenlängen vergleichen, so liegt es nahe, bei maßverwandten Längen $a = p\,t$ und $b = q\,t$ $(p, q \in \mathbb{N})$, den Quotienten $p : q$ zu betrachten (in Fig. 22.1 also $7 : 3$). Bei *beliebigen* Längen definiert man allgemein:

D 1 **Der Quotient der Zahlenwerte zweier Streckenlängen, bezogen auf dieselbe Längeneinheit, heißt das Verhältnis oder der Quotient der Streckenlängen.**

Ist t die Längeneinheit und sind $\boldsymbol{a = u\,t}$ und $\boldsymbol{b = v\,t}$ mit $(u, v \in \mathbb{R}^+)$ zwei Längen, so ist nach D 1 das Verhältnis der Längen: $\boldsymbol{a : b = u : v}$ oder $\boldsymbol{\frac{a}{b} = \frac{u}{v}}$.

In Ergänzung zu D 1 ist noch zu zeigen, daß das Verhältnis nicht von der Wahl der Längeneinheit abhängt. Nimmt man nämlich statt t die Längeneinheit e und ist $t = k\,e$ mit $k \in \mathbb{R}^+$, so ist nach Aufg. 8 von S. 8: $a = u\,t = u\,(k\,e) = (u\,k)\,e$ und $b = v\,t = v\,(k\,e) = (v\,k)\,e$, also $a : b = (u\,k) : (v\,k) = u : v$.

3. Ist $a = p\,t$ und $b = q\,t$ $(p, q \in \mathbb{N})$, so gilt $a : b = p : q$ oder $\frac{a}{b} = \frac{p}{q} \in \mathbb{Q}^+$.

S 1 *Sind zwei Streckenlängen maßverwandt, so ist ihr Verhältnis eine rationale Zahl.*

Beispiel (Fig. 22.1): Für $a = 7\,t = 7 \cdot 0{,}5$ cm, $b = 3\,t = 3 \cdot 0{,}5$ cm ist $\frac{a}{b} = \frac{7 \cdot 0{,}5\text{ cm}}{3 \cdot 0{,}5\text{ cm}} = \frac{7}{3}$.

4. Zu S 1 ist auch der Kehrsatz richtig:

S 2 *Ist das Verhältnis zweier Längen eine rationale Zahl, so sind die Längen maßverwandt.*

Beweis: Ist $a = u\,t$, $b = v\,t$, so ist $\frac{a}{b} = \frac{u}{v}$, also $\frac{u}{v} = \frac{p}{q}$ mit $(p, q \in \mathbb{N})$.
Hieraus folgt: $u = k\,p$, $v = k\,q$, also $a = k\,p\,t = p(k\,t)$, $b = k\,q\,t = q(k\,t)$.

5. S 1 und S 2 fassen wir zusammen in dem Satz:

S 3 **Das Verhältnis zweier Streckenlängen ist genau dann eine rationale Zahl, wenn die Streckenlängen maßverwandt** (*kommensurabel*) **sind** (vgl. § 56, S 1). Oder auch:

S 3a *Das Verhältnis zweier Streckenlängen ist genau dann eine irrationale Zahl, wenn die Streckenlängen maßfremd (inkommensurabel) sind* (vgl. § 58, S 4).

Beispiel: Im Quadrat mit Seitenlänge a ist die Diagonalenlänge $d = a \cdot \sqrt{2}$, also $d : a = \sqrt{2}$.

Aufgaben

1. Bestimme gemeinsame Maße, das größte gemeinsame Maß und das Verhältnis bei
a) $a = 4$ cm, $b = 6$ cm b) $c = 2{,}5$ cm, $d = 6{,}0$ cm c) $e = 8{,}0$ cm, $f = 11{,}2$ cm
d) $u = 9$ mm, $v = 11$ mm e) $w = 16{,}5$ m, $x = 22{,}5$ m f) $y = 3{,}24$ m, $z = 4{,}86$ m

2. Bestimme bei folgenden Strecken das Verhältnis ihrer Längen und gib an, ob die Strecken maßverwandt sind. a) Kante und räumliche Diagonale eines Würfels
b) Hypotenuse und kleine (große) Kathete eines 30°-Zeichendreiecks
c) In- und Umkreishalbmesser eines regelmäßigen Sechsecks.

3. Gegeben ist eine Streckenlänge s. Zeichne eine Strecke mit der Länge x so, daß
a) $s : x = 2 : 3$ b) $s : x = 4 : 5$ ist.

▶ **4.** Konstruiere zu einer gegebenen Streckenlänge s die Strecke mit Länge x so, daß gilt:
a) $s : x = 1 : \sqrt{5}$ b) $s : x = \sqrt{3} : 1$ c) $s : x = \sqrt{2} : \sqrt{3}$. Warum sind s und x maßfremd?

5. a) Zeige: Sind die Zahlenwerte zweier Streckenlängen rational (z. B. 2 und 3), so kann man die Einheitsstrecke stets so abändern, daß die Zahlenwerte irrational werden, (z. B. $2\sqrt{3}$ und $3\sqrt{3}$). Warum ist der Quotient dieser Zahlenwerte rational?
b) Zeige: Ist bei zwei Streckenlängen der Zahlenwert der einen rational, der der andern irrational, so sind die Strecken maßfremd. Gib Beispiele an.
c) Zeige: Sind die Zahlenwerte zweier Streckenlängen irrational, so können die Strecken maßverwandt oder maßfremd sein. Gib Beispiele an.

6. a) Konstruiere zu den Streckenlängen a und b eine Strecke mit der Länge x so, daß $a : x = x : b$, also $x^2 = a\,b$ oder $x = \sqrt{a\,b}$ ist. (Nimm den Katheten- oder Höhensatz.)
b) Zeige: Ist $a \neq b$, so liegt x zwischen a und b. Ist $a = b$, so ist $x = a = b$.

D 2 Bedeuten a und b zwei Streckenlängen oder aber nichtnegative reelle Zahlen, so nennt man $g = \sqrt{a\,b}$ **das geometrische Mittel von a und b.**
c) Drücke den Kathetensatz (Höhensatz) mit Benutzung des „geometrischen Mittels" aus.
d) Zeige: $g = \sqrt{a\,b}$ ist nicht größer als das „arithmetische Mittel" $m = \frac{1}{2}(a + b)$.

Das Verhältnis von Flächeninhalten

D 3 **Der Quotient der Zahlenwerte zweier Flächeninhalte,** bezogen auf dieselbe Flächeneinheit, **heißt das Verhältnis oder der Quotient der Flächeninhalte.**

Beispiel: Bei zwei Rechtecken mit den Seitenlängen $a_1 = 4$ cm, $b_1 = 3$ cm bzw. $a_2 = 12$ mm, $b_2 = 8$ mm ist $\frac{A_1}{A_2} = \frac{40 \cdot 30\,\text{mm}^2}{12 \cdot 8\,\text{mm}^2} = \frac{5 \cdot 5}{2 \cdot 1} = 12{,}5.$

Aufgaben

7. a) Bestimme $A_1 : A_2$ bei 2 Rechtecken mit den Seiten $a_1 = u_1\,t$, $b_1 = v_1\,t$ bzw. $a_2 = u_2\,t$, $b_2 = v_2\,t$, $(u_1, v_1, u_2, v_2 \in \mathbb{R}^+)$.
b) Zeige, daß sich $A_1 : A_2$ nicht ändert, wenn man wie bei D 1 die Einheit t durch die Einheit e ersetzt.

8. Konstruiere zwei Quadrate, deren Flächeninhaltsverhältnis a) $2 : 3$ b) $5 : 4$ ist.

9. In Fig. 13.3 sei $p = 2$ cm, $q = 6$ cm. Bestimme das Flächeninhaltsverhältnis $a^2 : b^2$.

63 Die zentrische Streckung

❶ Zeichne das Rechteck $ABCD$ mit den Seiten $a = 1{,}0$ cm, $b = 0{,}7$ cm, und dem Mittelpunkt O (Fig. 24.1). Verlängere OA, OB, OC, CD um sich selbst bis A', B', C', D'. Welche Eigenschaften hat das Viereck $A'B'C'D'$? (Seitenlängen und -richtungen, Winkel, Flächeninhalt.)

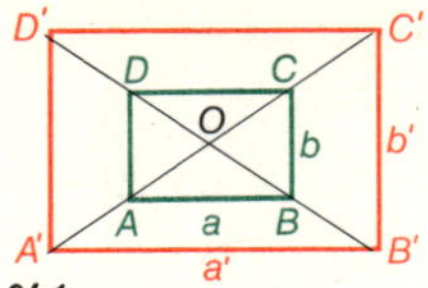

24.1

❷ Gegeben ist $O(3\,|\,0)$ und das bei C rechtwinklig-gleichschenklige Dreieck ABC mit $A(1\,|\,5)$ und $B(5\,|\,5)$ (Fig. 24.2). Halbiere OA, OB, OC in $\bar{A}$, $\bar{B}$, $\bar{C}$. Mache dann $\overline{OA'} = 1{,}5 \cdot \overline{OA}$, $\overline{OB'} = 1{,}5 \cdot \overline{OB}$, $\overline{OC'} = 1{,}5 \cdot \overline{OC}$. Vergleiche $\triangle \bar{A}\bar{B}\bar{C}$ und $\triangle A'B'C'$ mit $\triangle ABC$ (Seitenlängen und -richtungen, Winkel, Flächeninhalte). Gib die Koordinaten der Ecken $\bar{A}$, $\bar{B}$, $\bar{C}$ und A', B', C' an.

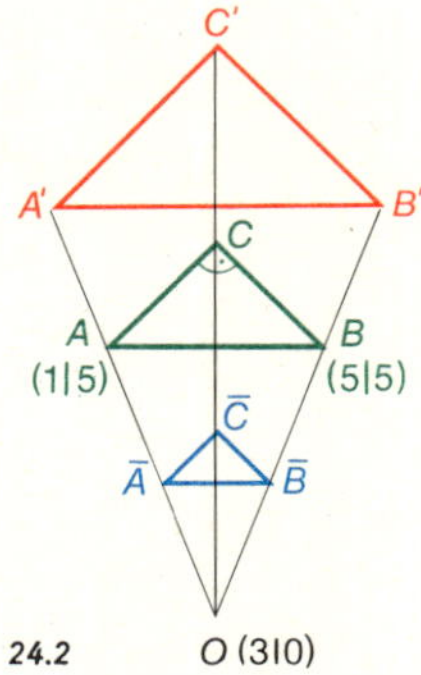

24.2

❸ Verdopple OP, OQ, OR von O aus bis P', Q', R' (Fig. 24.3). Wo liegen die Punkte P', Q', R'?

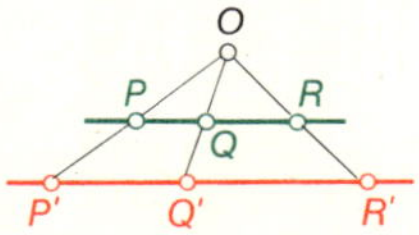

24.3

Definition der zentrischen Streckung

1. In Vorübung 1 wurde □ $ABCD$ vom „Zentrum" O aus im Verhältnis 2 : 1 vergrößert, in Vorübung 2 $\triangle ABC$ von O aus im Verhältnis 1 : 2 verkleinert und dann $\triangle ABC$ von O aus im Verhältnis 3 : 2 vergrößert. Zur Konstruktion der „Bildfiguren" □ $A'B'C'D'$ bzw. $\triangle \bar{A}\bar{B}\bar{C}$ und $\triangle A'B'C'$ multiplizierten wir bei diesen „zentrischen Streckungen" $\overline{OA}$, $\overline{OB}$, $\overline{OC}$, $\overline{OD}$ mit den „Streckfaktoren" 2 bzw. 0,5 und 1,5.

Wir wollen nun *alle* Punkte bzw. Figuren der Zeichenebene in dieser Weise abbilden und definieren daher allgemein (Fig. 24.4 bis 6):

D 1 Eine Abbildung der Ebene auf sich heißt **zentrische Streckung** $\boldsymbol{Z_{O;k}}$ mit **Zentrum O** und **Streckfaktor** $\boldsymbol{k} \in \mathbb{R} \setminus \{0\}$, wenn gilt:
a) Jedem Punkt $P \neq O$ ist als Bild ein Punkt P' auf der Gerade (OP) zugeordnet, und zwar so, daß $\overline{OP'} = |\,k\,| \cdot \overline{OP}$ ist.
b) für $k > 0$ sind die Pfeile $\overrightarrow{OP}$ und $\overrightarrow{OP'}$ gleichgerichtet (Fig. 24.4); für $k < 0$ sind $\overrightarrow{OP}$ und $\overrightarrow{OP'}$ entgegengesetzt gerichtet (Fig. 24.5/6).
c) Das Zentrum O ist Fixpunkt der Abbildung: $O = O'$.

Bemerkung: $k = 0$ scheiden wir im Blick auf den folgenden S 1 aus.

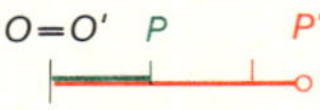

24.4. $k = 2{,}5$

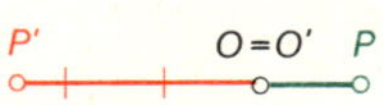

24.5. $k = -2{,}5$

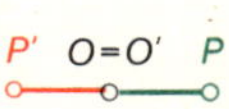

24.6. $k = -1$

2. Sonderfälle der zentrischen Streckung:
a) Für $k = 1$ ist $\overline{OP} = \overline{OP'}$ und $P = P'$;
$Z_{O;1}$ ist die **identische Abbildung.**
b) Für $k = -1$ ist $\overline{OP} = \overline{OP'}$ und O die Mitte von PP';
$Z_{O;-1}$ ist die **Punktspiegelung** an O.

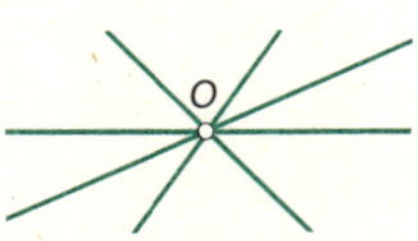

24.7. Fixgeraden

Eigenschaften der zentrischen Streckung

3. a) Nach D 1 gilt $\overline{OP'} = |\,k\,| \cdot \overline{OP}$. Hieraus folgt $\overline{OP} = \left|\frac{1}{k}\right| \cdot \overline{OP'}$. (Fig. 24.4 und 5).
Man sieht: Wird P durch $Z_{O;k}$ auf P' abgebildet, so bildet $Z_{O;1/k}$ umgekehrt P' auf P ab:

S 1 **Die Umkehrabbildung von $\boldsymbol{Z_{O;k}}$ ist $\boldsymbol{Z_{O;1/k}}$.**

S 2 b) **Das Zentrum O ist der einzige Fixpunkt von $\boldsymbol{Z_{O;k}}$, falls $\boldsymbol{k \neq 1}$ ist.**

S 3 c) **Jede Gerade durch das Zentrum O ist Fixgerade von $\boldsymbol{Z_{O;k}}$** (Fig. 24.7).

S 4 **4. Das Bild einer Gerade g, die nicht durch O geht, ist eine Parallele g' zu g** (Fig. 25.1). Oder: Die zentrische Streckung ist **geradentreu und parallelentreu.**

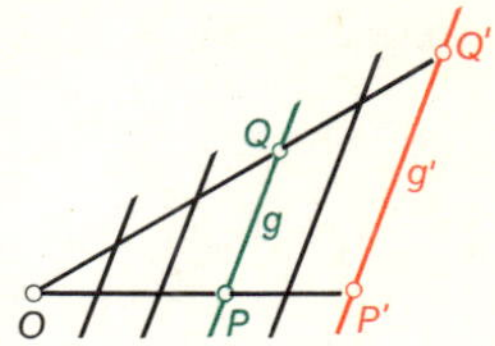

25.1. $k = \frac{5}{3}$

Erster Beweis zu S 4:

Fall I: k ist eine rationale Zahl $\frac{r}{s}$ mit $s \in \mathbb{N}$, $r \in \mathbb{Z} \setminus \{0\}$, z.B. $k = \frac{5}{3}$ (Fig. 25.1). Sind $P, Q \in g$ und teilt man OP in s (3) gleiche Teile, so besteht OP' aus $|r|$ (5) solchen Teilen. Die Parallelen zu g durch die Teilpunkte bilden mit g zusammen eine „Streifenschar" (vgl. Geometrie 1, § 13). Sie schneidet aus (OQ) die Strecke OQ' aus und zerlegt sie in $|r|$ (5) gleiche Teile; OQ besteht aus s (3) solchen Teilen. Q' ist daher das Bild von Q. Da Q ein beliebiger Punkt von g ist, ist die zu g parallele Gerade $(P'Q')$ das Bild g' von g.

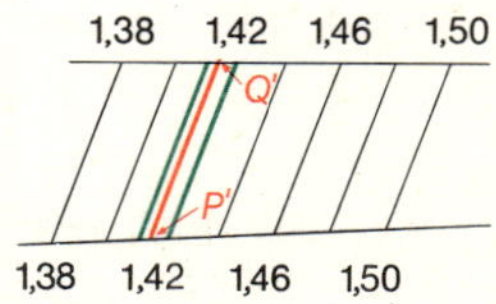

25.2. $k = \sqrt{2}$

Fall II: k ist eine irrationale Zahl, z.B. $k = \sqrt{2}$.
Denkt man sich in Fig. 25.1 $(\overrightarrow{OP})$ und $(\overrightarrow{OQ})$ als Zahlengeraden mit der Einheit $\overline{OP}$ bzw. $\overline{OQ}$, so gehört jede rationale Zahl $k = \frac{p}{q}$ zu Punkten P' bzw. Q', für welche nach Fall I $(P'Q') \parallel (PQ)$ ist. Da nun $\sqrt{2}$ z.B. durch die Intervallschachtelung $[1{,}4;\ 1{,}5]$, $[1{,}41;\ 1{,}42]$, $[1{,}414;\ 1{,}415]$ … definiert ist, liegen die zu $\sqrt{2}$ gehörigen Bildpunkte P' bzw. Q' zwischen den Parallelenpaaren durch $[1{,}4;\ 1{,}5]$, $[1{,}41;\ 1{,}42]$, … (Fig. 25.2). Diese Paare rücken beliebig nahe an die Gerade $(P'Q')$ heran, ohne sie je zu schneiden. Das ist nur möglich, wenn $P'Q' \parallel PQ$ ist. So kann man bei jeder irrationalen Zahl k verfahren.

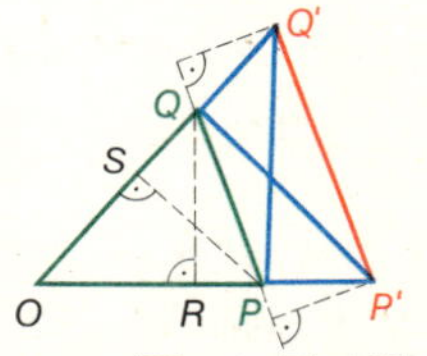

25.3. $\overline{OP'} = k \cdot \overline{OP}$; $\overline{OQ'} = k \cdot \overline{OQ}$

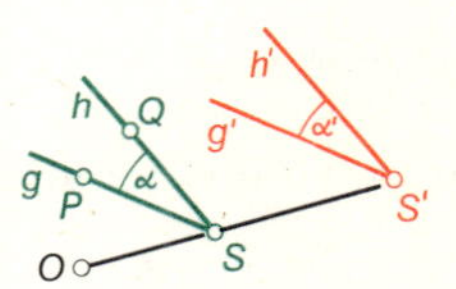

25.4. $g' \parallel g$; $h' \parallel h$; $\alpha' = \alpha$

Zweiter Beweis zu S 4:

In Fig. 25.3 ist $\overline{OP'} = k \cdot \overline{OP}$ und $\overline{OQ'} = k \cdot \overline{OQ}$ mit $k \in \mathbb{R}^+$. Da $\overline{QR}$ bzw. $\overline{PS}$ gemeinsame Höhe von $\triangle\, OPQ$ und $\triangle\, OQP'$ bzw. von $\triangle\, OPQ$ und $\triangle\, OPQ'$ sind, gilt für ihre Flächeninhalte:

$$A_{\triangle\, OQP'} = \tfrac{1}{2} \cdot \overline{OP'} \cdot \overline{QR},\quad A_{\triangle\, OPQ} = \tfrac{1}{2} \cdot \overline{OP} \cdot \overline{QR},\quad \text{also } A_{\triangle\, OQP'} = k \cdot A_{\triangle\, OPQ},$$

$$A_{\triangle\, OPQ'} = \tfrac{1}{2} \cdot \overline{OQ'} \cdot \overline{PS},\quad A_{\triangle\, OPQ} = \tfrac{1}{2} \cdot \overline{OQ} \cdot \overline{PS},\quad \text{also } A_{\triangle\, OPQ'} = k \cdot A_{\triangle\, OPQ}.$$

$\triangle\, OQP'$ und $\triangle\, OPQ'$ sind daher inhaltsgleich. Da sie $\triangle\, OPQ$ gemeinsam haben, sind auch $\triangle\, PQP'$ und $\triangle\, PQQ'$ inhaltsgleich. Sie haben PQ gemeinsam; die zugehörigen Höhen durch P' und Q' sind daher gleich groß. Dies ist nur möglich, wenn $P'Q' \parallel PQ$ ist.

S 5 **5. Die Bilder paralleler Geraden sind parallele Geraden.**
Oder: Die zentrische Streckung ist **parallelentreu.**
Beweis: Ist $g \parallel h$, so ist nach S 4: $g' \parallel g$ und $h' \parallel h$, also $g' \parallel h'$.

S 6 **6. Das Bild eines Winkels ist ein kongruenter Winkel.**
Oder: Die zentrische Streckung ist **winkeltreu** (Fig. 25.4).
Beweis: In Fig. 25.4 ist nach S 4: $g' \parallel g$, $h' \parallel h$, also $\alpha = \alpha'$.

Aufgaben zur zentrischen Streckung

O bedeutet stets das Zentrum, k den Streckfaktor

1. Gegeben: $O(0\,|\,0)$, $k=\frac{7}{4}\left(-\frac{2}{3}\right)$; $P(4\,|\,1)$, $Q(1\,|\,2)$, $R\left(\frac{7}{4}\,|\,\frac{7}{2}\right)$. Konstruiere:
a) Die Bilder P', Q', R' und das Bild g' von $g=(PQ)$.
b) Das Bild h' der Gerade $h \parallel g$ durch R.
Verdeutliche an diesen Beispielen erneut S 5.

2. Gegeben: $O(0|0)$, $k=\frac{7}{3}\left(-\frac{3}{2}\right)$, $P(0|2)$, $Q(1|3)$, $S(3|1)$.
Gesucht: Das Bild von $\sphericalangle PSQ=\alpha$ (25.4). Bestätige S 6.

3. Gegeben: OP mit $\overline{OP}=4\,\text{cm}$; $k=\pm 3$ ($\pm 1{,}4$; ± 1).
Gesucht: OP' und $\overline{OP'}$. Zeichne und rechne.

Grundaufgabe: *Bilde ein Viereck durch zentrische Streckung ab, wenn das Zentrum O und der Streckfaktor k gegeben sind.*

Anleitung (Fig. 26.1 bis 4): Es genügt, OA im Verhältnis k zu strecken bis A' und dann $A'B' \parallel AB$, $B'C' \parallel BC$, $C'D' \parallel CD$ zu zeichnen und schließlich A' mit D' zu verbinden.

4. Ergänze und begründe die angedeutete Lösung.

5. Strecke von $O(0\,|\,0)$ aus mit $k=1{,}6\,(-0{,}6)$:
a) $(P(2\,|\,-1)\;Q(4\,|\,3))$ b) $\triangle\; A(5\,|\,1)\;B(2\,|\,5)\;C(-2\,|\,2)$
c) ▱ $D(4\,|\,2)\;E(-1\,|\,5)\;F(-5\,|\,0)\;G(4\,|\,-3)$

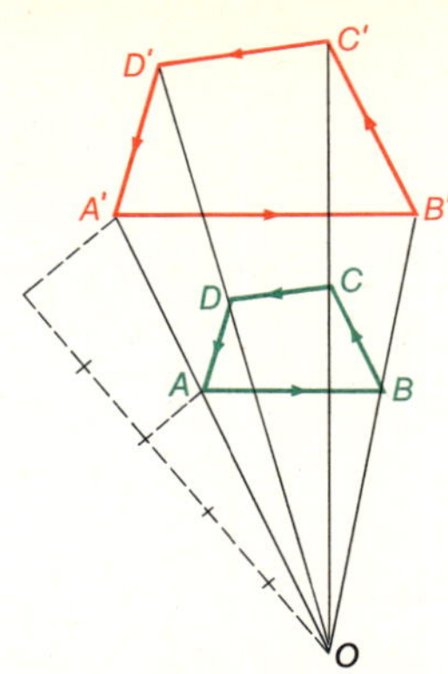

26.1. Streckung eines Vierecks mit $k=5:3$

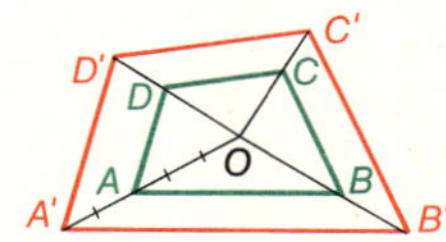

26.2. Streckung eines Vierecks mit $k=5:3$

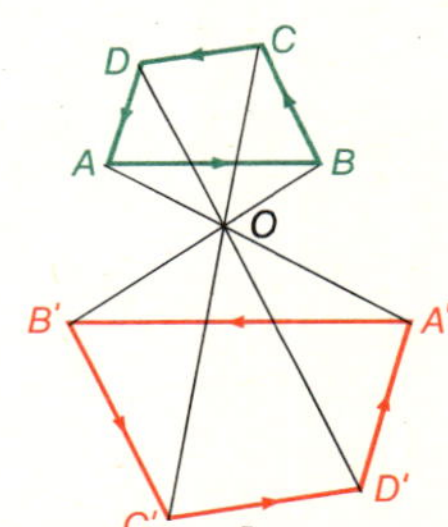

26.3. $k=-\frac{5}{3}$

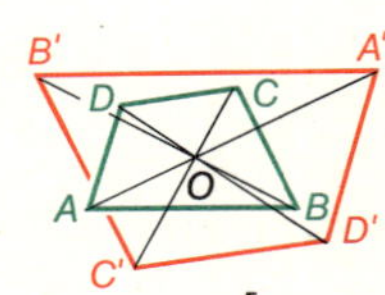

26.4. $k=-\frac{5}{3}$

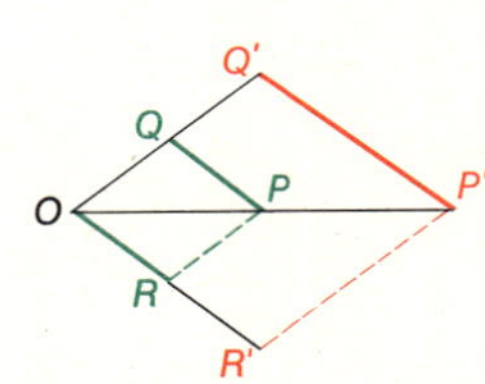

26.5. $k=2$

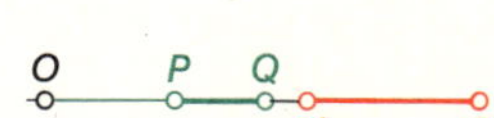

26.6. $Q \in (OP)$; $k=2$

Weitere Eigenschaften der zentrischen Streckung

S 7 **7. Das Bild einer Strecke ist eine dazu parallele Strecke von $|k|$-facher Länge; k ist dabei der Streckfaktor.**

Beweis: In Fig. 26.5 ist $\overline{OP'}=|k|\cdot\overline{OP}$ und (nach Satz 4) $P'Q' \parallel PQ$. Ergänzt man nun $\triangle\, OQP$ zu ▱ $OQPR$ und bestimmt das Bild R' von R, so ist nach Satz 4 $P'R' \parallel PR$ und daher $OQ'P'R'$ ebenfalls ein Parallelogramm. Es gilt somit: $\overline{P'Q'}=\overline{OR'}=|k|\cdot\overline{OR}=|k|\cdot\overline{PQ}$.

Sonderfall (Fig. 26.6): Ist $Q\in(OP)$, so ist auch $Q'\in(OP)$. Es gilt dann: $\overline{OP'}=|k|\cdot\overline{OP}$, $\overline{OQ'}=|k|\cdot\overline{OQ}$, also $\overline{P'Q'}=|\overline{OQ'}-\overline{OP'}|=|k|\cdot|\overline{OQ}-\overline{OP}|=|k|\cdot\overline{PQ}$.

S 8 **8. Das Verhältnis der Längen zweier Strecken bleibt bei zentrischer Streckung erhalten.** Oder: Die zentrische Streckung ist **verhältnistreu.** Insbesondere gilt: **Mitte bleibt Mitte.**
Beweis: $\overline{A'B'}:\overline{C'D'}=(|k|\cdot\overline{AB}):(|k|\cdot\overline{CD})=\overline{AB}:\overline{CD}$ (S 7).

S 9 **9. Das Bild eines Dreiecks (Vielecks) ist ein Dreieck (Vieleck) mit k^2-fachem Inhalt.**

Anleitung zum Beweis: Beachte, daß sich Höhen als Höhen abbilden und verwende S 7. (Vgl. noch Aufg. 14 und 15.)

Aufgaben

6. Bilde $\triangle A(1\,|\,3)\; B(-3\,|\,-1)\; C(5\,|\,-3)$ mit $k = 1{,}5\,(-2)$
a) von A aus b) von der Mitte M der Seite AC aus durch eine Streckung ab.

7. Bilde ▱ $A(1\,|\,-3)\; B(4\,|\,3)\; C(-1\,|\,2)\; D$ mit $k = 0{,}5\,(-1)$ von $O(2\,|\,-1)$ aus ab.

8. Gegeben: $M(2\,|\,0)$, $r = 2$ cm, $k = 1{,}5$. Bilde $\odot(M, r)$
a) von M aus b) von $O(0\,|\,0)$ aus c) von $Z(4\,|\,0)$ aus durch eine Streckung ab.
Warum ist das Bild ein Kreis? Wie entsteht sein Mittelpunkt und sein Radius?

9. Bilde $\triangle A(1\,|\,0)\; B(9\,|\,4)\; C(0\,|\,7)$ durch zentrische Streckung ab, wenn der Streckfaktor $k = 0{,}8$ und das Zentrum der Umkreismittelpunkt ist.

10. Was für Figuren erhält man als Bilder von Quadraten, Rechtecken, Rauten, Parallelogrammen, Trapezen bei zentrischer Streckung?

11. Was ist bei zentrischer Streckung das Bild eines
a) gleichseitigen b) gleichschenkligen c) rechtwinkligen d) rechtwinklig-gleichschenkligen Dreiecks?

12. Wie bilden sich bei zentrischer Streckung eines Dreiecks seine Höhen, Winkelhalbierenden, Seitenhalbierenden, Mittelsenkrechten, Mittelparallelen ab? Was wird also aus dem Höhenschnittpunkt, Schwerpunkt, In- und Umkreismittelpunkt?

13. Zeige: Das Mittendreieck eines Dreiecks ABC entsteht aus $\triangle ABC$ durch eine zentrische Streckung. Bestimme O und k.

14. In Fig. 27.1 ist $\triangle PQR$ samt der Höhe PB durch die zentrische Streckung $Z_{O;k}$ auf $\triangle P'Q'R'$ abgebildet.
a) Warum ist das Bild von PB die Höhe $P'B'$ von $\triangle P'Q'R'$?
b) Drücke den Flächeninhalt A von $\triangle PQR$ bzw. A' von $\triangle P'Q'R'$ mittels $\overline{QR}$ und $\overline{PB}$ bzw. mittels $\overline{Q'R'}$ und $\overline{P'B'}$ aus.
c) Zeige, daß $A' = k^2 \cdot A$ ist. (Vgl. S 9)

15. Beweise mittels Aufg. 14, daß S 9 auch für Vielecke gilt.
Anleitung: Zerlege ⏢ $PQRS$ in zwei Dreiecke.

16. $\triangle ABC$ mit $c = 9$ cm und $h_c = 4$ cm wird durch eine zentrische Streckung auf $\triangle A'B'C'$ mit Inhalt 32 cm² (6 cm²) abgebildet. Wie groß ist der Streckfaktor k?

17. Zeichne $\triangle ABC$ aus $c = 4$ cm, $\alpha = 30°$, $\beta = 60°$ und strecke es von C aus so, daß das Bilddreieck den 3fachen (6fachen) Inhalt hat. Bestimme dabei den Streckfaktor durch Rechnung und Konstruktion. Wie lang sind die 3 Seiten des Bilddreiecks?

18. Lies aus den Figuren 26.1 bis 4 und 27.1 den Satz ab:

S 10 *Bei einer zentrischen Streckung bleibt der Umlaufsinn eines Vielecks erhalten.*

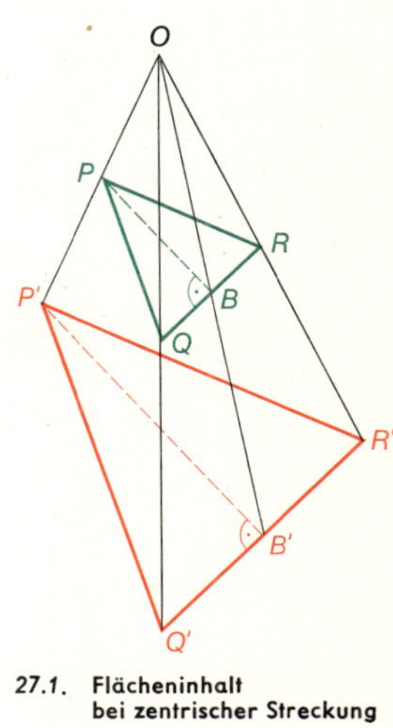

27.1. Flächeninhalt bei zentrischer Streckung

64 Vektoren und zentrische Streckung

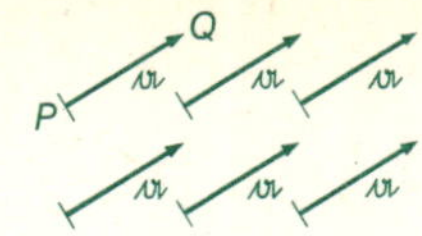

28.1. Repräsentanten für $\mathfrak{a}$

Summe und Differenz von Vektoren

1. In Geom. 1 sagten wir (S. 48): *Pfeile, die gleich lang und gleichsinnig parallel sind, bilden eine Äquivalenzklasse* (Fig. 28.1).
Man nennt eine solche Klasse einen **Vektor.** Wir bezeichnen diesen mit einem deutschen Buchstaben[1], z.B. mit $\mathfrak{a}$. Jeder Pfeil $\overrightarrow{PQ}$ ist ein **Repräsentant** des betreffenden Vektors.
Zu $\overrightarrow{PQ}$ gibt es den *Gegenpfeil* $\overrightarrow{QP}$, zu $\mathfrak{a}$ den *Gegenvektor* $-\mathfrak{a}$ (28.2).

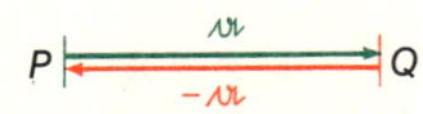

28.2. Gegenpfeil, Gegenvektor

2. Die **Summe $\mathfrak{c}$ zweier Vektoren** $\mathfrak{a}$ und $\mathfrak{b}$ gewinnt man durch Aneinandersetzen zugehöriger Pfeile. Man schreibt:
$\overrightarrow{PQ} + \overrightarrow{QR} = \overrightarrow{PR}$ bzw. $\mathfrak{a} + \mathfrak{b} = \mathfrak{c}$ (Fig. 28.3).
Als Summe kann sich auch der **Nullvektor** $\mathfrak{o}$ ergeben (Fig. 28.2).
Er hat die Länge 0. Es gilt: $\overrightarrow{PQ} + \overrightarrow{QP} = \mathfrak{o}$ bzw. $\mathfrak{a} + (-\mathfrak{a}) = \mathfrak{o}$ und außerdem: $\mathfrak{a} + \mathfrak{o} = \mathfrak{o} + \mathfrak{a} = \mathfrak{a}$, sowie $\mathfrak{o} + \mathfrak{o} = \mathfrak{o}$.
Es gilt das **Kommutativgesetz** $\mathfrak{a} + \mathfrak{b} = \mathfrak{b} + \mathfrak{a}$, sowie das **Assoziativgesetz** $(\mathfrak{a} + \mathfrak{b}) + \mathfrak{c} = \mathfrak{a} + (\mathfrak{b} + \mathfrak{c})$ (Fig. 28.4 und 5).

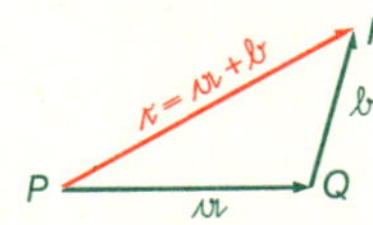

28.3 $\mathfrak{c} = \mathfrak{a} + \mathfrak{b}$

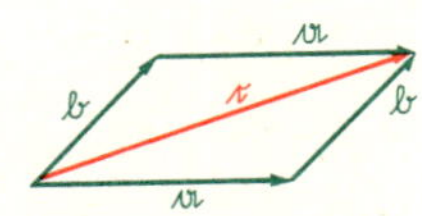

28.4. $\mathfrak{a} + \mathfrak{b} = \mathfrak{b} + \mathfrak{a} = \mathfrak{c}$

3. Ist $\mathfrak{a} + \mathfrak{d} = \mathfrak{b}$, so schreibt man $\mathfrak{d} = \mathfrak{b} - \mathfrak{a}$ und nennt $\mathfrak{d}$ die

S 1 **Differenz** von $\mathfrak{b}$ und $\mathfrak{a}$. Dabei gilt: $\mathfrak{b} - \mathfrak{a} = \mathfrak{b} + (-\mathfrak{a})$ (28.6).
Einen Vektor subtrahieren heißt, seinen Gegenvektor addieren.

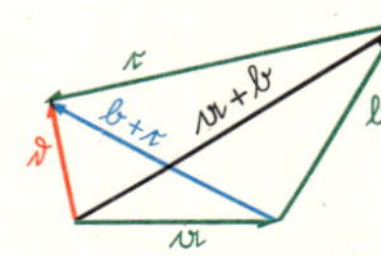

28.5. $\mathfrak{d} = (\mathfrak{a} + \mathfrak{b}) + \mathfrak{c} = \mathfrak{a} + (\mathfrak{b} + \mathfrak{c})$

Aufgaben

1. Gegeben: $O(0\,|\,0)$, $A(3\,|\,1)$, $B(2\,|\,4)$, $C(-4\,|\,2)$, $D(-2\,|\,-3)$, $E(1\,|\,-3)$.

a) Zeichne $\overrightarrow{OA}$, $\overrightarrow{OB}$, $\overrightarrow{OC}$, $\overrightarrow{OD}$, $\overrightarrow{OE}$ als Repräsentanten der Vektoren $\mathfrak{a}$, $\mathfrak{b}$, $\mathfrak{c}$, $\mathfrak{d}$, $\mathfrak{e}$.

b) Beginne in O und bilde 1. $\mathfrak{t} = \mathfrak{a} + \mathfrak{b} + \mathfrak{e}$
2. $\mathfrak{u} = \mathfrak{b} + \mathfrak{c} + \mathfrak{e}$ 3. $\mathfrak{v} = \mathfrak{a} + \mathfrak{b} + \mathfrak{c} + \mathfrak{d} + \mathfrak{e}$
4. $\mathfrak{w} = \mathfrak{a} + \mathfrak{c} + \mathfrak{e}$ 5. $\mathfrak{x} = \mathfrak{b} + \mathfrak{d} + \mathfrak{e}$.
In welchem Punkt endigt jeweils der Summenpfeil?

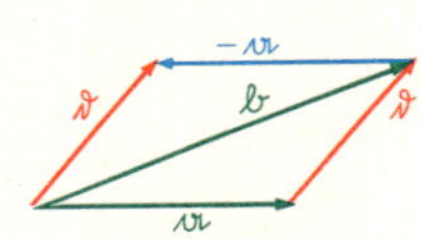

28.6. $\mathfrak{a} + \mathfrak{d} = \mathfrak{b}$
$\mathfrak{d} = \mathfrak{b} - \mathfrak{a} = \mathfrak{b} + (-\mathfrak{a})$

2. Beginne wieder in O und bestimme in Aufg. 1:
a) $\mathfrak{u} = \mathfrak{b} + (-\mathfrak{a}) = \mathfrak{b} - \mathfrak{a}$ b) $\mathfrak{v} = \mathfrak{a} - \mathfrak{e}$ c) $\mathfrak{w} = \mathfrak{c} - \mathfrak{d}$

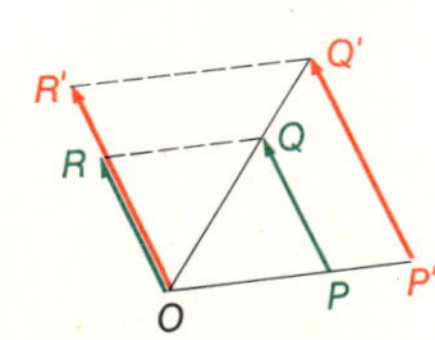

28.7. $\overrightarrow{P'Q'} = 1{,}5 \cdot \overrightarrow{PQ}$
$\overrightarrow{OR'} = 1{,}5 \cdot \overrightarrow{OR}$

Multiplikation eines Vektors mit einer Zahl. Rechengesetze

4. Übt man auf Pfeil $\overrightarrow{PQ}$ (bzw. $\overrightarrow{OR}$) die Streckung $Z_{O;\,k}$ aus (28.7/8), so erhält man nach D 1, S 4 und S 7 in § 63 Pfeil $\overrightarrow{P'Q'}$ ($\overrightarrow{OR'}$), der die $|k|$-fache Länge von $\overrightarrow{PQ}$ ($\overrightarrow{OR}$) hat und der für $k > 0$ gleichgerichtet, für $k < 0$ entgegengesetzt gerichtet ist wie $\overrightarrow{PQ}$ ($\overrightarrow{OR}$).
Man schreibt dann: $\boldsymbol{\overrightarrow{P'Q'} = k \cdot \overrightarrow{PQ}}$ $\quad$ $\boldsymbol{(\overrightarrow{OR'} = k \cdot \overrightarrow{OR})}$.

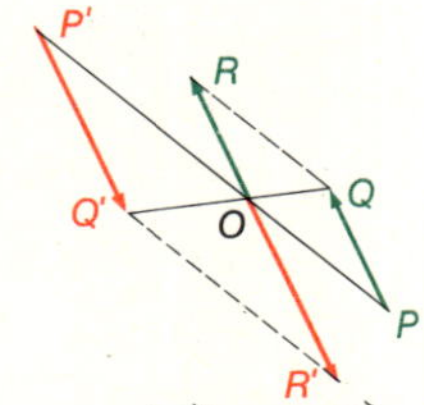

28.8. $\overrightarrow{P'Q'} = -1{,}5\ \overrightarrow{PQ}$
$\overrightarrow{OR'} = -1{,}5\ \overrightarrow{OR}$

1. Statt mit $\mathfrak{a}$, $\mathfrak{b}$, $\mathfrak{c}$, … bezeichnet man Vektoren auch mit $\vec{a}$, $\vec{b}$, $\vec{c}$, ….

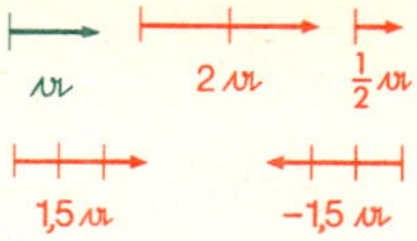

29.1. Vektor $k \cdot \mathfrak{a}$

Alle Pfeile, die gleich lang wie $\overrightarrow{PQ}$ ($\overrightarrow{OR}$) und gleichsinnig parallel zu $\overrightarrow{PQ}$ ($\overrightarrow{OR}$) sind, bilden eine Klasse, einen Vektor. Ebenso bilden auch die Pfeile mit der Länge $\overline{P'Q'}$ ($\overline{OR'}$) und der Richtung von $\overrightarrow{P'Q'}$ ($\overrightarrow{OR'}$) eine Klasse, also einen Vektor. Wir definieren daher:

D 1 Ist $k \in \mathbb{R}$ eine Zahl und $\mathfrak{a}$ ein Vektor, so versteht man unter dem **Produkt $k \cdot \mathfrak{a}$** einen Vektor $\mathfrak{a}'$, der für $k > 0$ dieselbe *Richtung* wie $\mathfrak{a}$ besitzt, für $k < 0$ die entgegengesetzte. Die *Länge* von $\mathfrak{a}' = k \cdot \mathfrak{a}$, d.h. die Länge irgend eines Repräsentanten von $k \cdot \mathfrak{a}$, ist das $|k|$-fache der Länge von $\mathfrak{a}$. Ist $k = 0$, so ist $k \cdot \mathfrak{a}$ der Nullvektor. Für $k \cdot \mathfrak{a}$ schreiben wir (wie im Körper der reellen Zahlen) $k\,\mathfrak{a}$.

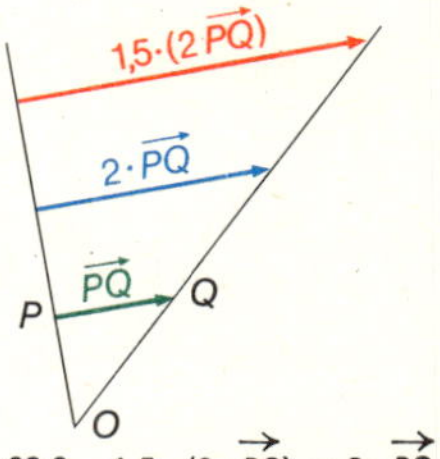

29.2. $1{,}5 \cdot (2 \cdot \overrightarrow{PQ}) = 3 \cdot \overrightarrow{PQ}$

Nach dem Vorstehenden erhält man durch zentrische Streckung mit dem Streckungsfaktor $k \in \mathbb{R}$ aus den Repräsentanten von $\mathfrak{a}$ diejenigen von $\mathfrak{a}' = k\,\mathfrak{a}$. Wir sagen kurz:

Eine zentrische Streckung mit dem Streckfaktor $k \in \mathbb{R}$ bildet den Vektor $\mathfrak{a}$ auf den Vektor $\mathfrak{a}' = k\,\mathfrak{a}$ ab.

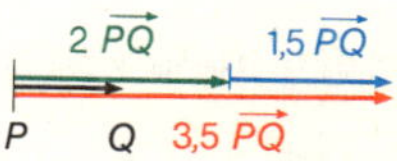

29.3. $2\,\overrightarrow{PQ} + 1{,}5\,\overrightarrow{PQ} = 3{,}5\,\overrightarrow{PQ}$

Beispiele: Fig. 29.1 zeigt Repräsentanten von $\mathfrak{a}$; $2\,\mathfrak{a}$; $0{,}5\,\mathfrak{a}$; $1{,}5\,\mathfrak{a}$; $-1{,}5\,\mathfrak{a}$.

Sonderfälle: Es ist $\mathbf{1\,\mathfrak{a} = \mathfrak{a}}$, $\mathbf{(-1)\,\mathfrak{a} = -\mathfrak{a}}$, $\mathbf{0\,\mathfrak{a} = \mathfrak{o}}$.

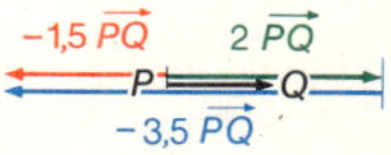

29.4. $2\,\overrightarrow{PQ} + (-3{,}5\,\overrightarrow{PQ}) = -1{,}5\,\overrightarrow{PQ}$

5. a) Streckt man $\overrightarrow{PQ}$ von O aus mit $k_2 = 2$ und dann $(2 \cdot \overrightarrow{PQ})$ mit $k_1 = 1{,}5$, so erhält man $1{,}5 \cdot (2\,\overrightarrow{PQ}) = (1{,}5 \cdot 2)\,\overrightarrow{PQ} = 3\,\overrightarrow{PQ}$ (Fig. 29.2). Ebenso ergibt sich zum Beispiel $(-1{,}5) \cdot (2\,\overrightarrow{PQ}) = -3\,\overrightarrow{PQ}$ und $(-1{,}5) \cdot (-2\,\overrightarrow{PQ}) = 3\,\overrightarrow{PQ}$. (Zeichne!)

Allgemein: Streckt man von O aus $\overrightarrow{PQ}$ mit k_2 und $k_2 \cdot \overrightarrow{PQ}$ mit k_1, so erhält man: $k_1 \cdot (k_2\,\overrightarrow{PQ}) = (k_1\,k_2) \cdot \overrightarrow{PQ} = k_2 \cdot (k_1\,\overrightarrow{PQ})$.

Wie für die Repräsentanten, so gilt für die Vektoren:

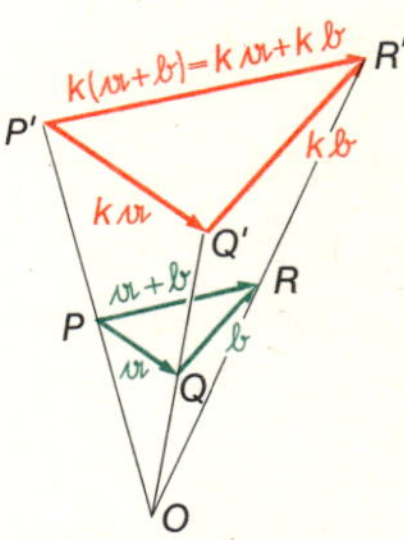

29.5. $k\,(\mathfrak{a} + \mathfrak{b}) = k\,\mathfrak{a} + k\,\mathfrak{b}$

AG $\mathbf{k_1\,(k_2\,\mathfrak{a}) = (k_1\,k_2)\,\mathfrak{a} = k_2\,(k_1\,\mathfrak{a})}$ (I) *Assoziativgesetz*

b) $2 \cdot \overrightarrow{PQ} + 1{,}5 \cdot \overrightarrow{PQ} = (2 + 1{,}5) \cdot \overrightarrow{PQ} = 3{,}5 \cdot \overrightarrow{PQ}$ (Fig. 29.3)

$2 \cdot \overrightarrow{PQ} + (-3{,}5) \cdot \overrightarrow{PQ} = [(2 + (-3{,}5)] \cdot \overrightarrow{PQ} = -1{,}5 \cdot \overrightarrow{PQ}$ (Fig. 29.4).

Allgemein gilt für Vektoren das Gesetz (vgl. Aufg. 6):

DG $\mathbf{(k_1 + k_2)\,\mathfrak{a} = k_1\,\mathfrak{a} + k_2\,\mathfrak{a}}$ (II) *1. Distributivgesetz*

Sonderfälle: $2\,\mathfrak{a} = \mathfrak{a} + \mathfrak{a}$, $3\,\mathfrak{a} = \mathfrak{a} + \mathfrak{a} + \mathfrak{a}$, usw.

c) In Fig. 29.5 geht $\triangle\,PQR$ durch $Z_{O;\,k}$ in $\triangle\,P'Q'R'$ über, also ist $\overrightarrow{P'Q'} = k \cdot \overrightarrow{PQ}$, $\overrightarrow{Q'R'} = k \cdot \overrightarrow{QR}$, $\overrightarrow{P'R'} = k \cdot \overrightarrow{PR} = k \cdot (\overrightarrow{PQ} + \overrightarrow{QR})$. Wegen $\overrightarrow{P'R'} = \overrightarrow{P'Q'} + \overrightarrow{Q'R'}$ ist andererseits: $\overrightarrow{P'Q'} = k \cdot \overrightarrow{PQ} + k \cdot \overrightarrow{QR}$, also gilt: $k \cdot (\overrightarrow{PQ} + \overrightarrow{QR}) = k \cdot \overrightarrow{PQ} + k \cdot \overrightarrow{QR}$.

Wie für die Repräsentanten, so gilt für die Vektoren:

DG $\mathbf{k\,(\mathfrak{a} + \mathfrak{b}) = k\,\mathfrak{a} + k\,\mathfrak{b}}$ (III) *2. Distributivgesetz*

Beispiele für die Anwendung der Rechengesetze (I) bis (III):

1) $(2{,}5\,\mathfrak{a} - 3{,}5\,\mathfrak{b}) - (1{,}5\,\mathfrak{a} + \mathfrak{b}) = 2{,}5\,\mathfrak{a} - 1{,}5\,\mathfrak{a} - 3{,}5\,\mathfrak{b} - \mathfrak{b} = \mathfrak{a} - 4{,}5\,\mathfrak{b}$

2) $4\,(0{,}5\,\mathfrak{a} + \mathfrak{b}) - 2\,(1{,}5\,\mathfrak{a} - 0{,}5\,\mathfrak{b}) = (2\,\mathfrak{a} + 4\,\mathfrak{b}) - (3\,\mathfrak{a} - \mathfrak{b}) = 5\,\mathfrak{b} - \mathfrak{a}$.

Aufgaben (Anwendungen der drei Rechengesetze für Vektoren)

3. Konstruiere zu den Vektoren in Aufgabe 1 Repräsentanten der Vektoren:
a) $1{,}5\,\mathfrak{a}$ b) $1{,}2\,\mathfrak{b}$ c) $-0{,}5\,\mathfrak{c}$ d) $-1{,}5\,\mathfrak{d}$ e) $\sqrt{2}\,\mathfrak{e}$

4. Zeichne zu Aufgabe 1 Repräsentanten der Vektoren
a) $2\,\mathfrak{a}+\mathfrak{b}$ b) $0{,}5\,\mathfrak{c}-0{,}25\,\mathfrak{d}$ c) $-\mathfrak{e}-\mathfrak{a}$

5. $\mathfrak{a}$, $\mathfrak{b}$ seien repräsentiert durch $\overrightarrow{OP}$ mit $\overline{OP}=2$ cm, $\overrightarrow{OQ}$ mit $\overline{OQ}=6$ cm.
Berechne und konstruiere: a) $(-2)\cdot 1{,}5\,\mathfrak{a}$ b) $(-0{,}5)\cdot(-2{,}5\,\mathfrak{a})$ c) $\frac{4}{5}\cdot\left(-\frac{3}{4}\,\mathfrak{b}\right)$

6. Zeichne und vergleiche in Aufg. 1:
a) $\frac{2}{3}\,\mathfrak{a}+\frac{2}{3}\,\mathfrak{b}$ mit $\frac{2}{3}(\mathfrak{a}+\mathfrak{b})$ b) $-\frac{5}{3}\,\mathfrak{d}-\frac{5}{3}\,\mathfrak{e}$ mit $-\frac{5}{3}(\mathfrak{d}+\mathfrak{e})$

7. Berechne: a) $2(\mathfrak{a}+1{,}5\,\mathfrak{b})-3(1{,}5\,\mathfrak{a}+\mathfrak{b})$ b) $5(0{,}8\,\mathfrak{a}-1{,}2\,\mathfrak{b})-2(-3\,\mathfrak{b}+2\,\mathfrak{a})$

Herleitung von Sätzen über die zentrische Streckung mit Hilfe von Vektoren

6. Nachdem wir in Nr. 5 die Rechengesetze (I) bis (III) für Vektoren aus Sätzen über zentrische Streckungen (§ 63) geometrisch gewonnen haben, wollen wir nun *umgekehrt* die Gesetze (I) bis (III) unabhängig von § 63 als *Grundsätze* betrachten und insbesondere die beiden wichtigen Sätze 4 und 7 von § 63 hieraus herleiten.
Ist in Fig. 30.1 $\overrightarrow{OP}=\mathfrak{x}_1$ und $\overrightarrow{OQ}=\mathfrak{x}_2$, so ist $\overrightarrow{PQ}=\mathfrak{x}_2-\mathfrak{x}_1$. Werden P und Q durch die Streckung $Z_{O;\,k}$ auf P' und Q' abgebildet, so ist $\overrightarrow{OP'}=k\,\mathfrak{x}_1$ und $\overrightarrow{OQ'}=k\,\mathfrak{x}_2$, also $\overrightarrow{P'Q'}=k\,\mathfrak{x}_2-k\,\mathfrak{x}_1=k(\mathfrak{x}_2-\mathfrak{x}_1)$. Repräsentiert $\overrightarrow{PQ}$ den Vektor $\mathfrak{a}$, $\overrightarrow{P'Q'}$ den Vektor $\mathfrak{a}'$, so gilt also $\mathfrak{a}'=k\,\mathfrak{a}$. Für $k>0$ sind somit $\mathfrak{a}$ und $\mathfrak{a}'$ gleichsinnig parallel, für $k<0$ sind sie gegensinnig parallel. Beidemal hat $\mathfrak{a}'$ die $|k|$-fache Länge von $\mathfrak{a}$.
Dies ist aber im wesentlichen der Inhalt von S 4 und S 7 von § 63.

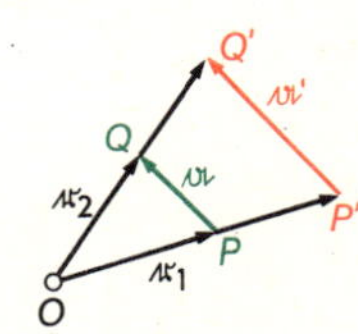

30.1. $\mathfrak{a}'=k\,\mathfrak{a}$

Ortspfeile

D 2 **7.** Ist O der Ursprung eines Koordinatensystems, so heißt $\overrightarrow{OP}=\mathfrak{x}$ **Ortspfeil** oder *Ortsvektor;* er legt den Ort von P fest (30.2).

D 3 Sind x und y die Koordinaten von P, so schreibt man: $\mathfrak{x}=\binom{x}{y}$.
In Fig. 30.2 ist zum Beispiel $\mathfrak{x}_1=\binom{2}{4}$.

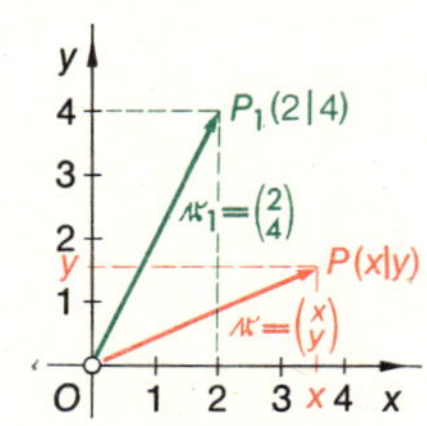

30.2. Ortspfeile

Aufgaben

8. Gib für die Seitenmitten des Dreiecks ABC die zugehörigen Ortspfeile an: a) $A(0\,|\,0)$, $B(6\,|\,0)$, $C(0\,|\,4)$
b) $A(3\,|\,0)$, $B(7\,|\,0)$, $C(0\,|\,6)$ c) $A(-5\,|\,0)$, $B(0\,|\,-2{,}4)$, $C(0\,|\,2{,}4)$.

9. Zeige (Fig. 30.3): Ist $P'(x'\,|\,y')$ das Bild von $P(x\,|\,y)$ bez. $Z_{O;\,k}$, so gilt: $x'=k\,x$, $y'=k\,y$.

10. Bilde durch $Z_{O;\,k}$ mit $k=1{,}4\,(-0{,}6)$ die folgenden Vierecke ab
a) □ $A(2\,|\,0{,}5)$ $B(3{,}5\,|\,2)$ $C(1{,}5\,|\,?)$ $D(?\,|\,?)$
b) ▱ $A(5\,|\,2)$ $B(6\,|\,5)$ $C(-3\,|\,4)$ $D(?\,|\,?)$.
Gib die Ortspfeile der Bilder aller Ecken in Koordinaten an.

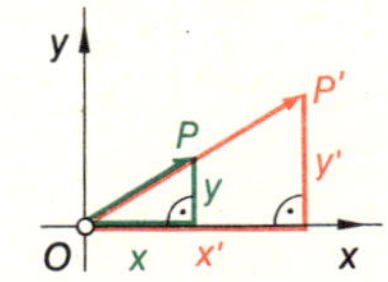

30.3. $k=2$

Aufgaben über Vektoren

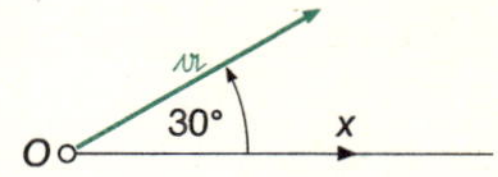

31.1.

Beachte: Vektoren können wir festlegen 1. durch Angabe ihrer *Länge* und ihres *Richtungswinkels* (von der Rechtsachse aus gegen den Uhrzeigersinn gemessen); z. B. $\mathfrak{a} = (30°;\ 2\,\text{cm})$, vgl. Fig. 31.1.

2. durch die Angabe eines *Repräsentanten* $\overrightarrow{AB}$ mit Hilfe der Koordinaten von A und B; z. B. $A(0\,|\,1)$, $B(3\,|-1)$, vgl. Fig. 31.2.

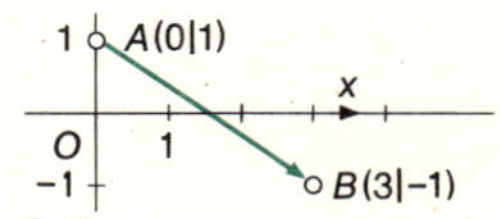

31.2.

3. durch die Angabe des zugehörigen *Ortspfeils* mittels der Koordinaten der Pfeilspitze P; z. B. $\overrightarrow{OP} = \mathfrak{r} = \binom{3}{-2}$, vgl. Fig. 31.3.

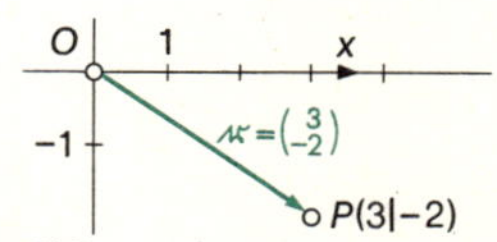

31.3.

11. a) Ergänze zeichnerisch zum Parallelogramm $ABCD$:
1) $\triangle\ A(0\,|\,1)\quad B(4\,|\,3)\quad C(-1\,|\,4)$
2) $\triangle\ A(3\,|\,3)\quad B(-2\,|\,1)\quad C(-3\,|-4)$

b) Lies die Koordinaten der Ecke D und des Mittelpunkts M ab.

c) Lies den Richtungswinkel von $\overrightarrow{AB}$, $\overrightarrow{BD}$ und $\overrightarrow{CD}$ ab und berechne die Länge dieser Pfeile.

12. Verschiebe Dreieck 1) in Aufg. 11 mit $\mathfrak{a} = (240°;\ 6\,\text{cm})$. Berechne die Koordinaten der erhaltenen Ecken A', B', C'.

13. Fig. 31.4 zeigt ein Kantenmodell eines schiefen Quaders. Drücke die 4 Raumdiagonalenvektoren $\mathfrak{d}_1, \mathfrak{d}_2, \mathfrak{d}_3, \mathfrak{d}_4$ durch die Kantenvektoren $\mathfrak{a}$, $\mathfrak{b}$, $\mathfrak{c}$ aus. Bilde $\mathfrak{d}_1 + \mathfrak{d}_2 + \mathfrak{d}_3 + \mathfrak{d}_4$.

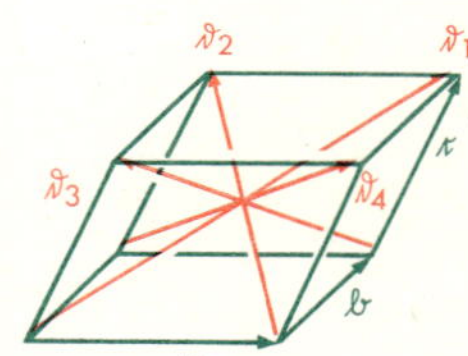
31.4.

14. Fig. 31.5 zeigt ein Kantenmodell einer senkrechten Pyramide mit rechteckiger Grundfläche. Drücke die Seitenkantenvektoren $\mathfrak{s}_1, \mathfrak{s}_2, \mathfrak{s}_3, \mathfrak{s}_4$ durch die Grundkantenvektoren $\mathfrak{a}$ und $\mathfrak{b}$ und den Höhenvektor $\mathfrak{c}$ aus. Bilde $\mathfrak{s}_1 + \mathfrak{s}_2 + \mathfrak{s}_3 + \mathfrak{s}_4$.

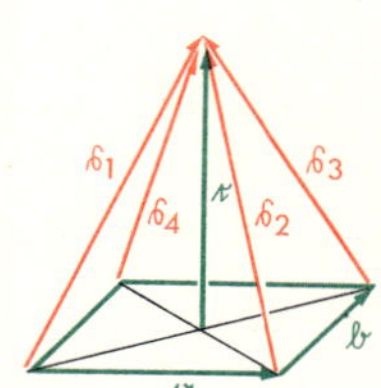
31.5.

15. ▱ $ABCD$ in Fig. 31.6 braucht nicht in einer Ebene zu liegen; es kann „windschief“ sein. Es sei $\overline{AM_1} = \overline{DM_1}$ und $\overline{BM_2} = \overline{CM_2}$. Ferner seien $\overrightarrow{AB}$, $\overrightarrow{DC}$, $\overrightarrow{M_1M_2}$ Repräsentanten von $\mathfrak{a}$, $\mathfrak{c}$, $\mathfrak{m}$. Zeige: $\mathfrak{m} = \frac{1}{2}(\mathfrak{a} + \mathfrak{c})$. Vergleiche mit dem Trapez.
Anl.: Benutze $\overrightarrow{AD}$ und $\overrightarrow{BC}$ als Hilfspfeile und gib für ▱ ABM_2M_1 und ▱ M_1M_2CD Züge mit der Summe $\mathfrak{o}$ an.

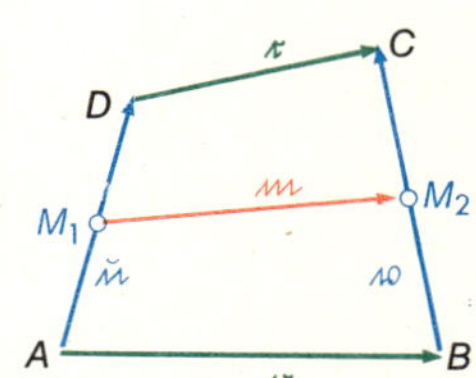

31.6.

16. In Fig. 31.7 sind die Ortspfeile $\overrightarrow{OP_1} = \mathfrak{r}_1$ und $\overrightarrow{OP_2} = \mathfrak{r}_2$ gegeben, und es ist $\overline{P_1P_3} = \overline{P_3P_4} = \overline{P_4P_5} = \overline{P_5P_2}$. Drücke die Pfeile $\overrightarrow{OP_3}$, $\overrightarrow{OP_4}$, $\overrightarrow{OP_5}$ mittels $\mathfrak{r}_1$ und $\mathfrak{r}_2$ aus.

17. Wie in Aufg. 16 sei $\overrightarrow{OP_1} = \mathfrak{r}_1$ und $\overrightarrow{OP_2} = \mathfrak{r}_2$ gegeben. Wo liegen alle Punkte P_t mit $t \in \mathbb{R}$, für die gilt:
a) $\overrightarrow{OP_t} = t\,\mathfrak{r}_1$ b) $\overrightarrow{OP_t} = t^2\,\mathfrak{r}_2$ c) $\overrightarrow{OP_t} = t(\mathfrak{r}_2 - \mathfrak{r}_1)$
d) $\overrightarrow{OP_t} = \mathfrak{r}_1 + t(\mathfrak{r}_2 - \mathfrak{r}_1)$ e) $\overrightarrow{OP_t} = \mathfrak{r}_2 + t(\mathfrak{r}_2 - \mathfrak{r}_1)$
Welche Punkte ergeben sich für $t \in \{0;\ 1;\ 2;\ 0{,}5;\ -1\}$?

18. Begründe: Sind die Vektoren $\mathfrak{a} \neq \mathfrak{o}$ und $\mathfrak{b} \neq \mathfrak{o}$ weder gleichsinnig noch gegensinnig parallel, so ist die Gleichung $p\,\mathfrak{a} = q\,\mathfrak{b}$ $(p, q \in \mathbb{R})$, nur erfüllt, wenn $p = q = 0$ ist.

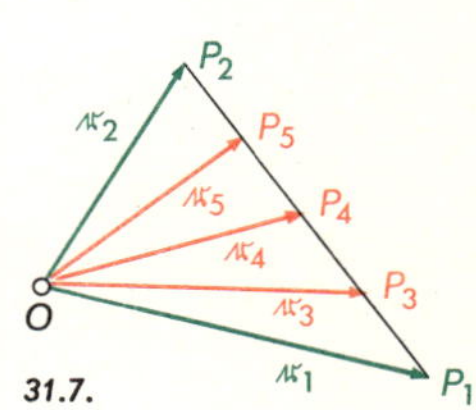

31.7.

65 Die Strahlensätze

❶ a) Stelle durch Messung fest, in welchem Verhältnis der Mast in Fig. 32.1 und sein Schatten durch die Querträger geteilt werden.
b) Zeichne den Mast und seinen Schatten in einfacher Weise von der Seite gesehen, wenn die Sonnenstrahlen unter 55° einfallen.

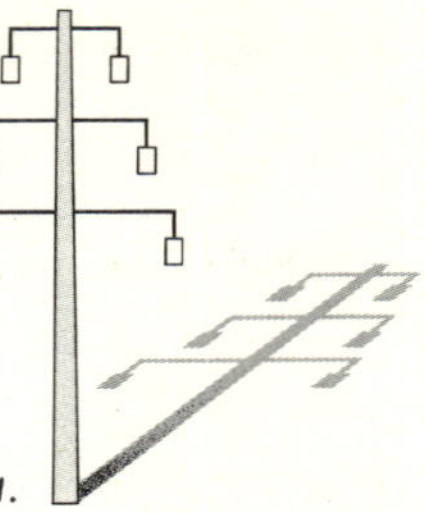

32.1.

D 1 **1.** Die Menge aller *Strahlen* einer Ebene, die von einem Punkt O (dem Scheitel) ausgehen, heißt ein **Strahlenbüschel** (Fig. 32.2). Die Menge aller *Geraden* einer Ebene, die durch einen Punkt O (den Scheitel) gehen, heißt ein **Geradenbüschel** (Fig. 32.3).

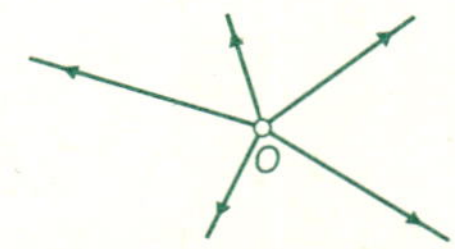

32.2. Strahlenbüschel

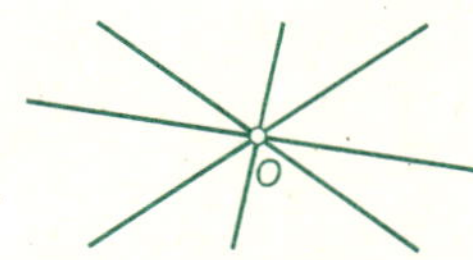

32.3. Geradenbüschel

2. In § 63 haben wir den Satz bewiesen:
Wenn man von einem Zentrum O aus die Strecken OP und OQ im Verhältnis k streckt, so liegen die Endpunkte P' und Q' von OP' und OQ' auf einer Parallele $(P'Q')$ zu (PQ) (vgl. S 4 von § 63). Nun beweisen wir einen Kehrsatz dieses Satzes.

S 1 **Wird ein Geradenbüschel von Parallelen geschnitten, so verhalten sich die Längen der Abschnitte auf einer Gerade wie die Längen der entsprechenden Abschnitte auf irgend einer andern** (Fig. 32.4 und 5).
$\overline{OA} : \overline{OA'} = \overline{OB} : \overline{OB'}$; $\overline{OA} : \overline{AA'} = \overline{OB} : \overline{BB'}$
S 1 gilt auch, wenn man *Geraden* durch *Strahlen* ersetzt.
Man bezeichnet daher S 1 meist als den *ersten Strahlensatz.*
Beweis (32.4): Ist $AB \parallel A'B'$ und setzt man $\overline{OA'} : \overline{OA} = |k|$, so ist A' das Bild von A bez. $Z_{O;k}$. Ist $B^\star$ das Bild von B bez. $Z_{O;k}$, so gilt nach § 63, S 4: $A'B^\star \parallel AB$; somit $B^\star = B'$. Es gilt also $\overline{OB'} : \overline{OB} = |k| = \overline{OA'} : \overline{OA}$; ebenso $\overline{BB'} : \overline{OB} = \overline{AA'} : \overline{OA}$.
Andere Form des ersten Strahlensatzes: Eine Parallelenschar bildet je zwei Geraden eines Büschels so aufeinander ab, daß sich die Längen zweier Strecken auf der einen Gerade ebenso verhalten wie die Längen ihrer Bildstrecken auf einer andern. — In Fig. 32.6 gilt:
$\overline{OA} : \overline{AA'} : \overline{A'A''} = \overline{OB} : \overline{BB'} : \overline{B'B''} = \overline{OC} : \overline{CC'} : \overline{C'C''}$.

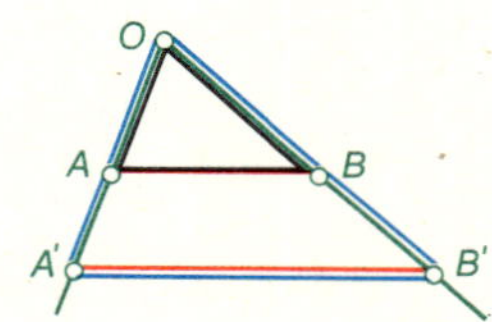

32.4.

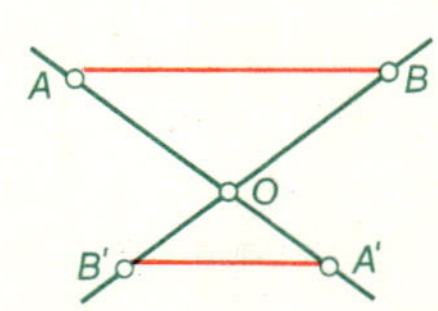

32.5.

Aufgaben

1. Lies in Fig. 32.7 S 1 ab mit $a:b$; $a:e$; $a:f$; $b:e$; $b:f$.
2. Vertausche in $a:b = c:d$ die Innenglieder b, c und vergleiche die neue Verhältnisgleichung mit Figur 32.7.
   Drücke $a:c$; $d:b$; $e:g$; $h:f$ auf alle möglichen Arten aus.
3. a) Drücke in Fig. 32.7 $(a+b):a$; $(e+f):f$; $(c+d):g$; $(a+b):(c+d)$; $(a+e):b$; $(a+e):(c+g)$ anders aus.
   b) Wie entsteht $(a+b):b = (c+d):d$ aus $a:b = c:d$? Bilde einen Satz! Wende ihn an auf: $(x-3):3 = 5:6$.
   c) Zeichne Fig. 32.7 in 3-facher Größe, bilde $a-b$ und $c-d$ und beweise $(a+b):(a-b) = (c+d):(c-d)$.
   d) Löse nach c) die Gleichung $(x+2):(x-2) = 7:5$.

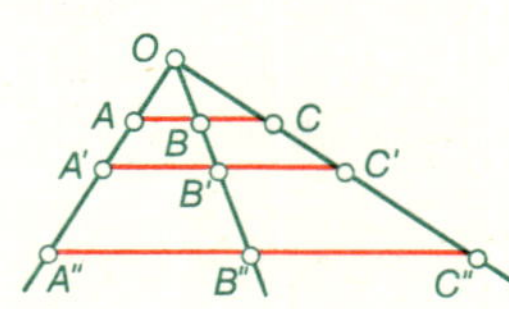

32.6.

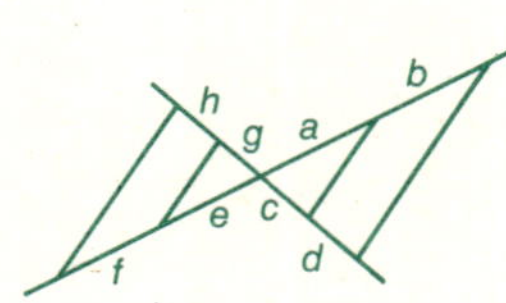

32.7.

S 2 **3. Wird ein Geradenbüschel (Strahlenbüschel) von Parallelen geschnitten, so verhalten sich die Längen entsprechender Abschnitte auf den Parallelen wie die Längen der vom Scheitel aus gemessenen Abschnitte auf einer Gerade (einem Strahl)** (*Zweiter Strahlensatz*), Fig. 33.1 | 2:

$$\overline{AB} : \overline{A'B'} = \overline{OA} : \overline{OA'} = \overline{OB} : \overline{OB'}.$$

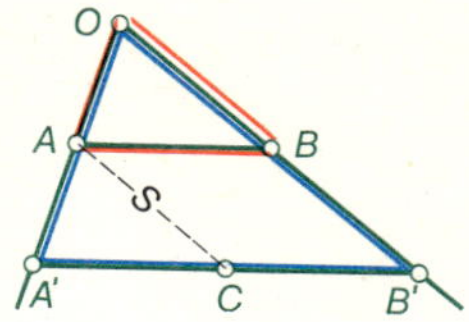

33.1.

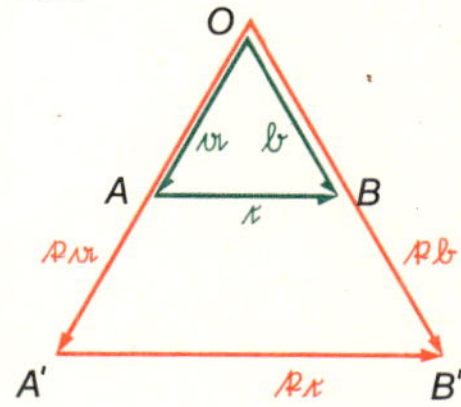

33.2.

Erster Beweis (Fig. 33.1): Ist $AB \parallel A'B'$ und $AC \parallel OB$, so gilt nach Strahlensatz 1: $\overline{OA} : \overline{OA'} = \overline{CB'} : \overline{A'B'} = \overline{AB} : \overline{A'B'}$.

Zweiter Beweis (Fig. 33.1/2): Ist $OA' = |k| \cdot \overline{OA}$ und $AB \parallel A'B'$, so ist nach S 1: $\overline{OB'} = |k| \cdot \overline{OB}$. Nach § 63, S 7, gilt dann: $\overline{A'B'} = |k| \cdot \overline{AB}$, somit $\overline{AB} : \overline{A'B'} = \overline{OA} : \overline{OA'} = \overline{OB} : \overline{OB'}$.

Bemerkung: Während die Umkehrung des Strahlensatzes 1 der Satz 4 von § 63 ist, braucht nicht jede Umkehrung von Strahlensatz 2 gültig zu sein. In Fig. 33.3 ist z.B. $\overline{AB} : \overline{A'B'} = \overline{OA} : \overline{OA'}$ (Grund?); es ist aber $A'B'$ nicht parallel zu AB.

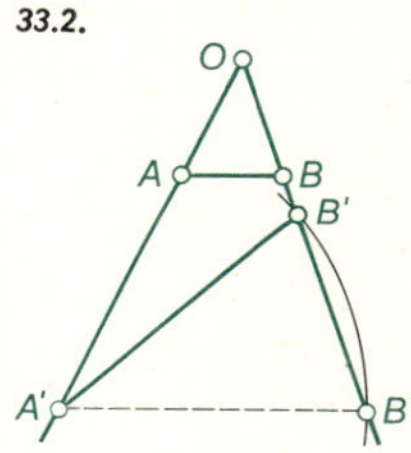

33.3.

S 3 4. *Wird ein Geradenbüschel von Parallelen geschnitten, so verhalten sich die Längen der Abschnitte auf irgend einer Parallele wie die Längen der entsprechenden Abschnitte auf einer anderen Parallele. (Dritter Strahlensatz.)*

Behauptung: $\overline{AB} : \overline{BC} = \overline{A'B'} : \overline{B'C'}$

Beweis (Fig. 33.4): Ist $AB \parallel A'B'$, dann ist nach dem 2. Beweis von S 2 $\overline{A'B'} = |k| \overline{AB}$, $\overline{B'C'} = |k| BC$, also $\overline{A'B'} : \overline{B'C'} = \overline{AB} : \overline{BC}$. — S 3 folgt auch leicht aus § 63, S 7.

Andere Form des dritten Strahlensatzes (Fig. 33.4): *Ein Geradenbüschel bildet die Parallelen einer Schar so aufeinander ab, daß sich die Längen der Strecken auf einer Parallele ebenso verhalten wie die Längen der Bildstrecken auf einer anderen Parallele.*

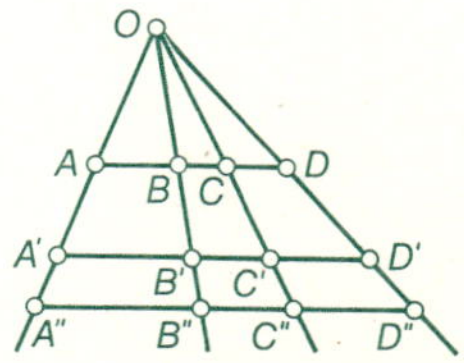

33.4. Zum 3. Strahlensatz

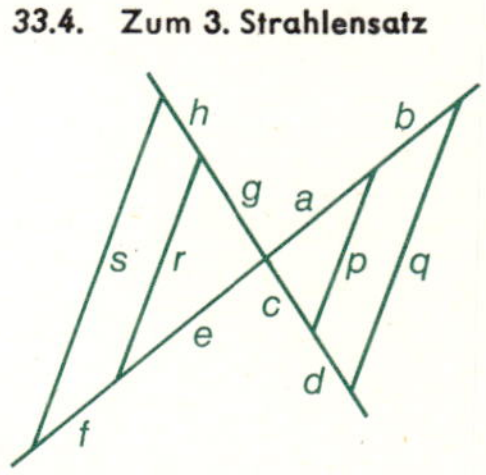

33.5.

Aufgaben

4. Beweise den 2. Strahlensatz, wenn O zwischen A und A' bzw. zwischen B und B' liegt (Fig. 33.2).
5. Bilde in Fig. 33.5 Verhältnisgleichungen für $p:q$; $p:r$; $q:r$; $p:s$; $q:s$; $a:p$; $r:g$; $q:(a+b)$; $(g+h):s$.
6. Lies in Fig. 33.4 Verhältnisgleichungen nach dem ersten, zweiten und dritten Strahlensatz ab. Verdeutliche an dieser Figur auch die zweite Fassung des dritten Strahlensatzes.
7. Beweise S 3 auch für den Fall, daß die Abschnitte nicht aneinanderstoßen (z.B. $\overline{AB} : \overline{CD} = \overline{A'B'} : \overline{C'D'}$).
8. Beweise mit dem 2. Strahlensatz: Die Seitenhalbierenden eines Dreiecks teilen sich im Verhältnis $2:1$.
9. Konstruiere die Parallele zur Gerade g durch $P \notin g$ mit Hilfe eines Strahlensatzes. (Benutze nur Zirkel und Lineal).

Grundaufgabe zu den Strahlensätzen

a, *b*, *c* seien drei gegebene Streckenlängen. Konstruiere eine Strecke mit der Länge x so, daß gilt: $a : b = c : x$.

Lösung: (34.1 bis 4): x ergibt sich nach dem 1., 2. oder 3. Strahlensatz.

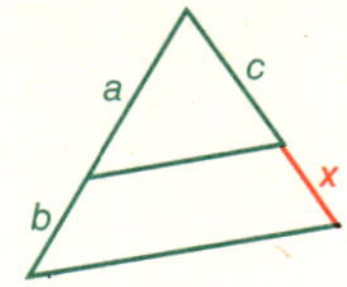

34.1.

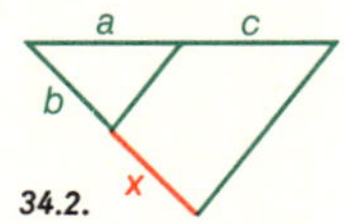

34.2.

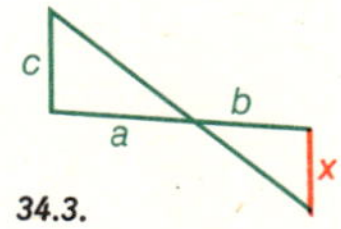

34.3.

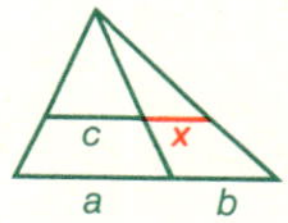

34.4.

Aufgaben

10. Löse die Grundaufgabe rechnerisch und auf verschiedene Arten zeichnerisch für die folgenden Zahlenwerte von *a*, *b*, *c*:
a) 5; 3; 4 b) 2,5; 3,5; 4,0 c) 3,6; 2,8; 4,5 d) 4,8; 7,5; 3,0

11. Bestimme x rechnerisch und zeichnerisch aus den Gleichungen
a) $3 : x = 5 : 7$ b) $x : 4 = 5 : 6$ c) $5{,}5 : 4 = x : 2{,}6$

12. Verwandle a) das Rechteck mit $a = 5$ cm (3,5 cm), $b = 3$ cm (4,8 cm) b) das Quadrat mit der Seite $a = 4$ cm (5,2 cm) rechnerisch und auf verschiedene Arten zeichnerisch in ein inhaltsgleiches Rechteck mit der Seite $c = 6$ cm (4,5 cm).
Anl.: Bilde eine Produkt- und dann eine Verhältnisgleichung.

13. Bei einer Feldbereinigung wird ein rechteckiger Acker von 48 m (70 m) Breite und 85 m (108 m) Länge in einen inhaltsgleichen von 64 m Breite (135 m Länge) umgewandelt.

14. Gegeben sind 3 Strecken mit den Längen *a*, *b*, *c*. Konstruiere eine Strecke mit der Länge a) $x = \frac{a\,b}{c}$ b) $y = \frac{a^2}{b}$ c) $z = \frac{a^2 + b^2}{c}$.

15. Zeichne zu den gegebenen Strecken mit der Länge a und b eine Strecke mit der Länge y so, daß $a : b = b : y$ ist. Welche Aufgabe der Flächenverwandlung ist damit gelöst?
Beispiele: $a = 4$ cm (6,4 cm), $b = 5$ cm (3,6 cm).

16. Wie müssen die Konstruktionen in Fig. 33.1 bis 4 abgeändert werden, wenn damit die Gleichung $a : b = b : x$ gelöst werden soll?

17. Verwandle ein Quadrat mit der Seite $a = 4{,}8$ cm in ein inhaltsgleiches Rechteck mit der Seite $b = 6$ cm (2,5 cm). Gib verschiedene Lösungsverfahren an.

18. Zeichne ein Dreieck aus a) $a + b = 9$ cm, $c = 5$ cm, $a : b = 3 : 2$
b) $a + b + c = 15$ cm, $a : b = 4 : 3$, $b : c = 3 : 5$.

Die Strahlensätze im Raum

D 2 Die Menge aller Strahlen des Raumes, die von einem Punkt O ausgehen, heißt ein **Strahlenbündel**. Die Geraden durch O bilden ein **Geradenbündel**.

19. Zeige: Die Sätze 1 bis 3 gelten auch für Strahlenbündel bzw. Geradenbündel, wenn man das Wort „Parallelen" durch „parallele Ebenen" ersetzt.

20. Gib S 1 bis 3 für den Raum in Worten an. Lies an Fig. 34.5 mehrere Verhältnisgleichungen ab.

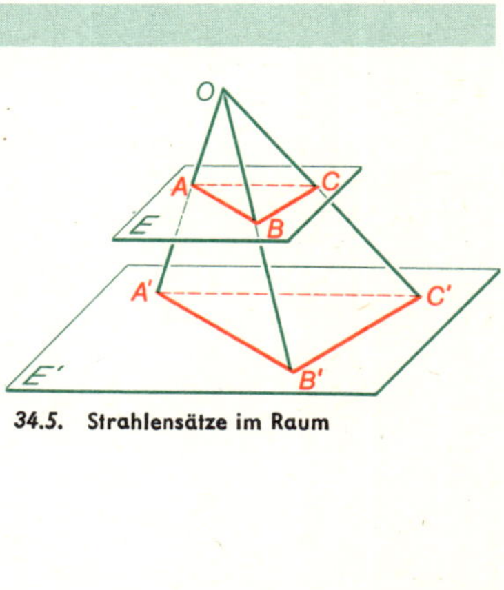

34.5. Strahlensätze im Raum

Sätze und Beweise

21. Wie verhält sich im Dreieck der Abstand des Schwerpunkts von einer Seite zu der zugehörigen Höhe?

22. a) Dreiecke mit gemeinsamer Grundseite und gleicher Höhe werden von jeder Parallelen zur Grundseite in gleichen Strecken geschnitten.
b) Konstruiere in einem Trapez eine Parallele zu den Grundseiten, aus der die Schenkel und die Diagonalen 3 gleiche Stücke abschneiden (Benutze a)).

23. Wie lang ist die Verbindungsstrecke der Diagonalenmitten eines Trapezes?

24. In welchem Verhältnis teilt die kleine Grundseite eines Trapezes die bis zum Schnittpunkt verlängerten Schenkel?

25. a) Zieht man durch den Diagonalenschnittpunkt E eines Trapezes die Parallele zu den Grundseiten, so wird ihr zwischen die Schenkel fallendes Stück $\overline{FG}$ in E halbiert.
b) Halbiere die Grundseiten eines Trapezes nur mit dem Lineal (Benutze a)).

Messungen im Freien

26. Um die Breite x eines Flusses zu bestimmen, verfährt man nach Fig. 35.1 bis 3 und mißt die Strecken a, b und c. Bestimme x durch Zeichnung und Rechnung. Warum wird das Verfahren besonders einfach, wenn man in Fig. 35.3 $a = b$ oder $a = 2b$ wählt?

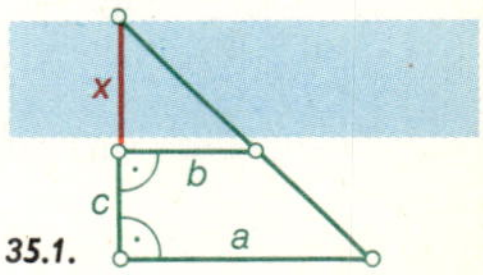

35.1.

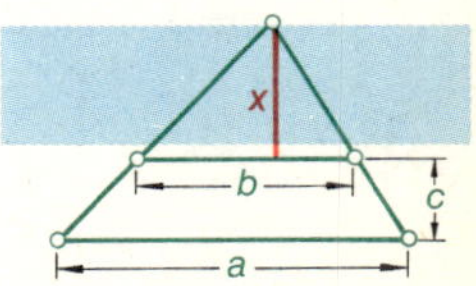

35.2.

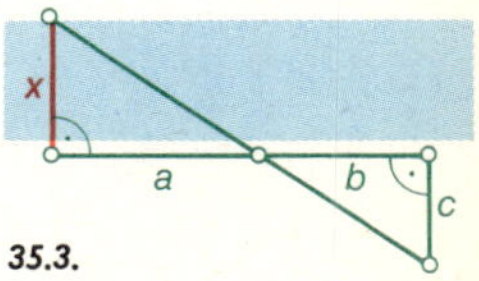

35.3.

Beispiele:

	Fig. 35.1		Fig. 35.2		Fig. 35.3		
	a)	b)	c)	d)	e)	f)	g)
a	45 m	50 m	60 m	40 m	60 m	75 m	90 m
b	18 m	15 m	52 m	33,5 m	48 m	55 m	76,5 m
c	11 m	25,5 m	10 m	12 m	15 m	22 m	16 m

27. Bestimme mittels S 2 die Entfernung zweier Punkte, a) zwischen denen ein Hindernis liegt b) von denen der eine unzugänglich ist.

28. Der Schatten eines $h = 1{,}20$ m (90 cm) hohen vertikalen Stabes ist $l = 1{,}40$ m (75 cm) lang. Wie hoch ist ein Baum (Mast), wenn sein Schatten zur gleichen Zeit $s = 11{,}20$ m (8,50 m) mißt?

29. Schließt man ein Auge, so verdeckt der vertikale Daumen (Breite d) bei ausgestrecktem Arm (Länge l) eine in der Entfernung e gelegene horizontale Querstrecke q. Welche Beziehung besteht zwischen d, l, e und q? Benutze sie zum Schätzen von Entfernungen. *Beispiel:* $d = 2$ cm, $l = 60$ cm, $q = 25$ m.

30. Schließt man (Aufg. 29) abwechselnd das rechte und linke Auge, so macht der Daumen scheinbar im Gelände einen Sprung s. Welche Beziehung besteht zwischen s, e, l und dem Augenabstand a? Zeichne! Stelle auch mit diesem Verfahren Entfernungen fest.
Beispiel: $a = 6$ cm, $l = 60$ cm, $s = 75$ m.

31. Eine 6 mm dicke Erbse verdeckt gerade den Vollmond, wenn man sie 66 cm vom Auge entfernt hält. Wie verhalten sich demnach Mond- und Erdradius, wenn die Mondentfernung 60 Erdradien beträgt?

66 Teilung einer Strecke

36.1. Innere Teilung

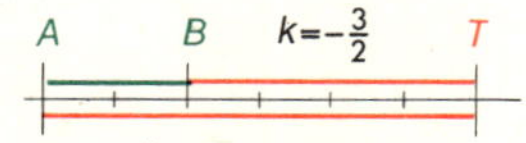

36.2. Äußere Teilung

Innere und äußere Teilung

D 1 **1.** Es sei T ein Punkt des Speers $(\overrightarrow{AB})$ mit $T \neq A$ und $T \neq B$. Ist $A \prec T \prec B$, so heißt T **innerer Teilpunkt** von AB (36.1). T heißt **äußerer Teilpunkt** von AB, wenn $T \prec A \prec B$ oder $A \prec B \prec T$ ist (Fig. 36.2).

Im 1. Fall sagt man: Die Strecke AB ist durch den Punkt T **innen geteilt im Verhältnis $k = \overline{AT} : \overline{TB}$.**

Im 2. Fall heißt die Strecke AB durch den Punkt T **außen geteilt im Verhältnis $k = -(\overline{AT} : \overline{TB})$.**

Beispiele: In Fig. 36.1 ist T innerer Teilpunkt und $k = 3 : 2 = 1{,}5$. In Fig. 36.2 ist T äußerer Teilpunkt und $k = -(3 : 2) = -1{,}5$.

Bemerkung: Bei der Festlegung des Teilverhältnisses haben wir bei den Strecken nicht nur die *Länge*, sondern auch die *Richtung* beachtet; wir haben also an die Pfeile $\overrightarrow{AT}$ und $\overrightarrow{TB}$ gedacht.

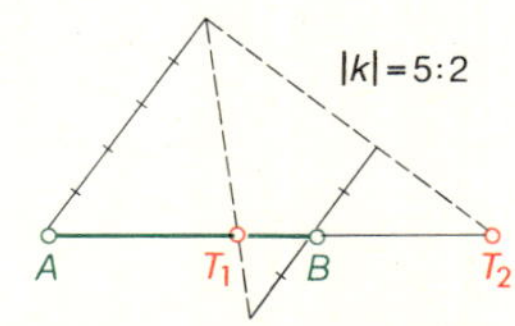

36.3 Innere und äußere Teilung; $|k| = 5 : 2$

Grundaufgabe: Teile die Strecke AB innen (außen) im Verhältnis k $(\neq 0; 1)$.

Lösung: In Fig. 36.3 ist der Teilpunkt $T_1(T_2)$ für das Teilverhältnis $k_1 = 5 : 2$ $(k_2 = -5 : 2)$ nach dem 2. Strahlensatz bestimmt.

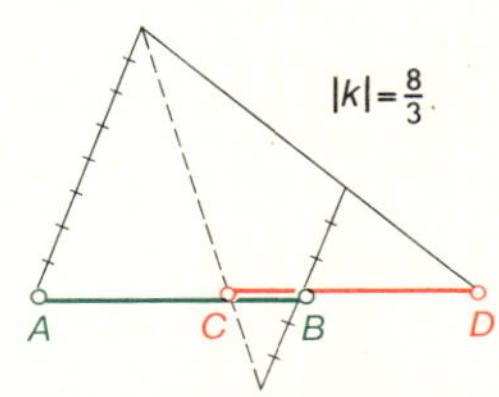

36.4. Harmonische Teilung
Harmonische Punkte
A, B, C, D

Harmonische Teilung

D 2 **2.** Eine Strecke AB heißt durch C, D **harmonisch geteilt,** wenn sie durch C und D in Verhältnissen mit gleichem Betrag $|k|$ geteilt ist (Fig. 36.4). Die Punkte A, B, C, D heißen **vier harmonische Punkte.** Für sie ist $\overline{AC} : \overline{CB} = \overline{AD} : \overline{DB}$.
Auch A, B, T_1, T_2 in Fig. 36.3 sind vier harmonische Punkte.

Aufgaben

1. Löse die obige Grundaufgabe auch nach dem 1. (3.) Strahlensatz.

2. Teile die Strecke $s = 6$ cm (7,5 cm) im Verhältnis
a) $2 : 3$ b) $7 : 5$. Verwende verschiedene Verfahren. Prüfe rechnerisch nach.

3. Teile die Strecke $s = 10{,}8$ cm im Verhältnis
a) $4 : 3 : 2$ b) $2 : 7 : 3$ c) $p : q : r$. Zeichnung und Rechnung.

4. Teile die Strecke $s = 4{,}4$ cm im Verhältnis a) -2 b) $-\frac{1}{2}$ c) $-\frac{3}{5}$.

5. a) Von zwei Streckenlängen x und y ist $x + y = 10{,}5$ cm (8 cm) und $x : y = 3 : 2$ $(p : q)$ gegeben. Bestimme x und y durch Zeichnung und Rechnung.
b) Löse a), wenn statt s die Differenz $x - y = 2{,}5$ cm (3 cm) gegeben ist.

6. Ein Rechteck hat den Umfang $u = 16{,}2$ cm. Die Längen seiner Seiten verhalten sich wie $4 : 5$. Konstruiere das Rechteck und berechne die Seitenlängen.

7. Bei einem Dreieck mit dem Umfang $u = 12$ cm verhalten sich die Seitenlängen $a : b = 4 : 5$, $a : c = 2 : 3$. Konstruiere das Dreieck und berechne die Seitenlängen.

8. Teile $s = 4{,}8$ cm harmonisch mit
a) $|k| = 3:1$ b) $|k| = 3:7$.

9. In Fig. 37.1 ist $AP \parallel BQ \parallel CE$ und $\overline{AP} = p$, $\overline{BQ} = q$.
Beweise: AB wird durch C und D harmonisch mit $|k| = \frac{p}{q}$ geteilt.

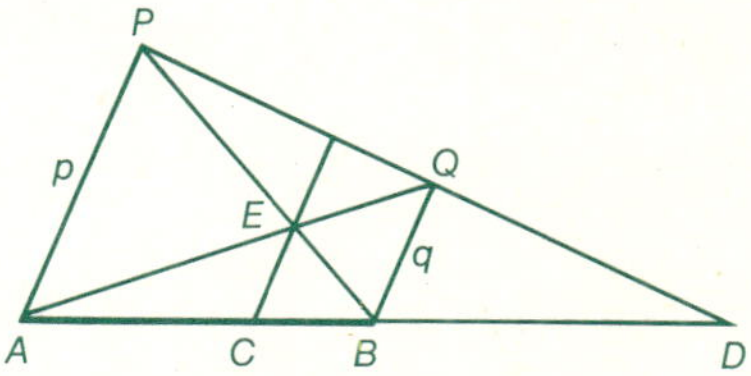

37.1. **Harmonische Teilung**

10. Gegeben: AB und C auf AB mit $C \neq (A, B)$. Konstruiere den 4. harmonischen Punkt D zu A, B und C. Wähle verschiedene Lagen von C.

11. Wie ändert sich $|k|$ und die Lage von D in Fig. 37.1, wenn A und B fest bleiben und C
a) gegen A b) gegen B c) gegen die Mitte M von AB rückt?

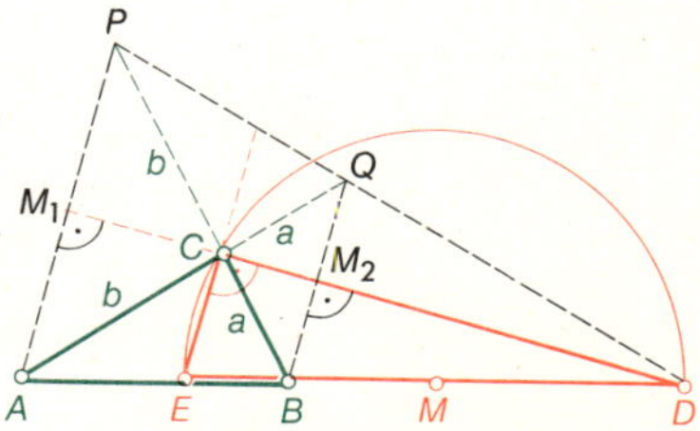

37.2. **Halbierung eines Dreieckswinkels und seines Nebenwinkels**

12. Beweise: Wird AB durch C und D harmonisch geteilt, so auch CD durch A und B. Man sagt daher auch (Fig. 36.4 und 37.1): *Die Punktepaare* (A, B) *und* (C, D) *trennen sich harmonisch.*
Anl.: Vertausche in der Verhältnisgleichung bei Fig. 36.4 die Innenglieder.

S 1 **13.** Beweise: *Die Halbierenden eines Dreieckswinkels und seines Nebenwinkels teilen die Gegenseite harmonisch im Verhältnis der anliegenden Seiten* (Fig. 37.2).
Anl.: In Fig. 37.2 halbieren CE und CD den Winkel γ bzw. seinen Nebenwinkel, also gilt $CE \perp CD$. Zeichnet man $AM_1 \parallel BM_2 \parallel CE$, so entstehen gleichschenklige Dreiecke.

14. Löse Aufg. 8 mit Hilfe von S 1.

15. Zeige: In Fig. 37.2 geht der Halbkreis über DE durch C.

▸ **16.** Zeige, daß S 1 umkehrbar ist. Nenne den Kehrsatz.

17. Zeichne eine Anzahl von Punkten, deren Entfernungen von zwei gegebenen Punkten A und B sich wie $2:1$ $(5:2)$ verhalten. Verbinde diese Punkte möglichst gut durch eine Kurve. Welche Gestalt hat diese?

S 2 **18.** Beweise: *Alle Punkte, deren Entfernungen von zwei gegebenen Punkten A und B ein gegebenes Verhältnis* $|k|$ *haben, liegen auf einem Kreis* (Fig. 37.2). *Die Punkte E und D, welche AB im Verhältnis* $|k|$ *harmonisch teilen, begrenzen einen Durchmesser dieses Kreises* (Kreis des Apollonius[1]).
Anl.: Beachte Aufg. 15 und 16.

19. Zeichne nach Aufg. 18 ein Dreieck aus
a) $c = 7{,}2$ cm, $a:b = 7:2$, $s_c = 4{,}0$ cm b) $c = 4{,}8$ cm, $a:b = 5:3$, $h_c = 3{,}5$ cm

20. Lege an $\odot(M, r)$ und $\odot(M', r')$ mit Mittelpunktsabstand a die äußeren und inneren Tangenten. Bestimme deren Schnittpunkt mit der gemeinsamen Zentrale und die Tangentenabschnitte durch Zeichnung und Rechnung. Welche Punkte liegen harmonisch?
a) $r = 4{,}0$ cm, $r' = 1{,}6$ cm $a = 6{,}3$ cm b) $r = 4{,}2$ cm, $r' = 1{,}2$ cm, $a = 9{,}0$ cm

---

1. Apollonius von Pergae, griech. Mathematiker und Astronom, um 200 v. Chr.

67 Vermischte Aufgaben zu den Strahlensätzen, zur Vektorrechnung und zur Streckenteilung

Konstruktionsübungen

1. Gegeben ist ein Winkel mit Scheitel A und ein Punkt P. Lege durch P eine Gerade, welche die Schenkel des Winkels in X und Y schneidet, so daß
a) $\overline{AX}:\overline{AY} = 3:4$ $(p:q)$ b) $\overline{PX}:\overline{PY} = 3:5$ $(p:q)$ ist.

2. Eine Grundseite eines Trapezes ist im Verhältnis $p:q$ geteilt. Teile die andere Grundseite allein mit dem Lineal im gleichen Verhältnis.

3. Halbiere eine Strecke allein mit dem Lineal, wenn auf einer parallelen Gerade 3 Punkte in gleichem Abstand gegeben sind.

4. Teile eine Strecke s mit Hilfe eines Strahlenbüschels in 3 (5) gleiche Teile.

5. Lege zwischen zwei verlängerte Gegenseiten eines Parallelogramms eine Strecke, die von den zwei andern a) in 3 gleiche Teile b) im Verhältnis $p:q$ bzw. $p:r$ geteilt wird.

6. Zeichne Punkte, die von zwei gegebenen Geraden g und h die Abstände 2 cm und 3 cm, 3 cm und 4,5 cm, 4 cm und 6 cm haben. Wo liegen alle Punkte, deren Abstände von g und h sich wie $2:3\,(p:q)$ verhalten? Unterscheide: a) g und h sind parallel b) g und h schneiden sich.

7. Konstruiere durch einen Punkt P eine Gerade nach dem unzugänglichen Schnittpunkt zweier gegebener Geraden g und h. (Benutze Aufg. 6b).

8. Zwei Geraden g und h schneiden sich in S. Suche Punkte, die von S die Entfernung $e = 4$ cm haben und deren Abstände von g und h sich wie $1:2\,(p:q)$ verhalten. Anzahl der Lösungen?

9. Bestimme im $\triangle ABC$ einen Punkt, dessen Abstände von a, b, c sich wie $2:3$ bzw. $2:4$ ($p:q$ bzw. $p:r$) verhalten.

10. Konstruiere durch einen Punkt C eine Gerade, deren Abstände von zwei gegebenen Punkten A und B sich verhalten wie a) $1:1$ b) $3:1$ c) $5:2$ d) $p:q$. Wie viele solche Geraden gibt es? Darf C auf (AB) liegen?

▸ **11.** Konstruiere im $\triangle ABC$ eine Parallele XY zu AB mit a) $\overline{XY} = \overline{YB}$ b) $\overline{AX} = \frac{1}{2}\overline{CY}$.

12. Gegeben ist der Durchmesser AB in $\odot M$ und der Punkt P auf $\odot M$. Lege durch P eine Sehne, die von AB im Verhältnis $3:1\,(p:q)$ geteilt wird.

13. Zeichne ein Dreieck aus
a) $c = 6{,}2$ cm, $a:b = 3:1$, $w_\gamma = 2{,}5$ cm b) $a = 5{,}8$ cm, $b:c = 3:7$, $r = 3{,}8$ cm

14. Bestimme im $\triangle ABC$ einen Punkt, dessen Entfernungen von A, B, C sich wie $2:4$ bzw. $2:5$ ($p:q$ bzw. $p:r$) verhalten.

▸ **15.** Auf einer Gerade sind 4 Punkte A, B, C, D gegeben. Suche einen Punkt P, von dem aus AB, BC, CD unter gleichem Winkel erscheinen.

16. Gegeben sind zwei Geraden durch A und ein Punkt S. Schneide von den Geraden ein Dreieck ab, dessen Schwerpunkt S ist.

▸ **17.** Gegeben sind 3 Geraden von einem Punkt O aus und ein Punkt P, der auf keiner der Geraden liegt. Zeichne eine Gerade durch P so, daß die von den Geraden ausgeschnittenen Streckenlängen sich wie $2:3$ verhalten.

Meßgeräte

18. Ein Meßgerät des Forstmannes zur Bestimmung von Baumhöhen besteht aus zwei orthogonalen Stäben, von denen der eine verschoben werden kann (Fig. 39.1).
a) Bestimme die Baumhöhe für $a = 1{,}5$ m (Augenhöhe) und $l = 24$ cm (14 cm), $b = 20$ cm (15 cm), $e = 20$ m (15 m).
b) Berechne die Werte von l, die zu einer Höhe von 10 m, 12 m, 14 m, …, 24 m gehören, wenn $a = 1{,}5$ m, $b = 20$ cm und $e = 10$ m ist. Stelle ein Modell her und schreibe diese Höhen an den horizontal zu haltenden Stab an.

19. Ein ähnliches Instrument, der *Jakobstab* (Fig. 39.2), wurde im Mittelalter zum Messen von Höhen und Entfernungen benutzt. Stelle ein Modell her. Erläutere seinen Gebrauch. Führe Messungen und Berechnungen aus.

20. Ein *Meßkeil* (Fig. 39.3) hat Katheten von 10 cm und 1 cm Länge. Erläutere seine Verwendung zur Messung der lichten Weite einer engen Öffnung, einer Glasröhre usw. Welche Genauigkeit wird dabei erzielt? Stelle aus Millimeterpapier und Pappe ein Modell her und miß damit.

21. Bei einer *Draht(Meß-)lehre* (Fig. 39.4) ist der Einschnitt 10 cm tief und vorne $\frac{1}{2}$ cm breit. Erläutere die Verwendung. Stelle ein Modell her und miß damit die Dicke von Drähten usw.

22. Zum Vergrößern oder Verkleinern von Zeichnungen benutzt man den *Proportionalzirkel* (Fig. 39.5). Er besitzt einen verstellbaren Drehpunkt. Erläutere den Gebrauch des Zirkels.

23. Erläutere die Benutzung des *Fühlhebels* zur Messung geringer Dicken (Fig. 39.6).

24. a) Erläutere 39.7 und gib die Länge der Strecken a, b, c an.
b) Fig. 39.8 stellt einen *Transversalmaßstab* für die Verkleinerung 1 : 50000 dar, wie er oft auf Plänen und Karten angebracht ist. Erläutere ihn! Gib an, welche Länge den Strecken a, b, c in der Wirklichkeit entspricht. Greife die Strecken 1,67 km, 2,24 km, 3,39 km, 0,72 km ab.
c) Zeichne einen Transversalmaßstab für die Verkleinerung 1 : 25000 (1 : 100).

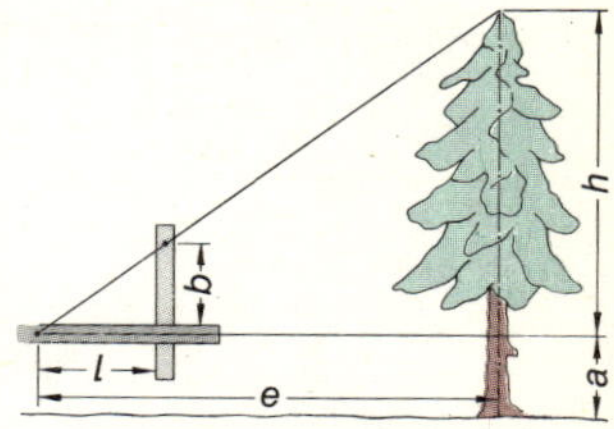

39.1. Messung von Baumhöhen

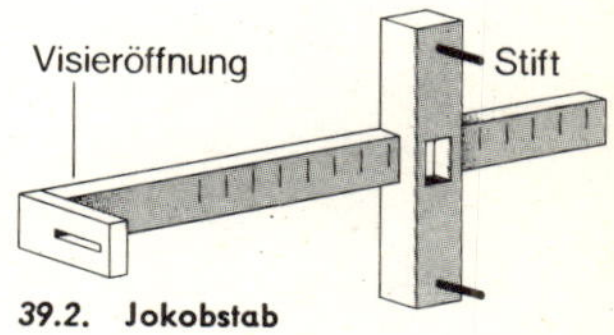

39.2. Jokobstab

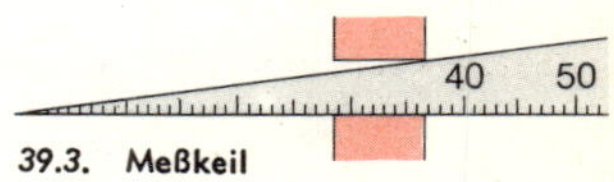

39.3. Meßkeil

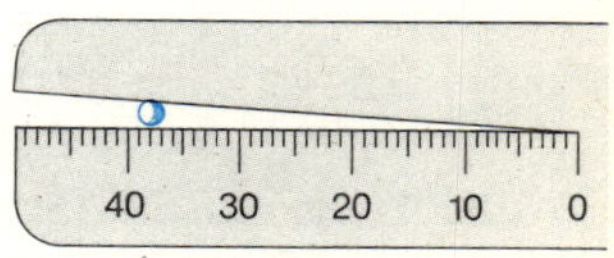

39.4. Draht(Meß-)lehre

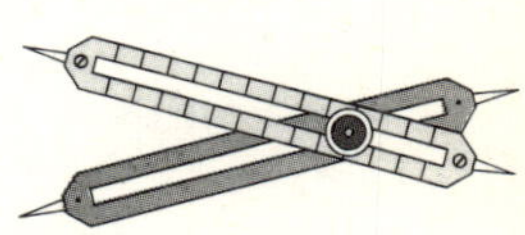
39.5. Proportionalzirkel

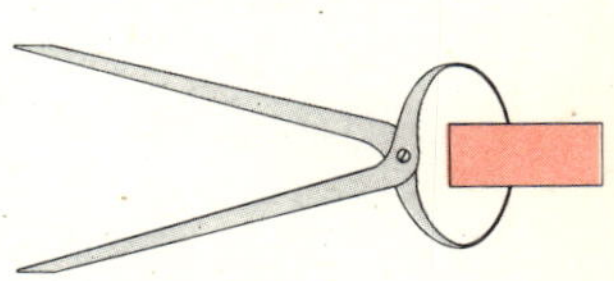
39.6. Fühlhebel

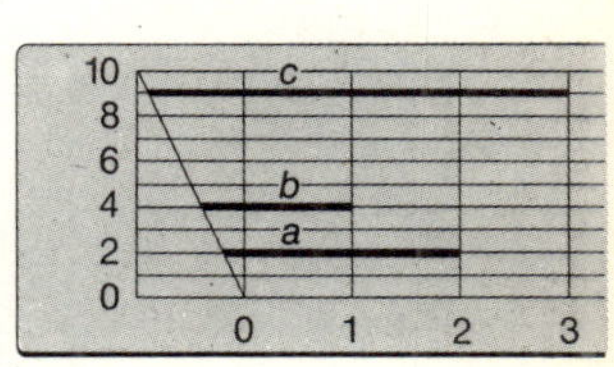

39.7.

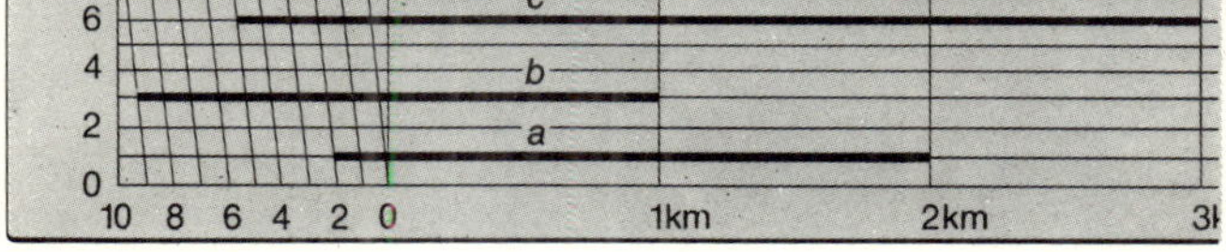

39.8. Transversalmaßstab

Aus Naturwissenschaft und Technik

25. Um Versuchsanordnungen besser sichtbar zu machen, verwendet man oft den *Schattenwurf* (Fig. 40.1).
a) Wovon hängt das Vergrößerungsverhältnis ab?
b) Wo muß man die (punktförmige) Lichtquelle aufstellen, um einen 15 cm (8 cm) hohen Gegenstand, der 2,5 m (3,6 m) von der Wand entfernt ist, so abzubilden, daß das Bild 90 cm (60 cm) hoch ist?

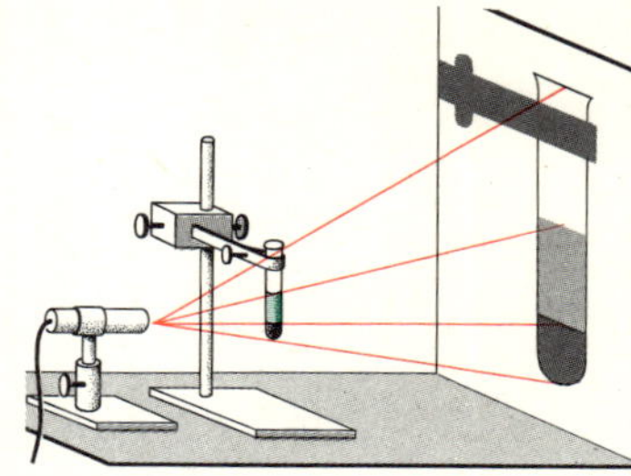

40.1. **Schattenwurf**

▸ **26.** a) Die *Längen* der schwingenden Stücke einer *Saite* verhalten sich bei Grundton und Oktave wie 2 : 1, bei Grundton und Quinte wie 3 : 2. Wo muß man daher auf der *g*-Saite die Töne $\bar{d}$ und $\bar{g}$ greifen? Zeige, daß die dabei erhaltenen Punkte *A*, *B*, *C*, *D* (Fig. 40.2) „harmonisch" liegen. Zeichne sie.
b) Mache dasselbe für einen Dreiklang, wenn die schwingenden Stücke der Saite bei Grundton und großer Terz sich wie 5 : 4 verhalten.

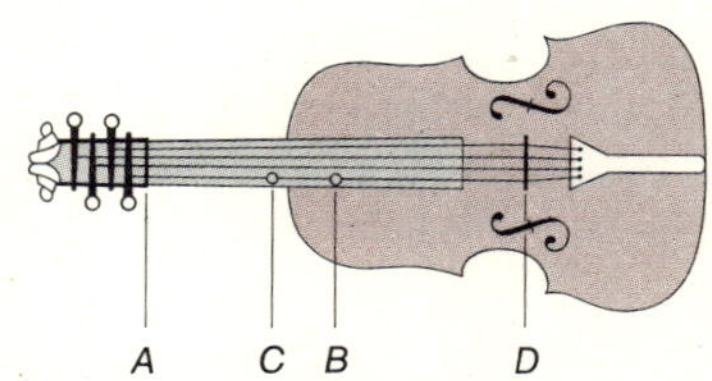

40.2. **„Harmonische" Teilung**

27. Berechne bei dem *Fachwerkträger* in Fig. 40.3 die Länge der einzelnen Stäbe (Maße in m).

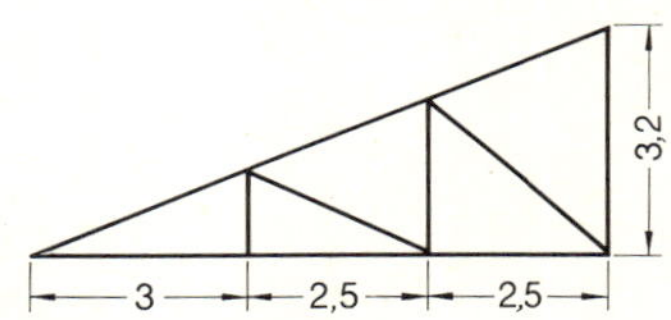

40.3. **Fachwerkträger**

Rechenblätter (Nomogramme)

28. Trage von dem Schnittpunkt *O* zweier Strahlen aus auf dem einen Strahl 100 °Celsius (°C), auf dem andern 80 °Reaumur (°R) von 5 grad zu 5 grad ab und verbinde die beiden Endpunkte. Verwandle mit diesem Rechenblatt durch Parallelenziehen 25, 40, 55, 68, 74, 12 °C in °R (°R in °C). Begründe das Verfahren. Prüfe durch Rechnung nach.

29. Entwirf nach Aufg. 28 Rechenblätter für die gegenseitige Verwandlung von a) km und sm (1 sm = 1,852 km) b) cm/s und km/h c) cm und Zoll.

30. Stelle nach Fig. 40.4 ein Rechenblatt her, aus dem der Jahreszins von k DM bei einem Zinssatz von $p\% = 2\%; 2{,}5\%; 3\%; \ldots; 5\%$ abgelesen werden kann (k-Achse: 1 mm für 1 DM; z-Achse: 2 cm für 1 DM). *Beispiel:* $k = 64$, $p = 2{,}5$, $z = 1{,}6$.

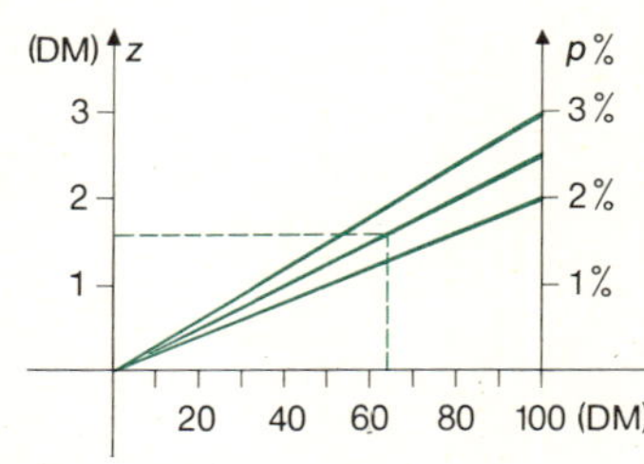

40.4. **Rechenblatt**

31. Entwirf ein Nomogramm, das den Zins von 100 DM bei $p\% = 2\%; 2{,}5\%; \ldots; 5\%$ in $\frac{1}{2}$ Mon., 1 Mon., $1\frac{1}{2}$ Mon., …, 12 Mon. angibt.

32. Welche Beziehung besteht in Fig. 40.5 zwischen u, v, x, y? Wie läßt sich daher dieses Rechenblatt für die Konstruktion von y mit $u : v = x : y$ benutzen? *Beispiel:* $u = 4$; $v = 3$; $x = 2$; $y = ?$

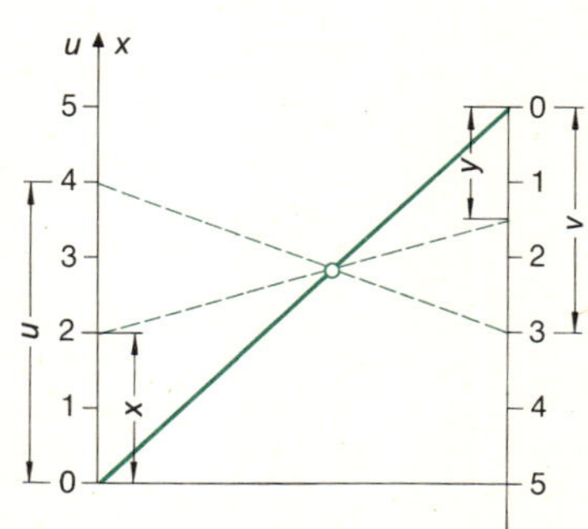

40.5. **Nomogramm**

Aufgaben mit Vektoren

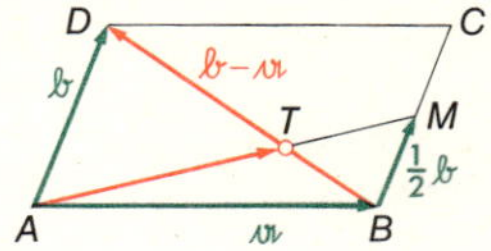

41.1.

Beispiel (Fig. 41.1): Beweise mittels Vektoren den Satz: Verbindet man die Ecke A eines Parallelogramms $ABCD$ mit der Mitte M der Seite BC geradlinig, so teilt AM die Diagonale BD im Verhältnis $1:2$.

Lösung: Sind $\overrightarrow{AB}$, $\overrightarrow{AD}$ Repräsentanten von $\mathfrak{a}$, $\mathfrak{b}$, so gehören $\overrightarrow{BD}$, $\overrightarrow{BM}$, $\overrightarrow{AM}$ zu $\mathfrak{b}-\mathfrak{a}$, $\frac{1}{2}\mathfrak{b}$, $\mathfrak{a}+\frac{1}{2}\mathfrak{b}$. Wir drücken nun $\overrightarrow{AT}$ in doppelter Weise aus: $\overrightarrow{AT}=\overrightarrow{AB}+\overrightarrow{BT}=\overrightarrow{AB}+p\,\overrightarrow{BD}$ oder auch $\overrightarrow{AT}=q\,\overrightarrow{AM}$ mit $p, q \in \mathbb{R}$. Durch Gleichsetzung folgt in Vektoren: $\mathfrak{a}+p(\mathfrak{b}-\mathfrak{a})=q(\mathfrak{a}+\frac{1}{2}\mathfrak{b})$ usw.

Ausmultiplizieren: $\mathfrak{a}+p\,\mathfrak{b}-p\,\mathfrak{a}=q\,\mathfrak{a}+\frac{1}{2}q\,\mathfrak{b}$

Ordnen und zusammenfassen: $(1-p-q)\,\mathfrak{a}=(\frac{1}{2}q-p)\,\mathfrak{b}$ (1)

Nach § 64, Aufg. 18 ist (1) nur erfüllbar, wenn gilt:

$1-p-q=0$ (2) und $\frac{1}{2}q-p=0$ (3)

Aus (2) und (3) folgt: $p=\frac{1}{3}$ (4) und $q=\frac{2}{3}$ (5)

Nach (4) ist $\overline{BT}:\overline{TD}=1:2$, nach (5): $\overline{AT}:\overline{TM}=2:1$.

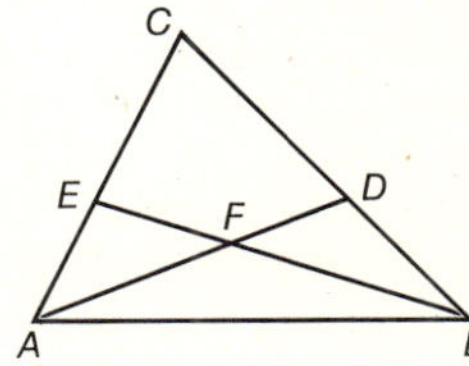

41.2.

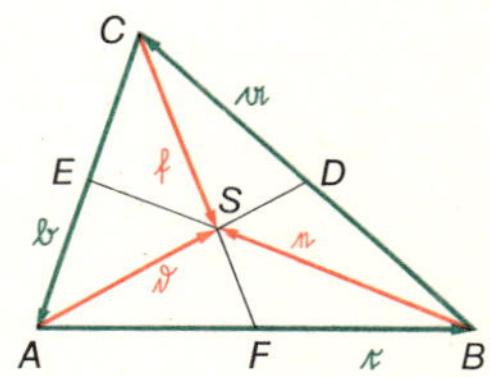

41.3.

Bemerkung: Der obige Satz ergibt sich natürlich auch unmittelbar durch Anwendung des 2. Strahlensatzes: $\overline{BT}:\overline{TD}=\overline{BM}:\overline{AD}=1:2$. Das vektorielle Verfahren sollte zeigen, wie man geometrische Sätze vektoriell herleiten kann.

33. Beweise vektoriell: Die Diagonalen eines Parallelogramms halbieren sich.

34. Beweise: Die Seitenhalbierenden eines Dreiecks teilen sich im Verhältnis $1:2$.

35. Beweise: Die Verbindungsstrecke der Mitten zweier Dreieckseiten ist parallel zur dritten Seite und halb so lang wie diese.

36. Beweise: Wenn sich in einem Viereck die Diagonalen halbieren, dann ist es ein Parallelogramm.

37. Beweise: Teilt im Parallelogramm $ABCD$ der Punkt E die Seite AB im Verhältnis $1:k$ $(k \in \mathbb{R}^+)$, so teilt DE die Diagonale AC im Verhältnis $1:(k+1)$.

38. Im $\triangle ABC$ (Fig. 41.2) teilt D die Seite BC und E die Seite AC je im Verhältnis $1:k$, $(k \in \mathbb{R}^+)$. Beweise vektoriell, daß der Schnittpunkt F von AD und BE sowohl AD als auch BE im Verhältnis $(k+1):k$ teilt.

39. In $\triangle ABC$ mit Schwerpunkt S (Fig. 41.3) seien die Pfeile $\overrightarrow{BC}$, $\overrightarrow{CA}$, $\overrightarrow{AS}$, $\overrightarrow{BS}$, $\overrightarrow{CS}$ Repräsentanten der Vektoren $\mathfrak{a}$, $\mathfrak{b}$, $\mathfrak{d}$, $\mathfrak{e}$, $\mathfrak{f}$.
a) Drücke $\mathfrak{c}$, $\mathfrak{d}$, $\mathfrak{e}$, $\mathfrak{f}$ durch $\mathfrak{a}$ und $\mathfrak{b}$ aus (benutze Aufg. 34).
b) Zeige, daß $\mathfrak{d}+\mathfrak{e}+\mathfrak{f}=\mathfrak{o}$ ist.

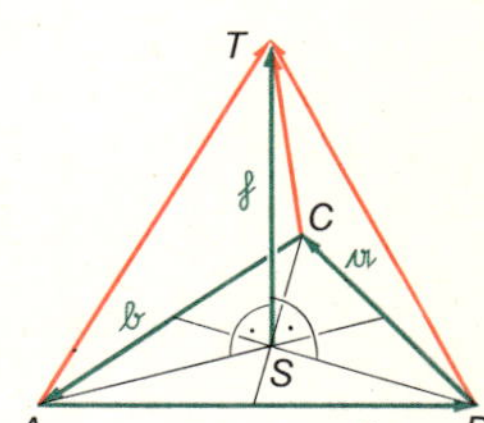

41.4.

40. Fig. 41.4 zeigt ein Kantenmodell einer dreiseitigen Pyramide, S ist der Schwerpunkt der Grundfläche ABC, $\overline{ST}$ gibt die Höhe an. $\overrightarrow{BC}$, $\overrightarrow{CA}$, $\overrightarrow{ST}$ seien Repräsentanten von $\mathfrak{a}$, $\mathfrak{b}$, $\mathfrak{h}$.
a) Drücke $\overrightarrow{AT}$, $\overrightarrow{BT}$ und $\overrightarrow{CT}$ durch $\mathfrak{a}$, $\mathfrak{b}$, $\mathfrak{h}$ aus.
b) Drücke: $\overrightarrow{AT}+\overrightarrow{BT}+\overrightarrow{CT}$ durch $\mathfrak{h}$ aus.

68 Verkettung von zentrischen Streckungen

Verkettung von Streckungen mit gemeinsamem Zentrum

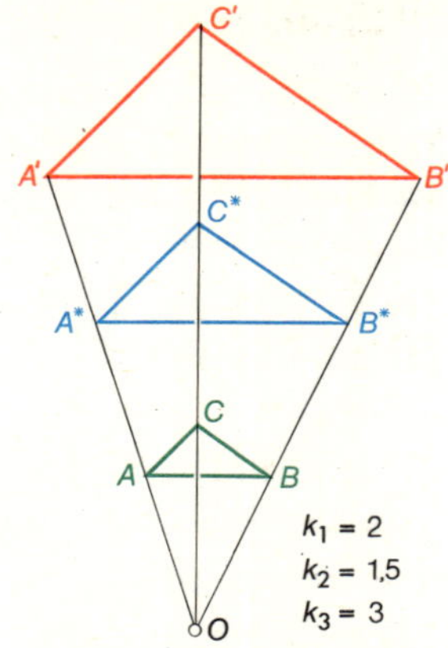

42.1. $Z_{O;k_1} \circ Z_{O;k_2} = Z_{O;k_3}$

❶ Strecke $\triangle A(-0{,}5|1{,}5)$ $B(0{,}75|1{,}5)$ $C(0|2{,}0)$ von $O(0|0)$ aus mit $k_1 = 2$ und dann das Bilddreieck $A^*B^*C^*$ von O aus mit $k_2 = 1{,}5$ bis $\triangle A'B'C'$ (Fig. 42.1). Welche zentrische Streckung bildet $\triangle ABC$ unmittelbar auf $\triangle A'B'C'$ ab?

❷ Was ergibt sich in Vorüb. 1 für $\triangle A'B'C'$, wenn statt $k_2 = 1{,}5$ der Streckfaktor a) $k_2 = 0{,}5$ b) $k_2 = -1$ c) $k_2 = 1$ genommen wird?

❸ Welche Koordinaten haben in Vorüb. 1 die Ecken von $\triangle A^*B^*C^*$ und $\triangle A'B'C'$?

❹ In Fig. 42.2 ist die Verkettung $Z_{O;k_1} \circ Z_{O;k_2}$ mit $k_1 = \frac{2}{3}$ und $k_2 = -2$ dargestellt. Erläutere die Konstruktion von $\triangle A^*B^*C^*$ und $\triangle A'B'C'$. Zeige, daß $\triangle ABC$ durch $Z_{O;k_3}$ mit $k_3 = k_1 k_2 = \frac{2}{3} \cdot (-2) = -\frac{4}{3}$ auf Dreieck $A'B'C'$ abgebildet wird.

❺ Zeige an Hand von Fig. 42.1 und 2: $Z_{O;k_1} \circ Z_{O;k_2} = Z_{O;k_2} \circ Z_{O;k_1}$.

1. Wird $\triangle ABC$ durch die zentrische Streckung $Z_{O;k_1}$ auf $\triangle A^\star B^\star C^\star$ abgebildet und dann $\triangle A^\star B^\star C^\star$ durch $Z_{O;k_2}$ auf $\triangle A'B'C'$ (d.h. $\triangle ABC$ auf $\triangle A'B'C'$ durch die Verkettung $Z_{O;k_1} \circ Z_{O;k_2}$), so gilt: $\overrightarrow{OA^\star} = k_1 \cdot \overrightarrow{OA}$, $\overrightarrow{OA'} = k_2 \cdot \overrightarrow{OA^\star}$, also $\overrightarrow{OA'} = k_1 k_2 \cdot \overrightarrow{OA}$, ebenso $\overrightarrow{OB'} = k_1 k_2 \cdot \overrightarrow{OB}$, $\overrightarrow{OC'} = k_1 k_2 \cdot \overrightarrow{OC}$, $\overrightarrow{A'B'} = k_1 k_2 \cdot \overrightarrow{AB}$, usw. $\triangle A'B'C'$ entsteht also aus $\triangle ABC$ durch die zentrische Streckung $Z_{O;k_3}$ mit $k_3 = k_1 k_2$.

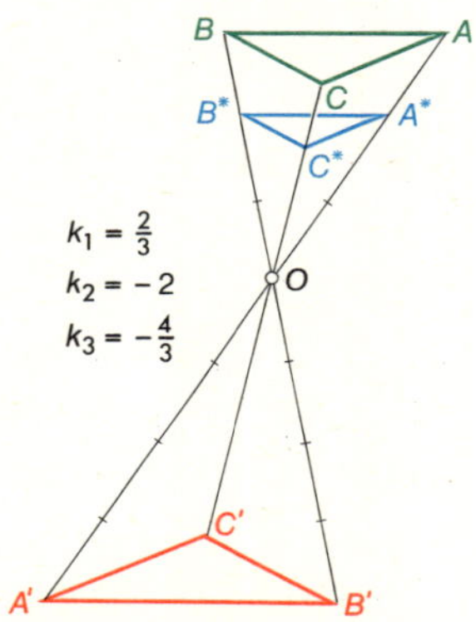

42.2. $Z_{O;k_1} \circ Z_{O;k_2} = Z_{O;k_3}$

S 1 **Die Verkettung zweier Streckungen mit gemeinsamem Zentrum O und den Streckfaktoren $k_1 \neq 0$ und $k_2 \neq 0$ ergibt eine Streckung mit dem Zentrum O und dem Streckfaktor $k_3 = k_1 k_2$** (vgl. § 64, S. 29).

2. Die Menge M aller zentrischen Streckungen mit gemeinsamem Zentrum O hat bez. der Verkettung $\circ$ folgende Eigenschaften:

I. Die Verkettung zweier Abbildungen aus M ergibt wieder eine Abbildung aus M: $Z_{O;k_1} \circ Z_{O;k_2} = Z_{O;k_3}$. Man sagt: Die Menge M ist bez. der Verkettung **abgeschlossen.**
II. Es gilt das **Assoziativgesetz:** $(Z_{O;k_1} \circ Z_{O;k_2}) \circ Z_{O;k_3} = Z_{O;k_1} \circ (Z_{O;k_2} \circ Z_{O;k_3})$.
III. M besitzt ein **neutrales Element,** die Identität $Z_{O;1}$; für sie gilt: $Z_{O;k} \circ Z_{O;1} = Z_{O;k}$.
IV. Zu jeder Streckung $Z_{O;k}$ gibt es die **inverse Streckung** $Z_{O;1:k}$.
Weil M bez. der Verkettung die Eigenschaften I bis IV besitzt, gilt:

S 2 **Die Menge M der Streckungen mit Zentrum O ist bez. der Verkettung eine Gruppe.**

S 3 Wegen $k_1 k_2 = k_2 k_1$ gilt: Die Gruppe M ist **kommutativ** (vgl. Aufg. 1).

Aufgaben

1. Begründe S 3 ausführlicher.
2. Beschreibe $Z_{O;k_1} \circ Z_{O;k_2}$ für a) $k_1 = -1$; $k_2 = -1$ b) $k_1 = -2$; $k_2 = -\frac{1}{2}$ c) $k_1 = -\sqrt{2}$; $k_2 = \frac{\sqrt{2}}{2}$.
3. Welche Streckung bildet in Fig. 42.2 $\triangle A'B'C'$ auf a) $\triangle A^\star B^\star C^\star$ b) $\triangle ABC$ ab?

Verkettung von Streckungen mit beliebigen Zentren

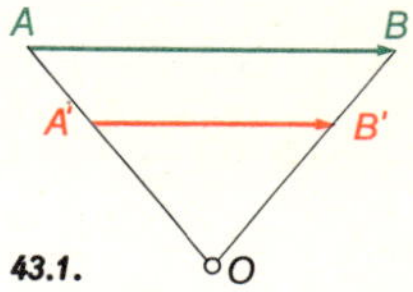

43.1.

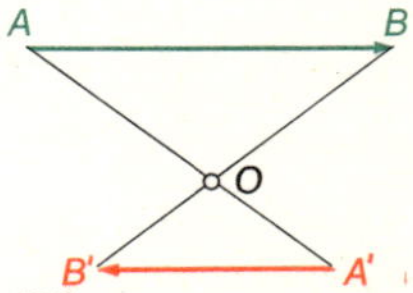

43.2.

S 4 **3. Hilfssatz:** *Sind $\overrightarrow{AB}$ und $\overrightarrow{A'B'}$ parallel aber nicht Repräsentanten gleicher Vektoren, so gibt es genau eine Streckung, die $\overrightarrow{AB}$ auf $\overrightarrow{A'B'}$ abbildet.*

Beweis: Fall I: $\overrightarrow{AB}$ und $\overrightarrow{A'B'}$ liegen *nicht* in *einer* Gerade (Fig. 43.1/2). (AA') und (BB') schneiden sich dann im gesuchten Zentrum O.

Fall II: $\overrightarrow{AB}$ und $\overrightarrow{A'B'}$ liegen in *einer* Gerade (Fig. 43.3). Macht man $\overline{AB_1} = \overline{AB} = a$ und $\overline{A'B'_1} = \overline{A'B'} = a'$ mit $AB_1 \parallel A'B'_1$ sowie $BB_1 \parallel B'B'_1$ und schneiden sich (AB) und $(B_1B'_1)$ in O, so entsteht $\overrightarrow{A'B'}$ aus $\overrightarrow{AB}$ durch Streckung von O aus im Verhältnis $a' : a = k$.

Daß O in I und II *eindeutig* bestimmt ist, wird in Aufg. 4 gezeigt.

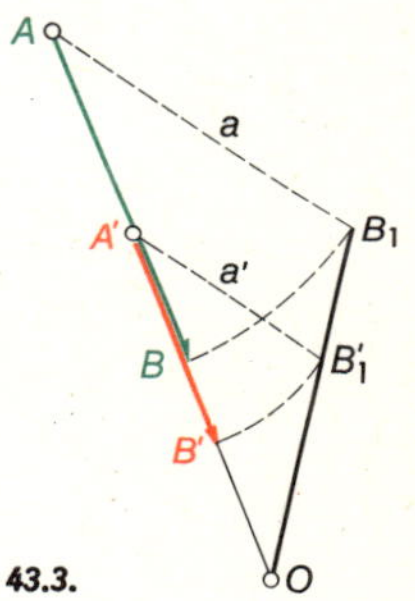

43.3.

4. In Fig. 43.4 ist $\triangle ABC$ durch $Z_{O_1;k_1}$ auf $\triangle A^{\star}B^{\star}C^{\star}$ abgebildet und dann $\triangle A^{\star}B^{\star}C^{\star}$ durch $Z_{O_2;k_2}$ auf $\triangle A'B'C'$.

Daraus folgt:

$\overrightarrow{A^{\star}B^{\star}} = k_1 \cdot \overrightarrow{AB}$, $\overrightarrow{A'B'} = k_2 \cdot \overrightarrow{A^{\star}B^{\star}} = k_1k_2 \cdot \overrightarrow{AB}$; ebenso

$\overrightarrow{B'C'} = k_1k_2 \cdot \overrightarrow{BC}$, $\overrightarrow{C'A'} = k_1k_2 \cdot \overrightarrow{CA}$. (1)

Fall I: Es sei $k_1k_2 \neq 1$. Dann sind $\overrightarrow{A'B'}$ und $\overrightarrow{AB}$ verschieden lang und parallel. Nach S 4 gibt es daher ein $Z_{O_3;k_3}$, das $\overrightarrow{AB}$ auf $\overrightarrow{A'B'}$ abbildet und wegen (1) gleichzeitig $\overrightarrow{BC}$ auf $\overrightarrow{B'C'}$ und $\overrightarrow{CA}$ auf $\overrightarrow{C'A'}$. (O_1O_2) ist Fixgerade von Z_{O_1} und Z_{O_2}, also auch von $Z_{O_3} = Z_{O_1} \circ Z_{O_2}$; somit liegt O_3 als Fixpunkt von Z_{O_3} auf (O_1O_2).

Fall II: Es sei $k_1k_2 = 1$. Dann ist $\overrightarrow{A'B'} = \overrightarrow{AB}$, $\overrightarrow{B'C'} = \overrightarrow{BC}$ und $\overrightarrow{C'A'} = \overrightarrow{CA}$ (Fig. 43.5). $\triangle ABC$ geht durch eine *Parallelverschiebung* in $\triangle A'B'C'$ über.

S 5 **Die Verkettung zweier Streckungen $Z_{O_1;k_1}$ und $Z_{O_2;k_2}$ ist:**
für $k_1k_2 \neq 1$ eine Streckung $Z_{O_3;k_3}$ mit $O_3 \in (O_1O_2)$ und $k_3 = k_1k_2$,
für $k_1k_2 = 1$ eine Verschiebung $V_{\mathfrak{u}}$ mit $\mathfrak{u} \parallel (O_1O_2)$ (Fig. 43. 4|5 und Aufg. 5).

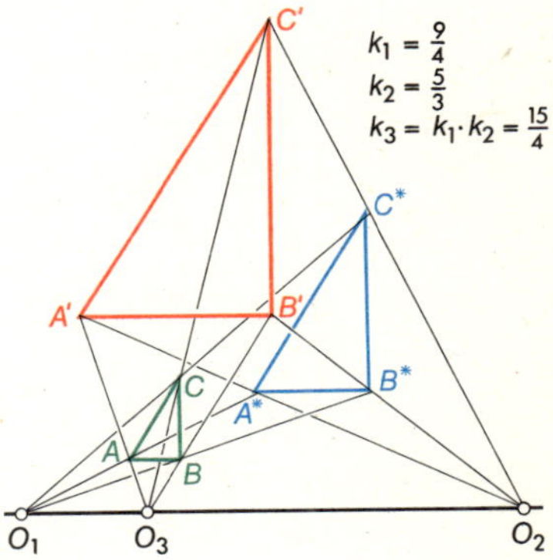

43.4.

Aufgaben

4. Zeige in 43.1/3: $\overrightarrow{OB} = \overrightarrow{OB'} + \overrightarrow{B'B} = k\,\overrightarrow{OB} + \overrightarrow{B'B}$, wegen $k \neq 1$ also eindeutig $\overrightarrow{OB} = \frac{1}{1-k} \cdot \overrightarrow{B'B}$.

5. Bilde O_1 durch $Z_{O_1;k_1} \circ Z_{O_2;k_2}$ ab auf O'_1 und zeige: $\overrightarrow{O_1O'_1} = \overrightarrow{AA'}$, falls $k_1k_2 = k_3 = 1$ ist.

6. Strecke $\triangle A(1|1)\ B(3|1)\ C(1|2)$ von $O_1(0|0)$ aus mit $k_1 = 2$ bis $\triangle A^{\star}B^{\star}C^{\star}$ und dieses dann von $O_2(6|0)$ aus mit $k_2 = 2$ $(-1; 0{,}5; -0{,}5)$ ab bis $\triangle A'B'C'$. Verdeutliche hierbei S 5.

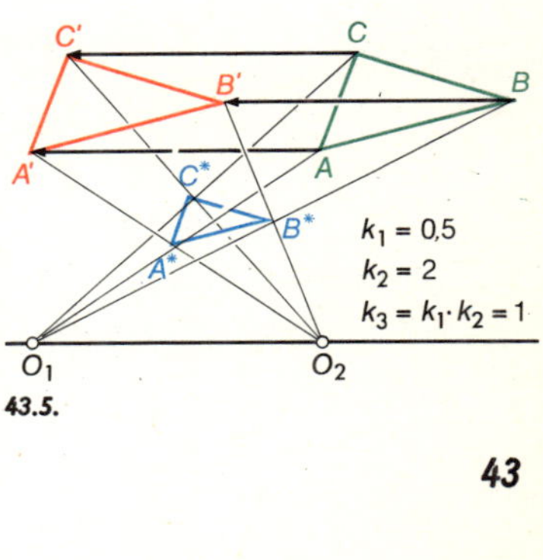

43.5.

69 Verkettung von Streckungen und Schiebungen. Perspektive Ähnlichkeit

Verkettung einer Streckung und einer Schiebung und umgekehrt

❶ Gegeben: $O(0|0)$, $A(3|2)$, $B(3|3)$, $C(5|2)$, $D(6|0)$.
a) Strecke $\triangle ABC$ von O aus mit $k = 2$ bis $\triangle A^*B^*C^*$. Schiebe $\triangle A^*B^*C^*$ um $\overrightarrow{DC}$ bis $\triangle A'B'C'$.
b) Bilde $\triangle ABC$ direkt auf $\triangle A'B'C'$ ab.
c) Schiebe $\triangle ABC$ zuerst um $-0{,}5\,\overrightarrow{DC}$ bis $\triangle \bar{A}\bar{B}\bar{C}$. Übe dann $Z_{O;\,2}$ aus.

1. In Fig. 44.1 wird $\overrightarrow{AB}$ durch die Streckung $Z_{O;\,k}$ auf $\overrightarrow{A^\star B^\star}$ abgebildet. Die Schiebung $V_{\mathfrak{a}}$ führt dann $\overrightarrow{A^\star B^\star}$ in $\overrightarrow{A'B'}$ über. Wegen $k \neq 1$ schneiden sich (AA') und (BB') in O'. Da $\overrightarrow{A'B'} = \overrightarrow{A^\star B^\star} = k \cdot \overrightarrow{AB}$ ist, wird $\overrightarrow{AB}$ durch $Z_{O';\,k}$ auf $\overrightarrow{A'B'}$ abgebildet. Es gilt also: $\overrightarrow{OA^\star} = k \cdot \overrightarrow{OA}$ und $\overrightarrow{O'A'} = k \cdot \overrightarrow{O'A}$, daher ist $(OO') \,||\, (A'A^\star)$.

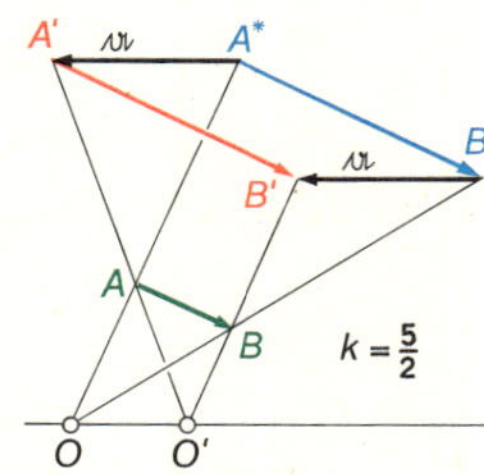

44.1. $Z_{O;\,k} \circ V_{\mathfrak{a}} = Z_{O';\,k}$

2. In Fig. 44.1 wird $\overrightarrow{A^\star B^\star}$ durch $V_{\mathfrak{a}}$ in $\overrightarrow{A'B'}$ übergeführt. Die Streckung von O' aus mit $k_1 = 1:k$ führt $\overrightarrow{A'B'}$ in $\overrightarrow{AB}$ über. $\overrightarrow{AB}$ ist aber auch das Bild von $\overrightarrow{A^\star B^\star}$ bez. der Streckung $Z_{O;\,1:k}$.

3. Aus Nr. 1 und 2 ergibt sich:

S 1 **Die Verkettung einer Streckung $Z_{O;\,k}$ (mit $k \neq 1$) und einer Verschiebung $V_{\mathfrak{a}}$ oder umgekehrt ist eine Streckung mit gleichem Streckfaktor k und Zentrum O'.**
Dabei ist (OO') parallel zur Schiebungsrichtung.

S 2 In Geometrie 1 wurde gezeigt: *Die Verkettung zweier Verschiebungen ist eine Verschiebung.*

S 3 **4. Die Menge M aller Streckungen und Verschiebungen in der Ebene ist bezüglich der Verkettung als Verknüpfung eine Gruppe.**

Beweis: I. Nach S 1 und S 2 sowie S 1 und S 5 von § 68 ist die Verkettung zweier Abbildungen aus M wieder eine Abbildung aus M.
II. Für die Verkettung von Abbildungen gilt stets das **Assoziativgesetz.**
III. M besitzt ein **neutrales Element,** die identische Abbildung $Z_{O;\,1} = V_{\mathfrak{o}}$.
IV. Zu jeder Abbildung aus M gibt es in M die **inverse Abbildung:** Zu $Z_{O;\,k}$ ist $Z_{O;\,1:k}$ invers; zu $V_{\mathfrak{a}}$ ist $V_{-\mathfrak{a}}$ invers.

S 4 *Die Gruppe aller Streckungen und Verschiebungen ist nicht kommutativ* (Aufg. 4).

Die Gruppe aller Streckungen und Verschiebungen hat als Untergruppen z.B. die Gruppe aller Schiebungen (Aufg. 3) und die bez. jedem Punkt O in § 68 erwähnte Gruppe aller Streckungen mit gemeinsamem Zentrum O.

Aufgaben

1. Strecke $\triangle A(1|2)\ B(2|0)\ C(2|1{,}5)$ von $O(0|0)$ aus mit $k = 3$. Verschiebe das Bilddreieck $A^\star B^\star C^\star$ mit $\mathfrak{a} = \binom{4}{2}$ bis $\triangle A'B'C'$. Welche Streckung führt $\triangle ABC$ in $\triangle A'B'C'$ über? Gib für alle Ecken die Koordinaten an.
2. Zeichne Fig. 44.1 für $k = -\frac{9}{4}$ (in doppelter Größe).
3. Beweise: Die Menge aller Schiebungen ist bez. der Verkettung $\circ$ eine Gruppe.
4. Beweise S 4. Warum genügt hierfür ein entsprechendes Beispiel?

Die perspektive Ähnlichkeit

❷ Vergleiche jeweils die Dreiecke ABC, $A^*B^*C^*$ und $A'B'C'$ in Fig. 42.1/2 und 43.4/5. In welchen Eigenschaften stimmen sie überein?

❸ Vergleiche die Form a) der Vierecke in Fig. 45.2, b) der Dreiecke in Fig. 42.2. Beachte auch den Umlaufsinn.

D 1 **5.** Zwei Figuren F und F', die durch eine *zentrische Streckung* oder durch eine *Verschiebung* auseinander hervorgehen, heißen **perspektiv ähnlich** (vgl. Fig. 43.4/5).
Man sagt dann auch: F und F' befinden sich in *perspektiver*[1] *Lage*.

D 2 Die Abbildungen „zentrische Streckung" und „Verschiebung" nennt man daher auch **perspektive Ähnlichkeitsabbildungen.** – Nach S 3 bilden sie eine *Gruppe*.

6. Nach § 63, 68 und 69 gilt der Satz:

S 5 **Bei perspektiv ähnlichen Figuren gehen die Verbindungsgeraden entsprechender Punkte durch einen Punkt oder sind parallel; entsprechende Seiten sind parallel; entsprechende Winkel sind gleich groß; die Längen entsprechender Seiten sind verhältnisgleich; der Umlaufsinn ist derselbe.**

Aufgaben

S 6 **5.** Beweise: **Sind entsprechende Seiten zweier Dreiecke parallel, so sind die Dreiecke perspektiv ähnlich** (Fig. 42.1/2). *Anl.:* § 68, S 4. Unterscheide gleichsinnig und gegensinnig parallele Seiten.

S 7 **6.** Beweise den *Satz des Desargues*[2]*: Gehen die Verbindungsgeraden entsprechender Ecken eines Dreiecks durch einen Punkt und sind zwei Paare entsprechender Seiten parallel, so ist es auch das 3. Seitenpaar.*

7. Warum sind a) zwei gleichseitige Dreiecke b) zwei Quadrate perspektiv ähnlich, wenn *ein* Paar Seiten parallel ist?

8. Welche Eigenschaften haben perspektiv ähnliche a) Rauten b) Rechtecke c) Parallelogramme d) gleichschenklige Trapeze? Zeichne!

S 8 **9.** Beweise: *Vielecke mit gleichem Umlaufsinn, deren Seiten paarweise parallel sind und ein gleiches Längenverhältnis haben, sind perspektiv ähnlich.* – Zeige an Beispielen: S 6 gilt nicht für n-Ecke mit $n > 3$.

S 9 **10.** Zeige: *Zwei Kreise sind stets perspektiv ähnlich.* Wann sind dabei *zwei* Zentren O_1 und O_2 vorhanden, wann nur eines (Fig. 45.1)?

11. Beweise: Sind zwei *regelmäßige Vielecke* gerader Eckenzahl *(zwei punktsymmetrische Figuren)* mit verschiedenen Mittelpunkten M und M' in perspektiver Lage, so haben sie ein äußeres und ein inneres Streckungszentrum O_a und O_i (45.2). O_a und O_i teilen MM' harmonisch.

12. Wie bewegen sich in Aufg. 11 die Zentren O_a und O_i, wenn die Mittelpunkte M und M' fest bleiben und a) $k \to 0$ b) $k \to 1$ c) $k \to \infty$ strebt (Fig. 45.2)? Wie verändert sich dabei das Vieleck mit dem Mittelpunkt M', wenn das andere unverändert bleibt?

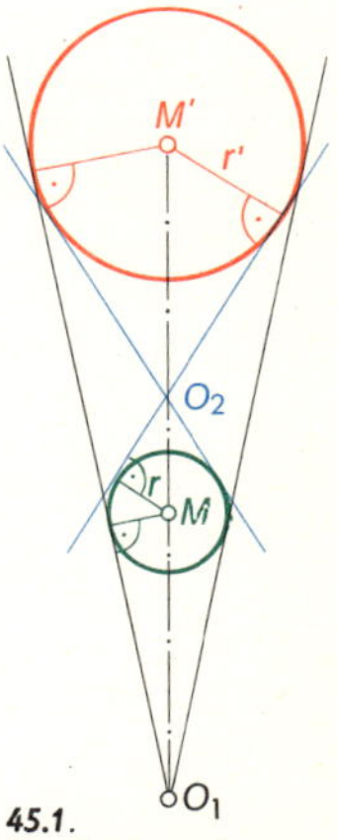

45.1. Streckungszentren bei Kreisen

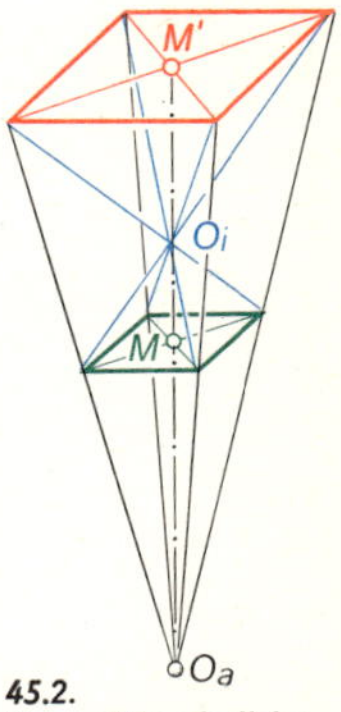

45.2. Perspektiv ähnliche Parallelogramme

1. perspicere (lat.), hindurchsehen.
2. G. Desargues, franz. Mathematiker (1591–1661).

70 Vermischte Aufgaben zur perspektiven Ähnlichkeit

Konstruktionen

1. Strecke von $O(0|0)$ aus: a) □ $A(2|1)$ $B(-1|3)$ $C(-4|-2)$ $D(0|-3)$ mit Streckfaktor $k = \pm 1{,}5$ b) Fünfeck $A(1|3)$ $B(-2|6)$ $C(-7|0)$ $D(-4|-3)$ $E(-1{,}5|1{,}2)$ mit Streckfaktor $k = \pm 0{,}6$.

2. In zwei perspektiv ähnlichen Dreiecken ABC und $A'B'C'$ ist $a = 6$ cm (4,2 cm), $b = 4{,}5$ cm (5,6 cm), $c = 7{,}5$ cm (7,7 cm); $a' = 4{,}8$ cm (3,3 cm). Bestimme b' und c' durch Zeichnung und Rechnung und zeichne die beiden Dreiecke. Wie groß ist der Streckungsfaktor k?

3. Von einem gegebenen Dreieck ABC soll durch eine Parallele zu AB ein Dreieck mit vorgeschriebenem Umfang u' abgeschnitten werden.

4. Zeichne perspektiv ähnliche Dreiecke, deren Flächeninhalte sich verhalten wie
a) 1 : 4 b) 4 : 9 c) 2 : 1 d) 4 : 3 e) 2 : 3.

5. Zeichne perspektiv ähnliche Rauten (Parallelogramme), deren Inhalte sich wie 1 : 8 (2 : 3) verhalten.

6. Teile ein Dreieck durch Parallelen zu einer Seite in 3 (in 4) inhaltsgleiche Teile.

7. Teile ein Trapez durch eine Parallele zu den Grundseiten in zwei perspektiv ähnliche Trapeze. Wie verhalten sich deren Flächeninhalte?

8. Zeichne zu Viereck $ABCD$ ein perspektiv ähnliches, wenn das äußere Streckungszentrum O und die Seite a' des neuen Vierecks gegeben sind.

9. Gegeben sind: $\odot(M, r)$ und die Punkte O_1 und O_2 auf einer Zentrale. Gesucht: $\odot(M', r')$, so daß O_1 und O_2 die Streckungszentren der zwei Kreise sind.

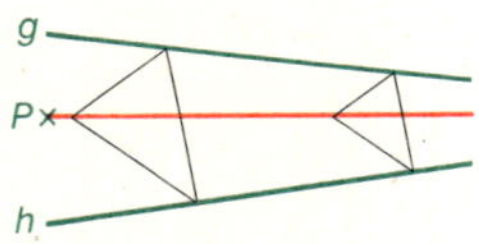

46.1.

10. Zeichne durch den Punkt P eine Gerade nach dem unzugänglichen Schnittpunkt zweier Geraden g und h (Fig. 46.1).

11. Von einem Viereck sind a) eine b) zwei c) drei d) vier Ecken unzugänglich. Zeichne die Diagonalen und ihren Schnittpunkt mit Hilfe der perspektiven Lage.

12. Zeichne in ein Dreieck eine Raute ein, die mit ihm einen Winkel gemeinsam hat.

13. Zeichne in einen Kreis ein Rechteck, das zu einem gegebenen Rechteck perspektiv ähnlich ist.

14. a) Zeichne drei verschieden große Kreise, die getrennt liegen (Fig. 46.2) und bestimme für je zwei von ihnen das äußere Streckungszentrum. Zeige, daß die Streckungszentren auf einer Gerade liegen. (Satz von *Monge*[1].)

▸ b) Zeichne auch die inneren Streckungszentren der drei Kreise und zeige, daß je zwei innere Streckungszentren mit einem äußeren auf einer Gerade liegen. (Beachte dabei die Vorzeichen der Streckfaktoren.)
c) Wie ändert sich die Figur, wenn zwei (oder alle drei) Kreise gleich groß sind?

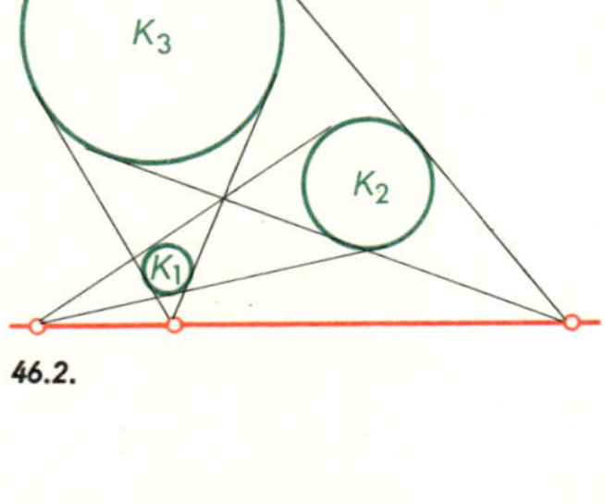

46.2.

1. G. Monge (1746–1818), franz. Mathematiker und Staatsmann.

Sätze und Beweise

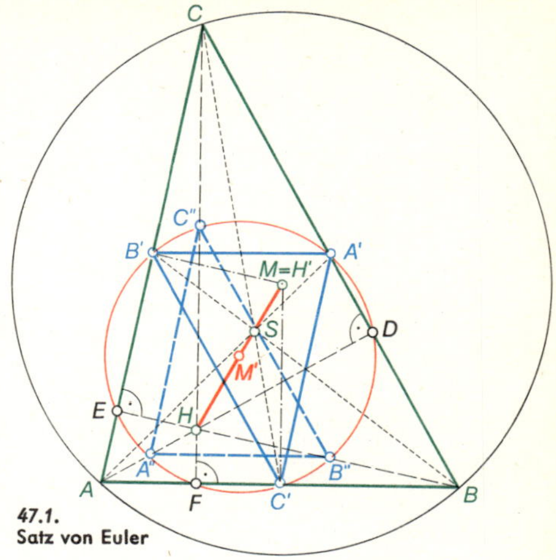

47.1.
Satz von Euler

▸ **15.** In Fig. 47.1 ist H der Höhenschnittpunkt, M der Umkreismittelpunkt, S der Schwerpunkt des Dreiecks ABC; ferner ist $\triangle\, A'B'C'$ das Mittendreieck von $\triangle\, ABC$.

a) Zeige, daß $\triangle\, ABC$ und $\triangle\, A'B'C'$ perspektiv ähnlich sind. Gib das Streckungszentrum und den Streckfaktor an.

b) Wieso ist M zugleich der Höhenschnittpunkt H' von $\triangle\, A'B'C'$ und außerdem das Bild von H bez. der Streckung in a)?

c) Beweise nach a) und b) den *Satz von Euler*[1]*: Der Höhenschnittpunkt H, der Schwerpunkt S und der Umkreismittelpunkt M eines Dreiecks liegen auf einer Gerade* (Eulersche Gerade), *und es gilt:* $\overline{SH} = 2\,\overline{SM}$.

d) Beweise: Der Umkreismittelpunkt M' des Mittendreiecks $A'B'C'$ von $\triangle\, ABC$ liegt auf der Eulerschen Gerade, und es gilt: $\overline{SM} = 2\,\overline{SM'}$ und $\overline{HM'} = \overline{MM'}$.

e) Beweise: Sind A'', B'', C'' die Mitten von AH, BH, CH (Fig. 47.1), so ist $\triangle\, A''B''C'' \cong \triangle\, A'B'C'$, die beiden Dreiecke sind perspektiv ähnlich bez. des Streckungszentrums M'.

f) Zeige: $\odot\left(M', \frac{r}{2}\right)$ ist der Umkreis von $\triangle\, A'B'C'$ und $\triangle\, A''B''C''$ und geht außerdem durch die Fußpunkte D, E, F der Höhen von $\triangle\, ABC$. (Feuerbachscher[2] Kreis.)

g) Zeichne den Feuerbachschen Kreis, wenn $\triangle\, ABC$
1) gleichseitig 2) rechtwinklig 3) rechtwinklig-gleichschenklig ist.

16. In Fig. 47.2 seien 4 harmonische Punkte A, B, C, D durch Strahlen von S aus projiziert.

a) Beweise: Eine Parallele zu AB schneidet die 4 Strahlen in 4 harmonischen Punkten.

b) Zeige: Zeichnet man durch B die Parallele (EF) zu AS, so ist $\overline{BE} = \overline{BF}$.

c) Beweise: Eine beliebige Gerade ($A'B'$), die nicht parallel zu einem der Strahlen ist und nicht durch S geht, schneidet die Strahlen in 4 harmonischen Punkten A', B', C', D'.

Bem.: Nennt man die 4 Strahlen „harmonisch", so gilt: *4 harmonische Strahlen werden von jeder Gerade in 4 harmonischen Punkten geschnitten.*

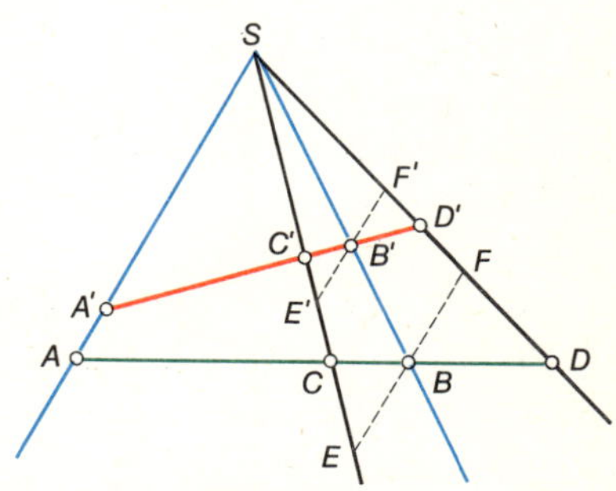

47.2. Harmonische Strahlen

▸ **17.** *Satz des Ptolemäus*[3]*:* Im Sehnenviereck mit den Seiten a, b, c, d und den Diagonalen e, f ist $e\,f = a\,c + b\,d$. (Sprich den Satz in Worten aus.)
Anleitung zum Beweis: Lege in dem Sehnenviereck $ABCD$ $\sphericalangle\, ACD$ an CB in C nach innen an und schneide den freien Schenkel mit BD in E.

---

1. Leonhard Euler (1707—1783) aus Basel, einer der größten Mathematiker der Neuzeit.
2. Karl Wilhelm Feuerbach (1800—1834), Mathematiker am Gymnasium Erlangen.
3. Claudius Ptolemäus, der größte Astronom des Altertums, lebte im 2. Jahrhundert n. Chr. in Alexandria.

Vergrößerung und Verkleinerung von Zeichnungen

18. Zur Vergrößerung oder Verkleinerung von Zeichnungen in einem gegebenen Maßstab k verwendet man häufig den *Storchschnabel* (Fig. 48.1) oder den *Pantographen*[1] (Fig. 48.2). (Fester Drehpunkt O, Fahrstift F, Zeichenstift Z, Gelenke bei U, V, W, Z. In Fig. 48.1 ist $k = 1:2$, in Fig. 48.2 ist $k = 8:5$.)

a) Schildere den Gebrauch der Geräte. Gib die Begründung an. Zeige dabei insbesondere, warum O, Z, F immer auf einer Gerade liegen und $\overline{OZ} : \overline{OF}$ stets denselben Wert hat.

b) Stelle für beide Geräte Modelle her (Baukasten!) und fertige Zeichnungen damit an.

19. a) Zeichne den Ausschnitt aus der Karte 1 : 25000 in Fig. 48.3 im Maßstab 1 : 12500 (1 : 10000) mit Hilfe des überlagerten Quadratnetzes.

b) Welche Fläche umfaßt der Ausschnitt?

Messungen im Freien. Karten

20. Ein Baum (Fabrikschornstein) wirft einen Schatten von 32,4 m (75,6 m) Länge. Gleichzeitig ist der Schatten eines 1,50 m (2,50 m) langen vertikalen Stabes 2,34 m (3,96 m) lang.

21. Um die Höhe h eines Turmes (eines Baumes, einer Telegraphenstange) zu bestimmen, liest man an einem mit gestrecktem Arm vertikal gehaltenen Maßstab seine scheinbare Höhe h' ab und mißt die Armlänge a und die Entfernung e des Turmes vom Auge. Führe dies aus!

Beispiele: a) $a = 60$ cm, $e = 75$ m, $h' = 17{,}5$ cm b) $a = 70$ cm, $e = 65$ m, $h' = 15{,}4$ cm.

22. In einem Fernrohr sind zwei horizontale Fäden in der Bildebene so angebracht, daß von einer in 100 m Entfernung aufgestellten Meßlatte genau 1 m zwischen die Fäden fällt (Fig. 48.4). Wie weit ist die Meßlatte entfernt, wenn $h = 45$ cm (68 cm, 138,5 cm) zwischen die Fäden fallen? (*Schnellentfernungsmesser oder Tachymeter.*)

23. Die 60 m lange Front eines Gebäudes bildet mit einer vorbeiführenden Straße einen Winkel von 30°, ihr Mittelpunkt hat von der Straße einen senkrechten Abstand von 40 m. Von welchem Punkt der einen Straßenseite aus erscheint die Frontlänge unter dem größten *Sehwinkel?* Wie groß ist dieser?

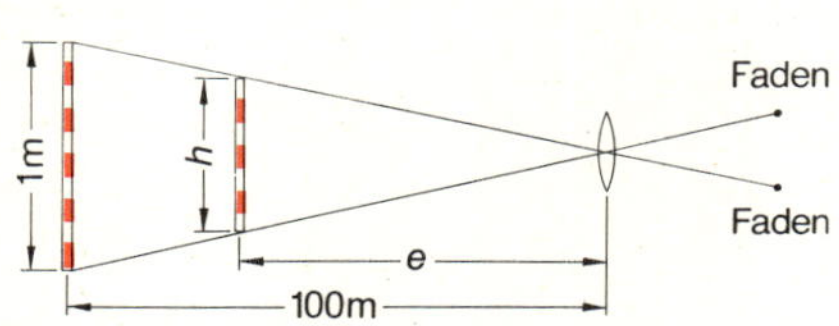

48.4. Tachymeter

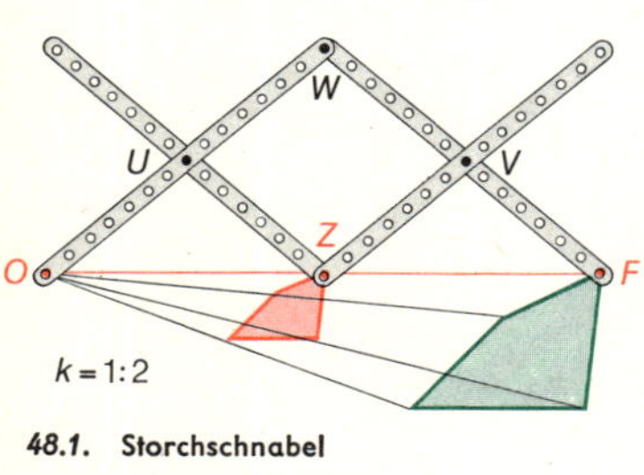

48.1. Storchschnabel

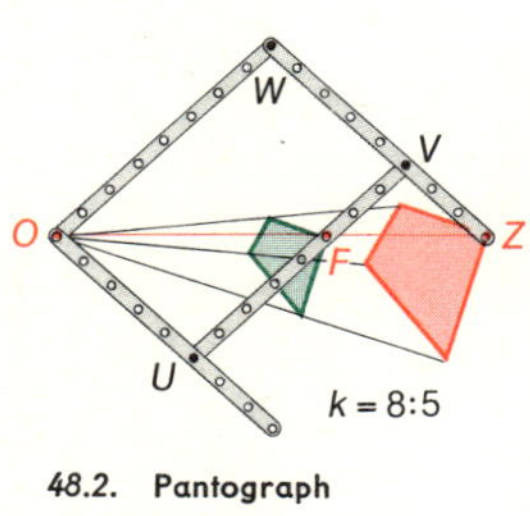

48.2. Pantograph

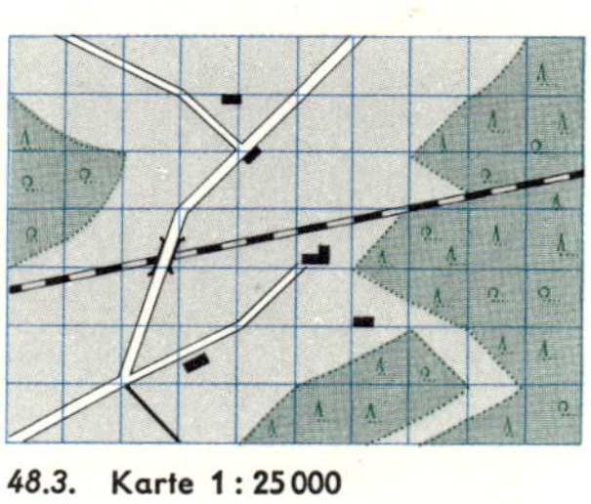

48.3. Karte 1 : 25000

1. „Allzeichner", Instrument zum Übertragen von Zeichnungen im gleichen, größeren und kleineren Maßstab.

24. Bei der Herstellung von Karten bedient man sich heutzutage häufig der *Luftbildaufnahmen.* In Fig. 49.1 ist $ABCD$ ein Geländerechteck, $A'B'C'D'$ sein Luftbild, L die Linse, h die Höhe des Aufnahmeflugzeugs.

a) Wie groß sind die Seiten und der Inhalt der aufgenommenen Fläche für $a' = 12$ cm (18 cm), $b' = 9$ cm (13 cm), $f = 200$ mm (250 mm), $h = 800$ m (1500 m)? Bestimme den Bildmaßstab.

b) Wie muß man h wählen, um eine Fläche von 1 km² aufzunehmen, wenn $a' = 18$ cm (12 cm), $b' = 18$ cm (9 cm), $f = 210$ mm (135 mm) ist?

c) Aus welcher Höhe muß man aufnehmen, um eine Karte im Maßstab 1 : 10000 (1 : 25000) zu erhalten, wenn $f = 200$ mm (250 mm) ist?

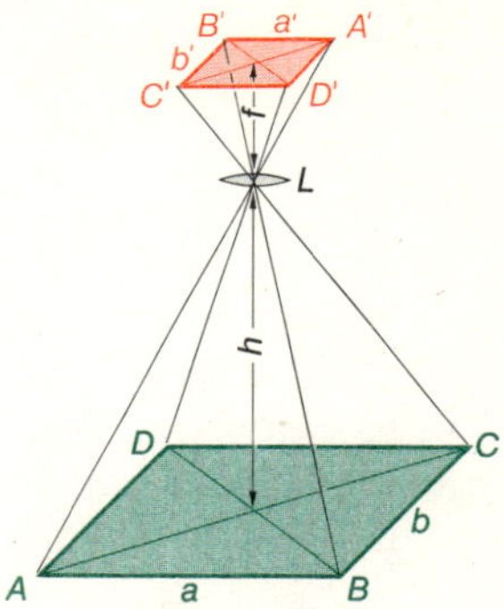

49.1. Luftbildaufnahme

25. Zur kartenmäßigen Aufnahme eines Geländes benutzt man oft den *Meßtisch* (Fig. 49.2). Seine Platte wird waagrecht gestellt und mit Zeichenpapier bespannt. Ein Fernrohr mit Lineal dient zur Festlegung der Peilrichtungen.

49.2. Meßtisch

Um das Flächenstück ABC aufzunehmen, steckt man im Gelände eine Standlinie ST ab und zeichnet ihr Bild $S'T'$ im vorgeschriebenen Maßstab k in das Meßtischblatt ein (Fig. 49.3). Dann stellt man den Meßtisch so auf, daß S' vertikal über S liegt und $S'T' \parallel ST$ ist (Stellung I). Von S' aus werden nun die Peilgeraden nach A, B und C gezeichnet. Hierauf bringt man den Meßtisch in die Stellung II, so daß T' über T liegt und wieder $S'T' \parallel ST$ ist. Die Peilgeraden von T' nach A, B, C (in Fig. 49.3 gestrichelt) treffen die früheren Peilgeraden in den Bildpunkten A', B', C' des Dreiecks.

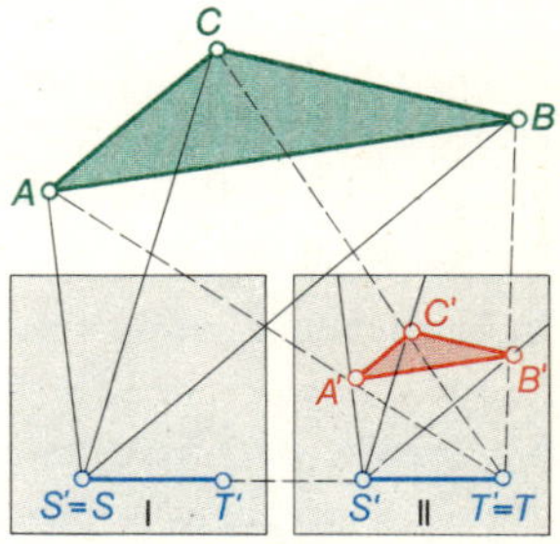

49.3. Meßtischaufnahme

a) Warum ist $\triangle A'B'C'$ perspektiv ähnlich $\triangle ABC$? Welches ist der Verkleinerungsmaßstab? Warum bleibt das Verfahren auch bei Vielecken richtig?

b) Stelle Meßtischaufnahmen mit Hilfe eines gewöhnlichen Tisches her. Verwende zum Peilen Stecknadeln.

Bemerkungen:

1. Die Standlinie legt man zweckmäßig in das Innere des Flächenstücks.
2. Meßtischblätter sind im allgemeinen im Maßstab 1 : 25000 gekennzeichnet.

26. Das Weichbild einer Stadt mißt auf der Karte 1 : 10000 (1 : 25000) 160 cm² (420 mm²). Berechne die wirkliche Größe der Flächen.

27. Lege einen Plan deiner Heimatstadt so, daß Natur und Karte perspektiv ähnlich sind. Welcher Einwand ist möglich?

XI Ähnlichkeitsabbildungen

71 Erzeugung ähnlicher Figuren durch Ähnlichkeitsabbildungen

In § 69 haben wir zentrische Streckungen und Verschiebungen verkettet und als Ergebnis wieder Streckungen und Verschiebungen erhalten. Figuren wurden dabei in perspektiv ähnliche Figuren übergeführt. Nun wollen wir zentrische Streckungen mit *jeder* Art von Kongruenzabbildungen verketten (also mit Geradenspiegelungen, Verschiebungen, Drehungen, Gleitspiegelungen, vgl. S. 5) und die dadurch entstehenden Abbildungen untersuchen.

Die Begriffe Ähnlichkeitsabbildung und ähnliche Figuren

D 1 **1.** Die Kongruenzabbildungen, zentrischen Streckungen und alle aus ihnen durch Verkettung entstehenden Abbildungen heißen **Ähnlichkeitsabbildungen.**

Wenn Streckungen und Verschiebungen, also *perspektive Ähnlichkeitsabbildungen*, mit beliebigen Kongruenzabbildungen verkettet werden, brauchen bei den entstehenden *Ähnlichkeitsabbildungen* die Verbindungsgeraden entsprechender Punkte *nicht* durch *einen* Punkt zu gehen, entsprechende Geraden *nicht parallel* zu sein, der Drehsinn von Winkeln und der Umlaufsinn von Figuren nicht erhalten zu bleiben (vgl. Aufg. 1). Alle übrigen Eigenschaften perspektiver Ähnlichkeitsabbildungen aber gelten unverändert auch für Ähnlichkeitsabbildungen:

S 1 **Bei einer Ähnlichkeitsabbildung bleibt die Parallelität von Geraden, die Größe von Winkeln, das Verhältnis von Strecken und das Verhältnis von Flächeninhalten invariant.** Oder: *Ähnlichkeitsabbildungen sind parallelentreu, winkeltreu und verhältnistreu.*

D 2 **2.** Figuren, die durch Ähnlichkeitsabbildungen auseinander hervorgehen, heißen **ähnliche** Figuren. Das Zeichen für „ähnlich" ist: $\sim$.
In Fig. 50.1 ist z. B. ▱ $ABCD \sim$ ▱ $A'B'C'D'$; $\triangle\, BCD \sim \triangle\, B'C'D'$.
Nach S 1 gilt mit D 2:

S 2 **In ähnlichen Figuren sind entsprechende Winkel gleich groß, die Längen entsprechender Strecken haben das gleiche Verhältnis, die Inhalte entsprechender Flächen verhalten sich wie die Quadrate entsprechender Strecken.**
In Fig. 50.1 gilt: $\alpha' = \alpha$, $\beta' = \beta$, usw.; $a' : a = b' : b = \ldots = f' : f = k$; $I_1' : I_1 = a'^2 : a^2 = k^2$. – Zeige (Fig. 50.2):

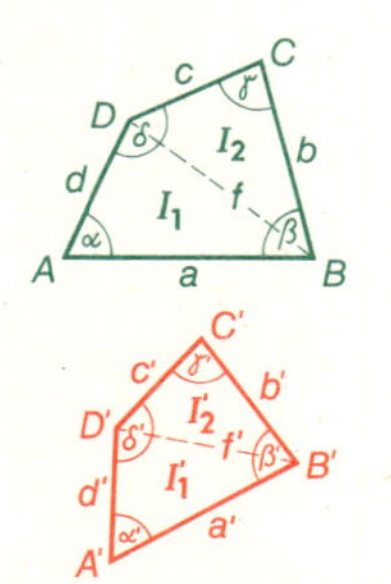

50.1. Ähnliche Figuren

S 3 **Die Relation $\sim$ ist eine Äquivalenzrelation** (vgl. S. 6). Die Menge aller Dreiecke (Vielecke) wird also durch die Relation $\sim$ in **Klassen** zueinander ähnlicher Dreiecke (Vielecke) eingeteilt.

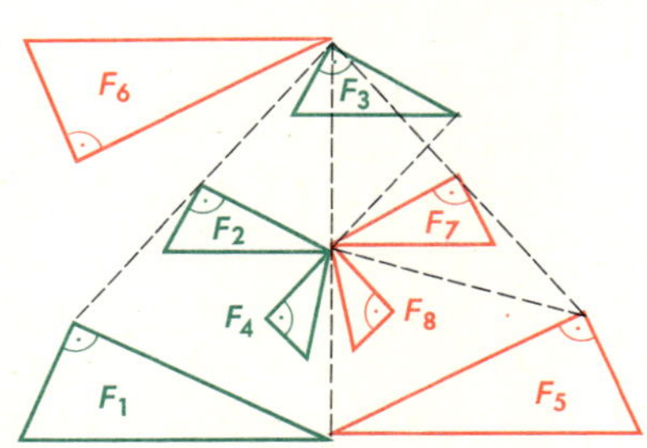

50.2. Ähnliche Dreiecke

Aufgaben

1. Welche Abbildungen ändern den Umlaufsinn?
2. Nenne in Fig. 50.1 die Paare gleicher Winkel.
3. Welche Abbildungen treten in Fig. 50.2 auf?

Verkettung einer Drehung und einer Streckung

3. Nachdem wir in § 69 eine *Schiebung* und eine *Streckung* verkettet haben, verketten wir nun eine *Drehung* $D_{O;\alpha}$ und eine *Streckung* $Z_{O;k}$ (Fig. 51.1). $D_{O;\alpha}$ bildet $\triangle ABC$ auf $\triangle A^{\star}B^{\star}C^{\star}$ ab; $Z_{O;k}$ führt $\triangle A^{\star}B^{\star}C^{\star}$ in $\triangle A'B'C'$ über. Die Abbildung $D_{O;\alpha} \circ Z_{O;k}$ bildet also $\triangle ABC$ auf $\triangle A'B'C'$ ab.
Erläutere anhand von Fig. 51.1: $D_{O;\alpha} \circ Z_{O;k} = Z_{O;k} \circ D_{O;\alpha}$.

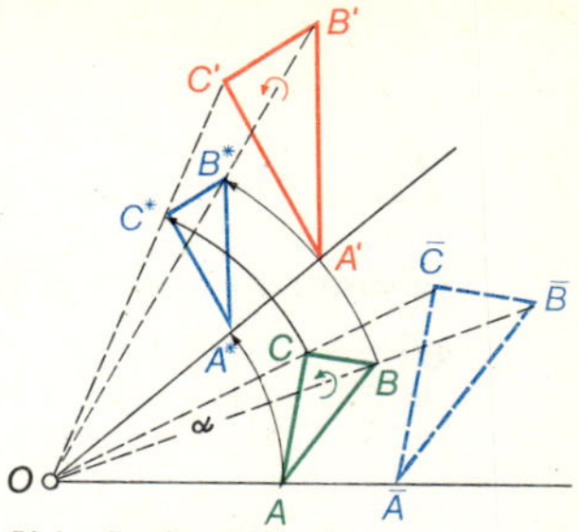

51.1. Drehstreckung $\left(\alpha = 40°,\ k = \frac{3}{2}\right)$

D 3 Die Verkettung einer Drehung und einer Streckung mit gemeinsamem Fixpunkt O heißt **Drehstreckung.**

Verkettung einer Streckung und Achsenspiegelung

4. In Fig. 51.2 wird $\triangle ABC$ durch die *Streckung* $Z_{O;k}$ auf $\triangle \bar{A}\bar{B}\bar{C}$ abgebildet und dieses dann durch die Achsenspiegelung S_g auf $\triangle A'B'C'$. Erläutere anhand von Fig. 51.2: $Z_{O;k} \circ S_g = S_g \circ Z_{O;k}$ dabei liegt das Zentrum O auf der Spiegelachse *g*.

D 4 Die Verkettung einer Streckung und einer Achsenspiegelung, bei der das Streckungszentrum auf der Achse der Spiegelung liegt, heißt **Streckspiegelung** oder *Klappstreckung*.

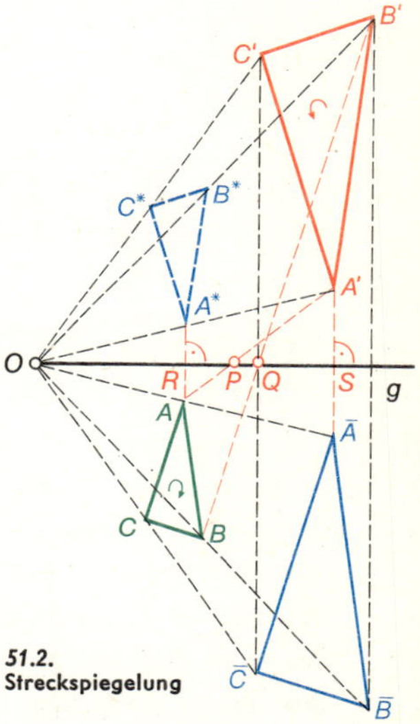

51.2. Streckspiegelung

Aufgaben

4. Übe auf $\triangle A(4\,|\,0)\ B(5\,|\,1)\ C(2\,|\,2)$ die Drehstreckung $D_{O;\alpha} \circ Z_{O;k}$ aus mit a) $O(0\,|\,0)$, $\alpha = 60°$, $k = 1{,}25$ b) $O(1\,|\,1)$, $\alpha = 135°$, $k = -2$. Vertausche zur Probe auch die Reihenfolge von Drehung und Streckung.

5. Übe auf $\triangle A(2\,|\,1)\ B(5\,|\,0)\ C(2\,|\,2)$ die Streckspiegelung $Z_{O;k} \circ S_g$ aus mit a) $O(0\,|\,0)$, $k = -1{,}5$, $g = (OP(5\,|\,-1))$ b) $O(7\,|\,2)$, $k = 2$, $g = (OP(0\,|\,5))$.

6. Drehe $\triangle A(4\,|\,1)\ B(4\,|\,2)\ C(2\,|\,3)$ um $O(0\,|\,0)$ mit $\alpha = 90°$ bis $\triangle A^{\star}B^{\star}C^{\star}$ und strecke dieses Dreieck dann von O aus mit $k = 2$ bis $\triangle \bar{A}\bar{B}\bar{C}$. Bilde nun $\triangle \bar{A}\bar{B}\bar{C}$ durch $V_{\mathfrak{v}}$ mit $\mathfrak{v} = \binom{8}{0}$ ab auf $\triangle A'B'C'$.
Zeige: $\triangle A'B'C'$ entsteht aus $\triangle ABC$ durch eine Drehstreckung $D_{A;\alpha} \circ Z_{O';k}$. Konstruiere O'.

7. Strecke $\triangle A(2\,|\,2)\ B(4\,|\,1)\ C(2\,|\,3)$ von $O(0\,|\,0)$ aus mit $k = 1{,}5$ bis $\triangle A^{\star}B^{\star}C^{\star}$. Verschiebe $\triangle A^{\star}B^{\star}C^{\star}$ mit $\mathfrak{v} = \binom{2{,}0}{0{,}5}$ nach $\triangle \bar{A}\bar{B}\bar{C}$ und spiegle dann $\triangle \bar{A}\bar{B}\bar{C}$ an $(OB) = g$ nach $\triangle A'B'C'$. Zeige: $\triangle A'B'C'$ ergibt sich auch durch eine Streckspiegelung $Z_{O';k} \circ S_g$ aus $\triangle ABC$. Konstruiere ihr Zentrum O' auf *g*. (Einheit 0,5 cm.)

8. Gib für je 2 Dreiecke in Fig. 50.2 an, welche Abbildung sie ineinander überführt.

9. Zeige in Fig. 51.2: a) Ist $g \cap (A\bar{A}') = \{P\}$, so gilt: $\overline{A'P} : \overline{\bar{A}P} = \overline{A'B'} : \overline{\bar{A}\bar{B}} = k$.
b) Ist $g \cap (BB') = \{Q\}$, so gilt entsprechend: $\overline{B'Q} : \overline{BQ} = k$.
c) O teilt $A'A^{\star}$, $B'B^{\star}$, $C'C^{\star}$ je von außen im Verhältnis $|k|$.
d) Die Achse *g* ist parallel zur Halbierenden eines der Winkel, welche die Geraden (AC) und $(A'C')$ bilden.

72 Die Gruppe der Ähnlichkeitsabbildungen

Gleichsinnige und gegensinnige Ähnlichkeitsabbildungen

❶ Woher kommt es, daß in Fig. 51.1 alle Dreiecke denselben Umlaufsinn haben, in Fig. 51.2 dagegen nicht? Wie ist es in Fig. 50.2?

❷ Es sei $g \cap h = \{O\}$. Spiegle $\triangle ABC$ an g nach $\triangle A^*B^*C^*$ und dieses dann an h nach $\triangle A'B'C'$. Zeige, daß $\triangle ABC$ durch $D_{O;\alpha}$ in $\triangle A'B'C'$ übergeht. Vergleiche den Umlaufsinn der 3 Dreiecke.

D 1 **1.** Eine Ähnlichkeitsabbildung heißt **gegensinnig,** wenn sie den Umlaufsinn ändert, im andern Fall heißt sie **gleichsinnig.** Im ersten Fall heißen Originalfigur und Bildfigur **gegensinnig ähnlich,** im andern Fall heißen sie **gleichsinnig ähnlich.** (Vgl. Fig. 50.1 und 2 sowie Fig. 51.1 und 2.)

2. In Geometrie 1 haben wir gesehen, daß sich alle Kongruenzabbildungen (Spiegelungen, Verschiebungen, Drehungen und Gleitspiegelungen) durch Verkettung von Geradenspiegelungen erzeugen lassen (vgl. S. 5), und zwar Verschiebungen und Drehungen aus zwei, Gleitspiegelungen aus drei Geradenspiegelungen. Nach D 1 von § 71 gilt daher:

S 1 *Die Menge aller Ähnlichkeitsabbildungen ist gleich der Menge aller Streckungen und Geradenspiegelungen und deren Verkettungen in endlicher Anzahl und beliebiger Reihenfolge.*

Da nun jede Geradenspiegelung den Umlaufsinn ändert, gilt der Satz:

S 2 **Jede Ähnlichkeitsabbildung führt eine Figur in eine gleichsinnig ähnliche oder in eine gegensinnig ähnliche über, je nachdem eine gerade oder eine ungerade Anzahl von Geradenspiegelungen an der Ähnlichkeitsabbildung beteiligt sind.**

Beispiele: Bei einer *Drehstreckung* kann die Drehung durch 2 Achsenspiegelungen ersetzt werden, der Umlaufsinn ändert sich daher nicht; die Abbildung ist gleichsinnig ähnlich. Bei einer *Streckspiegelung* ist nur *eine* Achsenspiegelung beteiligt; eine Streckspiegelung ist also eine gegensinnige Ähnlichkeitsabbildung.

Darstellung einer gegebenen Ähnlichkeitsabbildung durch eine Kongruenzabbildung, eine Streckung, eine Drehstreckung oder eine Streckspiegelung

3. Von einer Ähnlichkeitsabbildung sei ein Dreieck ABC und das zugehörige Bilddreieck $A'B'C'$ gegeben. Wir können dann zeigen, daß die Sätze 3 und 4 gelten:

S 3 **Zwei gleichsinnig ähnliche** (nicht kongruente) **Figuren kann man durch eine Streckung oder eine Drehstreckung aufeinander abbilden** (52.1).

Beweis: a) Sind entsprechende Seiten parallel, so gilt § 69, S 8.
b) Sind die Seiten nicht paarweise parallel (Fig. 52.1) und ist $(AB) \cap (A'B') = \{P\}$, so zeichnet man die Umkreise von $\triangle PAA'$ und $\triangle PBB'$. Ist O ihr zweiter Schnittpunkt, so gilt nach dem Satz vom Umfangswinkel: $\sphericalangle AOA' = \sphericalangle APA' = \sphericalangle BPB' = \sphericalangle BOB' = \varrho$. Die Drehung $D_{O;\varrho}$ bildet A auf $A^\star \in (OA')$ und B auf $B^\star \in (OB')$ ab, ferner C auf $C^\star$. Wegen $\sphericalangle OB'A' = \sphericalangle OBA = \sphericalangle OB^\star A^\star$ ist $A'B' \parallel A^\star B^\star$. Da $\triangle A^\star B^\star C^\star \cong \triangle ABC \sim \triangle A'B'C'$ ist, folgt weiter $A^\star C^\star \parallel A'C'$ und $B^\star C^\star \parallel B'C'$. $\triangle A'B'C'$ entsteht also aus $\triangle A^\star B^\star C^\star$ durch eine Streckung $Z_{O;k}$, aus $\triangle ABC$ durch die Drehstreckung $D_{O;\varrho} \circ Z_{O;k}$.

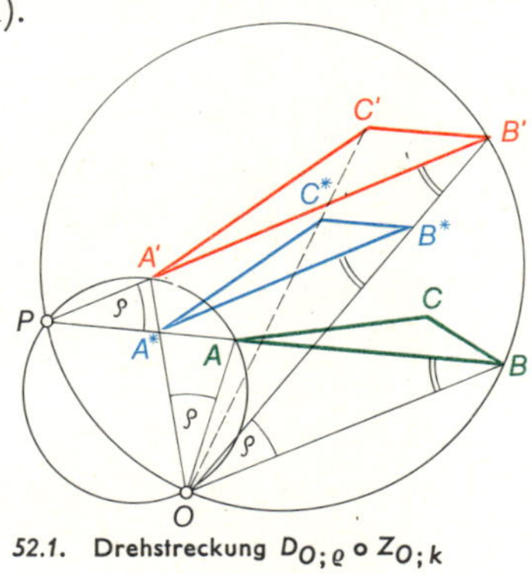

52.1. Drehstreckung $D_{O;\varrho} \circ Z_{O;k}$

S 4 **Zwei gegensinnig ähnliche** (nicht kongruente) **Figuren kann man durch eine Streckspiegelung aufeinander abbilden** (Fig. 53.1).

Beweis (Fig. 53.1): Es sei $\triangle ABC \sim \triangle A'B'C'$ gegeben. Man bestimmt dann (wie in § 71, Aufg. 9) $P \in AA'$ so, daß $\overline{PA'} : \overline{PA} = \overline{A'B'} : \overline{AB} = k$ ist. Dann zeichnet man $AC_1 \parallel A'C'$, halbiert $\sphericalangle CAC_1$ durch $\bar{g}$ und legt die Parallele g zu $\bar{g}$ durch P. Spiegelt man nun $\triangle ABC$ an g nach $\triangle A^\star B^\star C^\star$, so ist $A^\star B^\star \parallel A'B'$, $B^\star C^\star \parallel B'C'$ und $C^\star A^\star \parallel C'A'$ (warum?). Sind U und U' die orthogonalen Projektionen von $A^\star$ und A' auf g und $g \cap (A'A^\star) = \{O\}$, so gilt: $k = \overline{PA'} : \overline{PA} = \overline{U'A'} : \overline{UA^\star} = \overline{OA'} : \overline{OA^\star}$. $Z_{O;k}$ bildet daher $\triangle A^\star B^\star C^\star$ auf $\triangle A'B'C'$ ab, $S_g \circ Z_{O;k}$ also $\triangle ABC$ auf $\triangle A'B'C'$.

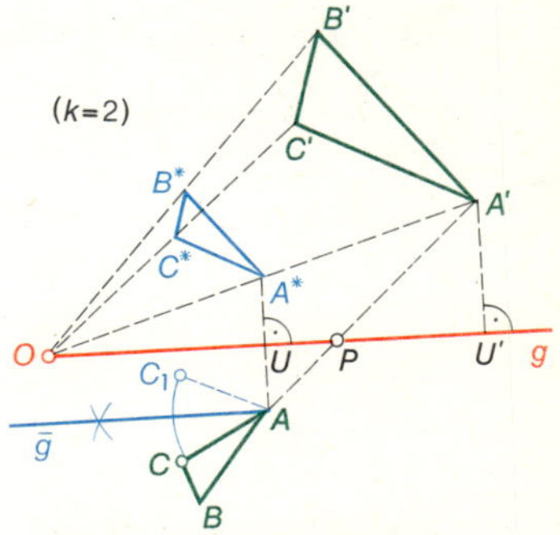

53.1. Streckspiegelung $S_g \circ Z_{O;k}$

Aufgaben

1. Was ändert sich beim Beweis von S 3 (S 4), wenn a) $A = A'$ b) $(AB) = (A'B')$ ist?

S 5 2. Beweise: *Zwei gleichsinnig kongruente Figuren kann man durch eine Verschiebung oder eine Drehung ineinander überführen* (vgl. Geom. 1, S. 100).
Anl.: Unterscheide a) $AB \parallel A'B'$ b) $AB \nparallel A'B'$. Verwende bei b) Fig. 52.1.

S 6 3. Beweise: *Zwei gegensinnig kongruente Figuren kann man durch eine Spiegelung oder eine Gleitspiegelung ineinander überführen* (vgl. Geom. 1, S. 100).

4. Gib zu den Abbildungen 52.1 und 53.1 je die inverse Abbildung an.

Faßt man S 3 bis S 6 zusammen, so erhält man den Satz:

S 7 **Jede Ähnlichkeitsabbildung ist eine Kongruenzabbildung oder eine Streckung oder eine Drehstreckung oder eine Streckspiegelung.**

Die Gruppeneigenschaft der Menge *M* aller Ähnlichkeitsabbildungen

I. Da sich nach S 1 jede Abbildung aus M aus Streckungen und Geradenspiegelungen zusammensetzt, ergibt auch die Verkettung zweier Abbildungen aus M wieder eine Abbildung aus M. Die Menge M ist somit bezüglich der Verkettung *abgeschlossen*.
II. Wie in § 69, S. 44, ist deutlich, daß für die Verkettung $\circ$ das *Assoziativgesetz* gilt.
III. Es gibt in M ein *neutrales Element*, die identische Abbildung.
IV. Zu jeder in S 7 genannten Abbildung gibt es in M die *inverse Abbildung* (vgl. Aufg. 4).

S 8 **Die Menge *M* aller Ähnlichkeitsabbildungen ist bez. der Verkettung eine Gruppe.**

Aufgaben

5. Welche der folgenden Mengen sind Untergruppen anderer Mengen bez. der Verkettung? Welche der angegebenen Mengen sind keine Gruppen?
Die Menge aller a) perspektiven Ähnlichkeitsabbildungen b) Streckungen
c) gleichsinnigen Ähnlichkeitsabbildungen d) Streckspiegelungen e) Drehungen
f) Drehungen und Schiebungen g) Schiebungen h) Gleitspiegelungen
i) Streckungen mit einem Zentrum k) Drehstreckungen mit *einem* Fixpunkt
l) Drehstreckungen m) Achsenspiegelungen an *einer* Gerade.

73 Ähnlichkeitssätze für Dreiecke

❶ Zeichne je zwei Dreiecke mit a) $a:b:c = 3:2:4$ b) $a:b = 5:3$, $\gamma = 70°$ c) $\beta = 60°$, $\gamma = 80°$ d) $a:c = 4:7$, $\gamma = 75°$. Erzeuge das 2. Dreieck aus dem ersten durch Streckung von C aus.

Aus den Vorübungen und aus § 71 folgt, daß die Streckenlängen und Winkelgrößen ähnlicher Dreiecke und Vielecke voneinander abhängig sind. Auf die Frage, welche Bedingungen *hinreichen*, damit zwei Figuren ähnlich sind, also derselben Klasse angehören, geben die „Ähnlichkeitssätze" eine Antwort. Da man jedes Vieleck in Dreiecke zerlegen kann, ist es naheliegend, *Ähnlichkeitssätze für das Dreieck* aufzustellen. Bei der Anordnung und Formulierung dieser Sätze lassen wir uns von den *Kongruenzsätzen* leiten und beachten, daß die Seiten jetzt nicht mehr in der *Länge*, sondern nur im *Verhältnis* ihrer Längen übereinstimmen.

S 1 **Erster Ähnlichkeitssatz: Wenn Dreiecke im Verhältnis der Längen ihrer drei Seiten übereinstimmen, dann sind sie ähnlich.**

Beweis[1] (Fig. 54.1): Es sei $a':a = b':b = c':c = k$. Streckt man CA und CB von C aus mit Streckfaktor k bis A_1 und B_1, so stimmt $\triangle A_1B_1C$ mit $\triangle A'B'C'$ in den 3 Seiten a', b', c' überein (warum?), also ist $\triangle A_1B_1C \cong \triangle A'B'C'$. Da aber $\triangle A_1B_1C \sim \triangle ABC$ ist (§ 69), so folgt $\triangle A'B'C' \sim \triangle ABC$.

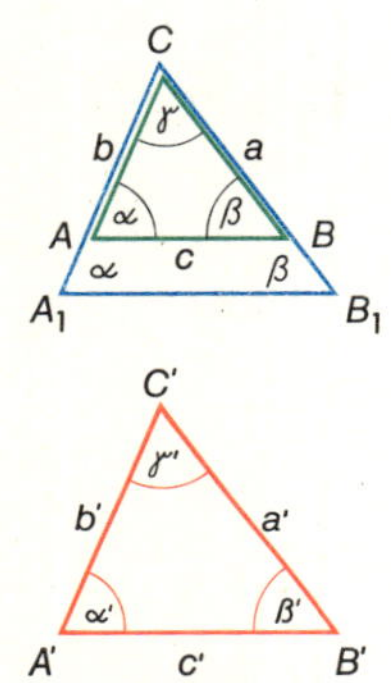

54.1. Beweis der Ähnlichkeitssätze

S 2 **Zweiter Ähnlichkeitssatz: Wenn Dreiecke im Verhältnis der Längen zweier Seiten und dem eingeschlossenen Winkel übereinstimmen, dann sind sie ähnlich.**

Beweis (Fig. 54.1): Es sei $a':a = b':b = k$ und $\gamma' = \gamma$. Streckt man wie oben, so ist $\triangle A_1B_1C \cong \triangle A'B'C'$ (*s w s*), also gilt wie oben: $\triangle A'B'C' \sim \triangle ABC$.

S 3 **Dritter Ähnlichkeitssatz: Wenn Dreiecke in zwei Winkeln übereinstimmen, dann sind sie ähnlich.**

Beweis (Fig. 54.1): Es sei $\beta' = \beta$ und $\gamma' = \gamma$. Streckt man wie oben, so ist $\triangle A_1B_1C \cong \triangle A'B'C'$ (*w s w*), usw.

S 4 **Vierter Ähnlichkeitssatz: Wenn Dreiecke in dem Verhältnis der Längen zweier Seiten und dem Gegenwinkel der größeren übereinstimmen, dann sind sie ähnlich.**

Beweis (Fig. 54.1): Es sei $a':a = c':c = k$, $\gamma' = \gamma$, $c > a$. Streckt man wie oben, so ist $\triangle A_1B_1C \cong \triangle A'B'C'$ (*S s w*), usw.

Aufgaben

1. Wie gehen die Ähnlichkeitssätze aus den Kongruenzsätzen hervor?
2. Sprich die Ähnlichkeitssätze auch in der Form aus: Die Gestalt eines Dreiecks ist bestimmt durch … .
3. Zeichne je 2 Dreiecke mit
   a) $a:b:c = 4:5:6$ b) $a:b = 2:3$, $\gamma = 70°$ c) $\alpha = 65°$, $\beta = 40°$
   d) $b:c = 7:9$, $\gamma = 80°$ e) $a:b = 5:4$, $\beta = 30°$ (zwei Formen!)

[1] Zeichne bei Satz 1 bis 4 eine Figur auf Grund der Voraussetzung.

4. Zeichne über einer Strecke ein Dreieck, das zu einem gegebenen ähnlich ist.

5. Wieso wurden beim maßstäblichen Zeichnen schon bisher die Eigenschaften ähnlicher Figuren benutzt?

6. Wann sind a) rechtwinklige b) gleichschenklige c) rechtwinklig-gleichschenklige d) gleichseitige Dreiecke ähnlich? Stelle in jedem Fall Ähnlichkeitssätze auf. Zeichne zwei ähnliche Dreiecke von jeder Art.

7. Beweise:

S 5 *Ähnliche Vielecke werden durch entsprechende Diagonalen in ähnliche Dreiecke zerlegt* (Fig. 55.1).

Anl.: Bringe die Vielecke in perspektive Lage oder verwende die Ähnlichkeitssätze.

8. Zeichne über einer gegebenen Seite (Diagonale) ein Viereck (Fünfeck), das zu einem gegebenen Viereck (Fünfeck) ähnlich ist.

9. Wann sind a) Quadrate b) Rechtecke c) Rauten d) Parallelogramme e) Trapeze f) gleichschenklige Trapeze ähnlich? Stelle Ähnlichkeitssätze auf und zeichne zwei ähnliche Vierecke von jeder Art.

10. Zeige: Alle regelmäßigen Vielecke mit gleicher Eckenzahl sind ähnlich (Geom. 1, § 20).

S 6 **11.** Beweise: *In ähnlichen Dreiecken (Vielecken) verhalten sich die Längen entsprechender Strecken wie die Längen entsprechender Seiten.*

Beispiele: $a' : a = h_c' : h_c = s_b' : s_b = r' : r = k$

Anl.: Verwende S 2 von § 71 oder zerlege in entsprechende Teildreiecke (Fig. 55.2).

12. Zeichne ähnliche Dreiecke mit

a) $c : h_c = 3 : 2,\ \alpha = 50°$ b) $b : s_b = 4 : 5,\ \gamma = 75°$

c) $a : w_\beta = 6 : 5,\ \beta = 70°$ d) $c : r = 7 : 4,\ \alpha = 40°$

13. Beweise:

S 7 *Die Umfänge ähnlicher Dreiecke (Vielecke) verhalten sich wie die Längen entsprechender Strecken.*

Anl.: Setze $a' = k\,a,\ b' = k\,b$, usw.

14. Zeichne ein Dreieck mit a) $a : b = 2 : 3,\quad a : c = 1 : 2,\quad u = 16{,}2$ cm

b) $a : b = 1 : 1{,}5,\quad a : c = 1 : 1{,}7,\quad u = 14{,}7$ cm.

15. a) Beweise mittels ähnlicher Dreiecke:

S 8 *Zwei Höhen eines Dreiecks verhalten sich umgekehrt wie die zugehörigen Seitenlängen.*

b) Zeichne ein Dreieck mit $h_a = 6$ cm, $h_b = 5$ cm, $h_c = 4$ cm.

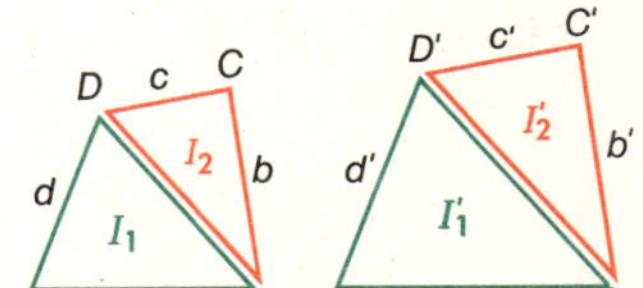

55.1. Ähnliche Teildreiecke

16. In zwei ähnlichen Vielecken ist $a = 9$ cm (12 cm), $a' = 14{,}4$ cm (7,5 cm) sowie Inhalt $I = 36\ \text{cm}^2$ ($I' = 80\ \text{cm}^2$). Berechne I' (I).

17. In zwei ähnlichen Vielecken ist $I = 50\ \text{m}^2$, $I' = 72\ \text{m}^2$, $u = 48$ m. Berechne u'.

18. Zeichne ein Sehnenviereck samt Diagonalen. Suche ähnliche Teildreiecke.

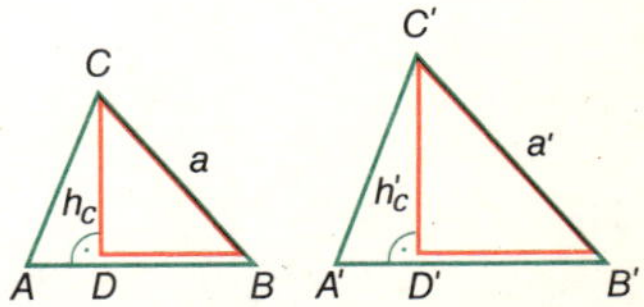

55.2. Zerlegung in ähnliche Dreiecke

74 Ähnlichkeit am rechtwinkligen Dreieck und am Kreis

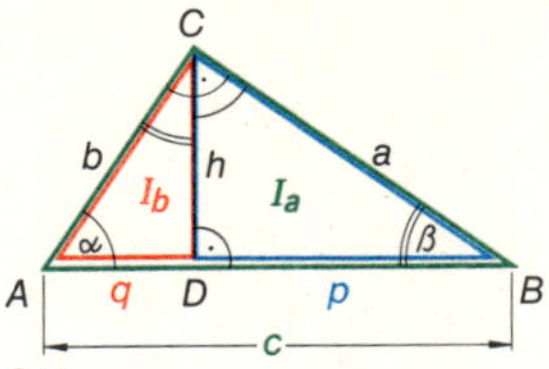

56.1.

Ähnlichkeitsbeziehungen am rechtwinkligen Dreieck

1. Ist CD Höhe im rechtwinkligen Dreieck ABC (Fig. 56.1), so ist $\sphericalangle BCD = \alpha$ und $\sphericalangle ACD = \beta$. Nach dem 3. Ähnlichkeitssatz gilt somit (vgl. § 59):

$\triangle ABC \sim \triangle CBD$	$\triangle ABC \sim \triangle ACD$	$\triangle CBD \sim \triangle ACD$
$c : a = a : p$	$c : b = b : q$	$p : h = h : q$
$\boldsymbol{a^2 = c\,p}$	$\boldsymbol{b^2 = c\,q}$	$\boldsymbol{h^2 = p\,q}$
S 1 **Kathetensatz**		**S 2** **Höhensatz**

Aus $a^2 = c\,p$ und $b^2 = c\,q$ folgt $a^2 + b^2 = c\,p + c\,q =$
S 3 $= c(p+q)$ oder $\boldsymbol{a^2 + b^2 = c^2}$, **Satz des Pythagoras.**

2. Sind I_a, I_b, I_c die Flächeninhalte von $\triangle BCD$, $\triangle CAD$, $\triangle ABC$ in Fig. 56.1, so gilt: $\frac{I_a}{I_c} = \frac{a^2}{c^2}$, $\frac{I_b}{I_c} = \frac{b^2}{c^2}$ oder $\frac{I_a}{a^2} = \frac{I_b}{b^2} = \frac{I_c}{c^2} = k$, also $I_a = k\,a^2$, $I_b = k\,b^2$, $I_c = k\,c^2$. Wegen $I_a + I_b = I_c$ folgt hieraus erneut S 3.

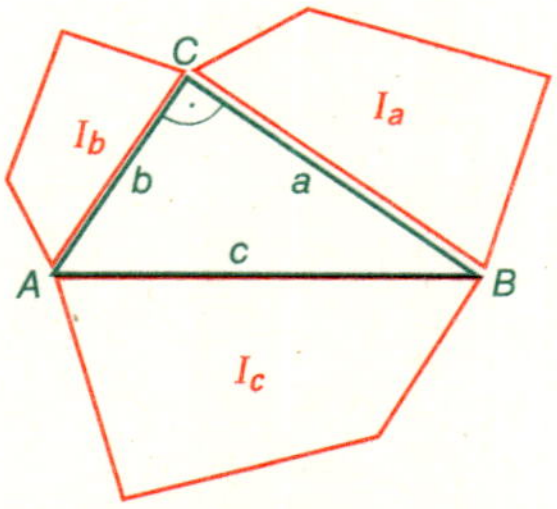

56.2. Verallgemeinerter Satz des Pythagoras

S 4 **3.** *Zeichnet man über den Seiten eines rechtwinkligen Dreiecks ähnliche Figuren, so ist der Inhalt der Figur über der Hypotenuse gleich der Summe der Inhalte der Figuren über den Katheten* (Fig. 56.2):

$$\boldsymbol{I_c = I_a + I_b}\,.$$

Beweis: Schreibe wieder $I_a = k\,a^2$, usw. und beachte, daß $a^2 + b^2 = c^2$ ist.

Ähnlichkeitsbeziehungen am Kreis

❶ **Suche in den Figuren 56.3 und 4 Paare gleich großer Winkel. Gib ähnliche Dreiecke an! Lies an den von Dir gefundenen ähnlichen Dreiecken Beziehungen zwischen den Seitenlängen ab.**

S 5 **4. Sekantensatz: Zeichnet man durch einen Punkt außerhalb eines Kreises Sekanten, so sind die Rechtecke aus den Sekantenabschnitten inhaltsgleich** (Fig. 56.3):

$$\overline{PA} \cdot \overline{PB} = \overline{PC} \cdot \overline{PD}.$$

S 6 **Sehnensatz: Zeichnet man durch einen Punkt innerhalb eines Kreises Sehnen, so sind die Rechtecke aus den Sehnenabschnitten inhaltsgleich** (Fig. 56.4):

$$\overline{PA} \cdot \overline{PB} = \overline{PC} \cdot \overline{PD}$$

Beweis zu S 5 und 6 (Fig. 56.3 und 4): Zeichnet man AD und BC, so ist $\sphericalangle APD = \sphericalangle CPB$ und $\sphericalangle ADP = \sphericalangle CBP$. (Umfangswinkel über $\widehat{AC}$.)
Nach dem 3. Ähnlichkeitssatz gilt daher: $\triangle PAD \sim \triangle PCB$
Daraus folgt:

$$\overline{PA} : \overline{PD} = \overline{PC} : \overline{PB}$$

oder $$\overline{PA} \cdot \overline{PB} = \overline{PC} \cdot \overline{PD}$$

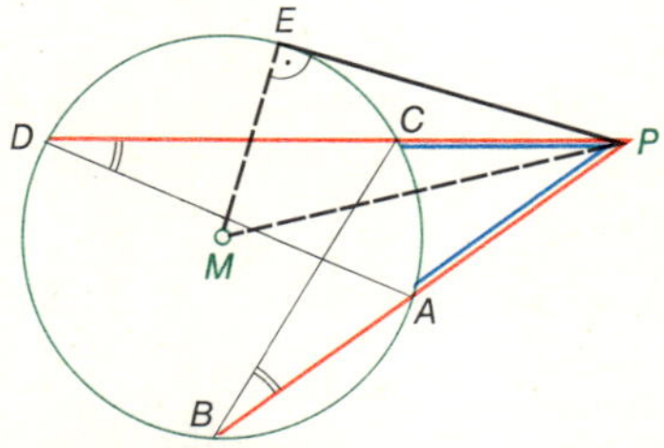

56.3. Sekanten- und Tangentensatz

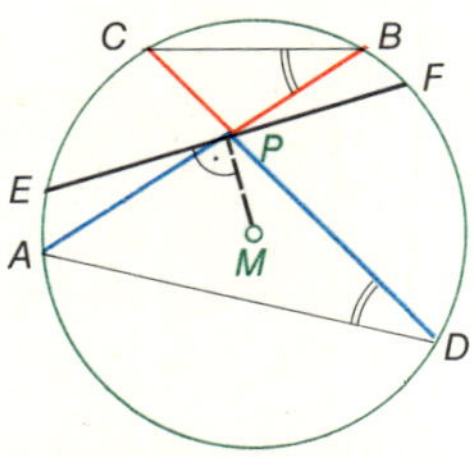

56.4. Sehnen- und Halbsehnensatz

Der Tangentensatz und der Halbsehnensatz

S 7 **5. Tangentensatz: Zeichnet man durch einen Punkt außerhalb eines Kreises eine Tangente und eine Sekante, so ist das Quadrat über dem Tangentenabschnitt inhaltsgleich dem Rechteck aus den Sekantenabschnitten** (Fig. 56.3 und 58.1):

$$\overline{PE}^2 = \overline{PA} \cdot \overline{PB}$$

S 8 *Halbsehnensatz: Zeichnet man durch einen Punkt P innerhalb eines Kreises eine Sehne, die in P halbiert wird, und außerdem eine beliebige Sehne, so ist das Quadrat über der Halbsehne inhaltsgleich dem Rechteck aus den Abschnitten der andern Sehne* (Fig. 56.4):

$$\overline{PE}^2 = \overline{PF}^2 = \overline{PA} \cdot \overline{PB}$$

Beweis zu Satz 7 und 8 (Fig. 56.3 und 4): Dreht sich (PC) um P, so gehen PC und PD in PE bzw. PF über.

Bemerkungen:

1. Der Tangenten- und der Halbsehnensatz können auch noch in der Form ausgesprochen werden: *Die Länge des Tangentenabschnitts (der Halbsehne) ist das geometrische Mittel zu den Längen der Sekantenabschnitte (Sehnenabschnitte).*

2. Die Sätze 5 bis 8 lassen sich in den Satz zusammenfassen: Wird ein Kreis von dem Geradenbüschel durch einen beliebigen Punkt P geschnitten, so hat das Produkt aus den von P aus gemessenen Längen der Abschnitte jeder Gerade einen festen Wert. Diesen Wert nennt man die Potenz von P in bezug auf den Kreis. Der Satz heißt daher auch Potenzsatz.

Aufgaben (Konstruktionen)

1. Bestimme rechnerisch und auf vier Arten zeichnerisch das geometrische Mittel x von
a) $a = 3$ cm, $b = 6$ cm b) $c = 5{,}0$ cm, $d = 2{,}4$ cm c) $e = 9{,}6$ cm, $f = 7{,}5$ cm
d) a und $2a$ e) $2b$ und $3b$ f) $3c$ und $\frac{1}{2}c$.

2. Verwandle das Rechteck mit den Seiten $a = 6{,}4$ cm (4,5 cm) und $b = 2{,}5$ cm (5,4 cm) in ein inhaltsgleiches Quadrat (zeichne auf vier Arten und rechne!).

3. Verwandle das Quadrat mit der Seite $c = 5$ cm (3,6 cm) in ein inhaltsgleiches Rechteck mit der einen Seite $a = 6{,}4$ cm (2,7 cm). Zeige, daß die gesuchte Rechteckseite y die Gleichung $a : c = c : y$ erfüllt.

4. Verwandle das Quadrat mit der Seite $a = 3{,}6$ cm (3 cm) in ein inhaltsgleiches Rechteck mit den Seiten x und y, wenn
a) deren Summe $s = 9{,}0$ cm (6,5 cm)
b) deren Differenz $d = 2{,}1$ cm (3,2 cm) ist. Zeichne und rechne!

5. Zeichne durch einen Punkt P außerhalb (innerhalb) eines Kreises eine Sekante (Sehne), so daß sich ihre von P aus gemessenen Abschnitte wie a) $5 : 3$ b) $p : q$ verhalten.

6. Zeichne durch einen Punkt P außerhalb eines Kreises eine Sekante so, daß die Länge der abgeschnittenen Sehne geometrisches Mittel zur Länge der Sekantenabschnitte wird.

7. Verwandle
a) ein Parallelogramm b) ein gleichschenkliges Trapez in ein inhaltsgleiches Quadrat.

8. Bestimme rechnerisch und zeichnerisch zwei Größen x und y, wenn ihre Summe s und ihr geometrisches Mittel t gegeben sind:
a) $s = 10$ cm, $t = 4$ cm b) $s = 8$ cm, $t = 2{,}5$ cm c) $s = 9$ cm, $t = 4{,}5$ cm.

9. Löse Aufg. 8, wenn statt s die Differenz $d = x - y$ gegeben ist:
a) $d = 6$ cm, $t = 4$ cm b) $d = 3{,}2$ cm, $t = 3$ cm c) $d = 2{,}7$ cm, $t = 3{,}6$ cm.

10. Welches Rechteck mit dem Umfang $u = 20$ cm hat den größten Inhalt?
Anl.: Verwandle die Rechtecke nach dem Höhensatz in Quadrate und vergleiche.

11. Konstruiere nach S 5 und 6 zu gegebenen Längen a, b, c die Länge x so, daß $a : b = c : x$ ist.

12. Konstruiere eine Strecke mit der Länge a) $x = a\sqrt{5}$ b) $y = 3a\sqrt{2}$ c) $z = \frac{1}{2}a\sqrt{6}$, wenn die Strecke mit der Länge a gegeben ist. (*Anleitung:* Bilde x^2, y^2, z^2.)

13. Teile $\triangle ABC$ a) durch eine Parallele XY zu AB in zwei inhaltsgleiche Teile b) durch Parallelen (XY) und (UV) zu AB in drei inhaltsgleiche Teile.
Anleitung: Setze $\overline{CX} = x$, $\overline{CU} = y$ und bestimme das Verhältnis der Flächeninhalte.

14. Teile die Strecke $a = 8$ cm so, daß die Flächeninhalte der Quadrate über den Teilstrecken sich wie a) $2:1$ b) $4:3$ verhalten.

15. Verwandle a) ein Trapez b) ein Viereck in ein inhaltsgleiches Quadrat.

16. Konstruiere zu einem Parallelogramm (einem gleichschenkligen Trapez) ein ähnliches mit doppeltem (halbem) Flächeninhalt.

17. Zeichne ähnliche Rauten (gleichseitige Dreiecke), deren Flächeninhalte sich wie $1:5$ $(1:3)$ verhalten.

18. Zeichne Kreise (Halbkreise), deren Flächeninhalte sich wie $1:8$ $(2:3)$ verhalten.

Beweise und Sätze

19. Laß in Fig. 56.3 BE durch M gehen und zeige so, daß der Kathetensatz ein Sonderfall des Tangentensatzes ist.

20. Nimm in Fig. 56.4 AB als Durchmesser und zeige, daß der Halbsehnensatz dann in den Höhensatz übergeht.

21. Drücke die Potenz des Punktes P bezüglich $\odot(M, r)$ a) in Fig. 56.3 b) in Fig. 56.4 mit Hilfe des Halbmessers r und des Mittelpunktsabstandes $\overline{PM} = d$ aus.

22. Beweise den Tangentensatz nach Fig. 58.1.

23. Beweise, daß die Flächeninhalte der in Fig. 58.2 rot gezeichneten Möndchen zusammen den Dreiecksinhalt ergeben. (Lunulae Hippocratis[1].)

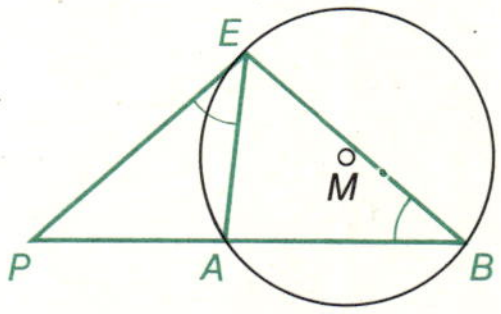

58.1. Tangentensatz

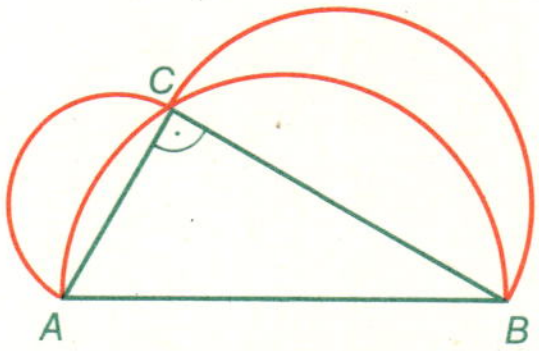

58.2. Die Möndchen des Hippokrates

1. Hippokrates von Chios (um 440 v. Chr.).

75 Das Ähnlichkeitsverfahren

Die Sätze über die zentrische Streckung ergeben ein wichtiges Verfahren für die Lösung von Konstruktionsaufgaben. Bei vielen solchen Aufgaben läßt sich nämlich aus einem Teil der gegebenen Stücke zunächst eine Figur konstruieren, die zu der gesuchten *ähnlich* ist, also derselben Klasse untereinander ähnlicher Figuren angehört. Die Figur wird dann von einem passend gewählten Zentrum aus so gestreckt, daß sie die restliche Forderung erfüllt. Dieses Verfahren heißt **Ähnlichkeitsverfahren.**

1. Beispiel: Zeichne ein Dreieck aus $a:b = 4:5$, $\gamma = 80°$, $s_c = 4$ cm.

Konstruktion (Fig. 59.1): Zeichne $\triangle A'B'C$ aus $a' = 4$ cm, $b' = 5$ cm, $\gamma = 80°$. Strecke $\triangle A'B'C$ von C aus so, daß $\overline{CD} = s_c = 4$ cm wird (In 59.1 ist $a' = s_c = 1{,}5$ cm).

2. Beispiel: Zeichne ein Dreieck aus $a:b = 9:7$, $a:c = 9:8$, $\varrho = 1{,}5$ cm.

Konstruktion (59.2, Maßstab 1:2): Zeichne $\triangle AB'C'$ aus $a' = 4{,}5$ cm, $b' = 3{,}5$ cm, $c' = 4$ cm. Strecke es von A aus so, daß der Inkreishalbmesser $\varrho = 1{,}5$ cm wird. Löse die Aufgabe auch mit dem Inkreismittelpunkt O' als Streckungszentrum.

3. Beispiel: Dem Dreieck ABC ist ein Quadrat so einzubeschreiben, daß eine Quadratseite auf AB liegt (Fig. 59.3/4.).

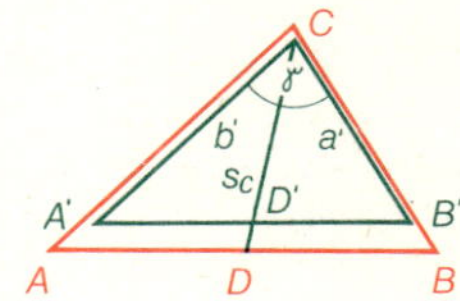

59.1.

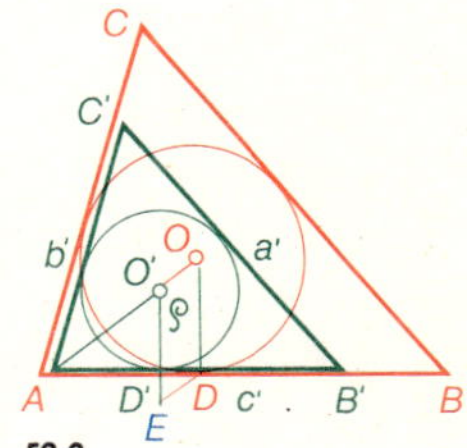

59.2.

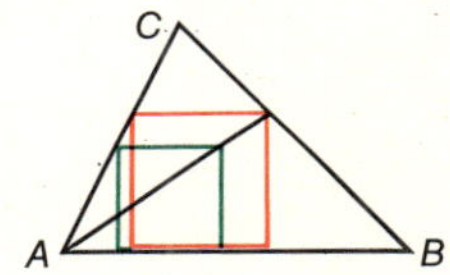

59.3.

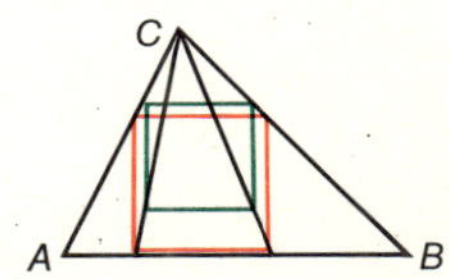

59.4.

Aufgaben

1. Zeichne ein Dreieck aus

a) $b:c = 3:5$, $\alpha = 75°$, $a = 6$ cm
b) $a:b = 5:3$, $b:c = 1:2$, $h_c = 3$ cm
c) $a:b = 13:12$, $b:c = 6:5$, $r = 2{,}5$ cm
d) $a:c = 5:7$, $\gamma = 65°$, $\varrho = 1{,}2$ cm
e) $\beta = 53°$, $\gamma = 85°$, $s_c = 5$ cm
f) $c:h_a = 5:3$, $\gamma = 70°$, $s_c = 3{,}8$ cm

2. Zeichne ein Rechteck aus $a:e = 5:6$, $b = 3{,}7$ cm.

3. Zeichne eine Raute aus $e:f = 6:11$, $a = 4$ cm.

4. Zeichne ein gleichschenkliges Dreieck (Grundseite c) aus
a) $a:c = 3:4$, $h_a = 3$ cm b) $a:h_b = 8:7$, $h_c = 5$ cm.

5. Zeichne ein rechtwinkliges Dreieck ($\gamma = 90°$) aus $a:b = 2:1$, $h_c = 3$ cm.

6. Zeichne ein Parallelogramm aus $a:b = 4:3$, $\beta = 115°$, $f = 4{,}5$ cm.

7. Zeichne ein gleichschenkliges Trapez aus $a:h = 5:3$, $\alpha = 70°$, $m = 5$ cm.

8. Einem Dreieck ist ein Rechteck einzubeschreiben, das einem gegebenen Rechteck ähnlich ist, so daß eine Rechteckseite auf eine Dreieckseite fällt.

9. Zeichne a) in einen Halbkreis b) in einen Kreisausschnitt ein Quadrat, so daß zwei Ecken auf dem Bogen liegen.

10. Einem Kreis ist ein Dreieck einzubeschreiben, das einem gegebenen Dreieck ähnlich ist.

76 Zentrische Streckung im Raum. Ähnliche Körper

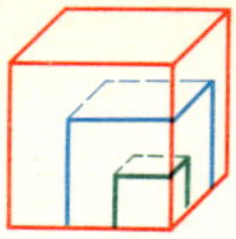

60.1. Würfel

❶ Wie gehen in Fig. 60.1 die 3 Würfel mit den Kanten a, $2a$, $3a$ auseinander hervor? Wie liegen ihre Ecken, ihre Kanten, ihre Flächen? Stelle die 3 Würfel aus Bauklötzchen her (Fig. 60.2).

60.2.

❷ Vergleiche die Form, die Kantenlängen, die Inhalte der rechteckigen Flächen und den Rauminhalt der Schachteln in Fig. 60.3.

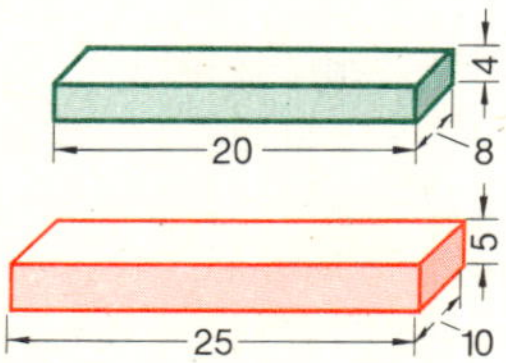

60.3. Schachteln

In § 63 haben wir die zentrische Streckung als eine wichtige *Abbildung der Ebene auf sich* kennengelernt. Alle dabei aufgetretenen Definitionen, Sätze und Beweise bleiben erhalten, wenn wir von einem Zentrum O aus durch zentrische Streckung mit Streckfaktor $k \in \mathbb{R} \setminus \{0\}$ eine *Abbildung des Raumes auf sich* ausüben. Es gilt dann insbesondere (Fig. 60.4): $\overrightarrow{OA'} = k \cdot \overrightarrow{OA}$ und damit $\overline{OA'} = |k| \cdot \overline{OA}$, sowie $\overrightarrow{A'B'} = k \cdot \overrightarrow{AB}$, also $\overline{A'B'} = |k| \cdot \overline{AB}$.

Zu den Definitionen und Sätzen von § 63 kommen noch hinzu:

S 1 **Das Bild einer Ebene E ist eine zu E parallele Ebene E'.** Die zentrische Streckung im Raum ist **ebenentreu.**

Beweis (Fig. 60.4): Ist $\{A, B, C, \ldots\} \subset E$, so ist $A'B' \parallel AB$, $A'C' \parallel AC, \ldots$; $A', B', C', \ldots$ liegen daher in einer Parallelebene zu E, sie ist das Bild E' von E. Ist $O \in E$, so ist $E = E'$.

In Fig. 60.4 ist ferner $\overline{A'B'} = |k| \cdot \overline{AB}$, $\overline{A'C'} = |k| \cdot \overline{AC}$, $\overline{B'C'} = |k| \cdot \overline{BC}$ sowie $\sphericalangle B'A'C' = \sphericalangle BAC$, $\sphericalangle C'B'A' = \sphericalangle CBA$, $\sphericalangle A'C'B' = \sphericalangle ACB$. Entsprechendes gilt bei ebenen Vielecken und ebenflächig begrenzten Körpern:

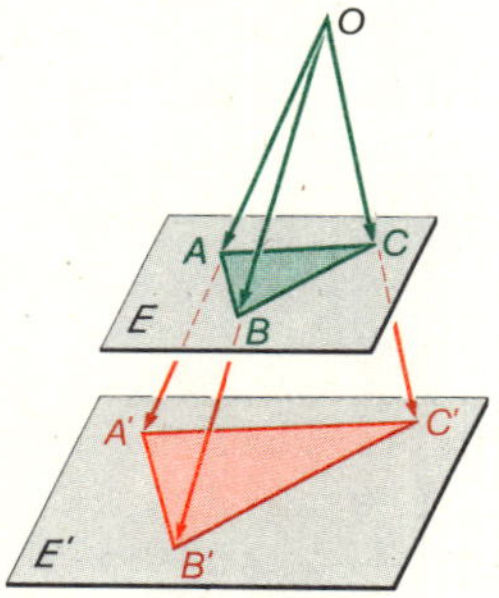

60.4. Zentrische Streckung im Raum

S 2 **Ebene Vielecke und ebenflächig begrenzte Körper werden bei zentrischer Streckung im Raum so abgebildet, daß sie in entsprechenden Winkeln und im Verhältnis entsprechender Streckenlängen übereinstimmen** (Fig. 60.1 bis 4).

D 1 Figuren und Körper, die durch zentrische Streckung im Raum auseinander hervorgehen, heißen **perspektiv ähnlich.** Bringt man die eine der Figuren bzw. einen der Körper in eine andere Lage, so spricht man von **ähnlichen Figuren** bzw. **Körpern.**

S 3 **Die Rauminhalte ähnlicher senkrechter Prismen verhalten sich wie die dritten Potenzen entsprechender Streckenlängen.**

Beweis (Fig. 60.5): Da die beiden Prismen ähnlich sind, sind es auch ihre Grundflächen. Für deren Inhalte gilt nach § 71, S 2: $G' = k^2 G$ mit $k = h' : h$ bzw. $h' = k h$, somit
$V' = G' h' = k^2 G \cdot k h = k^3 G h = k^3 V$ oder $V' : V = h'^3 : h^3$.

Beispiele: In Fig. 60.2 ist $V_1 : V_2 = 1^3 : 2^3$; $V_2 : V_3 = 2^3 : 3^3$. In Fig. 60.3 ist $V_1 : V_2 = 640 : 1250 = 4^3 : 5^3$.

Bemerkung: S 3 gilt nicht nur für Prismen; wir zeigen dies später.

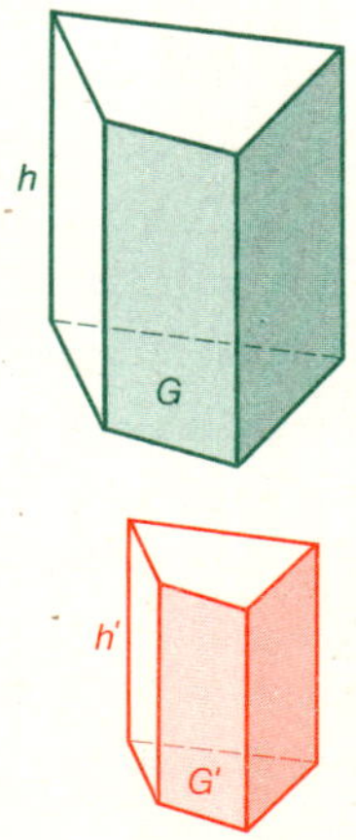

60.5. Ähnliche Prismen

Aufgaben

1. Wie verhalten sich die Oberflächeninhalte ähnlicher ebenflächig begrenzter Körper?

2. Wie verhalten sich a) die Rauminhalte b) die Massen c) die Oberflächeninhalte d) die Längen der räumlichen Diagonalen zweier hölzerner Würfel mit den Kanten $a = 6$ cm (2,5 cm) und $a' = 4$ cm (1,5 cm)?

3. Ein Würfel hat Kanten, die $\frac{1}{2}$, $\frac{1}{3}$, $\frac{1}{4}$, $\frac{2}{3}$, $\frac{3}{4}$, $1\frac{1}{2}$ mal so lang sind wie die eines andern. Wie verhalten sich a) die Rauminhalte b) die Massen (bei gleichem Material)?

4. Ein Quader hat die Kanten $a = 42$ cm (1,2 m), $b = 24$ cm (80 cm), $c = 18$ cm (30 cm). Wie lang sind die Kanten b' und c' eines ähnlichen Quaders mit der Kante $a' = 70$ cm (90 cm)? Wie verhalten sich die Oberflächeninhalte und die Rauminhalte?

5. Führe den Beweis des Satzes 3 für ähnliche Quader durch.

6. Wie verhalten sich a) die Längen der Flächendiagonalen b) die Längen der räumlichen Diagonalen c) die Oberflächeninhalte d) die Rauminhalte der Quader in Fig. 60.3?

7. Wann sind senkrechte Prismen (Pyramiden) mit regelmäßiger Grundfläche ähnlich?

8. Wann sind senkrechte Kreiszylinder (Kreiskegel) ähnlich?

9. Warum kann man sagen: Alle Kugeln sind ähnlich?

10. Beweise: Schneidet man eine Pyramide mit einer Ebene parallel zur Grundfläche, so erhält man eine ähnliche Pyramide.

11. Eine Pyramide wird parallel zur Grundfläche a) in halber Höhe b) in $\frac{1}{3}$ der Höhe c) in $\frac{3}{4}$ Höhe abgeschnitten. Wie verhalten sich die Inhalte von Schnitt- und Grundfläche?

12. Eine Pyramide mit der Höhe $h = 9{,}6$ cm (12,5 cm) wird im Abstand $h' = 7{,}2$ cm (7,5 cm) von der Spitze durch eine Ebene parallel zur Grundfläche geschnitten. Wie verhalten sich die Inhalte der Grund- und Seitenflächen der neuen Pyramide zu denen der ursprünglichen?

13. Wie viele Streckungszentren haben zwei perspektiv ähnliche a) Würfel b) Quader c) quadratische Säulen d) quadratische Pyramiden e) Kugeln? Wann sind zwei Streckungszentren vorhanden?

14. Welche Sätze ergeben sich aus dem Sekanten-, Tangenten-, Sehnen- und Halbsehnensatz, wenn eine Kugel von einem Strahlenbündel geschnitten wird?

▶ **15.** In Fig. 61.1 und 2 ist der Rauminhalt einer dreiseitigen Pyramide näherungsweise durch den Inhalt eines äußeren und inneren „Treppenkörpers" aus gleichhohen Prismen dargestellt. Was ergibt sich, wenn die Zahl der Prismen immer größer, ihre Höhe also immer kleiner wird? Wieso folgt daraus, daß S 3 auch für Pyramiden gilt?

16. Warum sind alle regelmäßigen Körper mit gleicher Flächenzahl ähnlich? Nenne solche Körper! (Ein Körper mit gleichgroßen Kantenlängen und Winkeln, der keine einspringenden Ecken hat, heißt regelmäßig. Vgl. S. 128.)

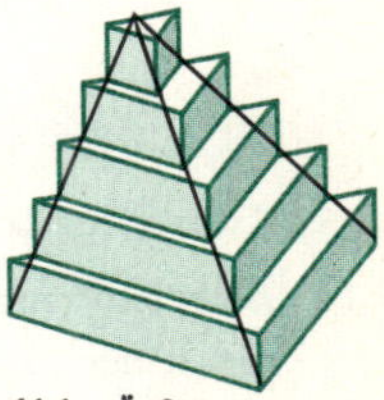

61.1. Äußerer Treppenkörper

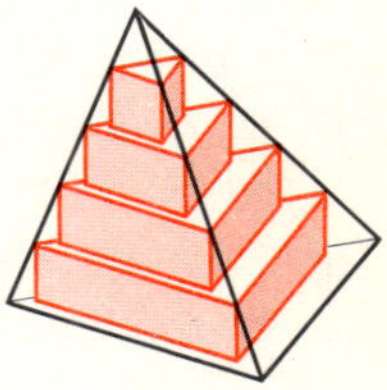

61.2. Innerer Treppenkörper

77 Vermischte Aufgaben zu den Ähnlichkeitsabbildungen

Konstruktionsübungen

1. Zeichne ein Dreieck aus
   a) $\alpha = 70°$, $\beta = 50°$, $r = 3$ cm b) $a : s_b = 10 : 11$, $\gamma = 70°$, $h_c = 3$ cm
   c) $c : h_c = 10 : 9$, $\alpha = 100°$, $\varrho = 1{,}7$ cm d) $b : h_b = 8 : 5$, $\beta = 70°$, $s_c = 5{,}5$ cm
   e) $c : r = 5 : 3$, $a = 6{,}0$ cm, $h_c = 5{,}3$ cm f) $a : r = 3 : 2$, $b : c = 9 : 16$, $w_\alpha = 5$ cm
   Anleitung zu e) *und* f): Konstruiere zuerst einen Winkel.
2. Zeichne ein Tangentenviereck aus
   a) $a : b = 3 : 2$, $b : c = 4 : 3$, $f = 7$ cm, $\alpha = 75°$
   b) $a : d = 3 : 2$, $b = 5$ cm, $\alpha = 70°$, $\delta = 80°$
3. Einem Viereck ist eine Raute einzubeschreiben, deren Seiten parallel zu den Diagonalen des Vierecks sind.
4. Zeichne ein Dreieck, das einen gegebenen Kreis zum Inkreis hat und zu einem gegebenen Dreieck ähnlich ist.
5. Zeichne in einen Dreistrahl ein gleichseitiges Dreieck, wenn eine Ecke auf einem Strahl gegeben ist. *Anleitung:* Zeichne über den Seiten eines beliebigen gleichseitigen Dreiecks die Kreisbogen, welche die Dreistrahlwinkel fassen.
6. Schneide von einem Parallelogramm ein ähnliches ab.
7. Zeichne auf verschiedene Arten Strecken der Länge
   a) $x = \frac{a}{3}\sqrt{6}$ b) $y = \frac{a}{4}\sqrt{10}$ c) $z = \frac{2a}{3}\sqrt{2}$, wenn die Streckenlänge a gegeben ist.
8. ▸ Zeichne einen Kreis, der durch die Punkte P und Q geht und die Gerade g berührt.
9. ▸ Zeichne einen Kreis, der durch den Punkt P geht und die Geraden g und h berührt.
10. ▸ Zeichne einen Kreis, der durch einen Punkt P geht, eine Gerade g berührt und seinen Mittelpunkt auf der Gerade h hat.
11. ▸ Zeichne einen Kreis, der die Gerade g und außerdem $\odot(M, r)$ und $\odot(M', r)$ berührt.
12. ▸ Zeichne einen Kreis, der die Geraden g und h und außerdem $\odot(M, r)$ berührt.

Überlegungen, Beweise und Sätze

13. Zwei Dreiecke sind ähnlich, wenn sie im Verhältnis der drei Höhen übereinstimmen.
14. Zeige: In jedem Dreieck ist das Rechteck aus den zwei Abschnitten einer Höhe inhaltsgleich dem Rechteck aus den Abschnitten einer anderen.
15. Sind $\overline{AD}$ und $\overline{BE}$ Höhen im Dreieck ABC, so ist $\overline{AD} : \overline{BE} = \overline{CD} : \overline{CE}$.
16. Im rechtwinkligen Dreieck verhalten sich die Inhalte der Kathetenquadrate wie die Längen der zugehörigen Hypotenusenabschnitte.
17. Im rechtwinkligen Dreieck ist das Rechteck aus den Katheten inhaltsgleich dem Rechteck aus Hypotenuse und Höhe.
18. Teile in $\triangle ABC$ die Seite AC in drei gleiche Teile und ziehe durch die Teilpunkte die Parallelen zu AB. Wie verhalten sich die Flächeninhalte der entstandenen Trapeze?

19. Wie müssen zwei Vielecke beschaffen sein, wenn sie gleichzeitig ein äußeres und ein inneres Streckungszentrum haben sollen?

20. Wo liegt das Streckungszentrum zweier kongruenter Vielecke, deren Seiten parallel und a) gleichgerichtet b) entgegengerichtet sind?

21. Zeichnet man durch den einen Schnittpunkt zweier Kreise in jedem Kreis eine Sehne und verbindet ihre Endpunkte mit dem andern Schnittpunkt, so entstehen ähnliche Dreiecke.

22. Zeichnet man durch den Berührpunkt zweier Kreise eine beliebige Sekante, so verhalten sich die Längen der ausgeschnittenen Sehnen wie die der zugehörigen Durchmesser.

23. Zeichnet man an zwei Kreise, die sich von außen berühren, eine gemeinsame äußere Tangente, so ist ihr Abschnitt zwischen den Berührpunkten geometrisches Mittel der Durchmesser.

24. Hat ein gleichschenkliges Trapez einen Inkreis, so ist die Länge seines Durchmessers das geometrische Mittel der Grundseiten.

Karten. Messungen im Freien

25. *Vorwärtseinschneiden.* Ein unzugänglicher Punkt P wird von den Endpunkten einer Standlinie $\overline{AB} = 80$ m (150 m) unter $\sphericalangle\, PAB = 43°$ (56°) und $\sphericalangle\, PBA = 52°$ (98°) gepeilt. Bestimme $\overline{AP}$ und $\overline{BP}$ durch Zeichnung im Maßstab $1:1000$ $(1:2500)$. Welche Sätze der Ähnlichkeitslehre werden dabei benutzt?

26. *Rückwärtseinschneiden* nach zwei Punkten. Um die Entfernung zweier Punkte P und Q zu bestimmen, zwischen denen ein Hindernis liegt, peilt man von P und Q aus je zwei bekannte Punkte A und B an und mißt $\sphericalangle\, APQ = 68°$ (110°), $\sphericalangle\, BPQ = 42°$ (41°), $\sphericalangle\, AQP = 36°$ (28°), $\sphericalangle\, BQP = 85°$ (102°). Aus der Karte $1:25000$ entnimmt man $\overline{AB} = 1{,}8$ km (2,8 km). Wie groß ist $\overline{PQ}$? *Anleitung:* Wähle zunächst $\overline{PQ} = 10$ cm (5 cm), zeichne einen Plan und stelle zum Schluß den Maßstab fest.

▸ 27. Die 75 m lange Front eines Gebäudes bildet mit einer vorbeiführenden Straße einen Winkel von 36°, der Mittelpunkt der Front hat vom Straßenrand einen senkrechten Abstand von 42 m. Von welchem Punkt dieses Straßenrandes aus erscheint die Frontbreite unter dem größten *Sehwinkel*? Wie groß ist dieser?
Anleitung: Von welchen Punkten aus erscheint die Front z.B. unter $\alpha = 45°$, unter $\beta = 55°$? Vergleiche!

▸ 28. Zeige: In einem Punkt P, der h m über dem Meere liegt, beträgt die *Aussichtsweite* a näherungsweise $a \approx \sqrt{2rh}$. (Nimm die Erde als Kugel mit Halbmesser $r = 6370$ km an und ziehe von P die Tangenten an sie. Ist A Berührpunkt, so sei $\overline{PA} = a$.) Wie groß ist a auf dem Vesuv (1300 m), im Flugzeug (6000 m), in 200 km Höhe (Erdumlaufbahn von Apollo 11 vor dem Einschuß in die Bahn zum Mond am 16. 7. 1969)?

29. a) Wie hoch muß man über dem Meer aufsteigen, um a km weit sehen zu können? (Vgl. Aufg. 28.) *Beispiele:* $a = 50$ km; 100 km; 200 km.
b) Wie hoch muß ein Leuchtturm sein, der einen Rundblick von 15 km (20 km) erlaubt?

30. Wie weit muß man sich einem 60 m (80 m) hohen Leuchtturm nähern, bis seine Spitze aus dem Meer auftaucht?

XII Regelmäßige Vielecke. Kreisberechnung

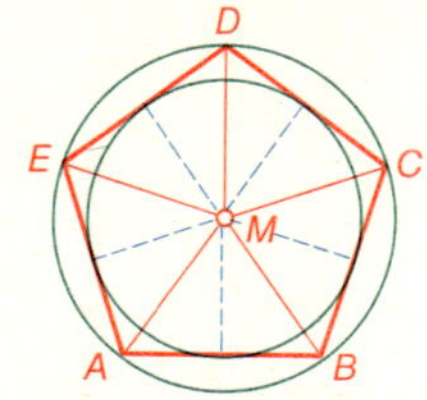

64.1. Regelmäßiges Fünfeck

78 Regelmäßige Vielecke

Eigenschaften regelmäßiger Vielecke

❶ Zeichne in einen Kreis ein regelmäßiges Achteck mit seinen Symmetrieachsen. Berechne alle vorkommenden Winkel.

1. Regelmäßige Vielecke haben wir in Geometrie 1 definiert:

D 1 Teilt man den Vollwinkel mit Scheitel M in n gleichgroße Teilwinkel, so schneiden ihre Schenkel einen Kreis um M in den Ecken eines **regelmäßigen n-Ecks.** Je zwei benachbarte Ecken bilden mit M ein sogenanntes **Bestimmungsdreieck** des n-Ecks (Fig. 64.1 bis 2).

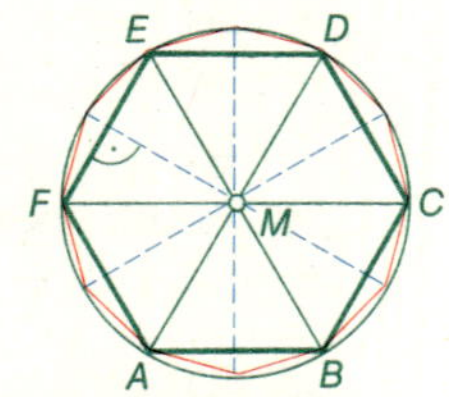

64.2. Regelmäßiges Sechseck

Aus D 1 und der Kongruenz der n Bestimmungsdreiecke folgt:

S 1 **Ein regelmäßiges n-Eck besitzt einen Umkreis und einen Inkreis mit gemeinsamem Mittelpunkt M. Es hat gleichlange Seiten, gleichgroße Innenwinkel und n Symmetrieachsen** (vgl. Aufg. 3).

S 2 *Ein regelmäßiges n-Eck geht bei Drehung um M mit Drehwinkel* $\alpha_k = k \cdot \frac{360°}{n}$ *in sich über, wobei* $k \in \{0, 1, 2, 3, \ldots, n-1\}$ *ist.*

Diese n Drehungen und die Spiegelungen bez. der n Symmetrieachsen sind Deckabbildungen des regelmäßigen n-Ecks. Es gilt:

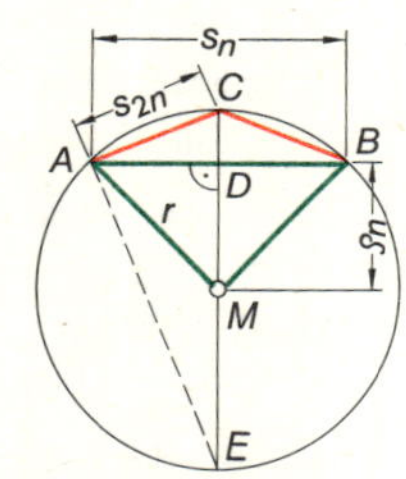

64.3. n-Eck und $2n$-Eck

S 3 *Das regelmäßige n-Eck hat eine Gruppe von 2 n Deckabbildungen, nämlich n Achsenspiegelungen und n Drehungen. Die Menge der n Drehungen ist bez. des Verkettens selbst wieder eine Gruppe, die Drehungsgruppe des regelmäßigen n-Ecks* (vgl. Aufg. 4 und Geometrie 1, § 42).

Berechnungen am regelmäßigen n-Eck

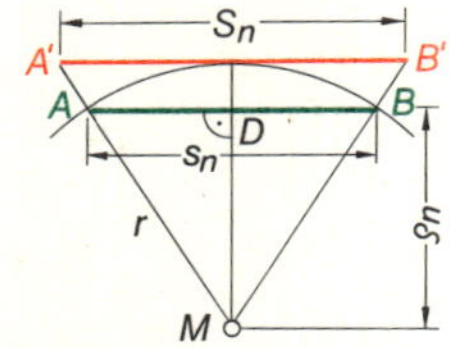

64.4. Ein- und umbeschriebenes n-Eck

S 4 **2.** Im regelmäßigen n-Eck mißt jeder **Innenwinkel** $\frac{n-2}{n} \cdot 180°$.

Beweis: Benutze die Winkelsumme im Bestimmungsdreieck (Aufg. 1).

S 5 **3.** Ist s_n die Seite des regelmäßigen n-Ecks, s_{2n} die Seite des $2n$-Ecks, r der gemeinsame Umkreishalbmesser, so gilt (Fig. 64.3):

$$s_{2n}^2 = 2r^2 - r\sqrt{4r^2 - s_n^2} \qquad \text{(I)}$$

Beweis: $s_{2n}^2 = \overline{CE} \cdot \overline{CD} = 2r(r - \overline{DM}) = 2r^2 - 2r\sqrt{r^2 - \frac{1}{4}s_n^2} = 2r^2 - r\sqrt{4r^2 - s_n^2}$.

S 6 **4.** Ist s_n die Seite des einbeschriebenen, S_n die Seite des umbeschriebenen regelmäßigen n-Ecks im Kreis mit Radius r, so gilt (Fig. 64.4):

$$S_n = \frac{2rs_n}{\sqrt{4r^2 - s_n^2}} \qquad \text{(II)}$$

Beweis: $S_n : s_n = r : \overline{MD} = r : \sqrt{r^2 - \frac{1}{4}s_n^2} = 2r : \sqrt{4r^2 - s_n^2}$. Hieraus folgt (II).

Aufgaben

1. Gib die Innenwinkel an für regelmäßige 3-, 4-, 5-, ..., 12-Ecke.
2. Konstruiere ein 3-, 4-, 6-, 8-, 12-Eck mit Seite $s = 3$ cm mittels $\triangle MAB$ (Fig. 64.2).
3. Wie erhält man die Symmetrieachsen, wenn n a) ungerade b) gerade ist?
4. Weise zu S 3 die Gruppeneigenschaften nach.
5. Zeichne zu einem gegebenen Kreis ein einbeschriebenes (umbeschriebenes) a) 3-, 6-, 12-Eck („*Dreiecksfolge*") b) 4-, 8-, 16-Eck („*Vierecksfolge*").
6. Zeige: Bei der Vierecksfolge bzw. bei der Dreiecksfolge ist
$s_4 = r\sqrt{2}$; $s_8 = r\sqrt{2-\sqrt{2}}$; $s_{16} = r\sqrt{2-\sqrt{2+\sqrt{2}}}$; ...;
$s_3 = r\sqrt{3}$; $s_6 = r$; $s_{12} = r\sqrt{2-\sqrt{3}}$; $s_{24} = r\sqrt{2-\sqrt{2+\sqrt{3}}}$; ...
7. a) Drücke in Fig. 64.4 den Radius ϱ_n mittels r und s_n aus.

S 7 b) *Ist u der Umfang des n-Ecks, so ist sein Inhalt $A = \frac{1}{2} u \varrho_n$.*

Die „Fünfecksfolge". „Goldener Schnitt"

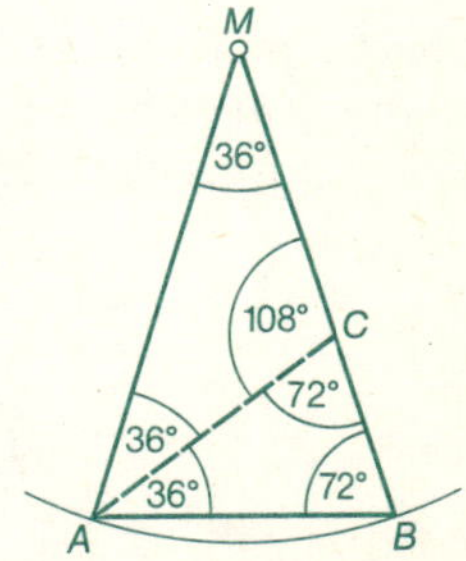

65.1. Bestimmungsdreieck des 10-Ecks

5. In Fig. 65.1 halbiert AC $\sphericalangle MAB$ im Bestimmungsdreieck des regelmäßigen Zehnecks. Es ist dann $\triangle ABC \sim \triangle MAB$ und $\overline{AB} = \overline{AC} = \overline{MC}$, also $\overline{MB} : \overline{MC} = \overline{MC} : \overline{CB}$. $\overline{MC}$ ist also das geometrische Mittel zu $\overline{MB}$ und $\overline{CB}$.

D 2 Wird eine Strecke durch einen Punkt so geteilt, daß die Länge des größeren Abschnitts das geometrische Mittel zur Länge der ganzen Strecke und der Länge des kleineren Abschnitts ist, so sagt man: Die Strecke ist *nach dem „goldenen Schnitt" geteilt.*

S 8 Nach Fig. 65.1 folgt nun: **Die Seite des regelmäßigen Zehnecks ist der größere Abschnitt des nach dem goldenen Schnitt geteilten Umkreishalbmessers** (Fig. 65.1).

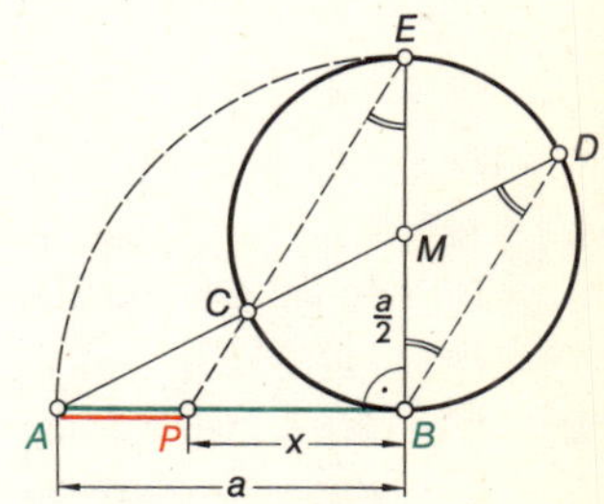

65.2. Goldener Schnitt

Aufgabe: *Zeichne ein regelmäßiges Zehneck mit der Seite a.*

Lösung (Fig. 65.2): Zeichnet man AB mit $\overline{AB} = a$ als Tangentenabschnitt am Kreis mit Durchmesser $\overline{BE} = a$ und schneidet (AM) den Kreis in C und D, so ist nach § 74, S 7: $\overline{AC} \cdot \overline{AD} = \overline{AB}^2 = \overline{CD}^2$ oder $\overline{AC} : \overline{CD} = \overline{CD} : \overline{AD}$. AD ist also in C nach dem goldenen Schnitt geteilt und daher der Umkreisradius des Zehnecks mit Seitenlänge a.

Aufgabe: *Teile die Strecke AB nach dem goldenen Schnitt.*

Lösung: Ist in 65.2 $CP \parallel DB$, so ist $\overline{DA} : \overline{DC} = \overline{DC} : \overline{CA}$, also $\overline{BA} : \overline{BP} = \overline{BP} : \overline{PA}$.

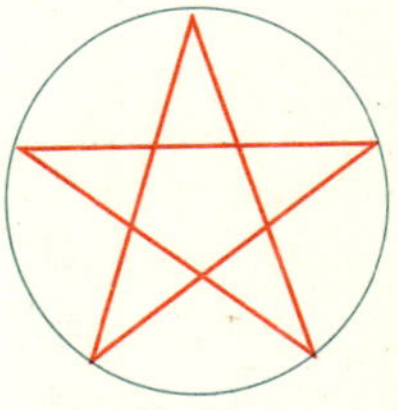

65.3. Pentagramm (Drudenfuß)

Aufgaben (vgl. noch § 82)

8. Zeichne ein regelmäßiges 10-Eck mit $s_{10} = 4$ cm ($r = 5$ cm).
9. a) Zeichne ein regelmäßiges 5-Eck mit $r = 4{,}5$ cm.
 b) Zeichne das „Pentagramm" in Fig. 65.3.
10. Konstruiere Winkel von a) 54° b) 18° c) 24° d) 3°.

79 Kreisumfang und Kreisinhalt

❶ Miß den Umfang u und den Durchmesser d von Kochtöpfen, Dosen usw. Berechne jeweils $u : d$. Was fällt auf?

Beispiele:	Kochtopf	Einmachglas	Konservendose
u	71,2 cm	42,4 cm	32,1 cm
d	22,6 cm	13,5 cm	10,2 cm

❷ Schneide 10 Kreise mit Radius 1 dm und 10 Quadrate mit Seitenlänge 1 dm aus gleichem Papier aus und wiege sie auf der Briefwaage. Bilde den Quotienten aus dem Gewicht aller Kreise und dem aller Quadrate und bestimme näherungsweise den Kreisinhalt.

Definition des Kreisumfangs

1. Ist dem $\odot(M, r)$ je ein regelmäßiges n-Eck einbeschrieben und umbeschrieben (Fig. 66.1), und verdoppelt man die Eckenzahl fortgesetzt (Fig. 66.2), so hat man den Eindruck, daß die Umfänge u_n und U_n des ein- bzw. umbeschriebenen Vielecks einander beliebig nahe kommen, also sich einer bestimmten Streckenlänge u beliebig nähern, die man als *Umfang* des Kreises bezeichnen wird. Wir führen diesen Gedanken nun rechnerisch durch.

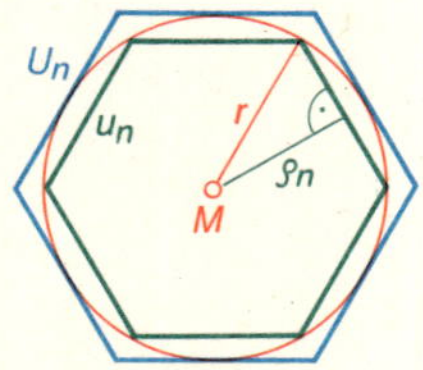

66.1. u_n und U_n

2. Sind dem $\odot(M, r)$ die regelmäßigen Vielecke der Dreiecksfolge ein- bzw. umbeschrieben (Fig. 66.1/2), und sind $u_3, u_6, u_{12}, \ldots$ bzw. $U_3, U_6, U_{12}, \ldots$ ihre Umfänge, so gilt nach der Dreiecksungleichung:

$$u_3 < u_6 < u_{12} < \ldots \quad (1)$$

Ebenso zeigt Fig. 66.3: $2 \cdot \frac{1}{2} S_6 > 2 S_{12}$, also $U_6 > U_{12}$, allgemein:

$$U_3 > U_6 > U_{12} > \ldots \quad (2)$$

Wegen $\frac{s_n}{S_n} = \frac{\varrho_n}{r}$ (66.1) ist $\frac{u_n}{U_n} = \frac{\varrho_n}{r}$, also $u_n < U_n$ (3)

(1), (2), (3) ergibt: $u_3 < u_6 < u_{12} < \ldots < U_{12} < U_6 < U_3$ (4)

Wegen $U_n = \frac{r}{\varrho_n} u_n$ ist $U_n - u_n = \left(\frac{r}{\varrho_n} - 1\right) u_n < \left(\frac{r}{\varrho_n} - 1\right) U_3$.

Wählt man für n immer größere Zahlen, so rückt ϱ_n beliebig nahe an r, also $\left(\frac{r}{\varrho_n} - 1\right)$ und damit $U_n - u_n$ beliebig nahe an 0.

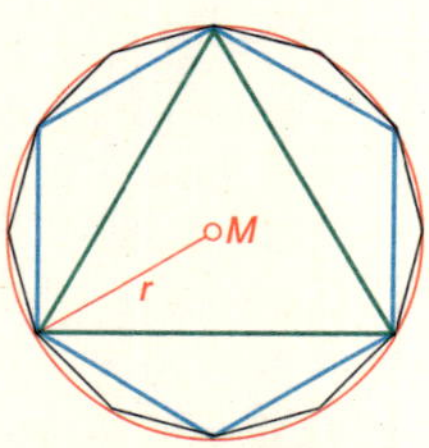

66.2. Dreiecksfolge

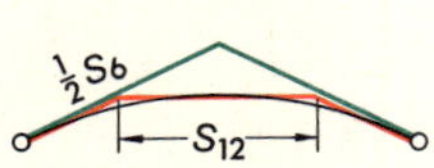

66.3. $2 \cdot \frac{1}{2} S_6 > 2 S_{12}$

Damit ist gezeigt (vgl. Algebra 2, S. 186):

S 1 *Ist $\odot(M, r)$ gegeben und sind $u_3, u_6, u_{12}, \ldots$ die Umfänge der einbeschriebenen regelmäßigen Vielecke der Dreiecksfolge, $U_3, U_6, U_{12}, \ldots$ diejenigen der umbeschriebenen Vielecke, so ist die Folge $[u_3; U_3]$, $[u_6; U_6]$, $[u_{12}; U_{12}], \ldots$ eine* **Intervallschachtelung I_u**.

D 1 Die Länge, welche durch die Intervallschachtelung I_u bestimmt ist, nennt man den **Umfang u des Kreises** mit Radius r. — Man sagt dann auch:

D 2 Der Kreisumfang u ist der (gemeinsame) **„Grenzwert"** der Folgen $u_3, u_6, u_{12}, \ldots$ bzw. $U_3, U_6, U_{12}, \ldots$

Bemerkung: Bei einer anderen Schachtelung z.B. mittels der Vierecks- oder Fünfecksfolge, ergibt sich dieselbe Länge u. Wir beweisen dies hier nicht.

Berechnung des Kreisumfangs

3. Für die beiden Vielecke in Fig. 67.1 gilt nach § 73, S 7: $u'_n : u_n = r' : r = d' : d$, also $u'_n : d' = u_n : d$. Da dies für jedes n gilt, gilt es auch für die Grenzwerte u' und u, denen u'_n und u_n beliebig nahe kommen.

S 2 **Bei Kreisen ist der Quotient von Umfang und Durchmesser konstant:** $\frac{u'}{d'} = \frac{u}{d}$.

D 3 Die Zahl $\boldsymbol{u : d}$ heißt **Kreiszahl** und wird mit $\boldsymbol{\pi}$ bezeichnet[1].

Aus S 2 und D 3 folgt:

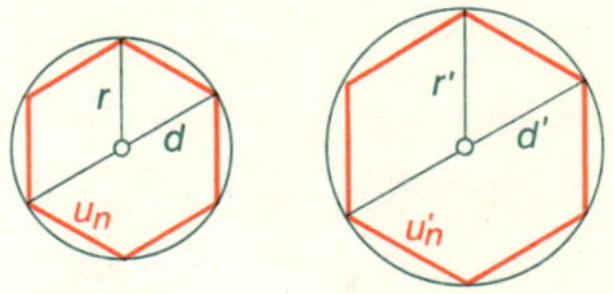

67.1. $u'_n : d' = u_n : d$

S 3 **Der Kreis mit Durchmesser $\boldsymbol{d}$ bzw. Radius $\boldsymbol{r}$ hat den Umfang $\boldsymbol{u = \pi d}$** bzw. $\boldsymbol{u = 2 \pi r}$.

4. Um die „Kreiszahl" π näherungsweise zu bestimmen, berechnen wir nach § 78, Aufg. 6:

$u_{12} = 12\, s_{12} = 12\, r \sqrt{2 - \sqrt{3}} > 6{,}221\, r$; $u_{24} = 24\, r \sqrt{2 - \sqrt{2 + \sqrt{3}}} > 6{,}267\, r$,

$\frac{u_{12}}{d} > 3{,}105$, $\frac{u_{24}}{d} > 3{,}133$.

Setzt man diese Rechnungen fort, so folgt z. B.: Für $n = 96$ ist $u_n : d > 3{,}141$, $U_n : d < 3{,}143$; für $n = 1536$ ist $u_n : d > 3{,}14159$, $U_n : d < 3{,}14160$. Man sieht:

S 4 **Auf 4 Dezimalen genau ist $\boldsymbol{\pi \approx 3{,}1416}$; häufig benutzt man $\boldsymbol{\pi \approx 3{,}14}$ bzw. $\boldsymbol{\pi \approx 3\frac{1}{7}}$.**

Aufgaben

1. Berechne den Umfang u eines Kreises mit
   a) $d = 25$ cm b) $d = 1{,}12$ m c) $r = 3{,}5$ cm d) $r = 0{,}77$ m e) $r = 126$ m.
2. Berechne den Radius r eines Kreises mit a) $u = 2{,}64$ m b) $u = 143$ m c) $u = 12{,}5$ km.
3. Berechne den Durchmesser d eines Stammes mit a) $u = 2{,}45$ m b) $u = 93$ cm.
4. Berechne nach Aufg. 6 von § 78: u_{16} und $u_{16} : d$.
5. Ein *Stamm* hat an seinen beiden Enden die Umfänge u_1 und u_2. Berechne den „mittleren" Durchmesser für a) $u_1 = 1{,}85$ m, $u_2 = 1{,}47$ m b) $u_1 = 2{,}74$ m, $u_2 = 2{,}26$ m.

Kreisinhalt

5. Das dem $\odot(M, r)$ einbeschriebene bzw. umbeschriebene regelmäßige n-Eck (66.1) hat den Flächeninhalt $a_n = \frac{1}{2} u_n \varrho_n$ (vgl. § 78, S 7) bzw. $A_n = \frac{1}{2} U_n r$. Wie die Anschauung und die Rechnung zeigen (vgl. Aufg. 13), gilt: $a_n < A_n$, ferner $a_n < a_{2n}$ und $A_{2n} < A_n$. Für die Dreiecksfolge gilt daher: $a_3 < a_6 < a_{12} < \ldots < A_{12} < A_6 < A_3$ (5)

Aus 66.1 sieht man, daß der Inhalt der Fläche zwischen den beiden n-Ecken kleiner ist als der Inhalt des Rechtecks mit den Seitenlängen U_n, $r - \varrho_n$, also $A_n - a_n < U_n (r - \varrho_n)$. Wählt man für n immer größere Zahlen, so rückt $r - \varrho_n$ und damit auch $A_n - a_n$ beliebig nahe an 0 heran (U_n hat dabei den Grenzwert u). Wie bei S 1 gilt daher:

S 5 *Ist $\odot(M, r)$ gegeben und sind $a_3, a_6, a_{12}, \ldots$ die Flächeninhalte der einbeschriebenen regelmäßigen Vielecke der Dreiecksfolge, $A_3, A_6, A_{12}, \ldots$ diejenigen der umbeschriebenen, so ist die Folge $[a_3; A_3], [a_6; A_6], [a_{12}; A_{12}], \ldots$ eine* **Intervallschachtelung $\boldsymbol{I_A}$.**

D 4 Der durch die Intervallschachtelung I_A bestimmte Flächeninhalt heißt der **Kreisinhalt $\boldsymbol{A}$.**

Da die Folge $U_3, U_6, U_{12}, \ldots$ den Grenzwert $u = 2\pi r$ hat (vgl. D 2), ergibt sich aus dem Inhalt $A_n = \frac{1}{2} U_n \cdot r$ als Grenzwert der Kreisinhalt $A = \frac{1}{2} \cdot 2\pi r \cdot r = \pi r^2$.

S 6 **Der Kreis mit Radius $\boldsymbol{r}$ hat den Flächeninhalt $\boldsymbol{A = \pi r^2}$.**

1. Der griechische Buchstabe π (lies: pi) erinnert an Peripherie.

Kreisumfang und Kreisinhalt

6. Berechne den Kreisinhalt A für a) $r = 5$ cm b) $r = 10{,}5$ cm c) $r = 3{,}64$ m.

7. Berechne den Kreisinhalt A für a) $d = 9$ cm b) $d = 75$ mm c) $d = 245$ m.

8. Berechne den Radius r (den Durchmesser d) für a) $A = 33\,\text{cm}^2$ b) $A = 1\,\text{m}^2$ c) $A = 2{,}75$ ha d) $A = 0{,}84\,\text{dm}^2$.

9. Berechne den Kreisinhalt A für a) $u = 20$ cm b) $u = 1{,}65$ m c) $u = 40000$ km.

10. Berechne den Kreisumfang u für a) $A = 1\,\text{m}^2$ b) $A = 36\,\text{cm}^2$ c) $A = 15{,}5\,\text{dm}^2$.

11. Wie ändert sich der Umfang (Inhalt) eines Kreises, wenn man r durch $k\,r$ ersetzt ($k \in \mathbb{R}^+$)?

12. Wie ändert sich der Radius r, wenn man den Kreisinhalt verdoppelt (verdreifacht)?

13. Begründe die bei der Herleitung der Intervallschachtelung I_A benutzten Abschätzungen a) $a_n < A_n$ b) $a_n < a_{2n}$ c) $A_{2n} < A_n$.

14. Wie ergibt sich aus der Formel $a_n = \frac{1}{2} u_n \varrho_n$ für den Inhalt des einbeschriebenen regelmäßigen n-Ecks der Kreisinhalt $A = \pi r^2$, wenn S 5 bekannt ist?

15. Teile die Fläche eines Kreises mit Halbmesser $r = 6$ cm durch konzentrische Kreise a) in 2 b) in 4 inhaltsgleiche Teile. Rechnung und Konstruktion.

16. Die Radien (Flächeninhalte) zweier Kreise verhalten sich wie a) 2 : 3 b) 3 : 5 c) $r_1 : r_2$. Wie verhalten sich die Flächeninhalte (Umfänge)? (Vgl. § 71, S 2.)

Anwendungen

17. Der Äquator hat eine Länge von 40000 km. a) Wie groß ist der Erdradius? b) Welchen Weg legt ein Ort mit der geographischen Breite 60° (Oslo), 45° (Turin), 30° (Kairo) infolge der Erddrehung innerhalb 24 Stunden zurück? c) Wie groß ist die Geschwindigkeit in m/sec für die Orte in b) und für einen Ort auf dem Äquator?

18. Bei einem *Fahrrad* beträgt der Durchmesser des Hinterrades 80 cm. Das große Kettenrad hat doppelt so viele Zähne wie das kleine.
a) Wie oft muß man bei ununterbrochenem Treten jedes der Pedale niedertreten, um 1 km zurückzulegen?
b) Welche Geschwindigkeit erreicht man, wenn je Sekunde ein Pedaltritt erfolgt?

19. Das große Rad einer *Lokomotive* hat den Durchmesser $d = 1{,}50$ m.
a) Wie oft dreht es sich pro Sekunde bei einer Geschwindigkeit von 60 km/h (90 km/h)?
b) Wie viele Umdrehungen sind zu 1 km nötig?

20. Aus einem Stamm mit kreisförmigem Querschnitt ($d = 60$ cm) soll ein möglichst starker *Balken* a) mit quadratischem Querschnitt b) mit rechteckigem Querschnitt (Seitenverhältnis 4 : 3) geschnitten werden. Wieviel % beträgt der Abfall?

21. Ein *Sportplatz* besteht aus einem Rechteck mit 110 m Länge und 75 m Breite, an dessen Schmalseiten Halbkreise angesetzt sind. Der 2 m breite Randstreifen soll geschottert werden. 1 m² kostet 6,50 DM. Berechne die Kosten.

22. Stelle die Größe der *Erdteile* durch Kreise in passendem Maßstab dar. (Fläche in Millionen km²: Asien 44, Amerika 42, Afrika 30, Europa 10, Australien 9, Antarktis 14.)

80 Kreisteile

S 1 **Der Kreisbogen mit Radius r und Mittelpunktswinkel α hat die Länge $b = 2\pi r \cdot \frac{\alpha}{360°} = \frac{\pi r \alpha}{180°}$.**

S 2 **Der Kreisausschnitt mit Radius r und Mittelpunktswinkel α hat den Flächeninhalt $A = \pi r^2 \cdot \frac{\alpha}{360°}$.**

S 3 **Der Kreisausschnitt mit Radius r und Bogen b hat den Flächeninhalt $A = \frac{1}{2} b r$.**

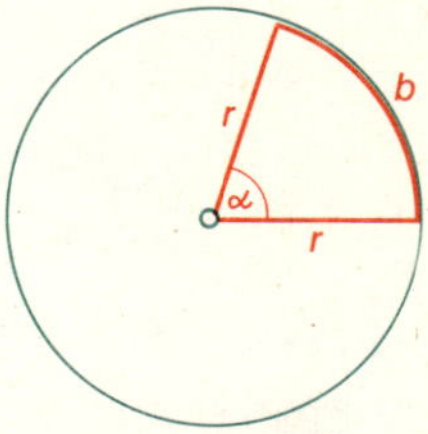

69.1. Kreisausschnitt

Beweise (Fig. 69.1): Satz 1: Es verhält sich $b : 2\pi r = \alpha : 360°$
Satz 2: Es verhält sich $A : \pi r^2 = \alpha : 360°$
Satz 3: Es verhält sich $A : \pi r^2 = b : 2\pi r$

Beachte: α ist in Grad gemessen; der Quotient $\alpha : 360°$ ist also eine Zahl.

Aufgaben

1. Wie lang ist der Bogen im Kreis mit $r = 3$ cm, der zu dem Mittelpunktswinkel
a) 36° b) 54° c) 78° d) 100° e) 126° f) 255° gehört?

2. Berechne in Aufg. 1 die Flächeninhalte der zugehörigen Kreisausschnitte.

3. Welcher Bogen im Kreis mit $r = 1$ dm gehört zu dem Mittelpunktswinkel
a) 30° b) 45° c) 50° d) 90° e) 120° f) 135° g) 150° h) 180° i) 270°?
Drücke die Bogenlängen durch Bruchteile von π dm aus.

4. Welcher Mittelpunktswinkel im Kreis mit $r = 1$ m gehört zu dem Bogen
a) $\frac{\pi}{8}$ m b) $\frac{3\pi}{8}$ m c) $\frac{4\pi}{3}$ m d) $\frac{7\pi}{6}$ m e) $\frac{9\pi}{10}$ m
f) 1 m g) 0,6 m h) 2,85 m i) 5,76 m?

5. Berechne für einen Kreisausschnitt die fehlenden der 4 Größen r, b, A, α:
a) $r = 4{,}5$ cm, $b = 6$ cm b) $r = 15{,}6$ cm, $A = 2{,}50$ dm^2
c) $b = 8{,}4$ cm, $\alpha = 75°$ d) $b = 2{,}25$ m, $A = 1{,}80$ m^2

6. Stelle den Flächeninhalt der *Erdteile* durch Kreisausschnitte im Vollkreis dar. (Vgl. Aufg. 22 in § 79.) Berechne die Mittelpunktswinkel.

7. Wie lang ist a) ein Bogengrad b) eine Bogenminute (d.h. 1 sm) bei einem *Meridian* der Erdkugel (Umfang 40000 km)?

▸ **8.** Berlin und Palermo liegen auf demselben *Längenkreis*. Wie groß ist ihre Entfernung, wenn die geographische Breite 52° 31′ bzw. 38° 7′ beträgt?

9. Welchen Halbmesser hat ein 175 m langer Bogen eines Bahngeleises, der eine Richtungsänderung von 35° bewirkt? Zeichne im Maßstab 1 : 5000.

10. Berechne den Flächeninhalt eines **Kreisabschnitts** (Fig. 69.2) für
a) $r = 5$ cm, $\alpha = 120°$ b) $r = 4$ cm, $b = 2\pi$ cm c) $r = s = 6$ cm.

11. Berechne den Inhalt der gemeinsamen Fläche zweier Kreise mit Radien $r_1 = r_2 = 4{,}5$ cm und Mittelpunktsabstand $a = 4{,}5$ cm.

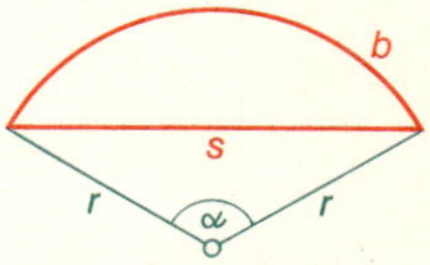

69.2. Kreisabschnitt

81 Ein zweites Verfahren zur Berechnung der Zahl π

1. Nach § 79 ist der Kreisinhalt $A = \pi r^2$. Man erhält daher auch einen Näherungswert für π, wenn man A näherungsweise berechnet. Zu diesem Zweck wird im folgenden der Inhalt $\frac{1}{12} A$ des Kreisausschnitts MCD (Fig. 70.1) und des Dreiecks MBC angenähert bestimmt, indem man MB mit $\overline{MB} = \frac{1}{2} r$ in 10 gleiche Teile teilt, die y-Werte $y_0, y_1, y_2, \dots y_{10}$ auf 5 Stellen berechnet und dann die Fläche $MBCD$ durch *Trapeze* ersetzt.

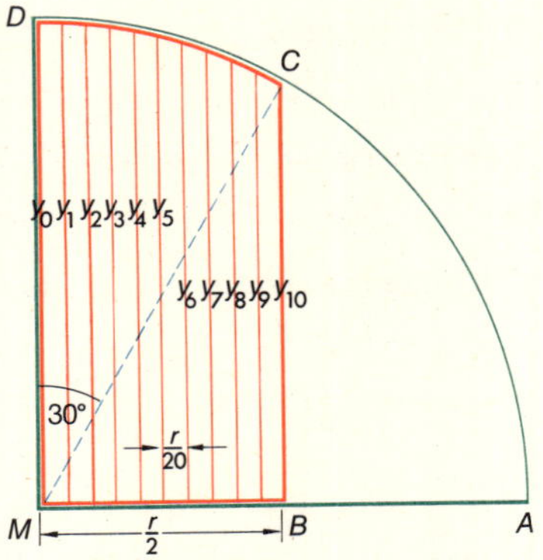

70.1. Trapezverfahren

2. Die y-Werte gibt der Satz des Pythagoras:

$$y_0 = r$$

$$y_1 = \sqrt{r^2 - \left(\frac{r}{20}\right)^2} = \frac{r}{20}\sqrt{399} = r \cdot 0{,}998\,75$$

$$y_2 = \sqrt{r^2 - \left(\frac{2r}{20}\right)^2} = \frac{r}{20}\sqrt{396} = r \cdot 0{,}994\,99$$

$$y_3 = r \cdot 0{,}988\,69 \quad y_4 = r \cdot 0{,}979\,80 \quad y_5 = r \cdot 0{,}968\,25 \quad y_6 = r \cdot 0{,}953\,94$$

$$y_7 = r \cdot 0{,}936\,75 \quad y_8 = r \cdot 0{,}916\,52 \quad y_9 = r \cdot 0{,}893\,03 \quad y_{10} = r \cdot 0{,}866\,03$$

3. Verbindet man die oberen Endpunkte der Halbsehnen durch Sehnen, so ist der Gesamtinhalt A_s der 10 *Sehnentrapeze:*

$$A_s = \frac{1}{2}(y_0 + y_1) \cdot \frac{r}{20} + \frac{1}{2}(y_1 + y_2) \cdot \frac{r}{20} + \dots + \frac{1}{2}(y_9 + y_{10}) \cdot \frac{r}{20} \quad \text{oder}$$

$$A_s = \frac{r}{40}\left[y_0 + y_{10} + 2(y_1 + y_2 + \dots + y_9)\right] = \mathbf{r^2 \cdot 0{,}478\,19}$$

Legt man in den oberen Endpunkten der Halbsehnen y_1, y_3, y_5, y_7, y_9 die Kreistangenten, so ist der Gesamtinhalt A_t der 5 *Tangententrapeze:*

$$A_t = y_1 \cdot \frac{r}{10} + y_3 \cdot \frac{r}{10} + \dots + y_9 \cdot \frac{r}{10} = \frac{r^2}{10}(y_1 + y_3 + \dots + y_9) = \mathbf{r^2 \cdot 0{,}478\,55}$$

Der Inhalt A_d des *Dreiecks MBC* ist:

$$A_d = \frac{1}{2} \cdot \frac{r}{2} \cdot y_{10} = \mathbf{r^2 \cdot 0{,}216\,51}$$

4. Da der Inhalt der Fläche $MBCD$ zwischen A_s und A_t liegt (warum?), so liegt der Inhalt des Kreisausschnitts MCD zwischen $A_s - A_d$ und $A_t - A_d$, also zwischen $r^2 \cdot 0{,}261\,68$ und $r^2 \cdot 0{,}262\,04$.

Der Kreisinhalt $A = \pi r^2$ liegt daher zwischen $12 \cdot r^2 \cdot 0{,}261\,68 = 3{,}1401\, r^2$ und $12 \cdot r^2 \cdot 0{,}262\,04 = 3{,}1445\, r^2$. Hieraus folgt:

Es ist $\mathbf{3{,}1401 < \pi < 3{,}1445}$ oder $\mathbf{\pi = 3{,}142 \pm 0{,}002}$ oder $\mathbf{\pi \approx 3{,}14}$.

Bemerkungen

1. π ist eine *irrationale Zahl.* Wir können dies hier nicht beweisen. Auf 50 Stellen genau ist $\pi = 3,14159265358979323846264338327950288419716939937510$ (vom Computer berechnet).

2. Bei dem Verfahren auf S. 66 wird das Flächenstück zwischen dem Kreis und den Vielecken immer mehr „ausgeschöpft". Man spricht daher von einem *Exhaustionsverfahren*[1]. *Archimedes* (287–212 v. Chr.) führte es bis zum 96-Eck durch und grenzte π zwischen $3\frac{10}{71}$ und $3\frac{1}{7}$ ein, also zwischen 3,140 und 3,143.

---

1. exhaustio (lat.), Ausschöpfung.

Regelmäßige Vielecke. Goldener Schnitt

1. a) Bestimme in einem regelmäßigen Fünfeck alle Winkel zwischen Seiten und Diagonalen.
b) Zeige: Die Fünfeckseite ist der größere Abschnitt der nach dem goldenen Schnitt geteilten Diagonale.

2. Konstruiere ein regelmäßiges 15-Eck. (Beachte: $24° = 60° - 36°$!)

3. Konstruiere Winkel von a) 9° b) 42° c) 96° d) 126°.

4. Teile Winkel von 90° (108°, 72°, 36°) mit Zirkel und Lineal in 3 gleiche Teile.
Bemerkung: Die *Dreiteilung eines Winkels* ist im allgemeinen (d.h. bis auf Ausnahmen wie oben) *mit Zirkel und Lineal* nicht möglich. So läßt sich z.B. der Winkel $120° : 3 = 40°$ mit Zirkel und Lineal nicht konstruieren, also auch nicht das regelmäßige 9-Eck.

Bestimmung von π

5. Näherungswerte für π wurden (außer bei Archimedes) schon früh angegeben:
a) 3 bei den *Babyloniern* b) $(\frac{16}{9})^2$ bei den *Ägyptern* (um 2000 v. Chr.) c) $3\frac{17}{120}$ bei *Ptolemäus* (85–165 n. Chr.) d) $3\frac{16}{113}$ bei den *Chinesen* (5. Jahrh. n. Chr.) e) $\sqrt{10}$ bei dem Inder *Brahmagupta* (um 600 n. Chr.) f) $1{,}8 + \sqrt{1{,}8}$ bei *Vieta* (1546–1603). Fehler in %?

6. Handwerker multiplizieren statt mit π häufig mit 3 und fügen 5% hinzu. Bestimme den Fehler in %, wenn mit dem Wert 3,1416 verglichen wird.

7. Berechne den Erdradius aus dem Umfang 40000 km mit a) $\pi = 3{,}14$ b) $\pi = 3{,}1416$.

8. *Näherungskonstruktion für π.* Die Aufgabe, eine Strecke zu konstruieren, die *genau* gleich dem Umfang eines gegebenen Kreises ist (die *Rektifikation des Kreises*), ist mit Zirkel und Lineal nicht lösbar. Ebensowenig ist es möglich, mit Zirkel und Lineal ein Quadrat zu konstruieren, das *genau* inhaltsgleich mit einem gegebenen Kreis ist (*Quadratur des Kreises*). Die Unmöglichkeit, dieses Problem exakt mit Zirkel und Lineal zu lösen, wurde von *F. Lindemann* im Jahre 1882 nachgewiesen. Es gibt jedoch eine Reihe von *Näherungskonstruktionen*. Dies zeigt z.B. das Verfahren von *Kochansky* (1685):
Beh.: Ist in Fig. 71.1 $\sphericalangle BMD = 30°$ und $\overline{DE} = 3r$, so ist $\overline{AE} \approx \pi r$.
Beweis: $\overline{BD} = \frac{1}{3} r \sqrt{3}$, $\overline{BE} = 3r - \frac{1}{3} r \sqrt{3}$, $\overline{AE} = \sqrt{4r^2 + r^2 (3 - \frac{1}{3}\sqrt{3})^2} = $ $= 3{,}141\,533\, r$. Rechne nach. Zeige, daß der Fehler rund 0,02‰ beträgt.

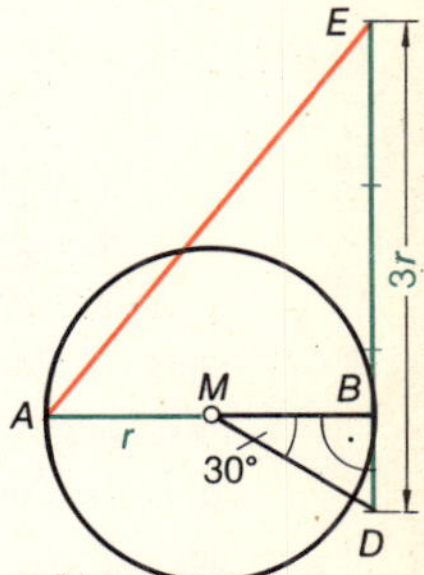

71.1.

Berechnung von Kreisbogenfiguren

9. Zeige, daß der Kreis in Fig. 71.2 in 4 inhaltsgleiche Teile geteilt ist.

10. Berechne die Inhalte der getönten Flächen und der Kreise in Fig. 71.3 bis 6.

11. Zeichne das *Oval* in Fig. 71.7 und berechne seinen Inhalt.

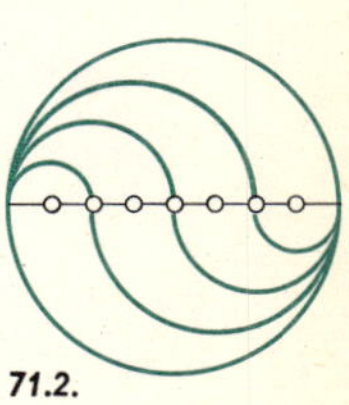
71.2.

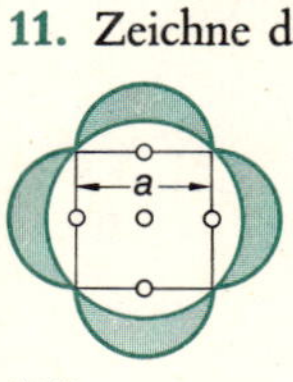

71.3.

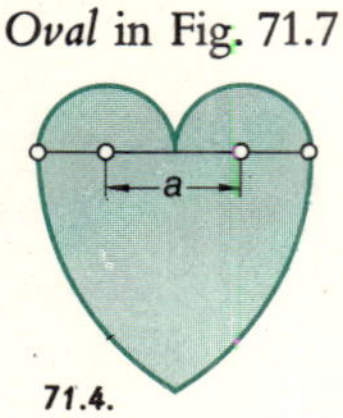

71.4.

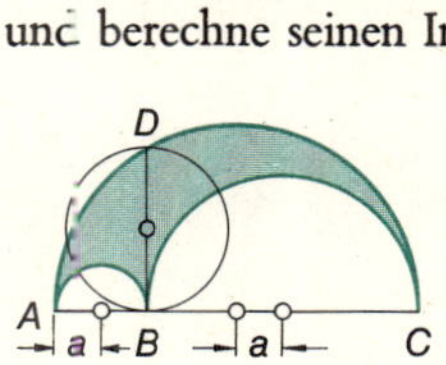

71.5.

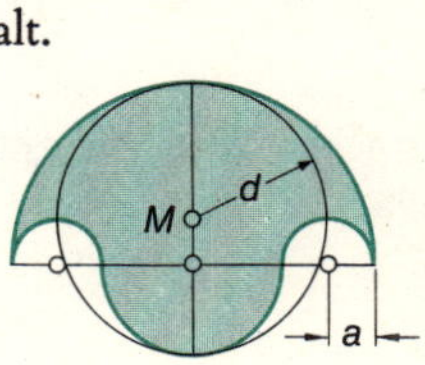

71.6.

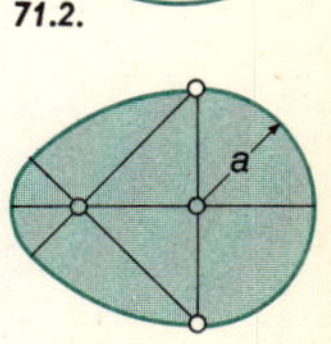

71.7.

XIII Parallelprojektion des Raumes auf die Ebene

83 Darstellung räumlicher Gebilde durch Parallelprojektion

❶ Beobachte den Verlauf der Lichtstrahlen bei den Schattenwürfen in Fig. 94.1 und 72.1.

❷ Fange auf einem Zeichenblatt das Schattenbild eines Drahtwürfels auf bei Beleuchtung durch a) eine Stablampe (72.2) b) die Sonne. Vergleiche! Ändere die Stellung des Würfels. Beobachte! Halte ihn so, daß Fig. 72.2/3 entsteht.

❸ Stelle mit Hilfe der Sonne wie in Vorüb. 2 Bilder her. Wähle dazu
a) einen Stab (Bleistift) parallel zum Blatt
b) ein Quadrat (Rechteck, Dreieck) parallel zum Blatt
c) eine Stricknadel mit abstandsgleichen Kugeln
d) zwei parallele Stäbe (Pfeile) mit Länge a und $2a$.
Ändere die Stellung des Blattes. Gesetzmäßigkeiten?

❹ Welche Eigenschaften hat der Schatten in Fig. 72.1?

Zentralprojektion und Parallelprojektion

1. Wenn man einen Gegenstand *photographiert*, so fängt man Lichtstrahlen, die von ihm kommen, auf einer Platte auf. In ähnlicher Weise entwerfen die Lichtstrahlen ein Bild des Körpers auf der Netzhaut im *Auge*. (Denke insbesondere an die Strahlen, die durch den Linsenmittelpunkt gehen!)

72.1. Schattenwurf

Bei der *zeichnerischen Darstellung* von Körpern in der Mathematik legt man (in Gedanken) Geraden durch die Körperpunkte. Die Schnittpunkte dieser Geraden mit der Zeichenebene ergeben das Bild. Je nach dem Verlauf der Geraden und der Lage der Zeichenebene erhält man verschiedene Abbildungsverfahren.

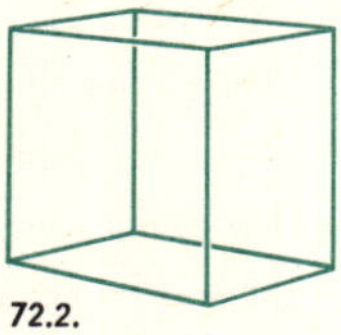

72.2.

D 1 **2.** Eine Abbildung der Punkte des Raumes auf die Punkte einer Ebene mit Hilfe von Geraden heißt **Projektion.**
Die Geraden heißen **Projektionsgeraden,** die Ebene heißt **Bildebene.**
Das Bild eines Raumpunktes P bei einer Projektion erhält man, indem man die Projektionsgerade durch P mit der Bildebene schneidet.
Sind die Projektionsgeraden zueinander parallel, so heißt die Projektion **Parallelprojektion;** gehen sie durch einen festen Punkt des Raumes, so liegt eine **Zentralprojektion** vor.

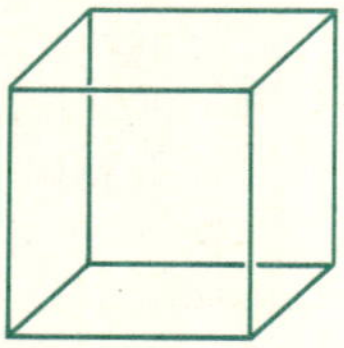

72.3.

D 2 Je nachdem die parallelen Projektionsgeraden *orthogonal* bzw. *schräg* zur Bildebene verlaufen, hat man eine **orthogonale** bzw. eine **schräge Parallelprojektion.** Die entstandenen Bilder heißen **Normalrisse**[1] bzw. **Schrägrisse (Schrägbilder).**

Beispiele: 1. Zentralprojektion: Lichtbilder, Bildwurf (z. B. Diaprojektor), ferner Fig. 72.2
2. Parallelprojektion: Schattenbilder im Sonnenlicht (72.1, 72.3, 75.1 und 75.2).

Die anschaulichsten Bilder entstehen durch *Zentralprojektion*. Dies rührt daher, daß auch im Auge solche Bilder erzeugt werden. Aus den durch Parallelprojektion entstehenden Bildern kann man aber Maßverhältnisse leichter entnehmen. Da außerdem die Konstruktionen bei der Zentralprojektion schwieriger und mühsamer sind als bei der Parallelprojektion, beschränken wir uns vorerst auf die Verfahren der *Parallelprojektion*.

1. „normal" ist hier gleichbedeutend mit „orthogonal" (vgl. Normale und Tangente).

Eigenschaften der Abbildung durch Parallelprojektion

3. Von einer Parallelprojektion seien die *Bildebene* E' und eine *Projektionsgerade* p gegeben, die nicht parallel zu E' ist. Dann sind die Parallelen zu p die Projektionsgeraden (Fig. 73.1 bis 7).

D 3 Die Ebenen parallel zu einer Projektionsgerade heißen **Projektionsebenen.**

Durch je zwei Projektionsgeraden ist die sie enthaltende Projektionsebene eindeutig bestimmt.

4. Aus Fig. 73.1 bis 7 lesen wir die folgenden **Eigenschaften der Parallelprojektion** ab:

S 1 Jedem **Punkt P** des Raumes wird durch die Parallelprojektion genau ein **Bildpunkt P'**, der Schnittpunkt der Ebene E' mit der Projektionsgerade durch P (Fig. 73.1), zugeordnet. **Die Punkte der Bildebene** werden auf sich abgebildet, sie **sind Fixpunkte.**

S 2 **Das Bild einer Gerade g,** die nicht Projektionsgerade ist, **ist wieder eine Gerade, die Bildgerade g'.** Sie ist durch die Bilder zweier Punkte auf g bestimmt (Fig. 73.2).
Das Bild einer Projektionsgerade ist ein Punkt, ihr Schnittpunkt mit der Ebene E'.

Beweis (Fig. 73.2): Die Menge der Projektionsgeraden durch die Punkte von g bildet eine Projektionsebene G. Diese wird von der Bildebene in der Gerade g' geschnitten: $G \cap E' = g'$.

S 3 **Die Bilder paralleler Geraden,** die nicht Projektionsgeraden sind, **sind parallel** (Fig. 73.2).
Die Bilder paralleler Strecken (Pfeile) sind parallele Strecken (Pfeile) (Fig. 73.3).

Beweis (Fig. 73.2/3): Die Projektionsebenen durch g und h mit $g \parallel h$ sind parallel und werden daher von der Bildebene in parallelen Geraden g' und h' geschnitten.

S 4 **Parallele Strecken (Pfeile) werden im gleichen Verhältnis verkürzt oder verlängert** (Fig. 73.3).

Beweis (Fig. 73.3): Man verschiebt die Pfeile $\overrightarrow{A'B'}$ und $\overrightarrow{C'D'}$ je parallel so, daß B' nach B und D' nach D fällt. Kommt dabei A' nach $A^\star$ und C' nach $C^\star$, so sind die Dreiecke $ABA^\star$ und $CDC^\star$ ähnlich. Es gilt daher: $\overline{AB} : \overline{BA^\star} = \overline{CD} : \overline{DC^\star}$, also $\overline{AB} : \overline{A'B'} = \overline{CD} : \overline{C'D'}$.

S 5 **Teilverhältnisse bleiben erhalten.** Insbesondere: **Mitte bleibt Mitte** (Fig. 73.4/5).
Beweis: Verwende in Fig. 73.4/5 den 1. Strahlensatz.

S 6 **Bei Strecken (Pfeilen) parallel zur Bildebene bleiben Länge und Richtung erhalten** (Fig. 73.6).

S 7 **Figuren parallel zur Bildebene werden auf kongruente Figuren abgebildet** (Fig. 73.7).

Beweis zu S 6 und S 7: In Fig. 73.6 gilt: $CD \parallel C'D'$; wäre nämlich $(CD) \cap (C'D') = \{S\}$ mit $S \in E'$ und $S \in (CD)$, so wäre CD nicht parallel zu E'. $CDD'C'$ ist also ein Parallelogramm; daraus folgen S 6 und 7.

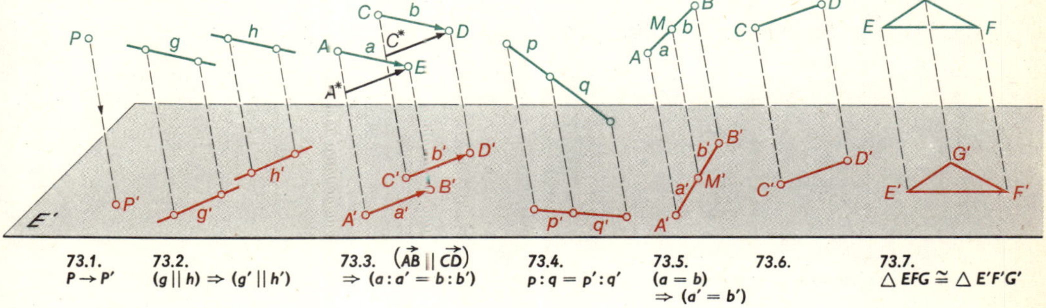

73.1. $P \to P'$ | 73.2. $(g \parallel h) \Rightarrow (g' \parallel h')$ | 73.3. $(\overrightarrow{AB} \parallel \overrightarrow{CD}) \Rightarrow (a : a' = b : b')$ | 73.4. $p : q = p' : q'$ | 73.5. $(a = b) \Rightarrow (a' = b')$ | 73.6. | 73.7. $\triangle EFG \cong \triangle E'F'G'$

Aufgaben zur Parallelprojektion

1. Was ist bei einer Parallelprojektion das Bild
a) eines Parallelogramms b) einer Raute c) eines Rechtecks d) eines Quadrates e) eines Trapezes f) eines gleichschenkligen Trapezes g) eines gleichseitigen Dreiecks h) einer gleichmäßigen Teilung auf einer Gerade? Welche Sonderfälle können bei a) bis h) eintreten? Stelle wie in Vorübung 3 Versuche an.

2. Wie bildet sich bei der Abbildung eines Dreiecks durch eine Parallelprojektion
a) eine Mittellinie b) eine Schwerlinie c) der Schwerpunkt ab?

3. Ein Trapez mit $a = 6$ cm, $c = 4$ cm wird durch Parallelprojektion auf ein anderes mit $a' = 7{,}5$ cm (5 cm) abgebildet. Wie groß ist c'?

4. Warum kann bei einer orthogonalen Parallelprojektion die Länge einer Bildstrecke nie größer sein als die Länge der Originalstrecke?

5. Wie bilden sich durch eine Parallelprojektion ab:
a) horizontale Strecken bei horizontaler Bildebene
b) vertikale Strecken bei vertikaler Bildebene?

6. Beweise: Ein Winkel, dessen Schenkel parallel zur Bildebene sind, wird durch eine Parallelprojektion als kongruenter Winkel abgebildet.

7. Warum werden gleichsinnig parallele gleichlange Pfeile des Raumes durch eine Parallelprojektion auf gleichsinnig parallele gleichlange Pfeile der Bildebene E' abgebildet?

8. Zeige:

S 8 *Das Bild eines Vektors des Raumes ist ein Vektor der Bildebene E'. Ist $\mathfrak{a}'$ bzw. $\mathfrak{b}'$ das Bild von $\mathfrak{a}$ bzw. $\mathfrak{b}$, so ist $\mathfrak{a}' + \mathfrak{b}'$ das Bild von $\mathfrak{a} + \mathfrak{b}$ sowie $k\,\mathfrak{a}'$ das Bild von $k\,\mathfrak{a}$* (Fig. 74.1).

9. Warum bildet eine Parallelprojektion perspektiv ähnliche Figuren auf perspektiv ähnliche Figuren ab?

10. Welche der Sätze 1 bis 7 treten bei dem Schatten in den Figuren 72.1, 72.3, 74.2 und 75.1 auf?

11. Aus welchen der Figuren 72.1, 72.3, 73.1 bis 7, 74.2 und 75.1 wird deutlich, daß bei einer Parallelprojektion rechte Winkel im allgemeinen nicht rechte Winkel als Bilder haben?

12. Inwiefern kann man Parallelprojektionen als Grenzfälle der Zentralprojektionen auffassen?

13. Erläutere: Die Parallelprojektion des Raumes auf eine Ebene ist eine nicht umkehrbare Abbildung.

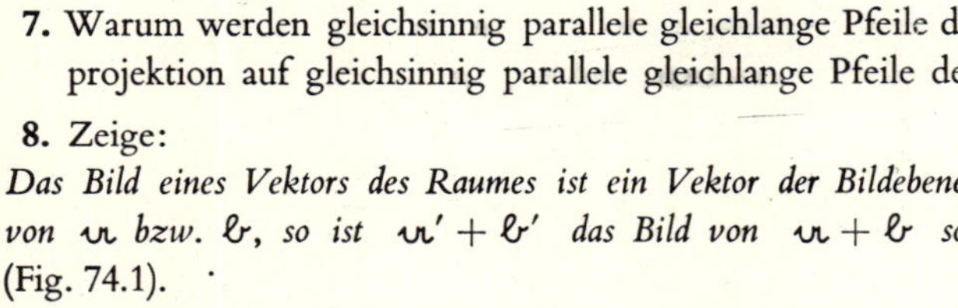

74.1. Parallelprojektion von Vektoren

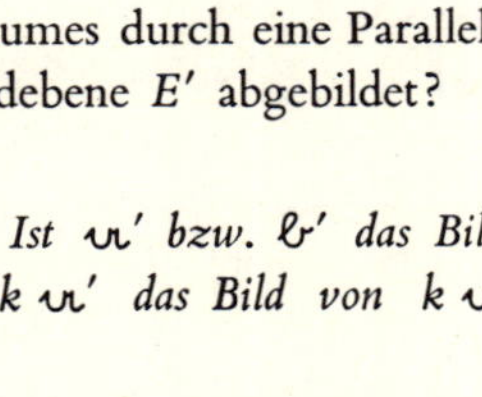

74.2. Schatten eines Mastes

84 Schrägbilder (Schrägrisse)

❶ Beobachte Länge und Richtung des Schattens, den ein Stab im Sonnenlicht auf ein Zeichenblatt wirft, wenn man das Blatt neigt und dreht und dabei den Stab immer a) parallel b) orthogonal zum Blatt hält.

❷ Halte einen Drahtwürfel vor einem vertikalen Zeichenblatt so ins Sonnenlicht wie in Fig. 75.1/2. Beobachte die Schattenbilder a) der vertikalen Kanten b) der orthogonal zum Brett laufenden Kanten c) der Vorder- und Rückfläche d) der Grund- und Seitenflächen. Drehe das Blatt um eine vertikale Achse. Was ändert sich am Schattenbild? Was bleibt gleich?

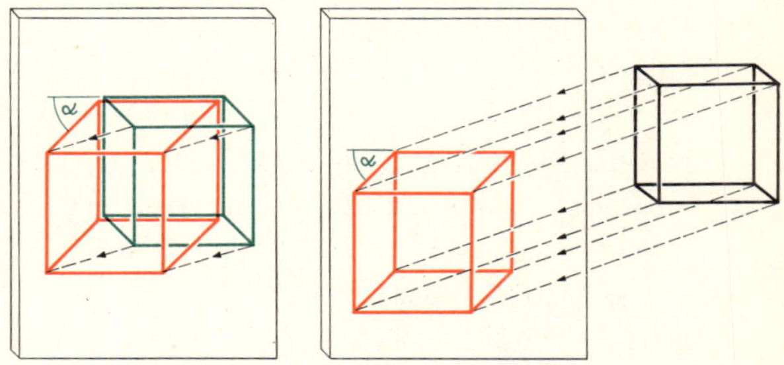

75.1. Entstehung des Schrägbildes eines Würfels 75.2.

1. Die bei einer *schrägen Parallelprojektion* entstehenden Bilder nennt man **Schrägbilder** oder **Schrägrisse** eines Körpers oder einer Figur (vgl. § 83, D 2); sie sind mit Hilfe der beiden untenstehenden Sätze besonders bei einfacheren Körpern und Figuren leicht zu konstruieren. Man nimmt dabei die *Bildebene meist vertikal* an und legt sie, wenn möglich, in eine für den abzubildenden Körper besonders bedeutsame Ebene, z. B. in eine Seitenfläche (Fig. 75.1), in eine Symmetrieebene (Fig. 76.1) oder in eine Parallelebene zu einer Seitenfläche oder einer Symmetrieebene (Fig. 76.2).

2. Die *Konstruktion* von Schrägbildern gelingt auf Grund der Eigenschaften der Parallelprojektion (§ 83), insbesondere auf Grund der beiden folgenden Sätze:

S 1 **Strecken, die parallel zur Bildebene laufen, erscheinen im Schrägbild in unveränderter Länge und Richtung** (Fig. 75.1 und 75.2; § 83, Satz 6).

Bei vertikaler Bildebene gilt insbesondere: *Vertikale Strecken bilden sich als vertikale Strecken und in wahrer Länge ab.*

S 2 **Strecken, die orthogonal zur Bildebene laufen, sind im Schrägbild unter demselben Winkel α gegen die Rechtsachse geneigt und in demselben Verhältnis k verkürzt oder verlängert** (Fig. 75.1 und 75.2; § 83, Satz 3 und 4). α heißt der **Verzerrungswinkel**, k der **Verzerrungsmaßstab.**

Gibt man den Projektionsstrahlen alle möglichen Richtungen, so nehmen α und k jeden beliebigen Wert an. Häufig gebrauchte Werte von α und k sind:

$$\alpha \in \{30°, 45°, 60°, 90°\} \quad \text{und} \quad k \in \{\tfrac{2}{3}, \tfrac{1}{2}, \tfrac{1}{3}, 1\}.$$

Zahlreiche Abbildungen dieses Buches wurden mit diesen Werten gezeichnet. Suche einige auf und miß nach!

Ein besonders oft benutztes Wertepaar ist $\alpha = 45°$ und $k = \frac{1}{2}$.

Um die Anschaulichkeit der Schrägbilder zu erhöhen, setzen wir bei den projizierenden Geraden einen Durchlaufsinn fest (Sehstrahl) und beachten dabei die Sichtbarkeit im Riß des Körpers. Sichtbar ist für uns ein Körperpunkt dann, wenn er vor allen anderen Körperpunkten des Sehstrahles liegt. Die Darstellung der sichtbaren Kanten erfolgt im Riß mittels durchgehender, die der unsichtbaren Kanten mittels gestrichelter Linien.

Beispiele zum Schrägbildverfahren

1. Würfel (75.1 und 75.2): Die Bildebene enthält die Rückfläche des Würfels. Diese erscheint daher als Quadrat in wahrer Größe. Die nach vorne laufenden Kanten sind unter $\alpha = 45°$ gezeichnet und in Fig. 75.1 im Maßstab $k = \frac{2}{3}$, in Fig. 75.2 im Maßstab $k = \frac{1}{2}$ verkürzt.

In den folgenden Beispielen sind die Schrägbilder der Punkte der Einfachheit halber mit $A, B, C, \ldots$ statt mit $A', B', C' \ldots$ bezeichnet.

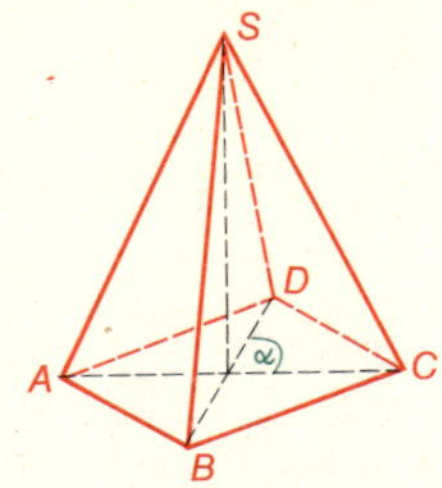

76.1. Senkrechte quadratische Pyramide

2. Senkrechte quadratische Pyramide (Fig. 76.1): Die Bildebene geht durch die Spitze S und die Diagonale AC der Grundfläche, $\triangle\, SAC$ ist daher in wahrer Größe gezeichnet. Die Diagonale BD erscheint gegen AC unter $\alpha = 60°$ geneigt und im Verhältnis $k = \frac{1}{2}$ verkürzt.

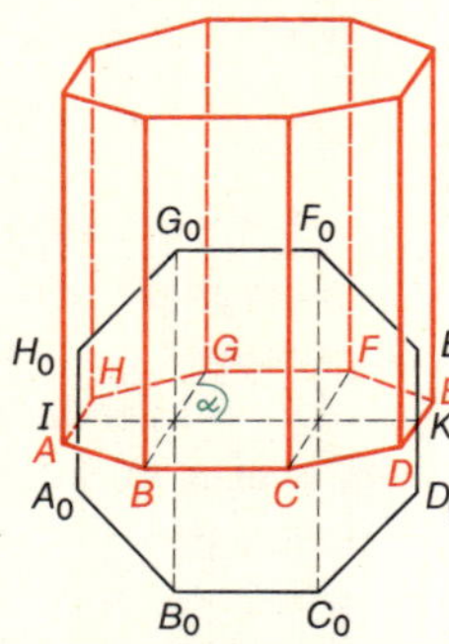

76.2. Regelmäßiges achtseitiges Prisma

3. Regelmäßiges achtseitiges Prisma (Fig. 76.2): Als Bildebene ist die Symmetrieebene gewählt, welche parallel zur Vorder- und Rückfläche ist. Sie schneidet die Grundfläche längs IK. Denkt man sich die Grundfläche um IK in die Bildebene umgeklappt und als Hilfsfigur $A_0B_0C_0D_0E_0F_0G_0H_0$ gezeichnet, so findet man ihr Schrägbild, indem man die Strecken A_0H_0, B_0G_0, C_0F_0, D_0E_0 gegen IK unter $\alpha = 60°$ neigt und im Maßstab $k = \frac{1}{3}$ kürzt. Die Seitenkanten sind als parallele Strecken zur Bildebene in wahrer Größe gezeichnet.

4. Senkrechter Kreiszylinder (Fig. 76.3): Die Bildebene geht durch die Achse und den Durchmesser AB. Das Schrägbild des Grundkreises ist für $\alpha = 90°$ und $k = \frac{1}{3}$ mittels Kreissehnen senkrecht zur Bildebene wie in Beispiel 3 gezeichnet. Man erhält eine **„Ellipse"**. An die beiden Ellipsen sind die gemeinsamen äußeren Tangenten gelegt.

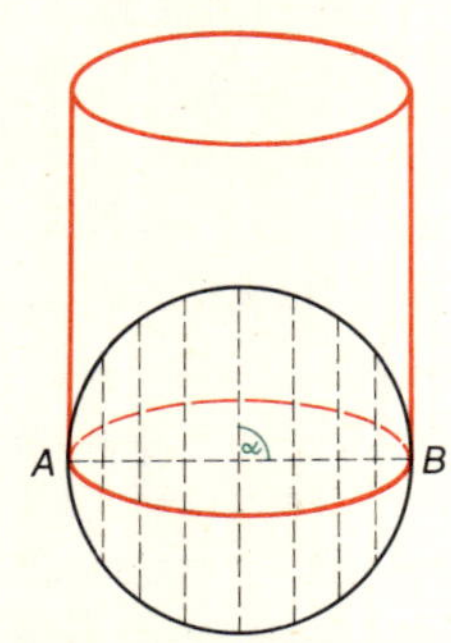

76.3. Senkrechter Kreiszylinder

Aufgaben

Vorbemerkung: In den folgenden Aufgaben ist die Bildebene vertikal und die Grundfläche des betreffenden Körpers horizontal anzunehmen.

1. Zeichne das Schrägbild eines *Würfels* mit der Grundkante $a = 3$ cm, bei dem 1. eine Grundkante 2. eine Diagonale der Grundfläche parallel zur Bildebene läuft und
a) $\alpha = 45°$, $k = \frac{1}{2}$ b) $\alpha = 30°$, $k = \frac{2}{3}$ c) $\alpha = 60°$, $k = \frac{1}{3}$ ist.

2. Zeichne das Schrägbild eines *Würfels* für $\alpha = 45°$ und $k \in \{\frac{1}{3}, \frac{1}{2}, \frac{2}{3}, 1\}$. Welches Bild ist am anschaulichsten, welches am leichtesten herzustellen? In der Praxis, z.B. im Baufach, ist vielfach $\alpha = 45°$, $k = 1$ üblich. Grund?

3. Zeichne das Schrägbild eines *Würfels*, wenn die Projektionsgeraden
a) von rechts oben b) von links unten c) von links oben d) von rechts unten auf die Bildebene fallen und $\alpha = 45°$, $k = \frac{1}{2}$ ist. Beachte die Sichtbarkeit.

4. Zeichne unter den gleichen Annahmen wie in Aufg. 1 das Schrägbild eines *quadratischen Prismas* mit der Grundkante $a = 3{,}5$ cm und der Höhe $h = 5{,}0$ cm ($\alpha = 60°$, $k = \frac{1}{2}$). Wie lang ist die räumliche Diagonale?

5. Zeichne das Schrägbild einer *Zündholzschachtel* (5,3 cm × 3,7 cm × 1,7 cm), deren Längskante a) parallel b) orthogonal zur Bildebene liegt. Wähle verschiedene Verzerrungen und vergleiche die Bilder.

6. Mache dasselbe für einen *Ziegelstein* (25 cm × 12 cm × 6,5 cm). Zeichne im Maßstab 1 : 4.

7. Zeichne das Schrägbild eines *senkrechten Prismas* mit Höhe $h = 5{,}0$ cm, dessen Grundfläche
a) ein gleichschenklig-rechtwinkliges Dreieck mit der Kathete $a = 3{,}6$ cm
b) ein gleichseitiges Dreieck mit der Seite $a = 4{,}0$ cm
c) ein regelmäßiges Sechseck mit der Seite $a = 3{,}0$ cm
d) ein regelmäßiges Achteck mit der Seite $a = 2{,}5$ cm (Fig. 76.2)
e) ein regelmäßiges Fünfeck mit der Seite $a = 3{,}2$ cm ist.
Lege die Bildebene in eine Seitenfläche (in eine Symmetrieebene) des Körpers und wähle geeignete Werte für α und k.

8. Zeichne das Schrägbild einer *senkrechten Pyramide* mit der Höhe $h = 4$ cm (mit der Seitenkante $s = 6$ cm), deren Grundfläche
a) ein Quadrat mit der Seite $a = 4{,}2$ cm ($\alpha = 45°$, $k = \frac{1}{2}$)
b) ein gleichseitiges Dreieck mit der Seite $a = 4{,}8$ cm ($\alpha = 60°$, $k = \frac{2}{3}$)
c) ein regelmäßiges Sechseck mit der Seite $a = 3{,}5$ cm ($\alpha = 60°$, $k = \frac{1}{3}$) ist.
Lege die Bildebene in eine Symmetrieebene des Körpers.

9. Bestimme im Schrägbild eines Würfels ($\alpha = 45°$, $k = \frac{1}{2}$) die Mittelpunkte der 6 Flächen und verbinde sie durch Strecken. Welche Eigenschaften haben die Kanten, Flächen und Winkel des entstandenen Körpers (*regelmäßiges Achtflach* oder *Oktaeder*, vgl. Fig. 18.3).

10. Zeichne das Schrägbild eines *regelmäßigen Achtflachs* mit der Kante $a = 4$ cm ($\alpha = 45°$, $k = \frac{1}{2}$). Lege die Bildebene zweckmäßig.

11. Zeichne das Schrägbild eines *waagrechten Kreises* mit $r = 3{,}6$ cm für
a) $\alpha = 90°$, $k = \frac{1}{3}$ (Fig. 76.3) b) $\alpha = 45°$, $k = \frac{1}{2}$ c) $\alpha = 60°$, $k = \frac{1}{3}$.
Bilde auch ein dem Kreis umbeschriebenes Quadrat ab, dessen eine Seite parallel zur Bildebene ist. Beachte, daß sein Schrägbild die erhaltene *Ellipse* in 4 Punkten berührt.

12. Zeichne das Schrägbild eines *senkrechten Kreiszylinders* mit dem Grundkreishalbmesser $r = 3$ cm und der Höhe $h = 6$ cm für
a) $\alpha = 90°$, $k = \frac{1}{4}$ b) $\alpha = 30°$, $k = \frac{1}{2}$.

13. Zeichne das Schrägbild eines *senkrechten Kreiskegels* mit dem Grundkreishalbmesser $r = 3{,}6$ cm und der Höhe $h = 4{,}5$ cm ($\alpha = 60°$, $k = \frac{1}{2}$). (Zeichne dabei von der Kegelspitze aus durch Anlegen des Lineals die Tangenten an die *Ellipse*, die sich als Bild des Grundkreises ergibt.)

14. Warum kann Fig. 75.1 auch als Schrägbild eines *quadratischen Prismas* bezeichnet werden, dessen Grundfläche in der Bildebene liegt und dessen Seitenkanten eine andere Länge als die Grundkanten haben und a) orthogonal b) schräg zur Bildebene laufen?

85 Orthogonale Eintafel- (kotierte) Projektion

Grundriß mit Höhenangaben

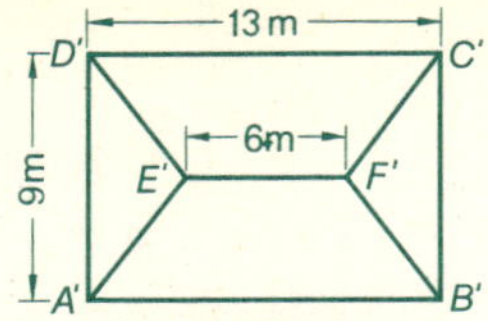

78.1. Haus mit Walmdach

78.2. Körper in der Draufsicht

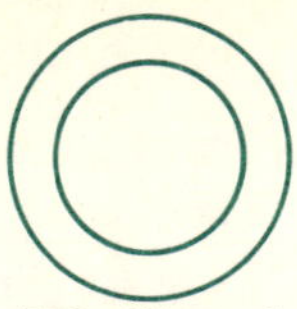
78.3. Körper in der Draufsicht

❶ Fig. 78.1 zeigt die „Draufsicht" eines Hauses mit Walmdach. Welche Maße sind noch unbekannt? Wie könnte man sie beifügen?

❷ Fig. 78.2 und 3 zeigt zwei Körper in der Draufsicht. Welche Gestalt können sie haben? Wie kann man sie festlegen?

D 1 **1.** Bildet man einen Körper durch *orthogonale Parallelprojektion* in eine *horizontale Bildebene* ab, so bezeichnet man das entstandene Bild als den **Grundriß** oder die *Draufsicht* des Körpers.
Die Bildebene heißt **Grundrißebene** (G. E.) oder auch *Grundrißtafel*. Der Grundriß eines Raumpunktes P wird mit P' bezeichnet. In Fig. 78.4 sind A', B', C', D', E', F' die Grundrisse von A, B, C, D, E, F.

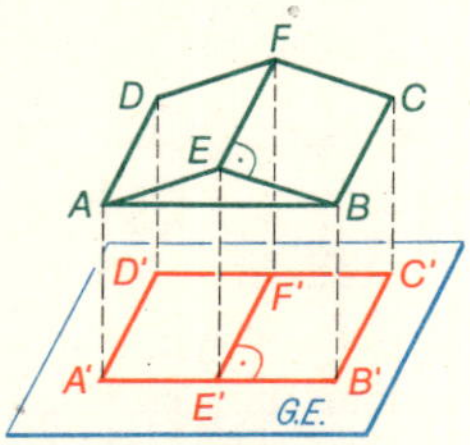

78.4. Entstehung des Grundrisses bei einem Satteldach

2. Da man aus dem Grundriß allein nicht sehen kann, wie weit die Punkte über bzw. unter der G. E. liegen, werden dem Grundriß *Höhenangaben* beigefügt.

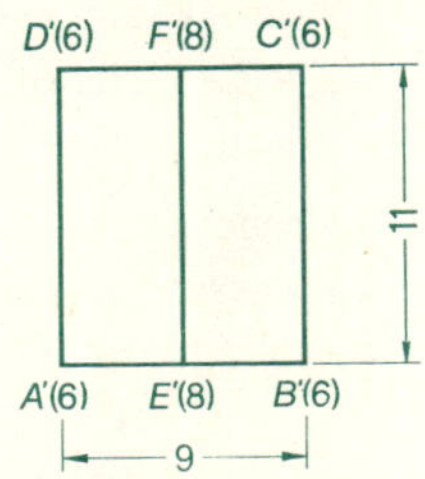

78.5. Grundriß mit Höhenzahlen

D 2 Die Höhe des Raumpunktes P über oder unter der G. E. wird angegeben: a) durch eine **Höhenzahl** oder **Kote**[1] z, die man in Klammern neben den Grundriß P' schreibt, also $\boldsymbol{P'(z)}$ (in 78.5 z. B. $A'(6)$, $E'(8)$, usw.). Die Grundrißpunkte selbst haben die Kote $z = 0$.
b) Durch einen **Höhenmaßstab,** den man neben die Zeichnung stellt (vgl. Fig. 78.6). Die Einheit ist jeweils besonders anzugeben.

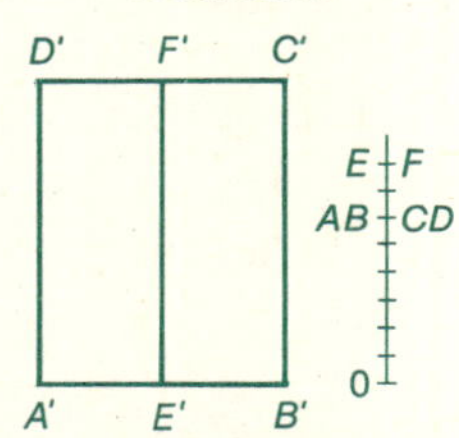

78.6. Grundriß mit Höhenmaßstab

D 3 Ist ein Körper durch seinen *Grundriß mit Höhenangaben* dargestellt, so sagt man, es liege eine **orthogonale Eintafelprojektion** vor.

D 4 Wird der Grundriß mit *Koten* versehen, so spricht man von einem **kotierten Grundriß** und nennt das Verfahren **kotierte Projektion.**

S 1 Bei der kotierten Projektion wird nicht nur jedem Raumpunkt P ein Bildpunkt P' samt Kote zugeordnet, sondern umgekehrt auch jedem mit Höhenangaben versehenen Grundrißpunkt P', also dem Paar $P'(z)$, genau *ein* Raumpunkt P; die kotierte Projektion ist also eine umkehrbare Abbildung der Raumpunkte P auf die Paare $P'(z)$.

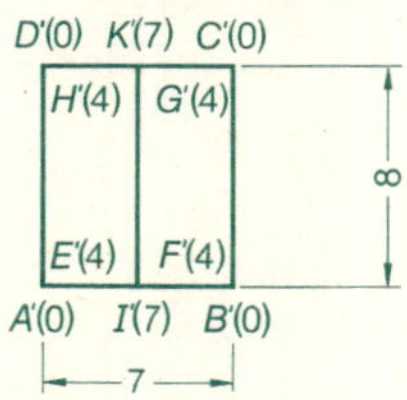

78.7. Haus

Aufgaben

1. Das Haus in Fig. 78.7 steht auf der G. E. Die Zahlen bedeuten m. Zeichne ein Schrägbild im Maßstab 1 : 100 ($\alpha = 30°$, $k = \frac{2}{3}$).
2. Auch das Haus in Fig. 78.1 steht auf der G. E. Es ist $A'(7)$, $B'(7)$, $C'(7)$, $D'(7)$, $E'(9)$, $F'(9)$. Zeichne ein Schrägbild im Maßstab 1 : 200 ($\alpha = 45°$, $k = \frac{1}{2}$).
3. Fig. 78.8 zeigt den Grundriß einer Treppe im Maßstab 1 : 100. Zeichne ein Schrägbild im Maßstab 1 : 20 ($\alpha = 45°$, $k = 1$).

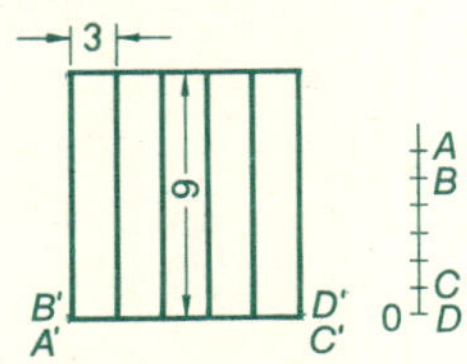

78.8. Treppe

---

1. von quot (lat.), wieviel.

Höhen- und Fallinien
Neigungswinkel und Steigungen

❸ Fig. 79.1 und 2 zeigen Kartendarstellungen desselben Geländestücks.
a) Worin unterscheiden sich die Bilder? Welche Karte gibt eine bessere Vorstellung von der Geländeform? Was bedeuten die in Fig. 79.2 auftretenden Linien? Schreibe Höhenzahlen an sie an.
b) Wo ist das Gelände steil, wo flach? Wo sind die höchsten (tiefsten) Punkte?

3. Jede horizontale Ebene schneidet aus (ebenen oder gekrümmten) Flächen (z.B. aus Geländeflächen) Linien aus, deren Punkte *gleiche Höhe* bezüglich der G. E. haben.

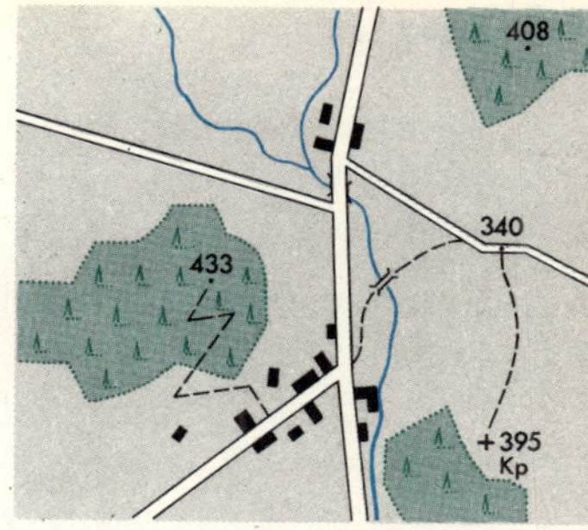

79.1.
Zwei Karten desselben Geländes
79.2.

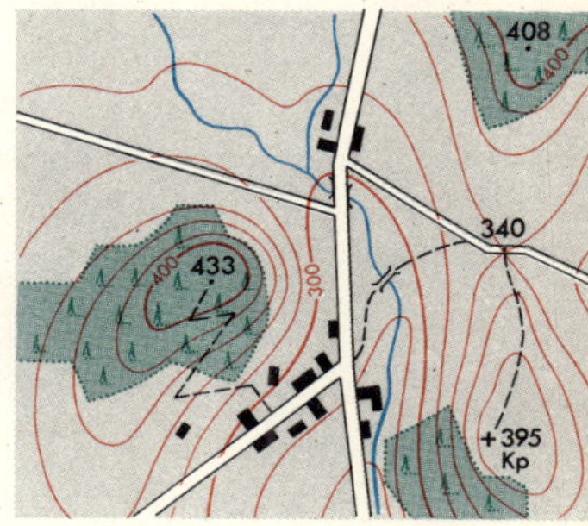

D 5 Linien, die in einer Horizontalebene liegen, heißen **Höhenlinien** oder *Schichtlinien* (Fig. 78.4, 79.2, 79.3).

D 6 Linien, die orthogonal zu den Höhenlinien verlaufen, heißen **Fallinien** (*AE, BE, CF, DF* in Fig. 78.4; *AB* und *CD* in 79.3).

D 7 a) Der **Neigungswinkel α einer Gerade** gegen die G. E. ist der Winkel mit $0° \leqq \alpha \leqq 90°$, den sie mit ihrem Grundriß bildet.
b) Der Neigungswinkel α einer Ebene gegen die G. E. ist der Neigungswinkel ihrer *Fallinien* (vgl. Aufg. 4).
Beispiel zu D 7 a) und b): Winkel α in Fig. 79.3.

D 8 a) Als **Steigung m einer Gerade**, die nicht vertikal ist, bezeichnet man den Quotienten von Höhenunterschied und horizontaler Entfernung zweier ihrer Punkte.
b) Als **Steigung m einer Ebene**, die nicht vertikal ist, bezeichnet man die Steigung ihrer Fallinien.
Beispiel: In Fig. 79.3 ist $m = \overline{BB'} : \overline{A'B'} = \overline{EE'} : \overline{A'E'}$ die Steigung der Fallinie *AB* bzw. der ebenen Fläche *ABCD*.

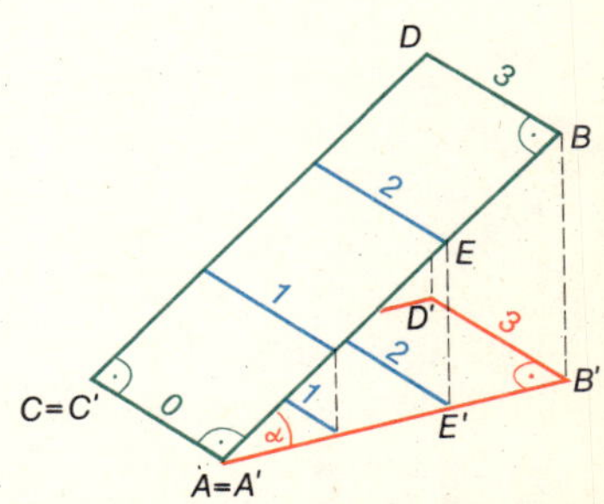

79.3. Höhen- und Fallinien einer Ebene, Neigungswinkel einer Gerade und einer Ebene

Bemerkungen:

1. Den Namen „*Höhenlinie*" bzw. „*Fallinie*" gibt man auch dem Grundriß (Kartenbild) dieser Linien (*B'D'* bzw. *A'B'* in Fig. 79.3).
2. Auf dem *Meßtischblatt* (Karte 1 : 25000) sind die Höhenlinien für Höhendifferenzen 20 m eingezeichnet. Bei flachem Gelände werden auch noch 10 m-, 5 m-, 2,5 m- und 1,25 m-Linien angegeben. Prüfe dies an Hand eines Meßtischblattes nach.
3. Auf manchen Karten werden die Höhenunterschiede durch *Schraffen* („Bergstriche") in Richtung der Fallinien angedeutet.
4. Neigungswinkel und Steigung werden oft als *Böschungswinkel* und *Böschungsverhältnis* bezeichnet.

Aufgaben

4. Zeige: Die Höhenlinien (und die Fallinien) einer Ebene sind parallele Geraden.

5. Zeige, daß von allen Geraden einer (schiefen) Ebene die Fallinien den größten Winkel mit der Grundrißebene bilden.
Anleitung: Zeichne in Fig. 79.3 die Strecken *BC* und *B'C* und zeichne $\triangle\, BB'A$ und $\triangle\, BB'C$ in *einer* Ebene.

Konstruktion der wahren Größe von Strecken und Winkeln

4. Strecken und Flächen, die parallel zur Grundrißebene sind, erscheinen im Grundriß in „wahrer Größe“ (vgl. Satz 6 von § 83).
Alle andern Strecken und Flächen werden bei der Eintafelprojektion verkleinert (Grund?). Um ihre wahre Größe zu bestimmen, klappt man sie in die Grundrißebene um:
Die Strecke AB bestimmt mit ihrem Grundriß $A'B'$ das rechtwinklige Trapez $AA'B'B$, das sogenannte **Stütztrapez** von AB (Fig. 80.1). Klappt man dieses Trapez um $A'B'$ in die G. E. um bis $A'A_1B_1B'$, so ist $\overline{A_1A'} = \overline{AA'}$ und $\overline{B_1B'} = \overline{BB'}$. $\overline{A_1B_1}$ ist die wahre Größe (die Länge) von AB (Fig. 80.1 und 2). Die Parallele zu $A'B'$ durch A bzw. A_1 bestimmt mit AB bzw. A_1B_1 den Neigungswinkel $\alpha = \sphericalangle BAC = \sphericalangle B_1A_1C_1$ von AB.

Bemerkung: Liegt A oder B in der G. E., so geht das Stütztrapez in ein **Stützdreieck** über (vgl. Fig. 80.3).

Beispiel: In Fig. 80.3 ist der kotierte Grundriß eines Fabrikdachs mit den Punkten A', B', C', D', E', F' gegeben (Zahlen in m). Zu bestimmen sind die Höhenlinien von 2 m zu 2 m, die wahre Größe der Kanten AE und BE und ihrer Neigungswinkel sowie die Steigung der beiden Dachflächen.
Lösung: Man klappt $\triangle ABE = \triangle A'B'E$ um AB in die G.E. um bis $\triangle A'B'E_1$. Dann sind $\overline{A'E_1}$ und $\overline{B'E_1}$ die gesuchten Kantenlängen, $\sphericalangle B'A'E_1$ und $\sphericalangle A'B'E_1$ die Neigungswinkel der Kanten, $m_1 = \overline{E'E_1} : \overline{A'E'} = 8:5 = 1:0{,}625$ und $m_2 = \overline{E'E_1} : \overline{B'E'} = 8:7 = 1:0{,}875$ die Steigungen von AE bzw. BE. Die (rot gezeichneten) Grundrisse der Höhenlinien ergeben sich, wenn man $A'E'$ bzw. $B'E'$ je in 4 gleiche Teile teilt und durch Teilpunkte Parallelen zu $E'F'$ zeichnet.

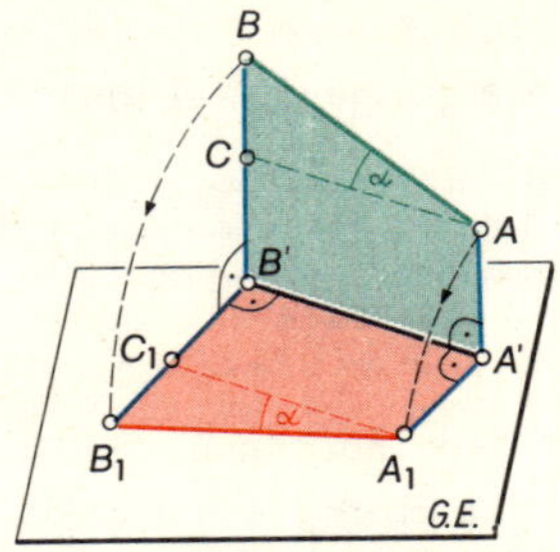

80.1. Umklappung des Stütztrapezes ABB'A'

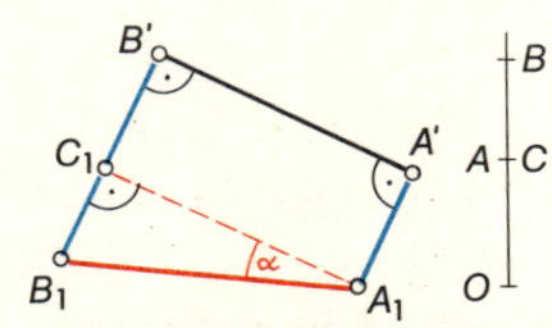

80.2. Wahre Größe von AB und Winkel α

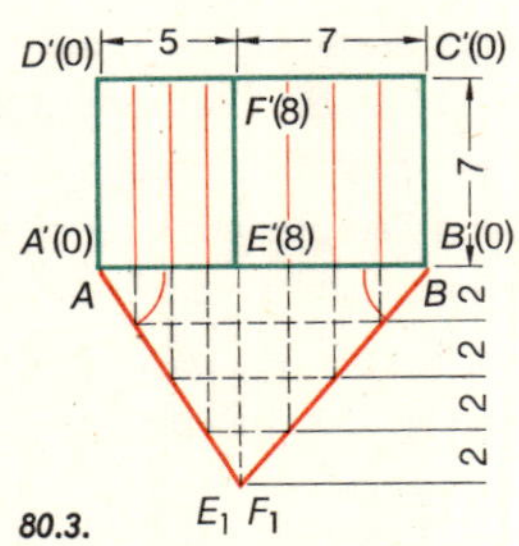

80.3.

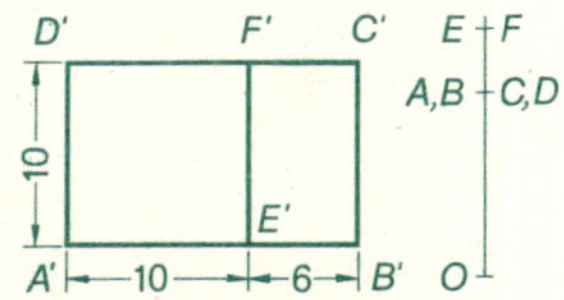

80.4. Fabrikgebäude

Aufgaben

6. Der eine Schenkel eines rechten Winkels sei parallel zur G. E. In was für einer Ebene liegt dann sein anderer Schenkel? Mache dir dadurch klar, daß das Eintafelbild eines solchen rechten Winkels wieder ein Rechter ist (vgl. auch Fig. 78.4, 78.5 und 79.3). Wieso folgt hieraus, daß die Kartenbilder von Höhen- und Fallinien ebenfalls orthogonal zueinander sind? Wie ist es, wenn der zweite Schenkel des rechten Winkels zur G. E. orthogonal ist?

7. Zeichne (mit Bleistift) in Fig. 79.2 von dem Punkt 433 aus nach verschiedenen Richtungen Fallinien ein.

8. Behandle wie im Beispiel das Gebäude in Fig. 80.4.

9. Zeichne ein Schrägbild des Daches in Fig. 80.3 samt Höhenlinien im Maßstab 1 : 100 ($\alpha = 30°$, $k = 1$).

10. Konstruiere bei den Dächern in Fig. 81.1 bis 3 im Maßstab 1 : 200 a) Höhenlinien von $\frac{1}{2}$ m zu $\frac{1}{2}$ m b) die wahren Größen für die schrägen Dachkanten c) ein Schrägbild ($\alpha = 60°$, $k = \frac{1}{2}$). d) Bestimme bei Fig. 81.3 auch den Neigungswinkel der Dachkanten (Zahlen in m).

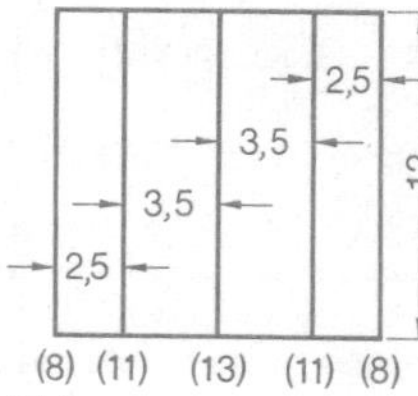

81.1.

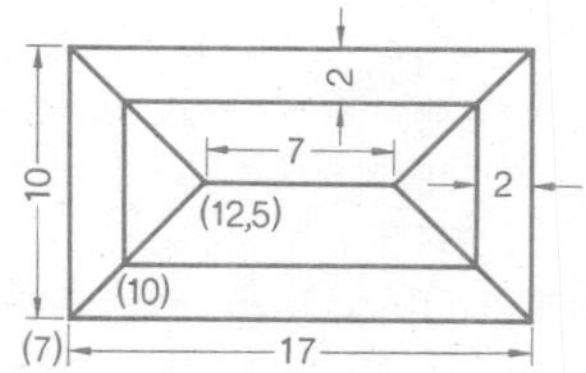

81.2.

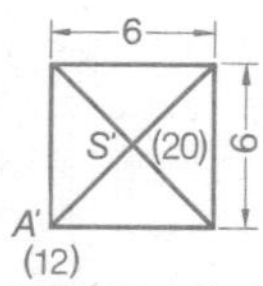

81.3. Turmdach

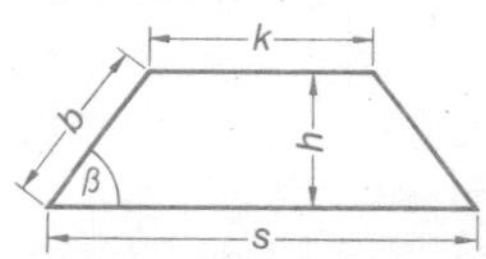

81.4. Querschnitt eines Dammes

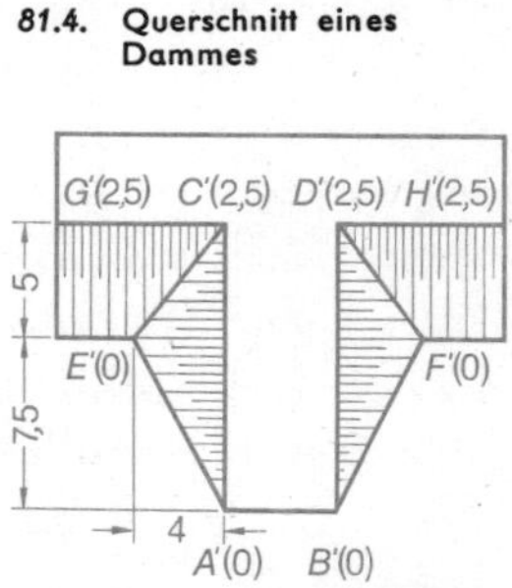

81.5. Damm mit Zufahrtsweg

Dämme und Böschungen

11. Fig. 81.4 zeigt den Querschnitt eines Dammes im Maßstab 1 : 300. a) Zeichne ein 10 m langes Stück in Eintafelprojektion im Maßstab 1 : 200. b) Füge Höhenlinien von m zu m hinzu. c) Bestimme das Böschungsverhältnis.

12. Ein Damm ist 4 m hoch und oben 5 m breit. Der Böschungswinkel β beträgt 40°. Zeichne ein 8 m langes gerades Stück in Eintafelprojektion samt Höhenlinien von m zu m (Maßstab 1 : 200).

13. Mache dasselbe für ein 10 m langes gerades Stück eines Dammes (Fig. 81.4) mit $h = 3{,}6$ m, $k = 4{,}5$ m und dem Böschungsverhältnis 1 : 1,5. Bestimme dabei zeichnerisch den Böschungswinkel β. Berechne die Böschungslänge b und außerdem das Erdvolumen V für das laufende Meter.

▸ **14.** Zwei gerade horizontale Dämme mit $h = 6$ m und $k = 4$ m (Fig. 81.4) kreuzen sich rechtwinklig (unter 60°). Zeichne ein Eintafelbild der Kreuzungsstelle mit 1 m-Höhenlinien im Maßstab 1 : 200, wenn das Böschungsverhältnis a) bei beiden Dämmen 1 : 1,5 b) beim ersten Damm 1 : 1, beim zweiten 1 : 1,5 ist.
Bringe gleichnumerierte Höhenlinien zum Schnitt und konstruiere so die „Kehllinien", in denen sich je zwei Böschungen schneiden. Welche Gestalt haben sie? Bestimme ihre wahre Länge und ihren Neigungswinkel gegen die Horizontalebene.

▸ **15.** Eine 5 m hohe waagrechte Plattform $ABCD$ hat die Gestalt eines Rechtecks mit den Seiten $\overline{AB} = 7$ m und $\overline{BC} = 4$ m. Sie ist nach allen Seiten abzuböschen. Zeichne das Eintafelbild mit 1 m-Höhenlinien im Maßstab 1 : 200, wenn das Böschungsverhältnis
a) für alle Seiten 1 : 1,25 b) für AB 1 : 0,8, für BC, CD und DA je 1 : 1,2 ist.
Zeichne die „Gratlinien", in denen sich die Böschungen schneiden. Bestimme ihre wahre Länge und ihren Neigungswinkel gegen die G. E.

▸ **16.** Zeichne Fig. 81.5 im Maßstab 1 : 100 samt Höhenlinien an den Böschungen von $\frac{1}{2}$ m zu $\frac{1}{2}$ m (Zahlen in m). Bestimme die Böschungsverhältnisse.

86 Zweitafelprojektion

Grund- und Aufriß

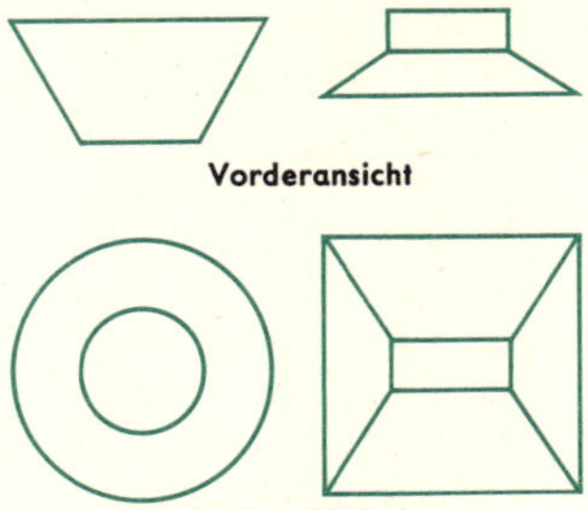

82.1. 82.2.

➊ In Fig. 82.1 und 2 zeigen die übereinanderstehenden Bilder die „Vorderansicht" und die „Draufsicht" zweier Körper.
a) Schildere die Gestalt der Körper.
b) Vertausche die „Vorderansichten" und beantworte wieder a).

In § 85 hat sich gezeigt, daß ein Körper durch seinen *Grundriß* (die *Draufsicht*) allein noch nicht bestimmt ist, es mußten noch *Höhenangaben* beigefügt werden. Diese können auch durch die „*Vorderansicht*" des Körpers ersetzt werden:

D 1 **1.** Bildet man einen Körper durch orthogonale Parallelprojektion auf eine *horizontale* und auf eine *vertikale* Bildebene ab, so entsteht der **Grundriß** (die Draufsicht) und der **Aufriß** (die Vorderansicht) des Körpers (Fig. 82.3).
Die beiden Ebenen heißen **Grundrißebene** (G. E.) oder 1. Tafel und **Aufrißebene** (A. E.) oder 2. Tafel; ihre Schnittgerade heißt *Bildachse* oder y-Achse[1]. Das geschilderte Abbildungsverfahren bezeichnet man als **Zweitafelprojektion.**

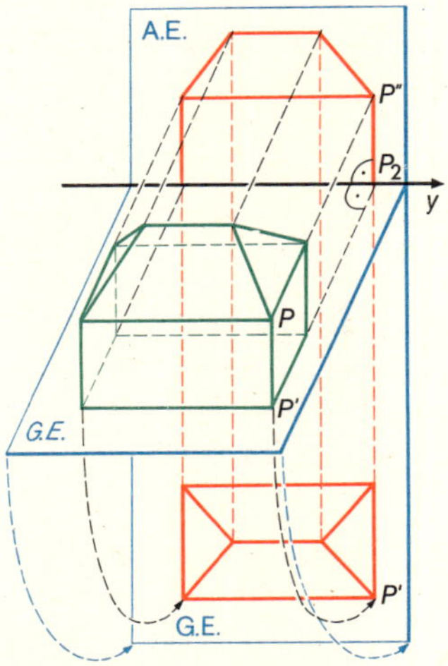

82.3. Entstehung von Grund- und Aufriß

D 2 Der Grundriß eines Raumpunktes P wird mit P', der Aufriß mit P'' bezeichnet (Fig. 82.3 und 4). Die Orthogonalen zur y-Achse durch P' bzw. durch P'' treffen sich auf der y-Achse in P_2 (Fig. 82.3).

2. Um Grund- und Aufriß auf *einem* Zeichenblatt (auf der Wandtafel) darstellen zu können, klappt man die Grundrißebene mit der Bildachse als Drehachse so um, daß der vordere Teil der G. E. auf den unteren Teil der A. E. zu liegen kommt (Fig. 82.3 und 4). Dann gilt:

S 1 **Grund- und Aufriß eines Punktes liegen auf einer Orthogonale zur Bildachse.**
Beweis: Beachte die rechten Winkel bei P_2 in Fig. 82.3.

D 3 Die Verbindungsgerade von P' und P'' heißt **Ordnungslinie.**

S 2 Der Abstand eines Raumpunktes P von der G. E. (von der A. E.) ist gleich dem Abstand seines Aufrisses (Grundrisses) von der Bildachse: $\overline{PP'} = \overline{P''P_2}$ (bzw. $\overline{PP''} = \overline{P'P_2}$) (Fig. 82.3).

S 3 Zu jedem Raumpunkt P gehört genau *ein* geordnetes Punktepaar (P', P'') und umgekehrt gehört auch zu jedem geordneten Punktepaar (P', P''), das auf einer Ordnungslinie liegt, genau *ein* Raumpunkt P. Verdeutliche S 3 an Fig. 82.3.

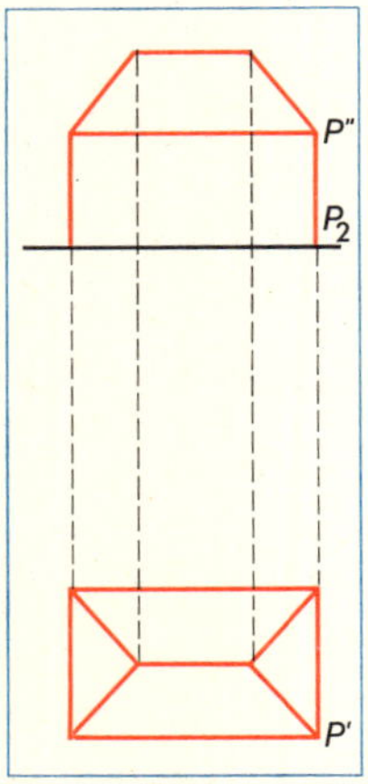

82.4. Grund- und Aufriß in der Zeichenebene

1. In § 87 werden wir zur y-Achse noch eine x- und z-Achse hinzufügen.

Beispiele für Grund- und Aufrißdarstellung:

1. „Über Eck gestellter" *Quader* (Fig. 83.1)
2. Regelmäßiger sechsseitiger *Pyramidenstumpf* (Fig. 83.2).

Bemerkungen:

1. Zeichne Ordnungslinien *dünn* gestrichelt, unsichtbare Kanten *kräftig* gestrichelt.
2. Verschiebt man das Grundrißbild (Aufrißbild) in Richtung der Ordnungslinien, so ändert sich das Aufrißbild (Grundrißbild) nicht.

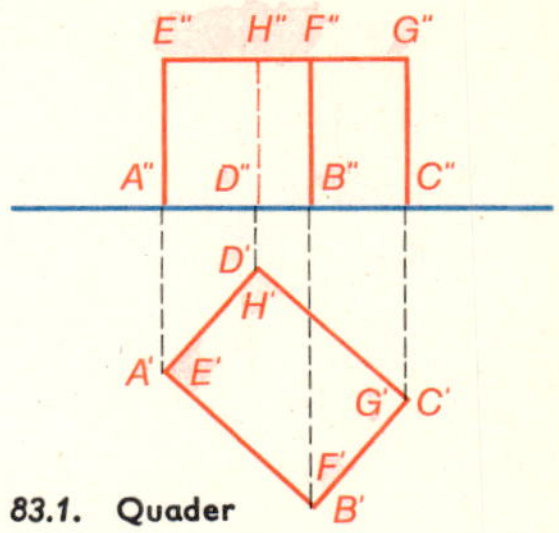

83.1. Quader

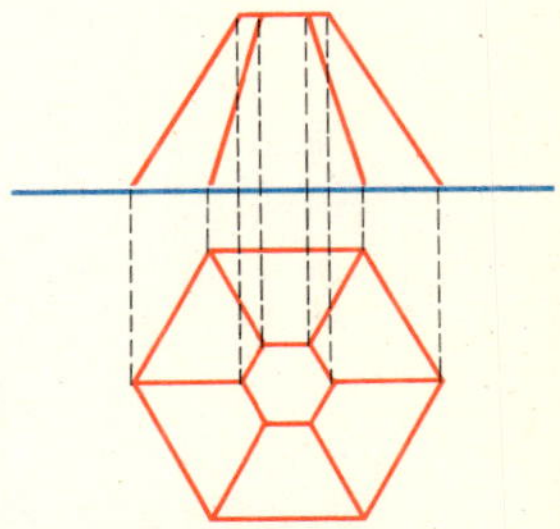
83.2. Pyramidenstumpf

Aufgaben

1. Wo liegen alle Raumpunkte, deren Grundriß (deren Aufriß) auf die Bildachse fällt? Für welche Punkte liegen beide Risse auf der y-Achse?

2. a) Welche Strecken werden im Grundriß (im Aufriß) auf Strecken gleicher Länge und Richtung abgebildet? Welche in Grund- *und* Aufriß?

b) Wann ist der Grundriß (der Aufriß) einer ebenen Figur eine zu ihr kongruente Figur?

c) Warum gelten die Sätze über die Parallelprojektion (§ 83, S. 73) auch für die Zweitafelprojektion? Wiederhole diese Sätze.

d) Warum kann bei der Zweitafelprojektion die Länge der Bildstrecke nie größer sein als die Länge der Strecke selbst?

3. Zeichne Grundriß und Aufriß a) einer *Zündholzschachtel* in wahrer Größe, b) eines *Ziegelsteins* im Maßstab 1 : 5. (Maße in § 84, Aufg. 5 und 6.) Zeichne die Risse auch, wenn die Körper über Eck stehen.

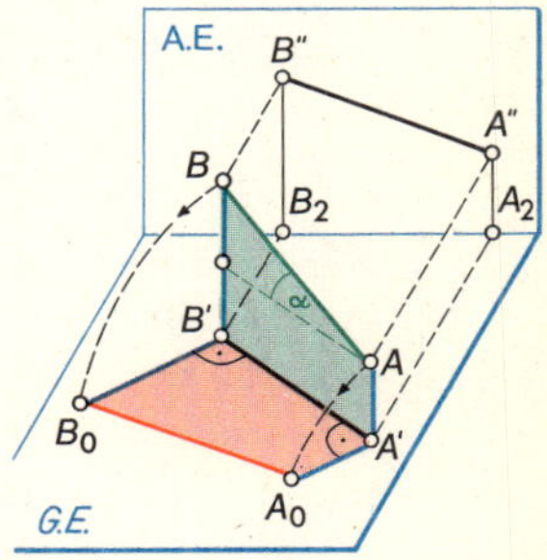

83.3.

Wahre Größen von Strecken und Figuren

Die wahren Größen von Strecken, Winkeln und Figuren werden wie in § 85 durch Umklappung in die G. E. bzw. A. E. bestimmt.

Beispiele (vgl. auch § 85, Fig. 80.1 bis 3):

1. Die wahre Größe der **Strecke *AB*** und ihres **Neigungswinkels α** ergeben sich durch Umklappung aus dem **Stütztrapez** $AA'B'B$ (Fig. 83.3 und 4). Dabei ist $\overline{A'A_0} = \overline{A''A_2}$ usw.

2. In Fig. 83.5 wird die *Länge* und der *Neigungswinkel* von AS gegen die G. E. aus dem **Stützdreieck** $SA'S'$ gewonnen; seine Umklappung um $A'S'$ ergibt $\triangle\ S_0A'S'$ mit $\overline{S'S_0} = \overline{S''S_2}$. Bei der Umlegung der **Seitenfläche** ABS wird $\overline{A'S_1} = \overline{A'S_0}$ gemacht.

Bemerkung: Die wahre Größe eines Vielecks kann auch dadurch gefunden werden, daß man zunächst die wahre Länge seiner Seiten und Diagonalen bestimmt.

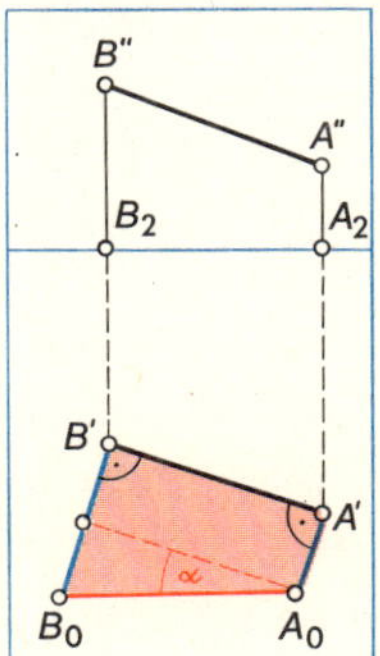

83.4. Wahre Größe einer Strecke

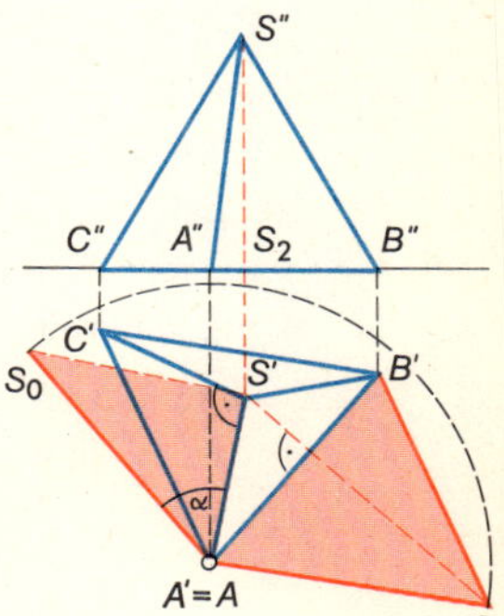

83.5. Länge und Neigung von AS. Wahre Größe von △ ABS

Aufgaben zur Zweitafelprojektion

Stelle bei den folgenden Aufgaben die Körper auf die Grundrißebene. Wähle, wenn nichts anderes angegeben ist, verschiedene Lagen der Grundkanten zur Bildachse (parallel, orthogonal, schräg).

4. Zeichne Grund- und Aufriß der senkrechten *Prismen* und *Pyramiden* in § 84, Aufg. 7 und 8. Stelle Netze und Modelle her.

5. Zeichne Grund- und Aufriß eines quadratischen *Pyramidenstumpfes* mit der unteren Grundkante $a = 5$ cm, der oberen Grundkante $b = 3$ cm und a) der Höhe $h = 2{,}5$ cm b) der Seitenkante $s = 3{,}5$ cm. Mache Modelle.

6. Zeichne Grund- und Aufriß für a) eine senkrechte b) eine schiefe quadratische *Pyramide* (Fig. 84.1) mit $a = 6$ cm, $h = 5$ cm, $c = 2$ cm. Schneide die Pyramide mit Ebenen parallel zur G. E. in 1 cm Abstand. Warum sind die Schnittfiguren Quadrate? Zeichne die so erhaltenen Höhenlinien auch im Grundriß. Bestimme die Länge und den Neigungswinkel der Seitenkanten sowie die wahre Größe und den Neigungswinkel der Seitenflächen. Zeichne ein Netz und stelle ein Modell her.

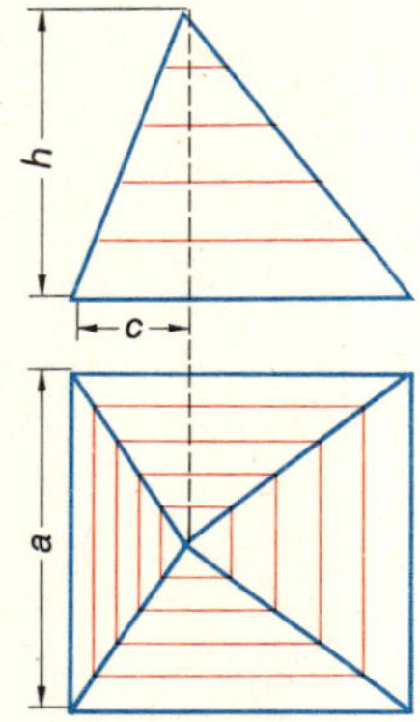

84.1. Schiefe quadratische Pyramide

7. Zeichne eine beliebige a) dreiseitige b) vierseitige c) fünfseitige *Pyramide* in Grund- und Aufriß. (Vgl. Fig. 83.5.) Bestimme die wahre Größe der Seitenkanten und Seitenflächen. Zeichne ein Netz und stelle ein Modell her.

8. Ein *Pyramidendach* mit der Seitenkante $s = 10$ m hat als Grundfläche ein Quadrat mit der Seite $a = 6{,}4$ m. Zeichne Grundriß, Aufriß und Schrägbild im Maßstab 1 : 200 und bestimme die Höhe a) des Daches b) einer Dachfläche durch Zeichnung und Rechnung. Lies aus der Zeichnung den Neigungswinkel der Seitenkante gegen die Grundfläche ab.

9. a) Zeichne das Haus mit *Walmdach* von Fig. 78.1 in Grund- und Aufriß und im Schrägbild ($\alpha = 60°$, $k = \frac{1}{2}$), wenn die Höhe bis zum Dach 6 m und die Gesamthöhe 11 m beträgt (Maßstab 1 : 200).
b) Bestimme die wahre Größe der schrägen Dachkanten (Grate) und der Dachflächen durch Zeichnung und Rechnung. Modell!
c) Konstruiere den Neigungswinkel der Grate und der Dachflächen.

10. Zeichne Grund- und Aufriß eines regelmäßigen *Achtflachs* (Oktaeders)
a) mit der Kante $a = 4$ cm
b) mit der räumlichen Diagonalen $d = 5$ cm. (Vgl. § 84, Aufg. 9 und 10.)

11. Zeichne Grundriß, Aufriß und Schrägbild für ein regelmäßiges *Vierflach* (Tetraeder) mit der Kante $a = 5$ cm. (Nimm eine Seitenkante parallel zur A. E. an.) Bestimme die Höhe des Vierflachs durch Zeichnung und Rechnung (vgl. § 60, Aufg. 27).

12. Nenne Körper, bei denen Grund- und Aufriß kongruente Figuren sind.

13. Wann bilden sich bei senkrechter Parallelprojektion rechte Winkel in wahrer Größe ab? Begründe die Aussage.

14. Zeichne Grund- und Aufriß für
a) einen senkrechten *Kreiszylinder* mit $r = 3$ cm, $h = 4$ cm
b) einen senkrechten *Kreiskegel* mit $r = 2{,}5$ cm, $h = 5$ cm
c) den *Stumpf* eines senkrechten *Kreiskegels*, wenn der Radius des einen Grundkreises $r_1 = 3{,}5$ cm, der des anderen $r_2 = 2$ cm und die Höhe des Stumpfes $h = 4{,}5$ cm ist.

15. Zeichne Grund- und Aufriß für a) einen senkrechten *Kreiskegel* b) einen schiefen *Kreiskegel* (85.1) mit $r = 4{,}5$ cm, $h = 6{,}0$ cm, $e = 1{,}8$ cm. Zeichne wie in 84.1 *Höhenlinien* von cm zu cm. Warum sind dies Kreise? Vergleiche ihre Abstände.

16. a) Zeichne Grund- und Aufriß einer *Kugel* mit Halbmesser $r = 3$ cm, die mit dem „Südpol" auf der G. E. ruht, und deren Mittelpunkt von der A. E. den Abstand $a = 4$ cm hat.
b) Zeichne in beiden Bildern den „Äquator" ein.
c) Zeichne den „Parallelkreis" (zum Äquator) mit dem Halbmesser $r = 2$ cm.
d) Zeichne die Parallelkreise, die der „geographischen Breite" $\varphi = 30°$ und $\varphi = 60°$ entsprechen.
e) Wie bilden sich die „Längenkreise" im Grundriß ab? Welcher Längenkreis erscheint im Grund- und Aufriß als Strecke?

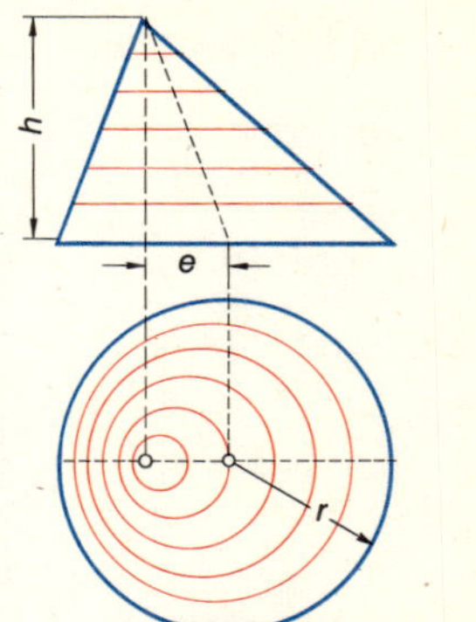

85.1. **Schiefer Kreiskegel**

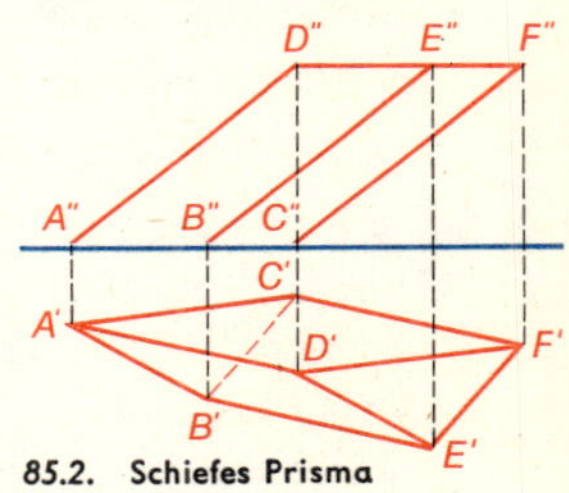

85.2. **Schiefes Prisma**

▸ **17.** Zeichne Grund- und Aufriß eines schiefen dreiseitigen (vierseitigen) Prismas, dessen Seitenkanten
a) parallel b) nicht parallel zur Aufrißebene laufen (Fig. 85.2).
Bestimme bei b) die wahre Länge der Seitenkanten. Stelle Netze und Modelle her.

Technische Körper

18. In Fig. 85.3 bis 6 sind technische Körper in Grund- und Aufriß dargestellt (Zahlen in cm).
a) Zeichne die Risse in größerem Maßstab. Stelle dir die Körper räumlich vor.
b) Entwirf in verschiedener Weise Schrägbilder der Körper.

19. Schneide die Körper in Fig. 85.4 und 5 mit ihren Symmetrieebenen und zeichne die Schnittfiguren in wahrer Größe. (Schraffiere die Schnittflächen.)

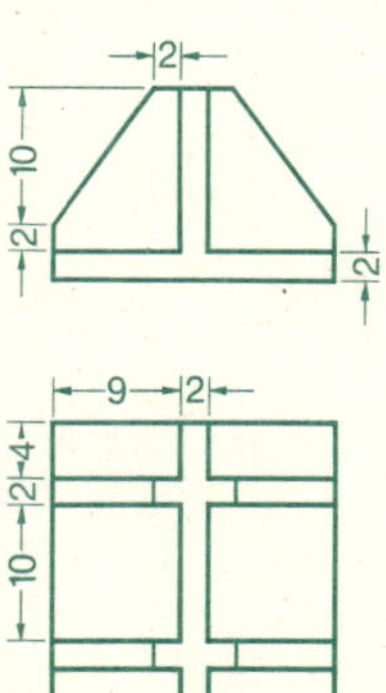
85.3. **Lagerkörper**

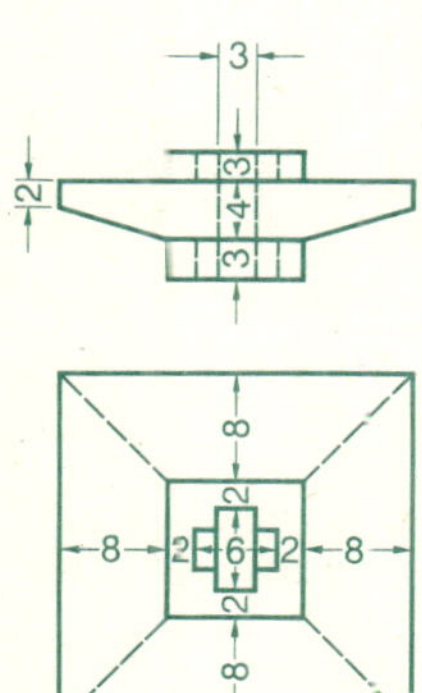
85.4. **Ankerplatte**

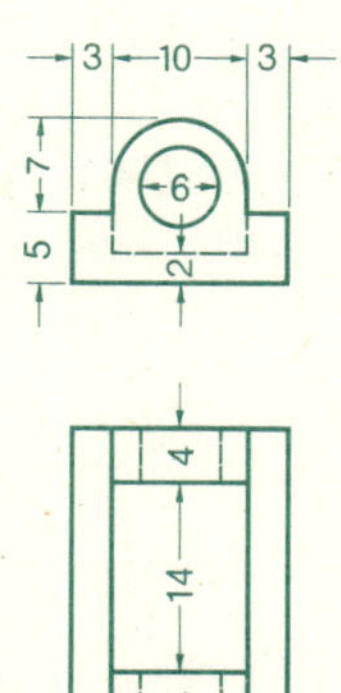
85.5. **Lagerkörper**

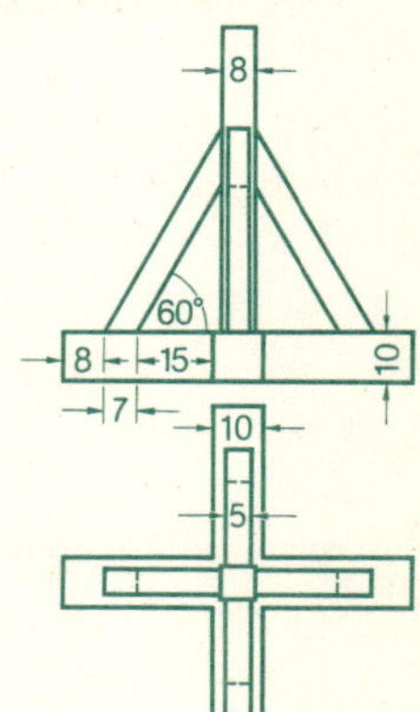

85.6. **Gerüstbock**

87 Seitenrisse

❶ Fig. 86.1 zeigt die Vorderansicht und die Seitenansicht eines Hauses. Zeichne den Grundriß.

❷ Bei dem in Fig. 86.2 durch Grund- und Aufriß dargestellten Körper sind mehrere Deutungen seiner Gestalt möglich. Gib einige von ihnen durch Hinzufügung der Seitenansicht an. Woher rührt es, daß verschiedene Deutungen möglich sind?

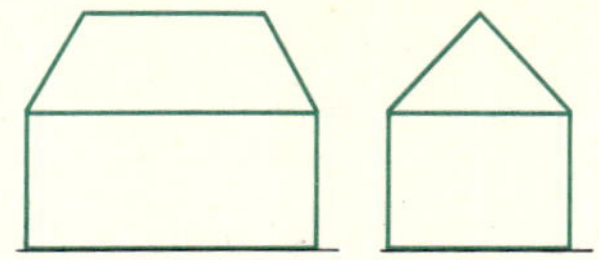

86.1.

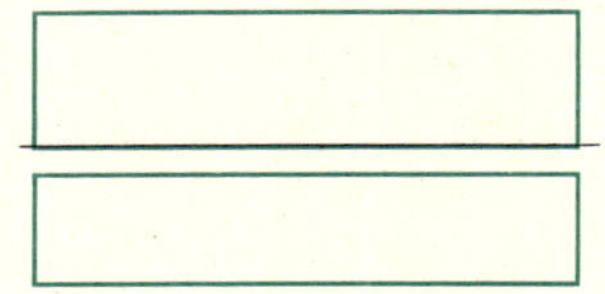

86.2.

D 1 **1.** Bildet man einen Körper durch orthogonale Parallelprojektion auf eine Ebene ab, die zur G. E. und A. E. orthogonal ist, so erhält man den **Seitenriß** des Körpers.

D 2 Eine zur G. E. und A. E. orthogonale Ebene nennt man **Seitenrißebene** (S. E.) oder 3. Tafel. Ihre Schnittgerade mit der G. E. heißt x-Achse, diejenige mit der A. E. nennt man z-Achse (Fig. 86.3).

D 3 Der Seitenriß eines Raumpunktes P heißt P'''.

D 4 Die Parallelebenen durch den Raumpunkt P zu der A. E., S. E., G. E. schneiden die x-, y-, z-Achse in Punkten, die wir mit P_1, P_2, P_3 bezeichnen (Fig. 86.3).

2. Um den Seitenriß mit Grund- und Aufriß zusammen auf *einem* Zeichenblatt darstellen zu können, klappt man die S. E. um die z-Achse in die A. E. um (Fig. 86.3). Aufriß und Seitenriß liegen dann nebeneinander.

Beispiel: Haus mit Satteldach (Fig. 86.4).

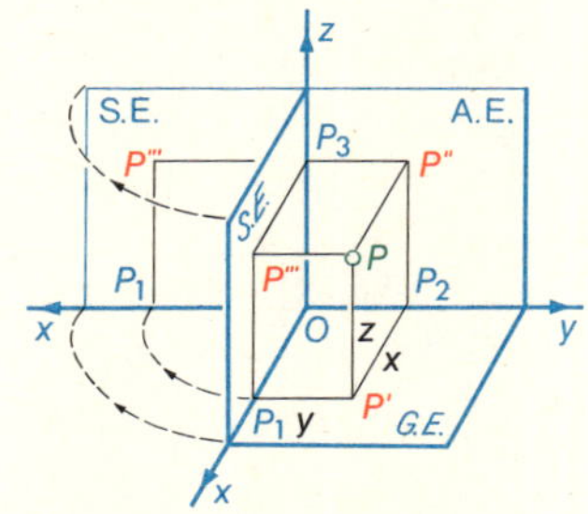

86.3. Grund-, Auf-, Seitenriß

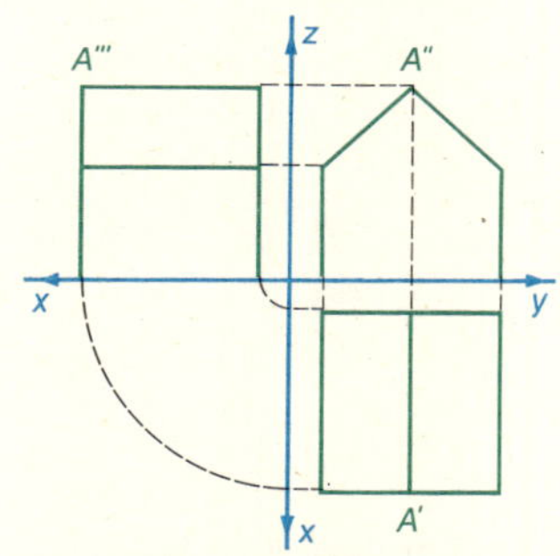

86.4. Haus mit Satteldach in Grund-, Auf- und Seitenriß

Aufgaben

1. Zeichne Grund-, Auf- und Seitenriß eines Hauses mit *Walmdach* (Grundfläche 12 m × 8 m, Firstlänge 7 m, Höhe bis zum Dach 6 m, bis zum First 9,5 m, Maßstab 1 : 200).
2. Zeichne Grundriß, Aufriß, Seitenriß und Schrägbild einer 4-stufigen *Treppe*; jede Stufe ist 1 m breit, 25 cm tief, 20 cm hoch (Maßstab 1 : 20; $\alpha = 45°$, $k = \frac{3}{5}$).
3. In Fig. 86.5 ist eine *Holzverbindung* durch Aufriß und Seitenriß dargestellt (Maße in cm). Konstruiere den Grundriß und ein Schrägbild (Maßstab 1 : 10).
4. Zeichne Fig. 85.2 in doppelter Größe mit Seitenriß.
5. Zeichne bei den Körpern in Fig. 85.3 und 5 den Seitenriß in 3facher Größe.
6. Nenne Körper, bei denen Grund-, Auf- und Seitenriß kongruente Figuren sind.
7. Wann sind Grund-, Auf- oder Seitenrisse unanschaulich, wann nicht?

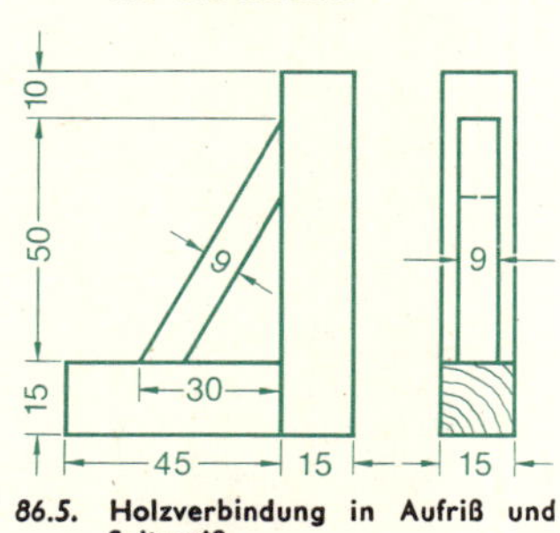

86.5. Holzverbindung in Aufriß und Seitenriß

88 Rechtwinklig räumliches Koordinatensystem

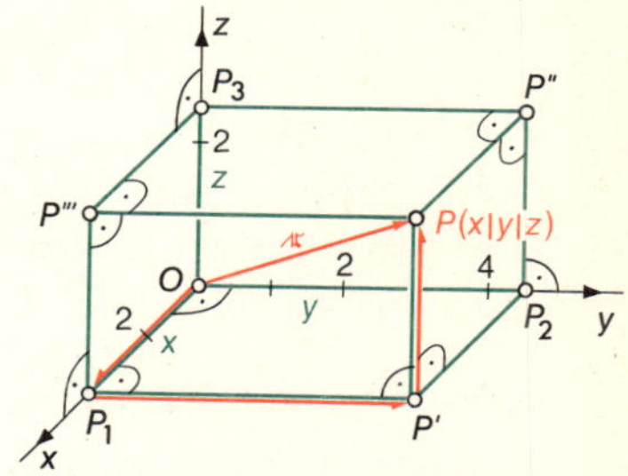

87.1. Rechtwinklige Koordinaten Ortspfeile
$\mathfrak{r} = \overrightarrow{OP} = \overrightarrow{OP_1} + \overrightarrow{P_1P'} + \overrightarrow{P'P}$

1. Betrachtet man in Fig. 86.3 die x-, y- und z-Achse als Zahlengeraden mit dem gemeinsamen Nullpunkt O, und gehört zu P_1 die Zahl x, zu P_2 die Zahl y, zu P_3 die Zahl z mit $x, y, z \in \mathbb{R}$, so sind x, y, z durch den Raumpunkt P eindeutig bestimmt. Umgekehrt gehört zu je 3 Werten für x, y, z aus $\mathbb{R}$ genau *ein* Raumpunkt P.

D 1 Ergänzt man das rechtwinklige x,y-Koordinatensystem der Ebene durch Hinzunahme einer zur x,y-Ebene orthogonalen Zahlengerade (der z-Achse) mit gleichem Ursprung und gleicher Einheitsstrecke, so erhält man ein rechtwinkliges räumliches Koordinatensystem. **Man nennt x, y, z die rechtwinkligen Koordinaten des Raumpunktes P und schreibt: $P(x \mid y \mid z)$** (Fig. 87.1).

In Fig. 87.1 ist $x = 4$, $y = 4{,}5$, $z = 2{,}5$, also $P(4 \mid 4{,}5 \mid 2{,}5)$.

2. Die Lage des Raumpunktes P kann man auch durch den **Ortspfeil** *(Ortsvektor)* $\mathfrak{r} = \overrightarrow{OP}$ ausdrücken. Er läßt sich aus x, y, z wie in Fig. 87.1 als Summe von 3 Pfeilen darstellen: $\mathfrak{r} = \overrightarrow{OP_1} + \overrightarrow{P_1P'} + \overrightarrow{P'P}$. Dabei ist nach Länge und Richtung $\overrightarrow{O_1P_1}$ durch x, $\overrightarrow{P_1P'}$ durch y, $\overrightarrow{P'P}$ durch z bestimmt.

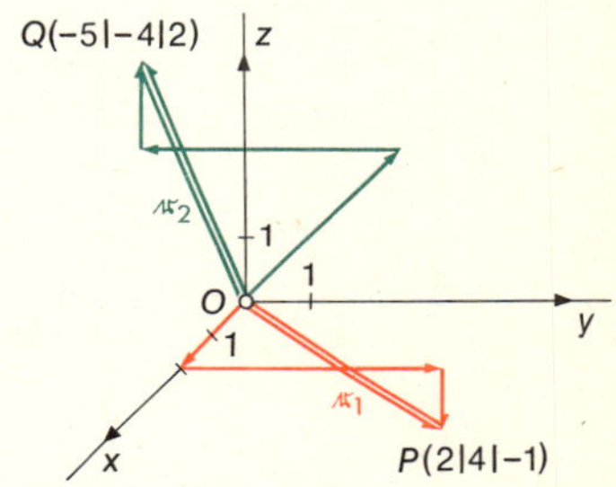

87.2. Ortspfeile

Beispiele: In Fig. 87.2 sind die Ortspfeile $\mathfrak{r}_1 = \overrightarrow{OP}$ mit $P(2 \mid 4 \mid -1)$ und $\mathfrak{r}_2 = \overrightarrow{OQ}$ mit $Q(-5 \mid -4 \mid 2)$ im Schrägbild ($\alpha = 45°$, $k = \frac{2}{3}$) gezeichnet.

D 2 **3.** Die von der x- und y-Achse aufgespannte Ebene (in Fig. 86.3 die G. E.), bezeichnet man auch als x,y-Ebene, die A. E. als y,z-Ebene, die S. E. als x,z-Ebene; die 3 Ebenen heißen **Koordinatenebenen.**

Aufgaben

1. Verdeutliche, daß man in Fig. 87.1 mit Hilfe der Koordinaten von $P(x \mid y \mid z)$ schreiben kann: $P_1(x \mid 0 \mid 0)$, $P_2(0 \mid y \mid 0)$, $P_3(0 \mid 0 \mid z)$; $P'(x \mid y \mid 0)$, $P''(0 \mid y \mid z)$, $P'''(x \mid 0 \mid z)$.

2. Zeichne wie in Fig. 87.1 und 2 ein Schrägbild ($\alpha = 45°$ $k = \frac{1}{2}$) der Ortspfeile für
a) $P(4 \mid 6 \mid 3)$ b) $Q(-3 \mid 1 \mid 4)$ c) $R(-2 \mid -5 \mid -3)$ d) $S(0 \mid 2 \mid -4)$.

3. Zeichne das Vierflach $A(6 \mid 2 \mid 0)$ $B(12 \mid 9 \mid 0)$ $C(2 \mid 8 \mid 0)$ $D(6 \mid 6 \mid 7)$
a) zunächst im Schrägbild ($\alpha = 45°$, $k = \frac{1}{2}$) b) dann in Grund-, Auf- und Seitenriß. Wie kann man die Koordinaten der Punkte bei den einzelnen Rissen unmittelbar aus den Koordinaten der gegebenen Punkte erhalten?

▸ **4.** Die durch ihre rechtwinkligen Koordinaten gegebenen Punkte $A(8 \mid 2 \mid 1)$, $B(5 \mid 7 \mid 4)$, $C(2 \mid 1 \mid 3)$, $D(4 \mid 3 \mid 6)$ bilden die Ecken eines *Vierflachs.* Zeichne Grundriß, Aufriß, Seitenriß und Schrägbild desselben ($\alpha = 60°$, $k = \frac{3}{4}$). Beachte die Sichtbarkeit.

5. Ein schiefes dreiseitiges Prisma hat die Grundfläche $A(6 \mid 0 \mid 2)$, $B(9 \mid 5 \mid 4)$, $C(4 \mid 8 \mid 0)$. Dem Punkt A entspricht bei der Deckfläche der Punkt $\bar{A}(7 \mid 10 \mid 10)$. Zeichne das Prisma in Grund-, Auf-, Seitenriß und im Schrägbild. Beachte die Sichtbarkeit.

89 Drehung parallel zu einer Tafel

Verlaufen Kanten oder Flächen eines Körpers orthogonal zu einer Tafelebene *E*, so gibt die orthogonale Projektion auf die Tafel *E* ein unanschauliches Bild (warum?). Aus einem solchen Bild läßt sich ein anschauliches gewinnen, indem man den Körper parallel zu *E* dreht (d.h. um eine Achse senkrecht zu *E*), und dann den neuen Aufriß oder Grundriß zeichnet.

Drehung parallel zur Grundrißebene

Beispiel: Fig. 88.1 stellt ein wenig anschauliches Bild eines Würfels in Grund- und Aufriß dar. (Schildere die Lage des Würfels!) Dreht man den Körper parallel zur G. E. um einen Winkel von 45° (Drehachse $A'C'$; am Modell ausführen!), so bleibt die Gestalt des *Grundrisses* unverändert (Fig. 88.2). Da bei der Drehung alle Punkte ihren Abstand von der G. E. beibehalten, so liegt jeder neue Aufrißpunkt auf der Parallelen zur G. E. durch den alten Aufrißpunkt und außerdem auf der zugehörigen Ordnungslinie.

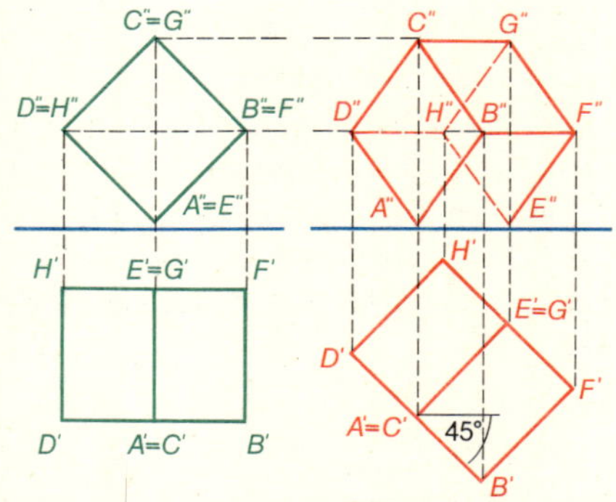

88.1. Würfel vor und nach Drehung um AC. **88.2.**

Drehung parallel zur Aufrißebene

Beispiel: Der Quader in Fig. 88.3 wird parallel zur A. E. um 30° gedreht (Drehachse orthogonal zur A. E. durch *B*). Dabei bleibt die Gestalt des *Aufrisses* unverändert (Fig. 88.4). Da diesmal alle Punkte ihren Abstand von der A. E. beibehalten, so liegt der neue Grundriß jedes Punktes auf der Parallelen zur A. E. durch den alten Grundrißpunkt und außerdem auf der zugehörigen Ordnungslinie.

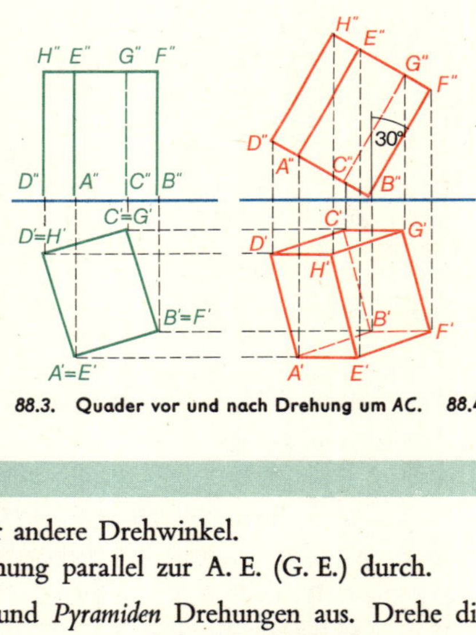

88.3. Quader vor und nach Drehung um AC. **88.4.**

Aufgaben

1. a) Zeichne Fig. 88.1, 88.2, 88.3 und 88.4 für andere Drehwinkel.
b) Führe bei Fig. 88.2 (88.4) noch eine Drehung parallel zur A. E. (G. E.) durch.

2. Führe wie in Aufg. 1 bei einigen *Prismen* und *Pyramiden* Drehungen aus. Drehe die *Holzverbindung* in Fig. 86.5 zunächst parallel zur G. E. und dann noch parallel zur A. E. Wähle passende Drehwinkel.

3. Inwiefern kommt die Drehung in Fig. 88.2 (88.4) der Einführung einer neuen Aufrißebene (Grundrißebene) gleich? Wie liegt diese?

4. Führe bei den Körpern in Fig. 85.3 und 85.6 Drehungen parallel zur Grundriß- oder zur Aufrißebene (oder auch zu beiden Ebenen) durch und zeichne die neuen Risse.

90 Konstruktion von Schrägbildern aus Grund- und Aufriß. Axonometrie

In § 84 wurde (ohne Benutzung von Grund- und Aufriß) das Schrägbild von Körpern gezeichnet, die sich in günstiger Lage befinden (Flächen bzw. Kanten meist parallel oder orthogonal zur Bildebene). Im folgenden sollen auch Schrägbilder von Körpern in *beliebiger* Lage entworfen werden. Die Körper sind dabei im allgemeinen in Ein- oder Zweitafelprojektion gegeben. Als Bildebene wird im folgenden beim ersten Verfahren (wie bisher) die Aufrißebene, beim zweiten die Grundrißebene gewählt, beim dritten eine beliebige Ebene.

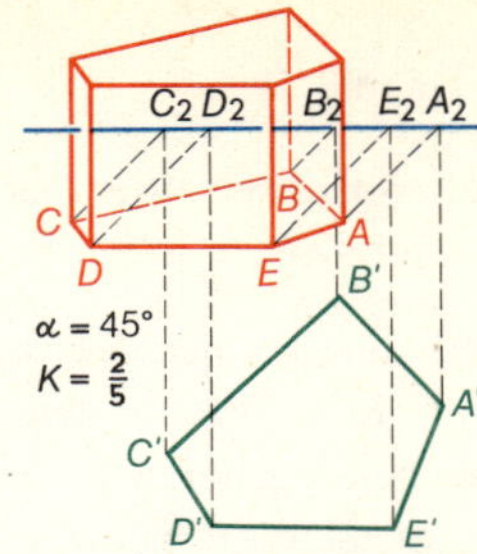

89.1. Fünfseitiges Prisma

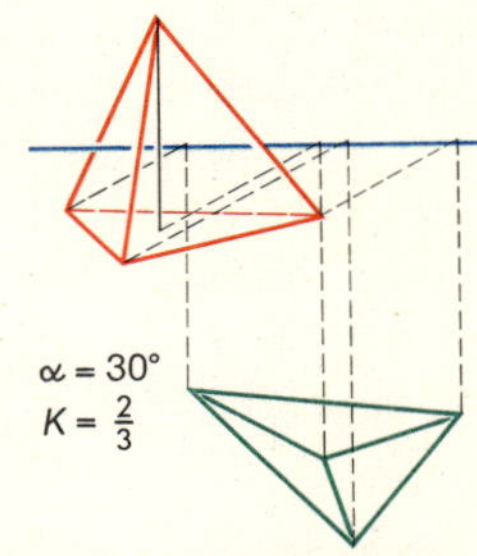

89.2. Dreiseitige Pyramide

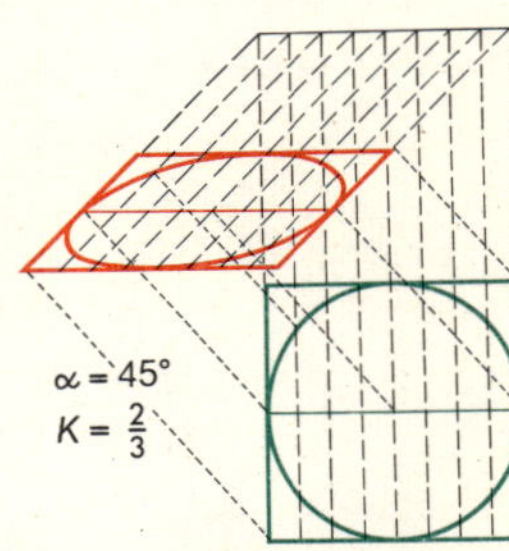

89.3. Ellipse als Kreisbild

Schrägbilder in der Aufrißebene

Soll ein Körper (wie in § 84) durch schräge Parallelprojektion auf die Aufrißebene abgebildet werden, so ist es häufig zweckmäßig, zunächst das Schrägbild seines *Grundrisses* zu konstruieren. Zu diesem Zweck zeichnet man durch die Grundrißpunkte A', B', C', D', E' (Fig. 89.1) die Senkrechten zur y-Achse bis A_2, B_2, C_2, D_2, E_2. Da diese Senkrechten vor dem Herunterklappen der G. E. orthogonal zur A. E. sind, werden sie unter dem Verzerrungswinkel α abgebildet und im Verhältnis k gekürzt (§ 84). Vom Schrägbild der Grundrißpunkte aus werden alle *Höhen* unverkürzt orthogonal zur Bildachse aufgetragen. — *Beispiel* (Fig. 89.1 bis 3): Hier liegt die Grundfläche in der G. E.

Schrägbilder in der Grundrißebene (Militärprojektion)

Verwendet man bei der schrägen Parallelprojektion als Bildebene die G. E., so fällt der Grundriß mit seinem Schrägbild zusammen. Ebene Figuren parallel zur G. E. sind kongruent zu ihren Bildern. Die Richtung der Projektionsgeraden wählt man am einfachsten so, daß sich Höhen als Orthogonalen zur y-Achse und in wahrer Länge abbilden. (Wie laufen dann die Geraden?) *Beispiele:* Fig. 89.4 und 5.

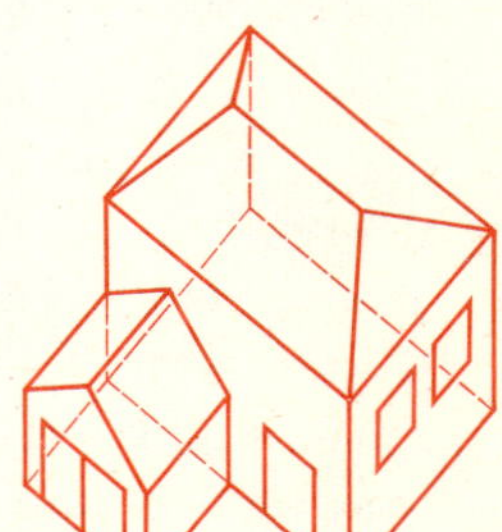

89.4. Militärprojektion

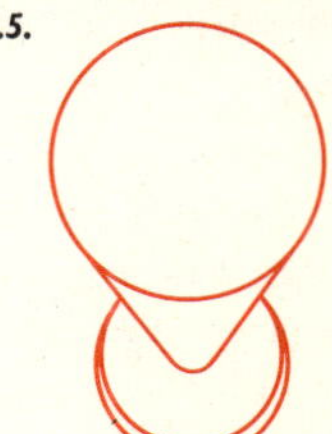

89.5.

Aufgaben

1. Zeichne wie in Fig. 89.1 und 2 Schrägbilder von *Quadern, Prismen* und *Pyramiden*, deren Grundflächen beliebig in der G. E. liegen und deren Grund- und Aufriß gegeben sind.
2. Mache dasselbe a) für den Würfel in Fig. 88.1 b) für das schiefe *Prisma* in Fig. 85.2 c) für den Körper in Fig. 86.5, wenn er parallel zur G. E. um 30° gedreht ist.

Schrägbilder und Normalrisse in einer beliebigen Bildebene

Man bildet einen Körper samt einem zugehörigen rechtwinkligen Koordinatensystem durch Parallelprojektion oft auch auf eine beliebig liegende Bildebene ab, und zwar so, daß das Bild $\bar{z}$ der z-Achse auf dem Zeichenblatt nach oben zeigt. Je nach Richtung der Projektionsgeraden schließen dann die Bilder $\bar{x}$ und $\bar{y}$ der x- und y-Achse mit der $\bar{z}$-Achse verschiedene Winkel α und β ein. Außerdem ergeben die gleichgroßen Einheitsstrecken e der x, y, z-Achse als Bilder i. a. verschieden große Einheitsstrecken e_1, e_2, e_3 auf der $\bar{x}$, $\bar{y}$, $\bar{z}$-Achse. Die Bilder der 3 kongruenten Zahlengeraden auf der x, y, z-Achse sind also auf der $\bar{x}$, $\bar{y}$, $\bar{z}$-Achse in verschiedenem Maßstab vergrößert oder verkleinert[1] (Fig. 90.1). Diese Darstellungsart heißt **Axonometrie.**

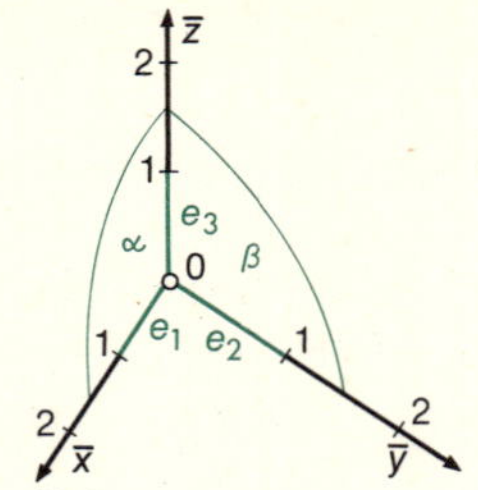

90.1.

Beispiele:

1. Besonders anschauliche Bilder erhält man für $\alpha \approx 132°$, $\beta \approx 97°$ und $e_1 : e_2 : e_3 = 1 : 2 : 2$ („dimetrische" Projektion). Fig. 90.2 zeigt das Bild eines Würfels in dieser Projektionsart.

2. Sehr einfach wird die Konstruktion bei $\alpha = \beta = 120°$ und $e_1 = e_2 = e_3$ („isometrische" Projektion). Fig. 90.3 zeigt wieder ein Würfelbild.

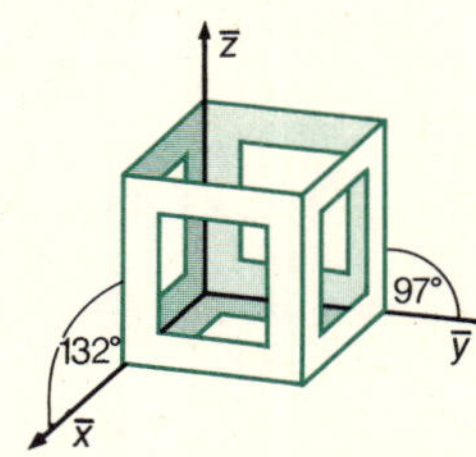

90.2. Dimetrische Projektion

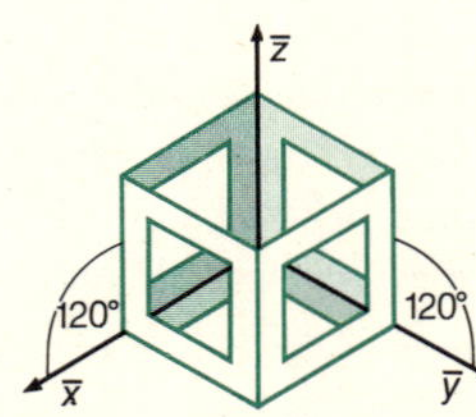

90.3. Isometrische Projektion

Aufgaben

3. Beweise, daß die Verbindungsgeraden entsprechender Punkte in Fig. 89.3 parallel sind.
   Benutze diese Eigenschaft zur Konstruktion der Schrägbilder.

Vorbemerkung zu den Aufgaben 4 bis 7: Stelle den Grundriß „über Eck".

4. Zeichne für die folgenden Körper Bilder in Militärprojektion:
   a) Würfel b) Quader c) quadratische Säule d) Zylinder e) Kegel f) Kegelstumpf g) senkrechter quadratischer Pyramidenstumpf h) regelmäßiges Vierflach i) regelmäßiges Achtflach.

5. Entnimm aus Fig. 89.4 und 5 die Maße der dargestellten Körper und zeichne sie in doppelter Größe in Grund- und Aufriß und in Militärprojektion.

6. Zeichne Bilder von Körpern in dimetrischer (isometrischer) Projektion.

7. Vergleiche die verschiedenen Arten der Körperdarstellung. Welche sind besonders einfach, welche besonders anschaulich?

---

1. Nach einem Satz von *W. Pohlke* (1853), den wir hier nicht beweisen können, lassen sich willkürlich gewählte Einheitspunkte auf beliebig gewählten $\bar{x}, \bar{y}, \bar{z}$-Achsen durch Parallelprojektion eines rechtwinkligen Achsenkreuzes mit gleichlangen Einheitsstrecken erzeugen.

91 Vermischte Aufgaben zur Darstellung räumlicher Gebilde

Dachausmittlungen

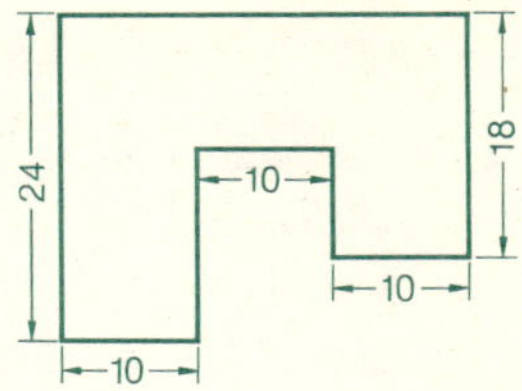

91.1.

1. In Fig. 91.1 bis 3 sind Grundrisse von Gebäuden angegeben. Es sollen Dächer von gleicher Neigung so aufgesetzt werden, daß alle gezeichneten Kanten waagrechte *Traufen* (Dachrinnen) in gleicher Höhe bedeuten.

a) Konstruiere den Grundriß der schrägen Dachkanten (Grate) und der Dachfirste. *Anleitung:* Der Grundriß eines Grates halbiert hier den Winkel der zugehörigen Traufen.

b) Zeichne Schrägbilder der Gebäude, wenn der Neigungswinkel der Dächer 45° (die Steigung jedes Daches $\frac{1}{2}$) und die Höhe bis zum Dach 7 m beträgt.

c) Zeichne im Grundriß 1 m-Höhenlinien ($\frac{1}{2}$ m-Höhenlinien) ein.

d) Bestimme die wahre Größe der Dachflächen, Grate und Kehllinien (vgl. § 85). Stelle Modelle her!

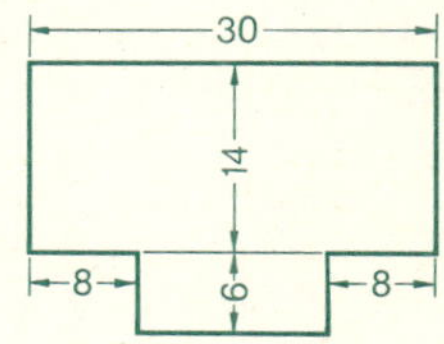

91.2.

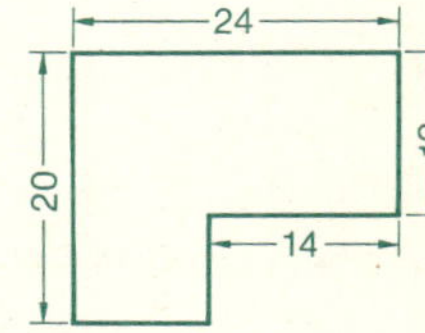

91.3.

2. Wähle in Fig. 91.3 die Neigung der Dächer so, daß alle Kanten Traufen sind und alle waagrechten Dachfirste 4 m höher als die Traufen verlaufen.

a) Zeichne die Grundrisse samt 1 m-Höhenlinien.

b) Bestimme die Steigung und die wahre Größe der Dachflächen, Grate und Kehllinien. Stelle Modelle her.

c) Entwirf in zweckmäßiger Weise Schrägbilder.

3. Welche Gestalt hat in Fig. 91.3 das Dach, wenn gegen die am weitesten rechts liegende Kante kein Wasser abfließen soll (Giebelwand) und alle Dächer

a) gleiche Neigung b) gleich hohe waagrechte Firste haben?

Böschungen, Höhenlinien

4. An einem Abhang soll in 600 m Höhe eine waagrechte rechteckige *Plattform* von 15 m Länge und 12,5 m Breite eingebaut werden (Fig. 91.4). Konstruiere die Böschungen, wenn das Böschungsverhältnis bei der Aufschüttung 1 : 2, beim Einschnitt 1 : 1,25 beträgt. Zeichne im Maßstab 1 : 250.

5. Durch ein welliges Gelände (91.5) ist in 320 m Höhe eine 5 m breite gerade horizontale *Straße* zu führen, die bei *A* in einen Kreisbogen von 60 m Halbmesser übergeht. Konstruiere die Böschungen, wenn das Böschungsverhältnis beim Damm 1 : 2, beim Einschnitt 1 : 1,5 beträgt. Zeichne im Maßstab 1 : 250.

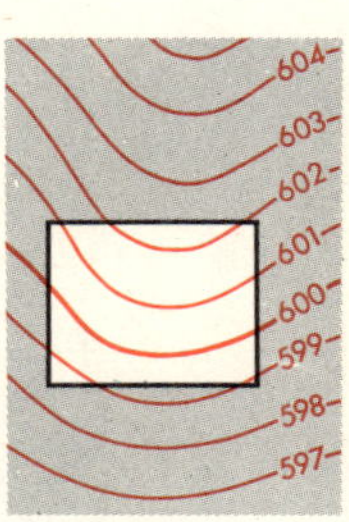

91.4. Maßstab 1 : 500

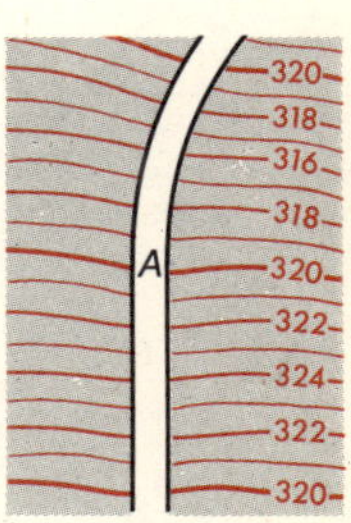

91.5. Maßstab 1 : 1000

Meßtischblatt 1 : 25000

6. Bei einem Hang sind die Höhenlinien annähernd parallele Geraden, deren Abstände a) gleich groß sind b) abnehmen c) zunehmen d) erst abnehmen, dann zunehmen e) erst zunehmen, dann abnehmen. Welche Form hat der Hang jeweils?

7. Skizziere den ungefähren Verlauf der Höhenlinien für die Bergformen in Fig. 92.1.

8. Beschreibe die Geländeformen, die zu Fig. 92.2 und 3 gehören.

9. Wie groß ist der Böschungswinkel und das Böschungsverhältnis eines Hangstücks, wenn in der Karte 1 : 25000 zwei benachbarte 20-m-Höhenlinien einen Abstand von
a) 2 mm b) 3 mm c) 5 mm haben?

10. Stelle einige Böschungsverhältnisse an den Abhängen der Höhen 433 und 395 in Fig. 79.2. fest. Suche insbesondere die steilste Stelle.

11. In welchen Abständen darf ein gerader Weg zwei benachbarte 20-m-Höhenlinien der Karte 1 : 25000 überschneiden, wenn er eine Steigung von höchstens
a) 1 : 10 b) 1 : 6 c) 5% d) 14% haben soll?

▸ **12.** Lege von Punkt *A* in Fig. 79.2 aus einen Weg mit der gleichbleibenden Steigung 1 : 10 auf die Höhe 433. Wie viele Möglichkeiten gibt es? (Zeichne im Maßstab 1 : 12500 und benutze Aufg. 11.)

13. Zeichne einen Geländeschnitt (ein *Profil*) durch die Punkte
a) 433 und 408 b) 433 und 395 c) 433 und 340 d) 395 und 408 in Fig. 79.2.
Zeichne im Maßstab 1 : 12500 und überhöhe zweifach.

Beispiel: In Fig. 92.4 ist durch *AB* ein Schnitt orthogonal zur G. E. geführt und um die Schnittlinie mit der Ebene 600 m umgeklappt. Die Höhen sind zweifach überhöht.

14. Der Punkt 340 in Fig. 79.2 wird als *Sattelpunkt* bezeichnet. Erläutere diesen Namen durch Beschreibung des Geländes in seiner Umgebung. Benutze auch das Profil c) und d) in Aufg. 13. Welche Besonderheit im Verlauf der Höhenlinien tritt auf?

▸ **15.** Zeichnet man durch jeden Punkt eines Weges die Orthogonale zur G. E. und breitet das durch die orthogonalen Strecken gebildete Band in der Zeichenebene aus, so erhält man ein *Wegprofil.* Führe dies für den Fußweg von der Brücke nach Punkt 395 in Fig. 79.2 durch. Zeichne im Maßstab 1 : 10000 und überhöhe dreifach.

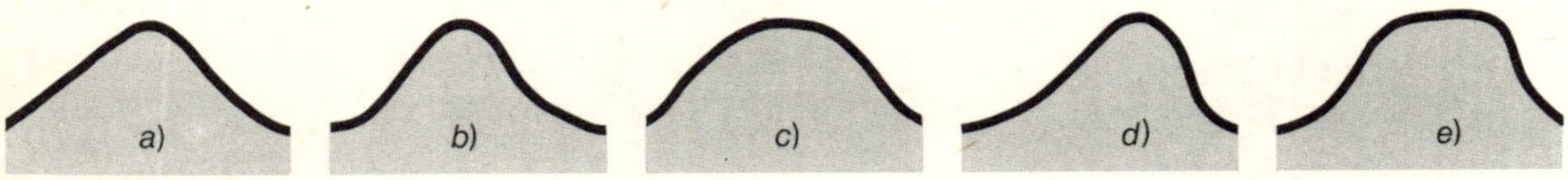

92.1. Bergformen

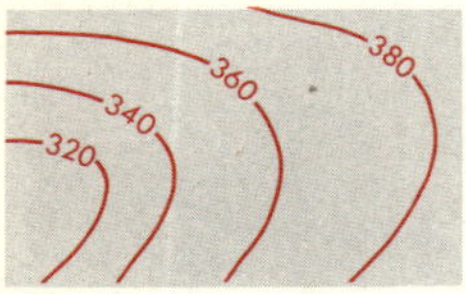

92.2. Geländeformen

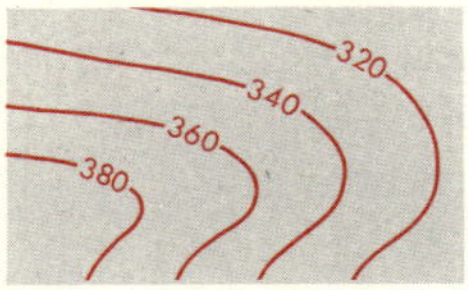

92.3. Geländeformen

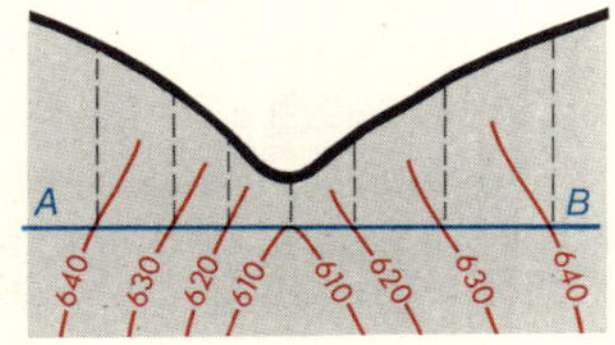

92.4. Geländeschnitt (Profil)

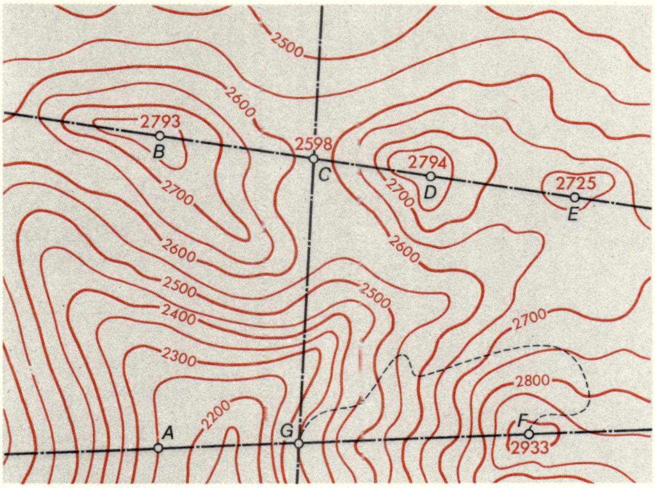

93.1. Gelände bei der Heidelberger Hütte (Silvretta)

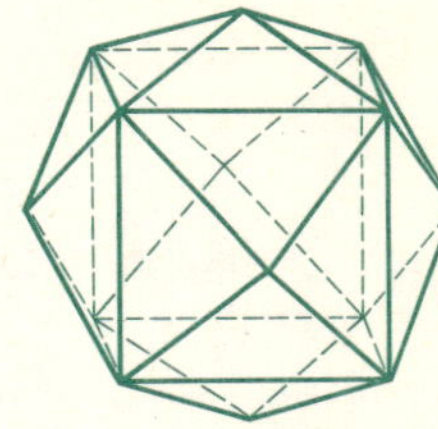

93.2. Pyramidenwürfel

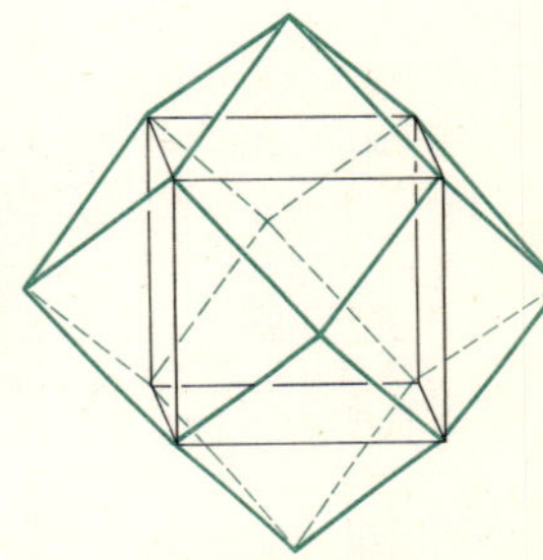

93.3. Rautenzwölfflach

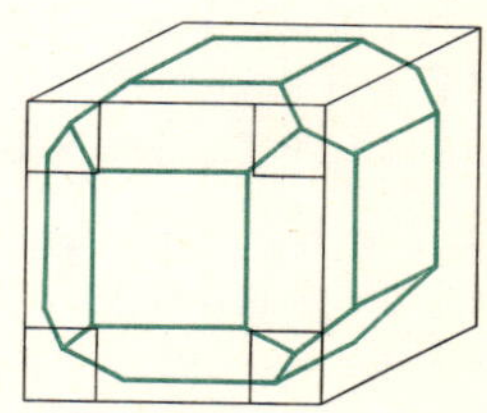

93.4.

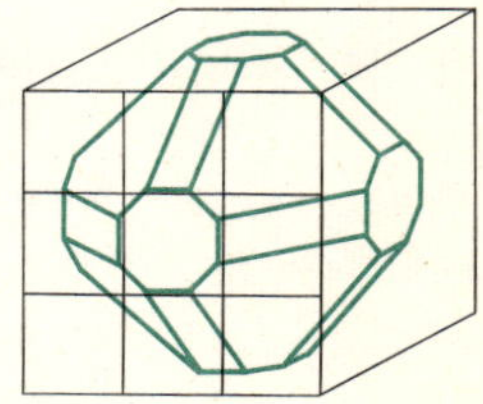

93.5.

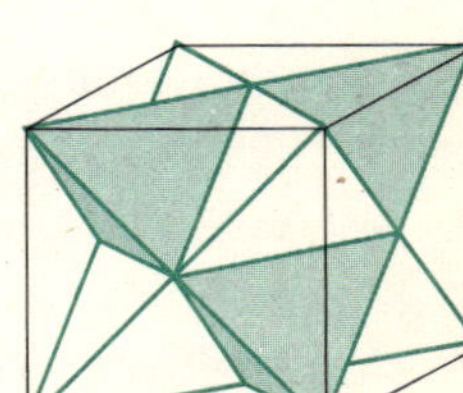

93.6. Zwilling

16. Fig. 93.1 stellt ein alpines Gelände mittels 50-m-Höhenlinien im Maßstab 1 : 25000 dar. Pause die Karte.

a) Führe *Geländeschnitte* (vgl. Aufg. 13) in Richtung *AB*, *BE*, *EF*, *FA*, *CG*. Welche Eigenschaft hat Punkt *C*?

b) Wo ist das Gelände am steilsten? Wie groß ist die Steigung?

c) Zeichne für den von *G* nach *F* führenden Fußpfad (gestrichelt) einen *Wegschnitt*.

d) Lege von *A* nach *B* einen *Fußweg* mit der gleichbleibenden Steigung 1 : 5.

e) Zeichne von *B* aus *Fallinien* ein.

Kristallformen

17. Konstruiere für die folgenden Kristallformen Schrägbilder und Risse:

a) *Pyramidenwürfel* (Fig. 93.2; Flußspat).
Pyramidenhöhe gleich $\frac{1}{4}$ Würfelhöhe.

b) *Rautenzwölfflach* (Fig. 93.3; Granat).
Pyramidenhöhe gleich $\frac{1}{2}$ Würfelhöhe.

18. Stumpft man die Kanten eines Würfels wie in Fig. 93.4 in symmetrischer Weise (durch ein Rautenzwölfflach) ab, so erhält man eine Kristallform des Flußspats. Zeichne!

19. In Fig. 93.5 sind die Ecken und Kanten eines Oktaeders abgestumpft. Zeichne!

20. Fig. 93.6 zeigt einen „Zwilling“ des Diamants. Aus was für Körpern besteht er? Zeichne!

XIV	Affine Abbildungen

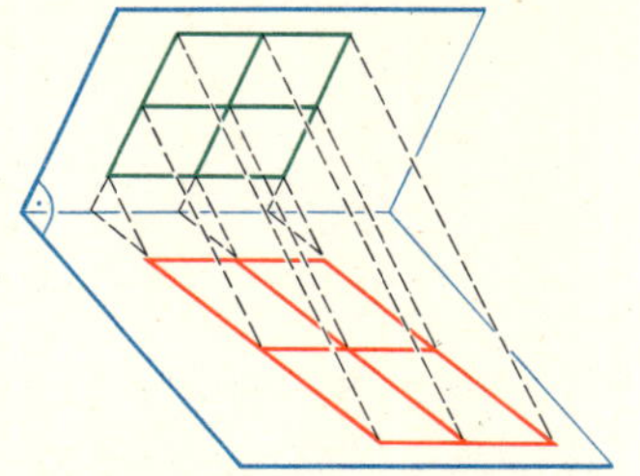

94.1 Die Sonne scheint durch ein Dachfenster

92 Affine Abbildung einer Ebene auf eine andere

❶ Von einem rechteckigen Dachfenster mit Mittelleisten wirft die Sonne ein Bild auf den Dachboden (Fig. 94.1). In welchen Eigenschaften stimmen Bild und Fenster überein? Worin unterscheiden sie sich? Wie ändert sich das Bild, wenn das Fenster bis zum Boden reicht?

1. In Kapitel XIII wurden *Körper* durch Parallelprojektion in eine Ebene abgebildet. Nun projizieren wir Figuren einer *Ebene*, der **Originalebene *E***, parallel in eine zweite Ebene, die **Bildebene *E'***, und vergleichen *Originalfigur* und *Bildfigur*. Sind E und E' parallel, so sind Original- und Bildfigur kongruent (warum?). Von diesem einfachen Fall sehen wir ab. Wir definieren:

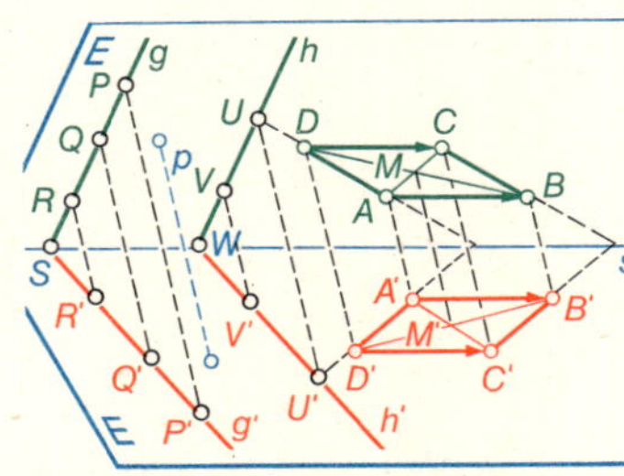

94.2 Affine Abbildung von E auf E'

D 1 Es seien E und E' zwei nicht parallele Ebenen mit der Schnittgerade s. Ferner sei p eine Gerade, die E und E' schneidet. Bildet man dann die Punkte $P \in E$ auf die Punkte $P' \in E'$ durch Projektionsgeraden parallel zu p ab, so nennt man diese Abbildung eine **axiale Affinität** (Fig. 94.2); dabei heißt die Schnittgerade von E und E' **Affinitätsachse *s***, entsprechende Figuren heißen affin zueinander.

2. Die **Eigenschaften der axialen Affinität** ergeben sich mit geringen Abwandlungen aus den Eigenschaften der Parallelprojektion (§ 83):

S 1 *Das Bild eines Punktes P ist ein Punkt P'. Die Punkte der Achse s sind Fixpunkte.*

S 2 *Das Bild einer Gerade g ist eine Gerade g'* (Fig. 94.2). *Die Achse ist Fixpunktgerade. Entsprechende Geraden schneiden sich auf der Achse oder sind zu ihr parallel.*

S 3 *Die Bilder paralleler Geraden sind parallel:* $(g \parallel h) \Rightarrow (g' \parallel h')$ (Fig. 94.2). *Die Bilder paralleler Strecken (Pfeile) sind parallele Strecken (Pfeile)* (Fig. 94.2).

S 4 *Parallele Strecken werden im gleichen Verhältnis verzerrt:* $\overline{PQ} : \overline{UV} = \overline{P'Q'} : \overline{U'V'}$.
Teilverhältnisse bleiben erhalten. Mitte bleibt Mitte: $\overline{PQ} : \overline{QR} = \overline{P'Q'} : \overline{Q'R'}$ (Fig. 94.2).

S 5 *Bei Strecken (Pfeilen) parallel zur Achse bleiben Länge und Richtung erhalten:*
In Fig. 94.2 ist $\overline{AB} = \overline{A'B'}$, $\overrightarrow{AB}$, $\overrightarrow{A'B'}$, $\overrightarrow{DC}$, $\overrightarrow{D'C'}$ sind Repräsentanten desselben Vektors.
Beweis zu S 1 bis 5: Die Sätze folgen aus S 1 bis 5 von § 83.

S 6 *Flächeninhalte werden im gleichen Verhältnis verändert* (Fig. 95.1).
Beweis: Vgl. Aufg. 2 und Fig. 95.1.

S 7 *Axiale Affinitäten sind umkehrbar:* Zu jedem $P' \in E'$ gibt es $P \in E$, so daß P' Bild von P ist.
Bemerkung: Die Sätze 2 bis 5 und 7 kann man auch in der Form ausdrücken:
Axiale Affinitäten sind umkehrbar, geradentreu, parallelentreu, verhältnistreu.

---

1. affinis (lat.), verwandt. **2.** Es gibt auch Affinitäten, die keine Achse besitzen.

Aufgaben

1. Suche in Fig. 94.2 für jeden der Sätze 1 bis 5 alle Stellen, an denen die Sätze verdeutlicht sind.

2. a) Beweise S 6 für $\triangle PQR \subset E$ und $\triangle P'Q'R' \subset E'$ (Fig. 95.1).
Anleitung: Zeichne die Achsenparallelen durch P, Q, R, P', Q', R'.
Zeige: Für die Abstände a_1, b_1 bzw. a_2, b_2 gilt:
$a_2 : a_1 = a_2 : b_2 = \overline{T'U'} : \overline{U'V'} = \overline{TU} : \overline{UV} = a_1 : b_1$, also $b_2 : b_1 = k$.
Beachte, daß $\overline{PS} = \overline{P'S'}$ ist und begründe nun:
$A_{\triangle P'S'R'} : A_{\triangle PSR} = a_2 : a_1 = k$, usw.
b) Beweise mittels a), daß S 6 auch für Vielecke gilt.

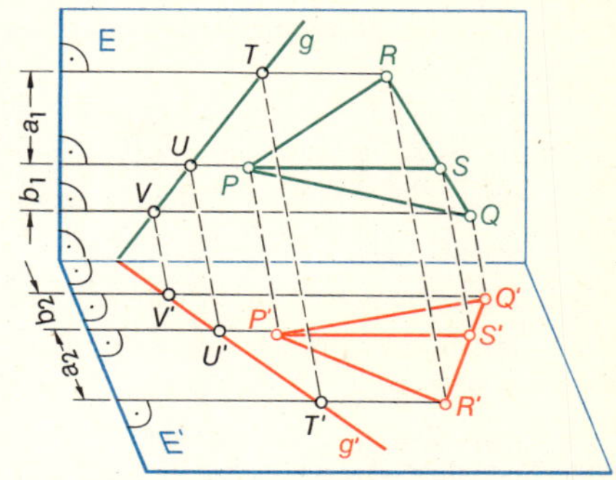

95.1. Flächeninhalt affiner Figuren

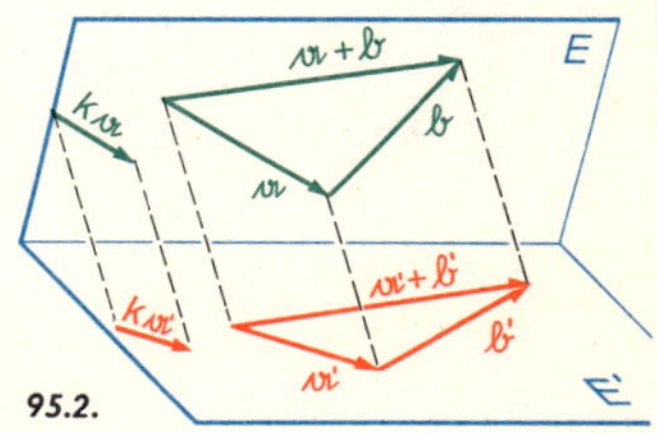

95.2.

3. Beweise folgende Eigenschaften axialer Affinitäten:
a) Das Bild einer Streifenschar ist eine Streifenschar.
b) Das Bild eines Parallelogramms ist ein Parallelogramm.
c) Der Schwerpunkt eines Dreiecks hat als Bild den Schwerpunkt des Bilddreiecks.
d) Das Mittendreieck eines Dreiecks hat als Bild das Mittendreieck des Bilddreiecks.
e) Die Punktsymmetrie einer Figur bleibt erhalten.
S 8 f) *Das Bild eines Vektors* $\mathfrak{a} \subset E$ *ist ein Vektor* $\mathfrak{a}' \subset E'$. *Das Bild von* $k\,\mathfrak{a}$ ist $k\,\mathfrak{a}'$. *Das Bild von* $(\mathfrak{a} + \mathfrak{b}) \subset E$ ist $(\mathfrak{a}' + \mathfrak{b}') \subset E'$ (Fig. 95.2).

4. Warum ist das affine Bild einer achsensymmetrischen Figur im allgemeinen nicht achsensymmetrisch? Inwiefern kann man bei ihm von „schiefer Achsensymmetrie" sprechen?

5. Wie müssen die Projektionsgeraden verlaufen, wenn das Bild einer Figur zum Original kongruent sein soll, ohne daß $E \parallel E'$ ist?

6. Was ändert sich in Satz 1 bis 5, wenn $E \parallel E'$ ist?

7. Warum ist eine ebene Figur zu ihrem Grundriß (ihrem Aufriß, ihrem Seitenriß, ihrem Schrägbild) affin? Wie verlaufen in diesen Fällen die Projektionsgeraden?

8. In 94.1, 94.2 und 95.1 sind *räumliche* Gebilde durch Schrägbilder in der *Zeichenebene* dargestellt. Welche Eigenschaften der Schrägbilder werden dabei benutzt? (Vgl. Aufg. 7.)

9. a) Mache dir an Fig. 95.3 klar: Wird ein Prisma von einer Ebene geschnitten, so sind die Grundfläche und die Schnittfläche affin zueinander. Welche Gerade ist die Affinitätsachse?
b) Zeichne ein Schrägbild für den Schnitt eines 3-, 4-, 5-seitigen schiefen Prismas wie in Fig. 95.3. Welche Eigenschaften der Affinität werden dabei benutzt?

10. Durch welche Angaben läßt sich eine räumliche Affinität festlegen?

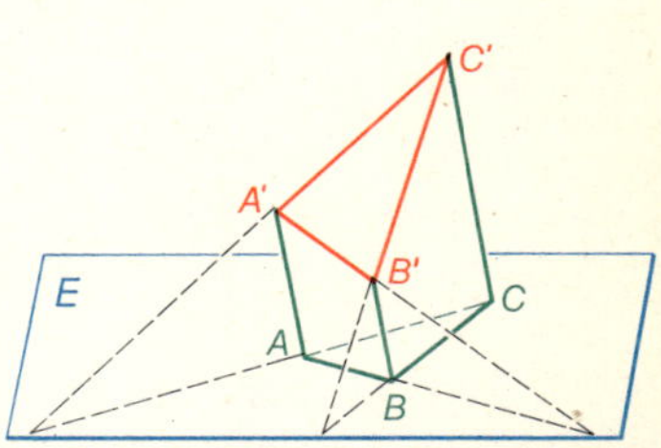

95.3. Ebener Schnitt eines schiefen dreiseitigen Prismas

93 Affine Abbildungen der Ebene auf sich

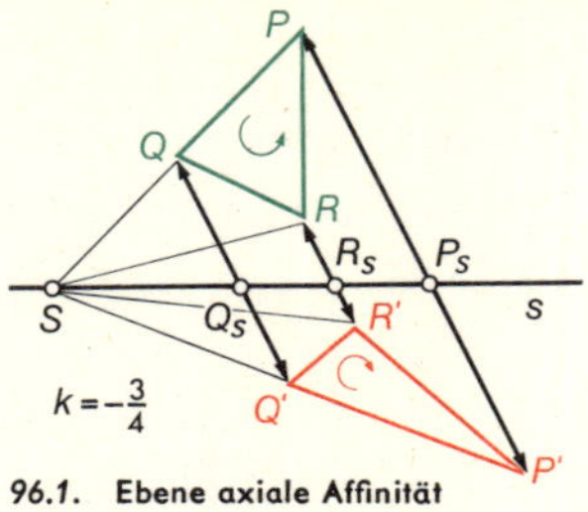

96.1. Ebene axiale Affinität

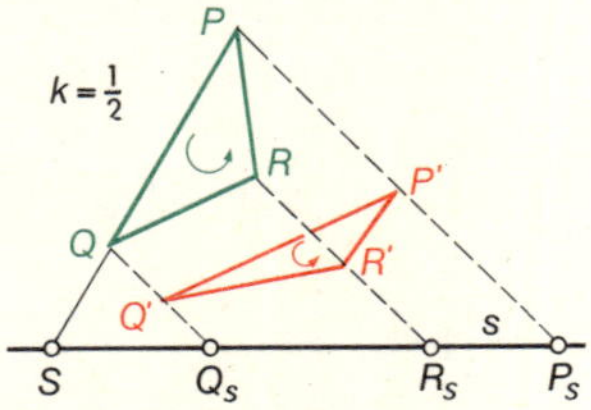

96.2. Ebene axiale Affinität

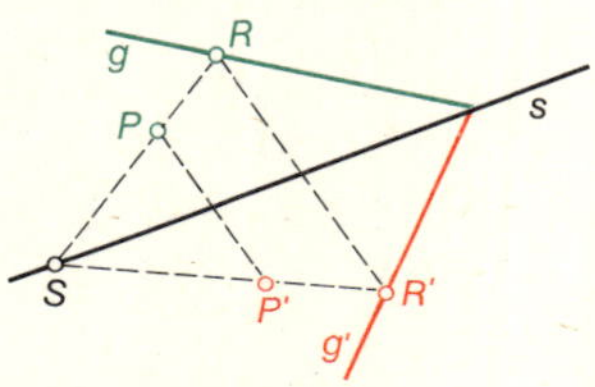

96.3. Bild einer Gerade

1. Betrachtet man Fig. 94.2 als *Schrägbild* der zwei Ebenen E und E', so ist in ihm jeder Punkt P der Zeichenebene ein Punkt P' *derselben* Ebene zugeordnet. Die Zeichenebene ist dadurch „auf sich“ abgebildet.

D 1 Man nennt eine solche Abbildung eine **ebene axiale Affinität A_s** oder *affine Abbildung der Ebene auf sich.* Die Gerade s bezeichnet man wieder als *Affinitätsachse*, die Verbindungsgeraden entsprechender Punkte heißen jetzt **Affinitätsgeraden.**

Die Affinitätsgeraden *schneiden* nun im allgemeinen die Achse s; so trifft z.B. (PP') die Achse in P_s (Fig. 96.1/2). Der Fall $PP' \parallel s$ wird in § 94 behandelt.

2. Eigenschaften der ebenen axialen Affinitäten
Es gelten nach wie vor die **Sätze 1 bis 8** von § 92. Dies folgt aus den Eigenschaften eines Schrägbildes (§ 84) und aus § 92, Aufg. 7. (Erläutere dies näher.) Außer diesen Sätzen gilt:

S 1 *Die Affinitätsgeraden sind Fixgeraden der Abbildung.*

S 2 *Die Verbindungsstrecken entsprechender Punkte sind parallel und werden durch die Achse im gleichen Verhältnis, dem Affinitätsverhältnis oder Affinitätsfaktor k, geteilt ($k \in \mathbb{R} \setminus \{0\}$).*

Beweis: (Fig. 96.1/2): Folgt aus dem 3. Strahlensatz (S. 33).

Beispiel: In 96.1/2 ist $\overline{P'P_s} : \overline{PP_s} = \overline{Q'Q_s} : \overline{QQ_s} = |k|$, $k \in \mathbb{R} \setminus \{0\}$.

Schreibt man $\overrightarrow{P_sP'} = k\,\overrightarrow{P_sP}$, so liegen P und P' auf gleicher bzw. verschiedener Seite von s, je nachdem $k > 0$ bzw. $k < 0$ ist (96.1/2).

Zusatz zu S 6 von § 92:

S 3 *Das Verhältnis der Flächeninhalte entsprechender Vielecke ist gleich $|k|$.* Es gilt: $A' = |k|\,A$.

Beweis: In Fig. 96.1/2 ergibt sich für die Inhalte A' und A von $\triangle\, SP'P_s$ und $\triangle\, SPP_s$ das Verhältnis $A' : A = \overline{P'P_s} : \overline{PP_s} = |k|$. Der Inhalt jedes Vielecks läßt sich durch Addition und Subtraktion aus den Inhalten von Dreiecken dieser besonderen Lage erhalten (zeige dies).

Ist $k > 0$, so haben entsprechende Vielecke denselben Umlaufsinn (Fig. 96.1); man hat eine **gleichsinnige Affinität.** Ist $k < 0$, so haben entsprechende Figuren entgegengesetzten Umlaufsinn (Fig. 96.2); man hat eine **gegensinnige Affinität.**

D 2 **3.** Sind die Affinitätsgeraden orthogonal zur Achse, so spricht man von einer *orthogonalen Affinität*, sonst von einer *schiefen Affinität.*

Bemerkung: Eine ebene axiale Affinität entsteht auch, wenn man in Fig. 94.2 die Ebene E um s in die Ebene E' umklappt. Von S 1 bis 8 in § 92 und S 1/3 in § 93 ist dann nur zu beweisen, daß $PP' \parallel QQ'$ ist. Dies folgt aber aus $\overline{SP} : \overline{SQ} = \overline{SP'} : \overline{SQ'}$ (Umkehrung des 1. Strahlensatzes).

Grundaufgabe: Von einer ebenen axialen Affinität ist die Achse s und ein Punktepaar $P \neq P'$ gegeben mit $P \notin s$, $P' \notin s$. Gesucht ist das Bild a) eines Punktes Q b) einer Gerade g.
Lösung: a) Fig. 96.1/2 b) Fig. 96.3. (Warum sind s und $P, P' \notin s$ beliebig wählbar?)

Aufgaben

1. Von einer ebenen axialen Affinität sind die Achse s und ein Paar entsprechender Punkte P und P' gegeben. Konstruiere das Bild für a) eine Strecke b) ein Dreieck (schiefwinklig, gleichschenklig, gleichseitig) c) ein Parallelogramm (Raute, Rechteck, Quadrat) d) ein Trapez e) einen Drachen f) ein regelmäßiges Sechseck.
Lege die Achse s verschieden, insbesondere auch orthogonal zu PP'.

2. Wie läßt sich eine ebene axiale Affinität außer in der Grundaufgabe noch festlegen?

3. Löse einige der Aufg. 1, wenn die Achse s, das Affinitätsverhältnis k und die Richtung der Affinitätsgeraden gegeben sind.

4. a) In Fig. 97.1 ist ein Quadrat unter Beibehaltung einer Seite in ein Parallelogramm affin abgebildet (oder umgekehrt). Zeige die Achse und die Affinitätsgeraden. Gib das Affinitätsverhältnis an. Welche andere Deutung kann man der Figur geben?
b) Bilde ebenso ab: ein Rechteck, eine Raute, ein gleichschenkliges Trapez.

5. Löse Aufg. 4, wenn eine Diagonale beibehalten wird.

6. a) Deute das Achteck *ABCDEFGH* in Fig. 76.2 als affines Bild.
b) Gib in Fig. 89.1 bis 3 Figuren an, die affin zueinander sind.

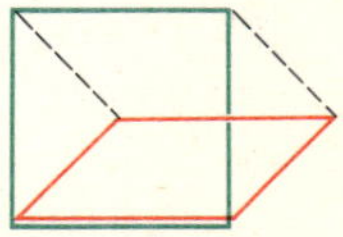

97.1. Bild eines Quadrats

7. a) Deute Fig. 95.2 als Darstellung einer Affinität in der Ebene.
b) Beweise umgekehrt durch *räumliche* Deutung der Figur den *Satz von Desargues*[1]*: Sind die Verbindungsgeraden entsprechender Ecken zweier Dreiecke parallel, so liegen die Schnittpunkte entsprechender Seiten auf einer Gerade.*

8. Zeichne die Dreiecke $A(1\,|\,5)$ $B(3\,|\,1)$ $C(4\,|\,2)$ und $A'(3\,|\,5)$ $B'(1\,|\,1)$ $C'(0\,|\,2)$. Zeige, daß $\triangle\, A'B'C'$ axial affines Bild von $\triangle\, ABC$ ist und bestätige für diese Dreiecke den Satz von Desargues.

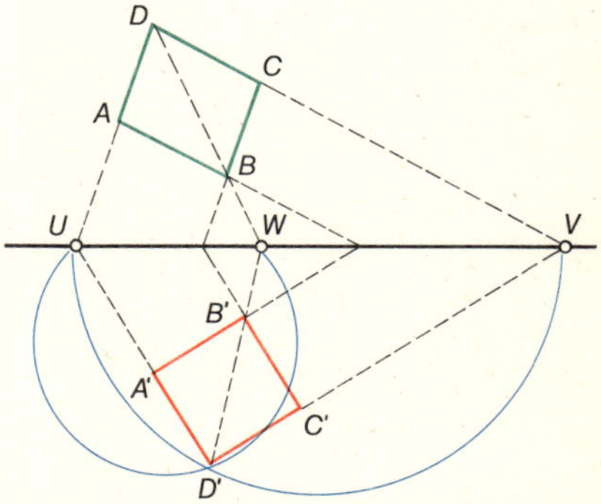

97.2. Das Quadrat als Bild eines Parallelogramms

9. a) Bilde ein gegebenes Parallelogramm bei gegebener Achse s affin so ab, daß als Bild ein Quadrat entsteht (Fig. 97.2).
Anleitung: Die Ecke D' des Quadrats liegt auf dem Thaleskreis über UV und auf dem Kreisbogen über UW, der $\sphericalangle\, UD'W = 45°$ faßt.
b) Ersetze in a) das Quadrat durch ein Rechteck (Parallelogramm) von vorgeschriebener Form.

10. Bilde ein Quadrat samt Inkreis und Mittellinien
a) durch senkrechte Affinität $(k = \frac{1}{2})$ b) durch schiefe Affinität nach Fig. 97.3 ab ($a = 5$ cm). Benutze zur Konstruktion der „*Ellipse*" ein Quadratgitter (quadratisches Netz) aus orthogonalen Kreissehnen (vgl. Fig. 76.3 und 89.3).

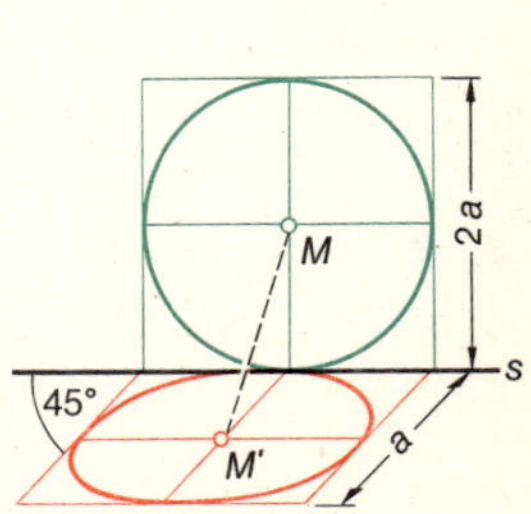

97.3. Ellipse als affines Kreisbild

1. Girard Desargues (1591—1661), franz. Architekt und Mathematiker.

Affinitäten beim ebenen Schnitt von Körpern

11. In Fig. 98.1 und 2 wird der Schnitt eines senkrechten dreiseitigen Prismas mit einer schiefen Ebene E dargestellt, die orthogonal zur Aufrißebene (A. E.) ist und die Grundrißebene (G. E.) in der Gerade s schneidet. (E ist in Fig. 98.1 durchsichtig gezeichnet.) Die Ebene E wird um s in die G. E. umgeklappt, $\triangle D_1E_1F_1$ gibt dann die wahre Größe der Schnittfigur an.

a) Mache die Entstehung von Fig. 98.2 deutlich. Beachte insbesondere, daß die Kreisbogen, welche D, E, F bei der Umklappung beschreiben, im Aufriß in wahrer Größe, im Grundriß als Orthogonale zu s erscheinen.

b) Wähle geeignete Maße und zeichne die Fig. 98.2. Achte darauf, daß $\triangle D_1E_1F_1$ affin zu $\triangle D'E'F'$ ist (Achse s) und benutze die gestrichelten Geraden als Zeichenkontrolle.

c) In Fig. 98.1 sind die Dreiecke ABC, DEF und $D_1E_1F_1$ paarweise affin mit der gemeinsamen Achse s (Grund?). Gib jeweils die Affinitätsgeraden an; prüfe nach, ob sie in der Zeichnung parallel sind.

d) Zeichne das Netz (die Abwicklung) des Prismas und stelle ein Modell her.

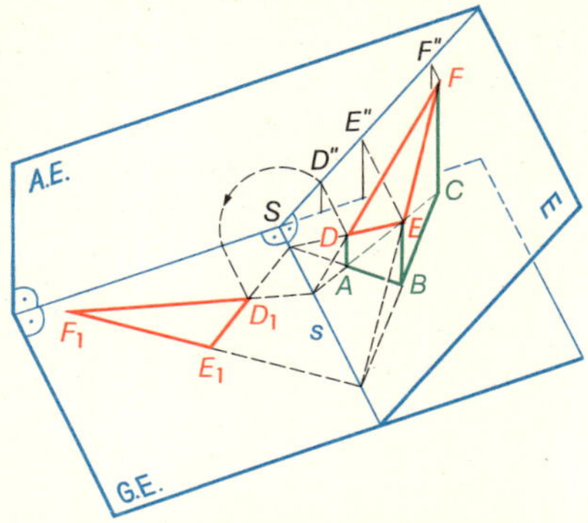

98.1. Ebener Schnitt eines 3seitigen Prismas mit Umklappung der Schnittfigur

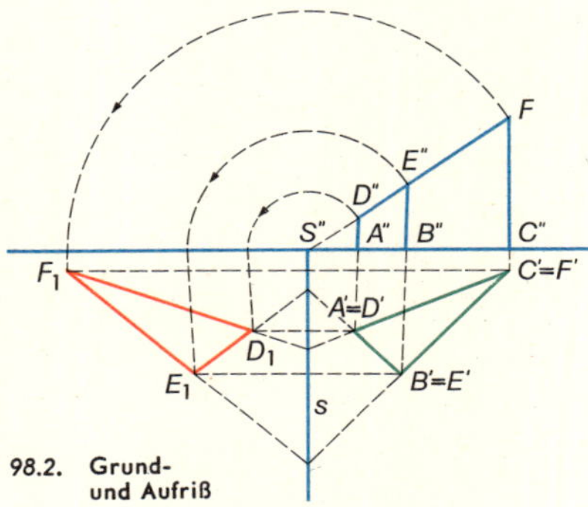

98.2. Grund- und Aufriß

12. Löse Aufg. 11 a, b, d für ein senkrechtes vierseitiges (fünfseitiges) Prisma.

13. Schneide nach Fig. 98.3 einen senkrechten Kreiszylinder mit einer Ebene orthogonal zur A. E. Klappe wie in Fig. 98.2 die „*Schnittellipse*" in die G. E. um. Bilde einige Kreistangenten affin ab.

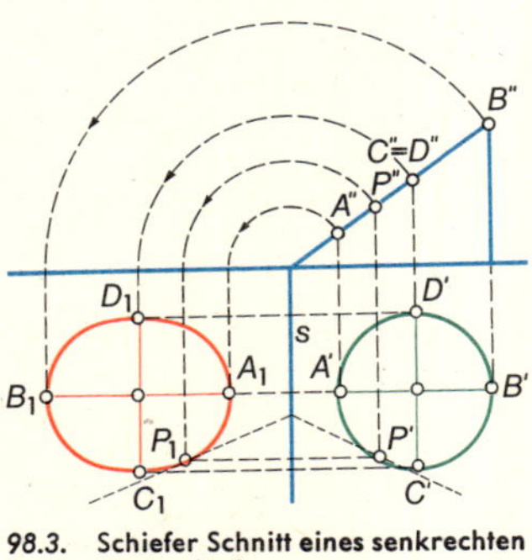

98.3. Schiefer Schnitt eines senkrechten Kreiszylinders

14. Zeichne ein Dreieck in Grund- und Aufriß. Gib die zugehörige Affinitätsachse an und ergänze das Dreieck mit Hilfe dieser Achse zu einem Viereck. Deute die Figur als Schnitt eines senkrechten Prismas.

15. Schneide ein schiefes dreiseitiges (vierseitiges) Prisma, dessen Grundfläche in der Grundrißebene liegt und dessen Seitenkanten parallel zur Aufrißebene laufen (vgl. § 86, Aufg. 17), mit einer Ebene senkrecht zur Aufrißebene und bestimme die wahre Größe der Schnittfigur durch Umklappung in die Grundrißebene. Verdeutliche die paarweise vorhandene Affinität zwischen der Grundfläche, dem Grundriß der Schnittfläche und ihrer Umklappung.

Schrägspiegelungen

4. Ist bei einer ebenen axialen Affinität das Affinitätsverhältnis $k = -1$, so ist nach Abschnitt 2: $\overrightarrow{P'P_s} = -\overrightarrow{PP_s}$, also $\overline{P'P_s} = \overline{PP_s}$ (Fig. 99. 1/2).

D 3 Eine ebene axiale Affinität, bei der die Achse die Verbindungsstrecke entsprechender Punkte halbiert, heißt **Schrägspiegelung.**

S 4 Sind bei einer Schrägspiegelung die Affinitätsgeraden (PP') *orthogonal* zur Achse s, so ist sie die **Geradenspiegelung** an s (Fig. 99.3).

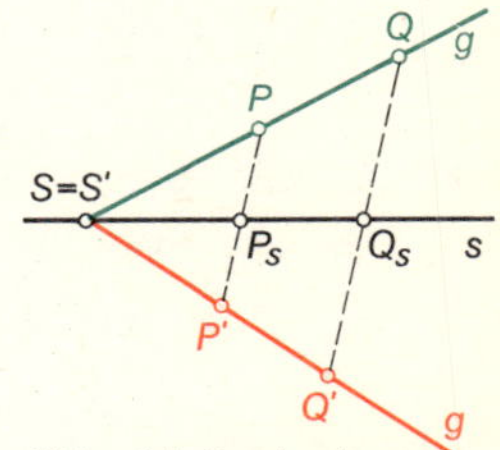

99.1. Schrägspiegelung

Nach S 4 gilt: Ist P' das Bild von P, so ist auch P das Bild von P':

S 5 **Die Schrägspiegelung ist involutorisch** (wechselseitig).

S 6 *Eine Schrägspiegelung ist eindeutig bestimmt durch die Achse und die Richtung der Affinitätsgeraden.*
Da die Schrägspiegelung eine spezielle axiale Affinität ist, gilt für sie § 92, S 1 bis 7, und § 93, S 1/3. Wegen $k = -1$ ergibt § 93, S 3:

S 7 **Der Flächeninhalt eines Vielecks bleibt bei einer Schrägspiegelung erhalten: Die Schrägspiegelung ist „flächentreu".**
Vgl. hierzu Aufg. 2, S. 95.

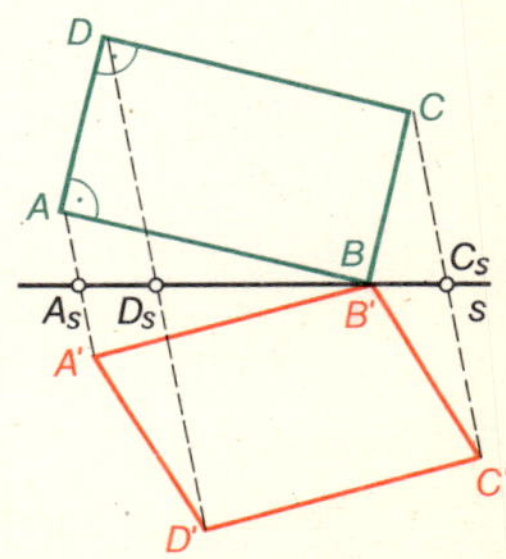

99.2. Schrägspiegelung

In Fig. 99.4 geht $\triangle ABC$ durch eine Schrägspiegelung an $s = (AC)$ in $\triangle ADC$ über. $ABCD$ ist ein „*schiefer Drachen*"; er wird durch eine Schrägspiegelung an (AC) auf sich abgebildet.

D 4 Figuren, die durch eine Schrägspiegelung auf sich abgebildet werden können, heißen **schrägsymmetrisch** (*schiefsymmetrisch*) bez. ihrer Achse.

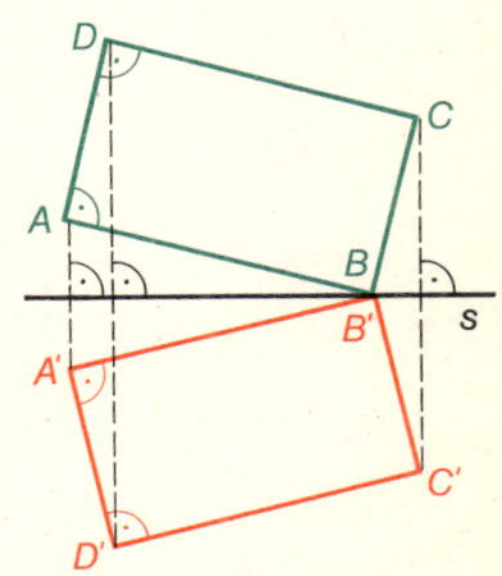

99.3. Geradenspiegelung

Aufgaben

16. Eine Schrägspiegelung sei durch ihre Achse s und eine Affinitätsgerade r gegeben. Bilde ab: a) ein Dreieck mit einer Seite auf s b) ein beliebiges Dreieck c) ein Parallelogramm $ABCD$ mit $AB \parallel r$ d) ein Parallelogramm in beliebiger Lage.

17. Wann bildet eine Schrägspiegelung einen Vektor $\mathfrak{v}$ auf $-\mathfrak{v}$ ab?

18. Von einer Schrägspiegelung kennt man die Paare zugeordneter Punkte (P, P') und (Q, Q') mit $(PP') \nparallel (QQ')$. Konstruiere die Achse s.

19. Beweise den Satz von den Ergänzungsparallelogrammen mittels einer Schrägspiegelung. (Beachte S 6.)

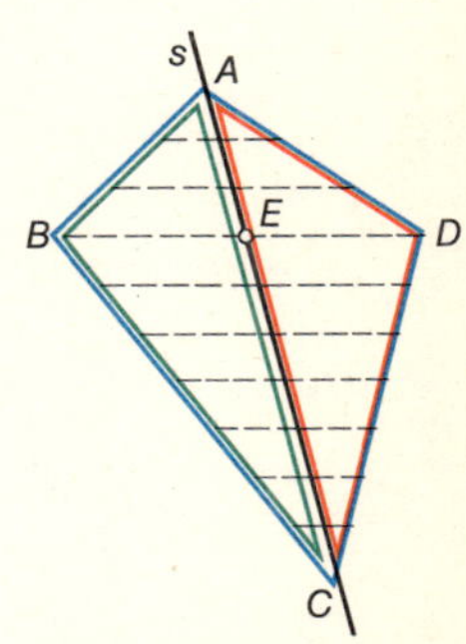

99.4. Schiefer Drachen

20. Bei schrägsymmetrischen Figuren bezeichnet man die Achse oft als „*Schrägachse*". Zeige:
a) Ein Dreieck (Parallelogramm) besitzt genau 3 (4) Schrägachsen.
b) Ein Trapez besitzt mindestens *eine* Schrägachse.

21. a) Zeichne Vierecke mit einer Diagonale als einziger Schrägachse.
b) Konstruiere ein Sechseck mit 6 Schrägachsen. Zeige: Man kann dabei 3 nicht auf einer Gerade liegende Ecken beliebig vorschreiben.

94 Ebene Scherungen. Verkettungen von axialen Affinitäten

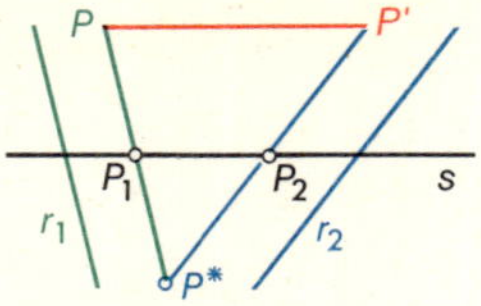

100.1. Scherung

Definition der ebenen Scherungen

1. Alle Abbildungen der Ebene auf sich, die wir bisher untersuchten, seien es Kongruenzabbildungen in Geometrie 1 oder Ähnlichkeitsabbildungen in diesem Buch, haben wir immer auch wieder verkettet. Dies wollen wir nun auch mit den affinen Abbildungen tun, und zwar zunächst mit den *Schrägspiegelungen*.

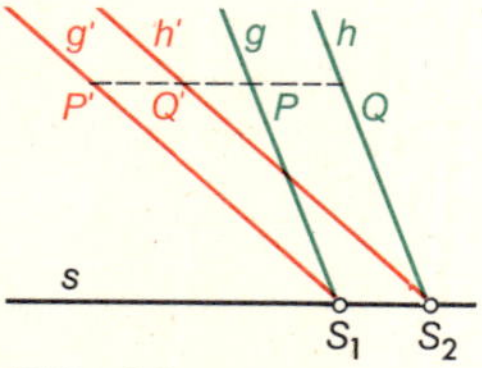

100.2. Scherung von Parallelen

2. In Fig. 100.1 sind zwei Schrägspiegelungen mit gemeinsamer Achse s verkettet, deren Affinitätsgeraden parallel zu r_1 bzw. r_2 sind. Der Punkt $P \notin s$ wird durch die erste Schrägspiegelung auf $P^\star$ abgebildet, $P^\star$ durch die zweite auf P'.
Ist $PP^\star \cap s = \{P_1\}$, $P^\star P' \cap s = \{P_2\}$, so gilt $\overline{PP_1} = \overline{P_1P^\star}$, $\overline{P^\star P_2} = \overline{P_2P'}$, also $PP' \parallel s$.

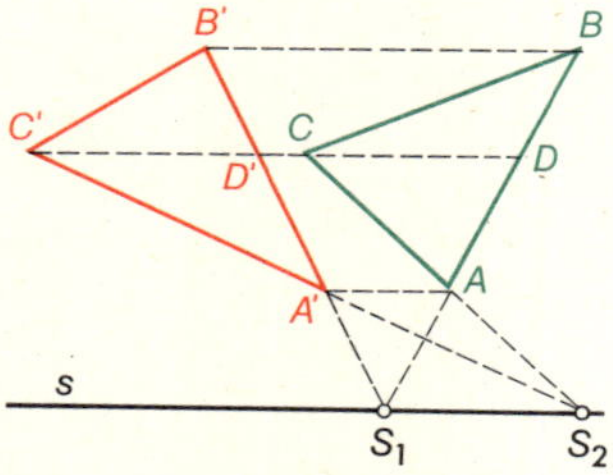

100.3. Scherung eines Dreiecks

D 1 Eine Abbildung der Ebene auf sich, die durch Verkettung zweier Schrägspiegelungen mit gemeinsamer Achse s entsteht, heißt **ebene Scherung;** die Achse s nennt man die **Scherungsachse.**

Bemerkung: Die Identität ist ein Sonderfall der Scherung (wieso?).

Eigenschaften der ebenen Scherung

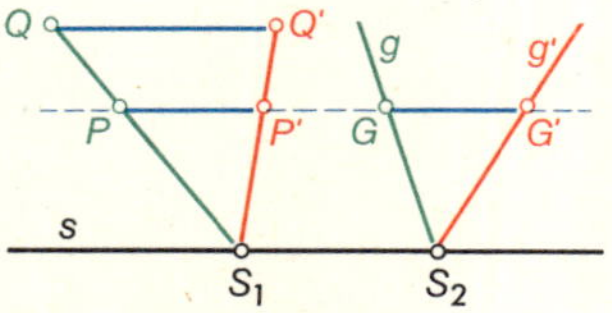

100.4. Grundaufgaben

3. Aus der Konstruktion von P' in Fig. 100.1 ergibt sich:

S 1 **Die Verbindungsgeraden entsprechender Punkte** (Affinitätsgeraden) **sind parallel zur Scherungsachse:** $(PP') \parallel s$. Jede Parallele zu s ist also *Fixgerade*. Die Achse selbst ist *Fixpunktgerade*.

Da die ebenen Scherungen durch Verkettung von axialen Affinitäten in derselben Ebene entstehen, gelten für sie S 1 bis 8 von § 92 (wiederhole diese Sätze; vgl. z. B. Fig. 100.2). S 6 nimmt auf Grund von § 93, S 7, und D 1 die Form an:

S 2 **Der Flächeninhalt eines Vielecks bleibt bei einer ebenen Scherung erhalten.** Oder: Die ebene Scherung ist **flächentreu** (vgl. Fig. 100.3).

Grundaufgaben: Von einer ebenen Scherung sei die Achse s und ein Paar zugeordneter Punkte P und P' gegeben mit $P, P' \notin s$ und $PP' \parallel s$. Konstruiere das Bild
a) eines Punktes Q mit $PQ \nparallel s$. b) einer Gerade g mit $g \nparallel s$ (Fig. 100.4).

Lösung zu a): Zeichne $(QP) \cap s = \{S_1\}$; schneide (S_1P') mit der Parallele durch Q zu PP'. (Wie erhält man Q', wenn $Q \in (PP')$ ist?)

Lösung zu b): Es sei $g \cap s = \{S_2\}$ und $(PP') \cap g = \{G\}$. Zeichne $(GG') \parallel s$ und mache $\overline{GG'} = \overline{PP'}$, dann ist $(S_2G') = g'$. Wie ist es, wenn $g \parallel s$ ist?

Aufgaben

1. Von einer Scherung sind die Achse $s = (A\,(0\,|\,3)\ B\,(8\,|\,5))$ und das Punktepaar $P\,(2\,|\,6)$ $P'(6\,|\,?)$ gegeben. Bilde ab a) $Q\,(4\,|\,5)$ b) $R\,(0\,|\,10)$ c) $U(5\,|\,2)$ d) $V(1\,|\,0)$.

2. Schere in Aufg. 1 die Gerade mit der Gleichung a) $y = x + 1$ b) $y = 9 - \frac{1}{4}x$.

3. Wie erhält man g' in der Grundaufgabe b) (Fig. 100.4), wenn die Gerade g auf dem Zeichenblatt weder die Achse s noch die Gerade (PP') schneidet?

4. Gegeben: $s = (T\,(0\,|\,6)\ U\,(8\,|\,2))$, $P\,(4\,|\,7)$, $P'(?\,|\,5)$. Schere a) $\triangle\ A\,(3\,|\,3)\ B\,(4\,|\,1)$ $C\,(5\,|\,5)$ b) $\triangle\ A\,(3\,|\,1{,}5)\ B\,(4\,|\,-1)\ C\,(6\,|\,0)$ c) $\triangle\ A\,(7\,|\,5{,}5)\ B\,(11\,|\,4)\ C\,(9\,|\,6{,}5)$.

5. Inwiefern ist eine Scherung festgelegt, wenn die Achse s und ein Paar entsprechender Geraden g und g' (eine „Schere") gegeben sind. Wie müssen g und g' liegen?

6. Zeige: Eine Scherung kann auch festgelegt werden durch die Achse s und den „*Scherungswinkel*" σ, den eine Orthogonale (PP_s) zur Achse und ihr Bild $(P'P_s)$ einschließen. σ kann dabei positiven oder negativen Drehsinn haben (Fig. 101.1). Warum ist σ unabhängig von der Lage des Punktes P?

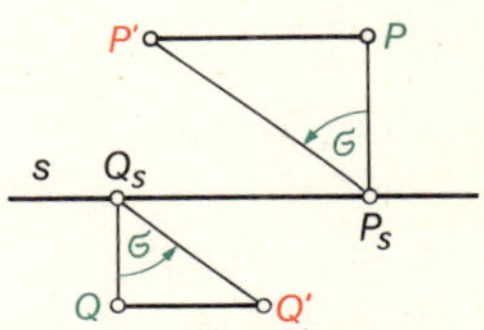

101.1. Scherungswinkel σ

7. Von einer Scherung seien die Achse und der Scherungswinkel σ gegeben. Schere a) ein Parallelogramm (Raute, Rechteck, Quadrat) b) ein Dreieck (Fig. 100.3) c) ein Trapez d) ein regelmäßiges Sechseck. Wähle für σ verschiedene Werte.

8. Beweise: Bei einer ebenen Scherung mit Achse s wird jeder Punkt P parallel zur Achse verschoben, und zwar so, daß die Länge der Verschiebungsstrecke proportional zum Abstand ist, den P von s hat.

9. Schere einen Kreis, wenn s a) eine Zentrale ist b) eine Tangente ist c) den Kreis nicht trifft ($\sigma = 45°$). Welche Symmetrieeigenschaften hat die entstandene „Ellipse"?

10. Bei welchen Beweisen in § 59 haben wir Scherungen verwendet?

11. Was ergibt die Figur zum Satz des Pythagoras bei einer beliebigen Scherung?

12. Leite den Satz von den Ergänzungsparallelogrammen mit Hilfe von Scherungen aus dem Sonderfall ab, bei dem die Gesamtfigur ein Quadrat ist.

13. a) Schere ein Dreieck bez. einer Seitenhalbierenden als Achse so, daß ein gleichschenkliges Dreieck entsteht.
b) Schere ein Trapez bez. der Mittellinie (einer Grundseite) als Achse so, daß ein gleichschenkliges Trapez entsteht.

14. Zeige: Die Verkettung zweier Schrägspiegelungen mit gemeinsamen Affinitätsgeraden ergibt eine ebene Scherung. Gib die Scherungsachse an.

15. Gib die Eigenschaften der ebenen Scherungen mit Hilfe von 5 Adjektiven an.

16. In Fig. 101.2 ist die Ebene E durch Parallelprojektion auf die Ebene E' abgebildet. Erläutere, wieso man hier eine ebene Scherung erhält, wenn man E um die Schnittgerade $s = E \cap E'$ auf E' klappt.

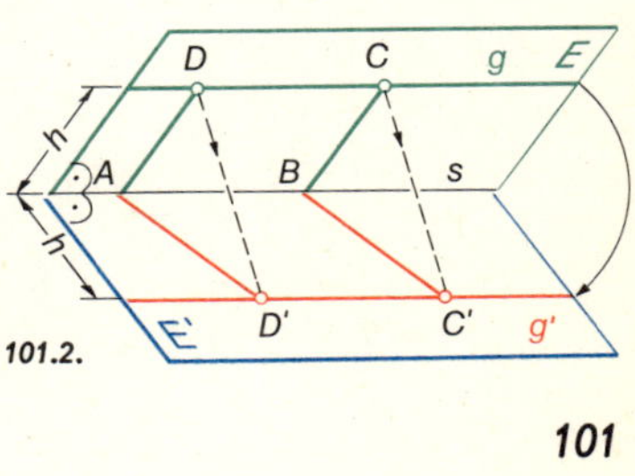

101.2.

Verkettung von ebenen axialen Affinitäten

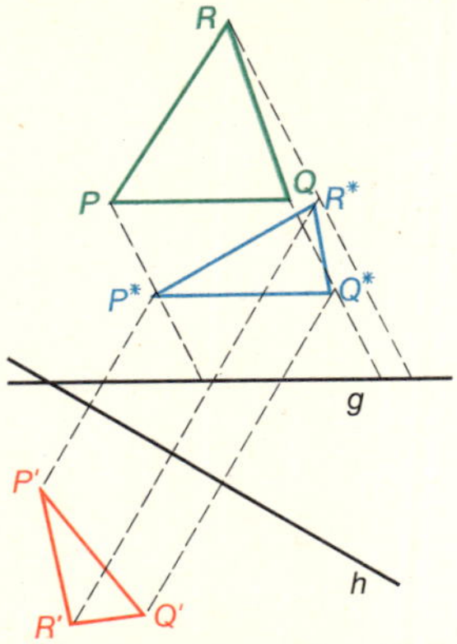

102.1. Verkettung zweier Affinitäten

5. Auf S. 100 haben wir zwei Schrägspiegelungen verkettet. In Fig. 102.1 wird nun $\triangle\, PQR$ durch eine Affinität A_g mit Achse g und $k_1 = \frac{1}{2}$ auf $\triangle\, P^\star Q^\star R^\star$ abgebildet und dieses durch die Affinität A_h mit Achse h und $k_2 = -\frac{2}{3}$ auf $\triangle\, P'Q'R'$.

Die Verkettung $A_g \circ A_h$ bildet also $\triangle\, PQR$ auf $\triangle\, P'Q'R'$ ab und ebenso die ganze Ebene E auf sich selbst.

$A_g \circ A_h$ ist im allgemeinen keine Achsenaffinität. Begründung? Die Verkettung von Achsenaffinitäten mit verschiedenen Achsen ergibt also im allgemeinen keine Achsenaffinität. Vergleiche mit Satz 5 von § 68. Siehe auch Aufg. 17.

Wie A_g und A_h, so ist offenbar auch die Abbildung $A_g \circ A_h$ umkehrbar, geradentreu, parallelentreu und verhältnistreu.

D 2 *Eine Abbildung der Ebene auf sich, die umkehrbar, geradentreu, parallelentreu und verhältnistreu ist, nennt man eine Affinität.*

Eine Affinität braucht keine Achse zu besitzen (vgl. Aufg. 17). Später werden wir zeigen, daß die Menge der affinen Abbildungen aus axialen Affinitäten und deren Verkettungen besteht. Daraus ergibt sich (Aufg. 18 und 19):

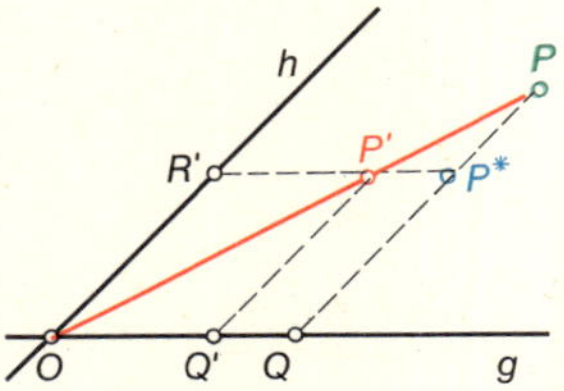

102.2. Verkettung von A_g mit $k = \frac{2}{3}$ und A_h mit $k = \frac{2}{3}$. $A_g \circ A_h = Z_{O;\,k}$

S 3 **Die Menge A aller Affinitäten ist bez. der Verkettung als Verknüpfung eine Gruppe.**

Aufgaben

17. Zeichne in Fig. 102.1 (PP') und (QQ') und zeige damit, daß die Abbildung $A_g \circ A_h$ keine axiale Affinität ist.

▶ **18.** a) Weise nach, daß die Verkettung zweier Achsenaffinitäten mit derselben Achse s wieder eine Affinität mit der Achse s ist (einschließlich der Scherungen mit Achse s).

b) Zeige ferner, daß zu jeder Affinität mit Achse s und Affinitätsverhältnis $k \neq 0$ die inverse Abbildung existiert und selbst wieder eine Affinität mit Achse s ist.

c) Zeige noch, daß für die Verkettung der Affinitäten mit fester Achse s das Assoziativgesetz gilt und für $k = 1$ die identische Abbildung vorliegt.

Bestätige so, daß die Menge der Affinitäten A_s bez. der Verkettung eine Gruppe bildet

19. Zeige, daß die Menge A aller Affinitäten die 4 Gruppeneigenschaften bez. der Verkettung besitzt (vgl. S 3).

20. In Fig. 102.2 sind die axialen Affinitäten A_g und A_h verkettet. Bei beiden Affinitäten ist der Affinitätsfaktor $k = \frac{2}{3}$, die Affinitätsgeraden sind parallel zu h bzw. g; dabei sei $g \nparallel h$. Zeige: Die Abbildung $A_g \circ A_h$ ist die zentrische Streckung $Z_{O;\,k}$ mit $g \cap h = \{O\}$ und $k = \frac{2}{3}$.

Übersicht über die geometrischen Abbildungen

6. a) Nach D 2 und S. 99 gehören die Geradenspiegelungen und ihre Verkettungen, also die Menge der Kongruenzabbildungen, zur Menge A der Affinitäten. Wir sagen:
Die Gruppe der Kongruenzabbildungen ist bez. der Verkettung eine Untergruppe von A.

b) Nach a) und Aufg. 18 bis 20 gilt ferner: *Untergruppen von A* sind z.B. auch:
1) *die Gruppe der zentrischen Streckungen mit gemeinsamem Zentrum O* (§ 68),
2) *die Gruppe der perspektiven Ähnlichkeitsabbildungen* (§ 69),
3) *die Gruppe der Ähnlichkeitsabbildungen* (§ 72).

c) Zu den in D 2 genannten Eigenschaften der Affinitäten kommt hinzu:
1) bei den Abbildungen in b) die Eigenschaft „*winkeltreu*",
2) bei den Kongruenzabbildungen außerdem die Eigenschaft „*längentreu*".

Kongruenzen	umkehrbar	geraden-treu	parallelen-treu	verhältnis-treu	winkel-treu	längen-treu
Ähnlichkeiten	umkehrbar	geraden-treu	parallelen-treu	verhältnis-treu	winkel-treu	–
Affinitäten	umkehrbar	geraden-treu	parallelen-treu	verhältnis-treu	–	–

In der folgenden Übersicht sind sämtliche Typen von Abbildungen, die wir bisher kennengelernt haben, noch einmal aufgeführt. Die Pfeile geben den Übergang zu einer Teilmenge bzw. Untergruppe an. Gleichsinnige Abbildungen erhalten den Umlaufsinn, gegensinnige nicht. Das Zeichen (*G*) bedeutet, daß die betreffende Menge bez. der Verkettung ∘ als Verknüpfung eine Gruppe bildet.

Affinitäten (*G*)

gleichsinnige Affinitäten (*G*) — gegensinnige Affinitäten

Ähnlichkeiten (*G*)

gleichsinnige Ähnlichkeiten (*G*)
Perspektive Ähnlichkeiten
(Streckungen oder Verschiebungen)
Drehstreckungen

gegensinnige Ähnlichkeiten
(Klappstreckungen)

Kongruenzen (*G*)

gleichsinnige Kongruenzen (*G*)

gegensinnige Kongruenzen
(Geradenspiegelungen
und Gleitspiegelungen)

Schiebungen (*G*) — **Drehungen um *O* (*G*)**

identische Abbildung (*G*)

95 Scherungen im Raum

1. In der Ebene E sei eine Scherung gegeben durch die Achse s und ein Punktepaar (P, P'); ferner gehe eine Ebene $F \neq E$ durch s (Fig. 104.1). Man kann nun jedem Raumpunkt Q, für den $(PQ) \cap F = \{S\}$ ist, einen Bildpunkt Q' zuordnen, nämlich (wie in der Grundaufg. S. 100) den Schnittpunkt von (SP') und der Parallele zu PP' durch Q (Fig. 104.1). Zeichnet man $SS_1 \parallel QQ_1 \parallel Q'Q_1' \parallel F$ mit $\{S_1, Q_1, Q_1'\} \subset E$, so ist Q_1' das Bild von Q_1 bei der Scherung in E und $\overrightarrow{QQ'} = \overrightarrow{Q_1Q_1'}$. Für $PQ \parallel F$ setzt man entsprechend $\overrightarrow{QQ'} = \overrightarrow{PP'}$.

D 1 Die so entstandene Abbildung des Raumes auf sich bezeichnet man als **räumliche Scherung.**

2. Aus 1. ergeben sich die folgenden
Eigenschaften der räumlichen Scherung:

S 1 a) Die Ebene F ist **Fixpunktebene.**
Man bezeichnet sie als **Scherungsebene.**

S 2 b) Zu allen Punkten Q einer Ebene $G \parallel F$ gehören gleiche „*Scherungspfeile*" $\overrightarrow{QQ'} \parallel s$. Die Ebene G ist eine **Fixebene.**

S 3 c) Die räumliche Scherung ist **geradentreu.** Es wird z.B. die Gerade (SP) auf (SP') abgebildet (Fig. 104.1).

S 4 d) **Körper, die durch Scherung auseinander hervorgehen, werden von Parallelebenen zur Scherungsebene in kongruenten Figuren geschnitten** (Fig. 104.2/3).

Beweis: Nach S 2 gehen in Fig. 104.2 die grünen Flächen durch Verschiebung in die roten über.

S 5 **Das Volumen eines Prismas oder einer Pyramide bleibt bei räumlicher Scherung unverändert** (Fig. 104.2/4).

Beweis: Beschreibt man einem Prisma oder einer Pyramide wie in Fig. 104.4 einen „Treppenkörper" ein und schert man dann die Gesamtfigur parallel zur Grundfläche, so sind die „Platten" paarweise kongruent, haben also den gleichen Rauminhalt. Beide Treppenkörper haben somit gleiches Volumen. Dies gilt auch noch, wenn man die Zahl der Platten unbegrenzt vermehrt, die Plattenhöhe also beliebig klein macht. In § 96 werden wir zeigen, daß dann die Rauminhalte der Treppenkörper einen gemeinsamen „Grenzwert" haben. Er heißt der Rauminhalt der Körper.

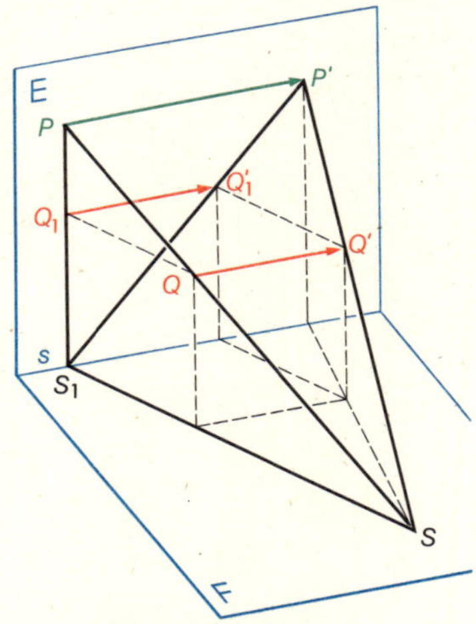

104.1. Räumliche Scherung

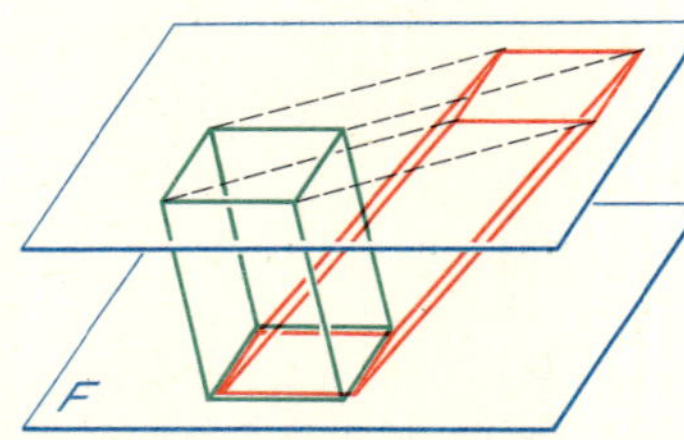

104.2. Scherung eines Prismas

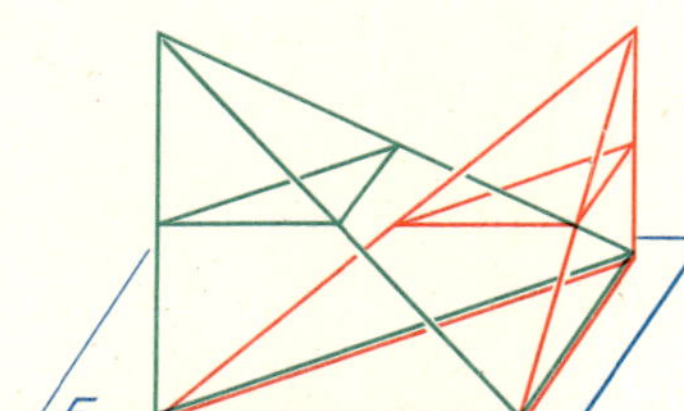

104.3. Scherung einer Pyramide

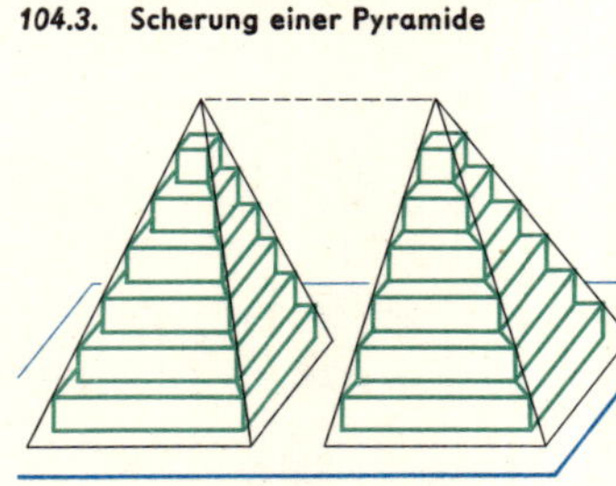
104.4. Treppenkörper bei Pyramiden

Der Satz von Cavalieri

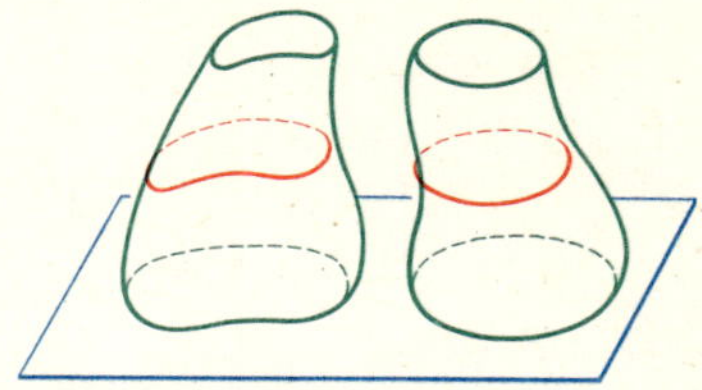

105.1. Satz von Cavalieri

3. Satz 5 läßt sich auf Körper übertragen, die zwar nicht durch räumliche Scherung auseinander hervorgehen, aber doch in gleichen Höhen inhaltsgleiche Querschnitte haben.

Das wird ausgedrückt in dem **Satz von Cavalieri**[1]:

S 6 **Liegen zwei Körper zwischen zwei parallelen Ebenen und werden sie von jeder Parallelebene in inhaltsgleichen Flächen geschnitten, so haben die Körper denselben Rauminhalt** (Fig. 105.1).

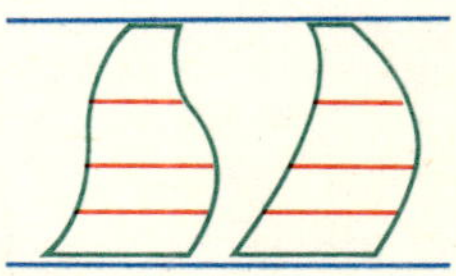

105.2.

Zum Beweis von S 6 sind Mittel der höheren Mathematik nötig. Cavalieri hat zunächst einen entsprechenden Satz für die ebenen Flächen ausgesprochen (Fig. 105.2):

S 7 *Liegen zwei Flächen zwischen zwei Parallelen und werden sie von jeder weiteren Parallele in gleichlangen Strecken geschnitten, so haben die Flächen denselben Inhalt.*

Aufgaben

1. Begründe S 1 bis S 4 ausführlich.

2. In einem rechtwinklig-räumlichen Achsenkreuz seien die folgenden Punkte der Fig. 104.1 durch ihre Koordinaten x, y, z festgelegt: $S_1(0|0|0)$, $S(9|10|3)$, $P(0|0|8)$, $P'(0|14|8)$, $Q_1(0|0|3{,}5)$, $T(0|7|0)$.
a) Zeichne ein Schrägbild der Punkte ($\alpha = 60°$, $k = 1$).
b) Zeichne den Punkt $R \in PT$ mit $RQ_1 \parallel TS_1$.
c) Konstruiere Q und das Bilddreieck $Q'R'Q_1'$ von $\triangle QRQ_1$. Vergleiche die beiden Dreiecke.
d) Bestimme noch die Mitte U der Strecke SS_1 und zeichne das Bild der Pyramide mit Grundfläche STU und Spitze P.

3. In Fig. 104.2 sei gegeben: $A(4|3|0)$, $B(4|6|0)$, $C(0|6|0)$, $A_1(2|1|5)$, $A_1'(0|8|5)$. Zeichne Fig. 104.2 im Schrägbild ($\alpha = 60°$, $k = 0{,}5$).

4. In Fig. 104.3 sei gegeben: $A(8\ 1|0)$, $B(10|7|0)$, $C(12|9|0)$, $S(4|-1|7)$, $S'(0|10|7)$.
a) Zeichne ein Schrägbild der Figur ($\alpha = 60°$, $k = 0{,}5$).
b) Teile die (senkrecht zur x, y-Ebene gemessene) Höhe der Pyramide $S(ABC)$ in 4 gleiche Teile und schneide die Pyramide und ihr Bild $S'(ABC)$ mit Parallelebenen zur x, y-Ebene durch die Teilpunkte. Vergleiche die Schnittdreiecke miteinander.

5. In Fig. 104.4 sei gegeben: $A(6|0|0)$, $B(6|4|0)$, $C(0|4|0)$, $S(3|2|7)$ sowie $A'(6|6|0)$, $B'(6|10|0)$, $C'(0|10|0)$, $S'(3|7{,}5|7)$. Zeichne ein Schrägbild der beiden Pyramiden ($\alpha = 45°$, $k = 0{,}5$) samt den Treppenkörpern.

6. Welche Figuren auf S. 106 bis 109 zeigen räumliche Scherungen?

---

1. Bonaventura Cavalieri, ital. Mathematiker in Bologna (1598—1647).

XV	Erzeugung von Körpern und Berechnung ihrer Rauminhalte und Oberflächeninhalte

96 Prisma

Begriff des Prismas

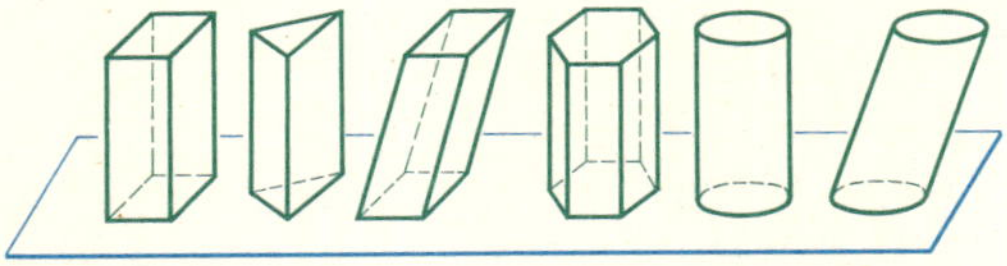

106.1.

❶ **Welche gemeinsamen Eigenschaften haben die Körper in Fig. 106.1? Wodurch unterscheiden sie sich? Was für Linien und Flächen kann man an ihnen erkennen?**

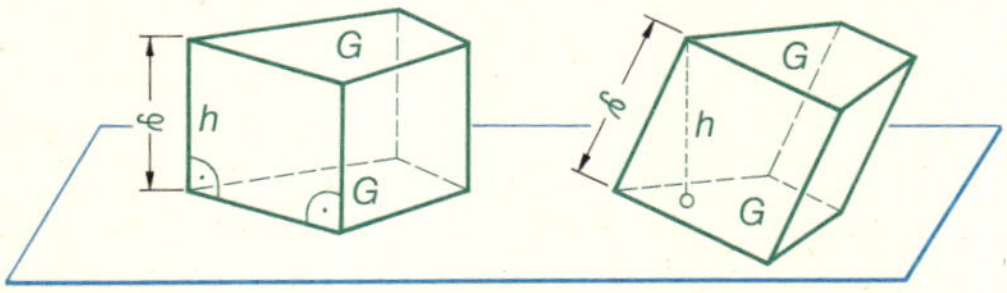

106.2. Entstehung von Prismen

D 1 **1.** Bewegt man ein ebenes n-Eck so, daß seine Punkte Pfeile durchlaufen, die zu demselben Vektor $\mathfrak{s}$ gehören und nicht in der Vielecksebene liegen, so bezeichnet man die von der Vielecksfläche überstrichene räumliche Punktmenge als ein **n-seitiges Prisma** (Fig. 106.2). Das Prisma heißt *senkrecht* bzw. *schief*, je nachdem der Vektor $\mathfrak{s}$ orthogonal oder schief zur Ebene des Vielecks ist.

D 2 **2.** Die Vielecksflächen in der Anfangs- und Endlage der Bewegung (Schiebung) nennt man die beiden **Grundflächen,** ihr Abstand h heißt die **Höhe** des Prismas.
Die Ecken des Vielecks durchlaufen bei der Bewegung parallele **Seitenkanten** der gleichen Länge s. Die Seiten des n-Ecks, die **Grundkanten,** erzeugen die **Seitenflächen** des Körpers, und zwar *Rechtecke* beim senkrechten Prisma, *Parallelogramme* beim schiefen Prisma.
Die Vereinigungsmenge der Seitenflächen heißt der **Mantel** des Prismas, die Vereinigungsmenge der Grundflächen und das Mantels ist die *Begrenzungsfläche* des Körpers; man nennt die Begrenzungsfläche die **Oberfläche** des Prismas.

D 3 Sind die Grundflächen eines *senkrechten* Prismas regelmäßige Vielecke, so spricht man von einem **regelmäßigen Prisma** (Fig. 106.3).

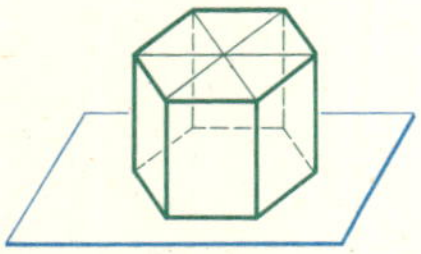

106.3. Regelmäßiges 6seitiges Prisma

D 4 Ein Prisma, dessen Grundflächen Parallelogramme sind, bezeichnet man als **Parallelflach** oder als **Spat** (Fig. 106.4). Ein senkrechter Spat mit rechteckigen Grundflächen ist ein **Quader** (Fig. 106.5); er hat nur Rechtecke als Begrenzungsflächen. Sind diese Rechtecke Quadrate, so ist der Quader ein **Würfel.** Beim Spat (also auch beim Quader und Würfel) kann man je zwei gegenüberliegende Flächen als Grundflächen auffassen.

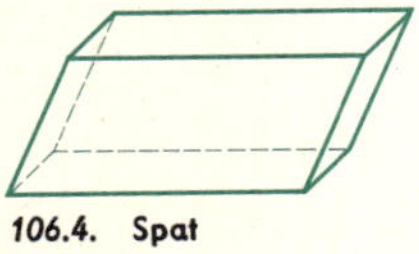

106.4. Spat

3. Aus D 1 ergibt sich unmittelbar:

S 1 Bei einer Parallelprojektion eines ebenen Vielecks in eine zur Vielecksebene parallele Ebene begrenzen die Vielecksfläche, ihr Bild und die Projektionsgeraden zwischen den beiden Vielecken ein Prisma.

S 2 Das Bild eines senkrechten Prismas ist bei räumlicher Scherung ein schiefes Prisma, falls Grundfläche und Scherungsebene parallel sind.

106.5. Quader

Rauminhalt des Prismas, Flächeninhalt seines Mantels

❷ Schichte einen Stoß Hefte zuerst senkrecht, dann schief (Fig. 107.1).
a) Was für Körper werden dadurch näherungsweise dargestellt? Vergleiche ihre Grundflächen, Höhen und Rauminhalte.
b) Was ändert sich, wenn man die Hefte in Einzelblätter zerlegt und wieder wie vorher schichtet?

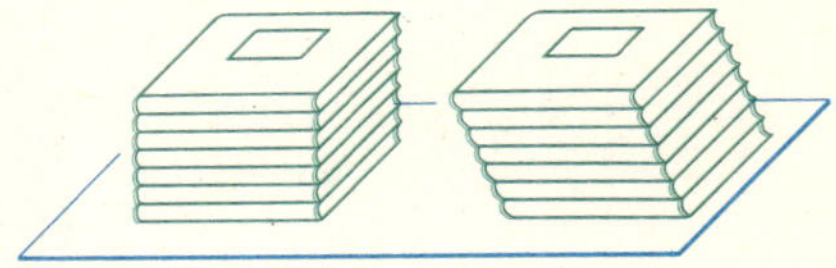

107.1.

4. In § 54 von Geom. 1 haben wir gezeigt, daß für den Rauminhalt V eines *senkrechten* Prismas mit der Höhe h und dem Grundflächeninhalt G gilt: $V = G \cdot h$. Da ein *schiefes* Prisma aus einem senkrechten durch räumliche Scherung entsteht, führt S 5 von § 95 zu dem Satz:

S 3 **Ein Prisma mit der Höhe h und dem Grundflächeninhalt G, hat den Rauminhalt**

$$V = G \cdot h.$$

Der *Beweis* wurde in § 95 nicht vollständig durchgeführt; er soll in Aufg. 4 ergänzt werden. Wir bringen im folgenden noch einen anderen Beweis:

Beweis:

1. Schritt (Fig. 107.2): Ein schiefes Prisma mit der *rechteckigen* (oberen) Grundfläche $A_1B_1C_1D_1$, dessen Seitenfläche ABB_1A_1 senkrecht zur Grundfläche ist, kann durch eine Scherung parallel AB in einen inhaltsgleichen Quader mit der Höhe h und dem Grundflächeninhalt G übergeführt werden (beachte die 2 kongruenten „Keile"). Das Volumen beider Körper ist also nach G 25 und G 26 von Geometrie 1: $V = G \cdot h$.

2. Schritt (Fig. 107.3): Ein Prisma mit der *rechteckigen* (oberen) Grundfläche $A_2B_2C_2D_2$ kann durch eine Scherung parallel BC in ein inhaltsgleiches Prisma mit der oberen Grundfläche $A_1B_1C_1D_1$ übergeführt werden, bei dem die Fläche ABB_1A_1 senkrecht zur Grundfläche ist (wie in Fig. 107.2, beachte wieder die 2 kongruenten Keile in Fig. 107.3). Auch hier gilt also: $V = G \cdot h$.

3. Schritt: Ein beliebiges n-seitiges Prisma läßt sich in Prismen zerlegen, deren Grundflächen rechtwinklige Dreiecke (also halbe Rechtecke) sind. Nach dem 2. Schritt folgt dann z. B. für den Rauminhalt V eines 5seitigen Prismas:

$V = G_1\,h + G_2\,h + \cdots + G_6\,h = (G_1 + G_2 + \cdots + G_6)\,h = G\,h.$

(Beachte dabei, daß sich jeder Quader durch einen Diagonalschnitt in zwei kongruente Prismen zerlegen läßt.)

S 4 **5.** *Der* **Mantel** *eines senkrechten Prismas mit der Höhe h und dem Grundflächenumfang u hat den Flächeninhalt* $M = u \cdot h$.

Beweis: Addiere die Rechtecksinhalte.

Warum gilt die Formel $M = u \cdot h$ *nicht* für schiefe Prismen?

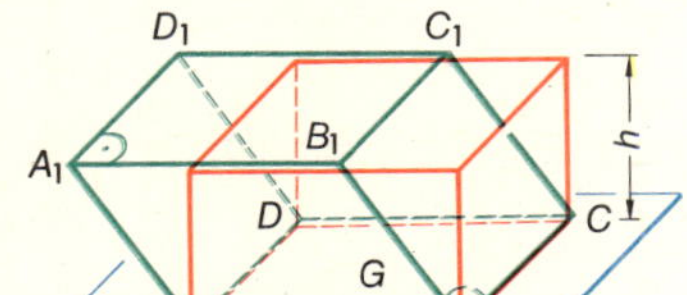

107.2. Scherung parallel AB

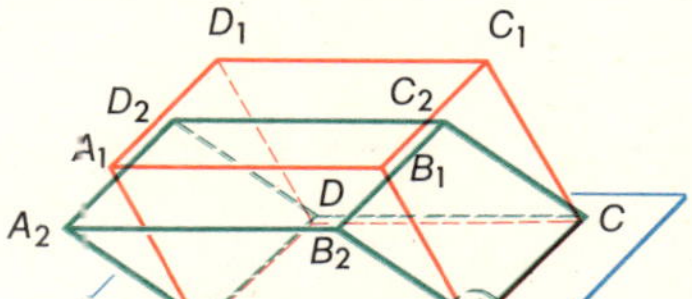

107.3. Scherung parallel BC

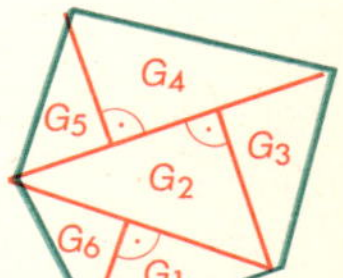

107.4. Zerlegung der Grundfläche eines 5seitigen Prismas

Aufgaben zum Prisma

1. Ein Quader (Prisma) hat eine Grundfläche mit Inhalt $G = 100\ \text{cm}^2$ und die Höhe
a) $h = 1$ cm; 3 cm; 0,1 cm; 0,4 cm; 0,01 cm; 0,02 cm,
b) $h = 1{,}4$ cm; 1,41 cm; 1,414 cm; 1,4142 cm; …
c) $h = 1{,}5$ cm; 1,42 cm; 1,415 cm; 1,4143 cm; … (Näherungswerte für $\sqrt{2}$).
Verdeutliche die Rauminhalte bei a) und berechne sie bei b) und c). Welchem Wert streben sie bei b) und c) zu? Verdeutliche so den Sinn der Formel $V = G \cdot h$, falls z.B. $h = \sqrt{2}$ cm, der Zahlenwert von h also irrational ist.

2. Wie ändert sich in Fig. 107.2 der obige Beweis beim 1. Schritt, wenn der in Fig. 108.1 gezeichnete Fall vorliegt?

3. Wie ändert sich der obige Beweis beim 3. Schritt, wenn man das Prisma wie in Fig. 108.2 in ein größeres Prisma mit rechteckiger Grundfläche „einbettet"?

4. Ersetze das schiefe Prisma in Fig. 107.2 näherungsweise durch einen inneren (roten) und auch durch einen äußeren (grünen) „Treppenkörper" (Fig. 108.3) und gib deren Rauminhalt V_a und V_i an, wenn der Grundflächeninhalt einer inneren Platte G_i und der einer äußeren Platte G_a ist. Zeige, daß $V_a - V_i = (G_a - G_i) \cdot h$ ist. Welchem Wert nähert sich sowohl G_i als auch G_a, wenn die Plattenzahl unbegrenzt wächst, die Plattenhöhe also beliebig klein wird? Was wird dann aus $G_a - G_i$ und aus $V_a - V_i$, sowie aus V_a und V_i? Wieso bilden also die Paare $[V_a, V_i]$ eine *Intervallschachtelung*? Beweise so Satz 3 für Fig. 107.2.
Zeige: In gleicher Weise kann man bei Fig. 107.3 vorgehen.

5. a) Welche Symmetrieen besitzt das Prisma in Fig. 106.3?
b) Wie läßt es sich durch Zerschneiden in einen Quader verwandeln?
c) Beantworte a) und b) für ein regelmäßiges 3seitiges Prisma.
d) Wann ist ein schiefes Prisma mit regelmäßiger Grundfläche symmetrisch?

6. Zeichne die Prismen in 106.2/3, 107.2/3, 108.1/2 in Grund-, Auf- und Seitenriß. Stelle Modelle aus Stäben her.

7. Zeichne ein Schrägbild des Prismas und Treppenkörpers in Fig. 108.3.

8. Ein schiefer *Stützbalken* (108.4) an einem Fachwerkhaus ist unter $\alpha = 60°$ gegen die Waagrechte geneigt und $b = 1{,}4$ m lang. Sein Querschnitt senkrecht zur Längsrichtung ist ein Quadrat mit der Seite $a = 12$ cm. Welche Masse hat der Balken ($\varrho = 0{,}7\ \text{g/cm}^3$)?

9. Berechne den *Dachraum* des Hauses in Fig. a) 78.5 ▸b) 81.1 ▸c) 81.2?

10. Berechne die Rauminhalte der *Prismen* in § 84, Aufg. 7.

11. Welche Masse hat der *Lagerkörper* in Fig. 85.3 ($\varrho = 7{,}8\ \text{g/cm}^3$)?

▸ **12.** Löse Aufgabe 11 für a) die *Holzverbindung* in Fig. 86.5 b) den *Gerüstbock* in Fig. 85.6.

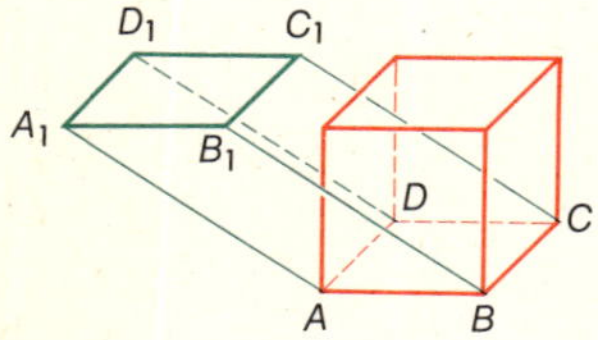

108.1.

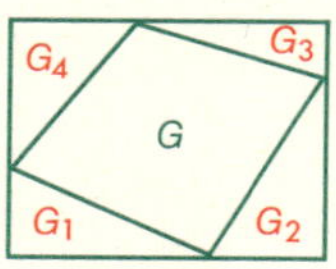

108.2.

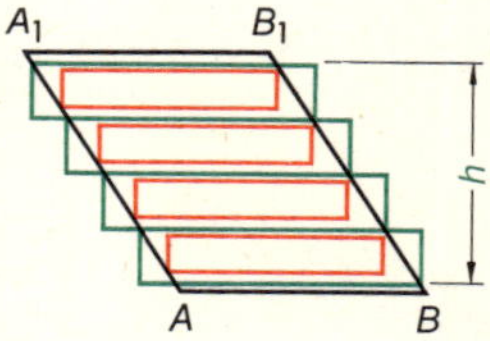

108.3.

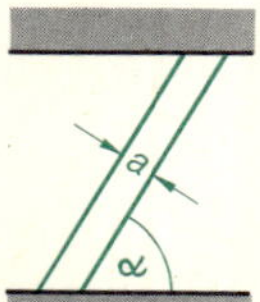

108.4.
Stützbalken

97 Zylinder

Begriff des Zylinders

❶ Nenne Beispiele für das Vorkommen von Zylindern (Walzen). Gib ihre gemeinsamen Eigenschaften an.

❷ Welche Formel für das Volumen eines Zylinders erhält man, wenn man ihn als Prisma auffaßt?

❸ Biege ein Heftblatt zu einem Zylinder. Auf wieviel Arten ist dies möglich? Was wird dabei aus den Blatträndern? Wie ergibt sich hieraus der Flächeninhalt des „Zylindermantels"?

D 1 **1.** Bewegt man eine geschlossene ebene Kurve K so, daß ihre Punkte Pfeile durchlaufen, die zu demselben Vektor $\mathfrak{s}$ gehören und nicht in der Kurvenebene liegen (d. h. übt man auf K die Schiebung $V_{\mathfrak{s}}$ aus), so überstreicht die von der Kurve umschlossene Fläche eine räumliche Punktmenge, die man als einen **Zylinder**[1] bezeichnet (Fig. 109.1).
Der Zylinder heißt *senkrecht* oder *schief*, je nachdem $\mathfrak{s}$ zur Ebene von K orthogonal ist oder nicht.

D 2 **2.** Die von K umschlossenen Fläche in der Anfangs- und Endlage nennt man die beiden **Grundflächen,** ihr Abstand h heißt die **Höhe** des Zylinders. Die Kurve K überstreicht bei der Schiebung den **Mantel** des Zylinders; die einzelnen Punkte von K durchlaufen parallele **Mantellinien** derselben Länge s. Ist die Kurve K ein Kreis, so heißt der Zylinder **Kreiszylinder.**

3. Aus D 1 ergeben sich unmittelbar die Sätze:

S 1 Bei der Parallelprojektion einer geschlossenen ebenen Kurve K auf eine zur Kurvenebene parallelen Ebene begrenzen die Kurvenfläche, ihr Bild und die Projektionsstrahlen zwischen den beiden Kurven einen Zylinder.

S 2 Das Bild eines senkrechten Zylinders ist bei einer räumlichen Scherung ein schiefer Zylinder, falls die Grundflächen und die Scherungsebene parallel sind (Fig. 109.2).

S 3 Ein **senkrechter Kreiszylinder** (Fig. 109.3) kann auch dadurch erzeugt werden, daß man eine Rechtecksfläche $M_1M_2A_2A_1$ um eine ihrer Seiten M_1M_2 dreht.

D 3 Ein senkrechter Kreiszylinder heißt auch **Drehzylinder.**

D 4 Bei der Erzeugung eines senkrechten Kreiszylinders durch Drehung (Fig. 109.3) beschreiben M_1A_1 und M_2A_2 die **Grundflächen,** A_1A_2 den *Mantel* des Zylinders.
$\overline{M_1A_1} = \overline{M_2A_2} = r$ ist der **Grundkreishalbmesser,** (M_1M_2) die **Achse,** A_1A_2 eine *Mantellinie,* $\overline{M_1M_2} = \overline{A_1A_2} = h$ die *Höhe* des Kreiszylinders.

Bemerkung: Prismen und *Zylinder* bezeichnet man oft mit dem gemeinsamen Namen *Säulen.*

---

1. kylindros (griech.), Walze, Rolle

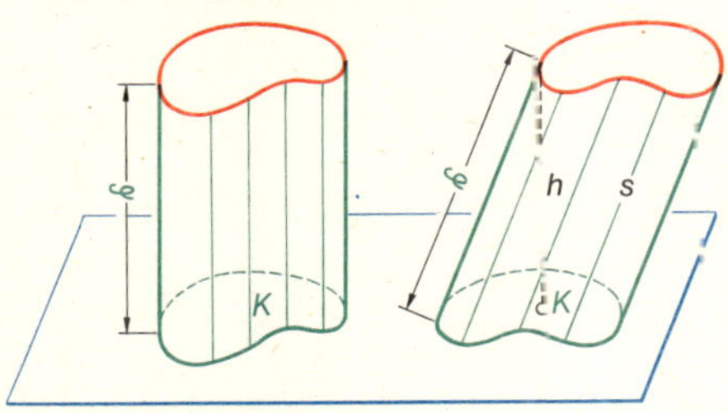

109.1. **Entstehung von Zylindern**

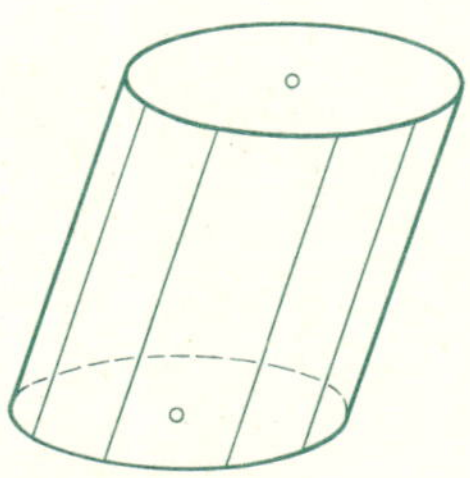

109.2. **Schiefer Kreiszylinder**

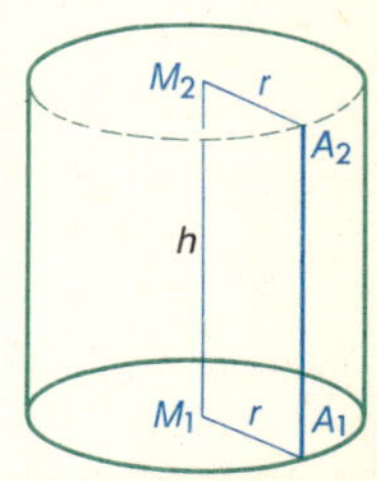

109.3. **Senkrechter Kreiszylinder**

Rauminhalt des Zylinders. Flächeninhalt des Mantels und der Oberfläche

4. Was man unter dem *Inhalt* eines Kreiszylinders bzw. eines Mantels versteht, muß erst *definiert* werden. Wir verfahren dabei wie bei der Definition von Kreisumfang und -inhalt (§ 79): Wird dem Zylinder ein regelmäßiges n-seitiges Prisma mit der Höhe h einbeschrieben (umbeschrieben), dessen Grundflächen den Inhalt g_n (G_n) und den Umfang u_n (U_n) habe, so ist sein Rauminhalt $g_n \cdot h$ (bzw. $G_n \cdot h$) und der Flächeninhalt seines Mantels $u_n \cdot h$ (bzw. $U_n \cdot h$). Mit unbegrenzt wachsendem n kommt g_n (G_n) dem Flächeninhalt πr^2 des Kreises beliebig nahe, ebenso u_n (U_n) dem Umfang $2\pi r$ des Kreises. Die Prismeninhalte $g_n \cdot h$ ($G_n \cdot h$) kommen daher von unten (von oben) beliebig nahe an den Wert $\pi r^2 h$ heran, ebenso die Inhalte der Prismenmäntel an den Wert $2\pi r h$; sie haben den „*Grenzwert*" $\pi r^2 h$ bzw. $2\pi r h$.

D 4 Den Grenzwert der Prismeninhalte bzw. der Inhalte der Prismenmäntel bezeichnet man als das **Volumen des Zylinders** bzw. als den **Flächeninhalt des Zylindermantels.**

Beide Grenzwerte ergeben sich aus *Intervallschachtelungen* (siehe Aufg. 2).

Als Inhalt der Zylinderoberfläche ergibt sich dann: $O = 2\pi r^2 + 2\pi r h = 2\pi r(r + h)$.

S 4 **Bei einem senkrechten Kreiszylinder mit dem Grundkreisradius r und der Höhe h beträgt:**

der Rauminhalt $V = \pi r^2 h$,

der Flächeninhalt des Mantels $M = 2\pi r h$,

der Inhalt der Oberfläche $O = 2\pi r (r + h)$

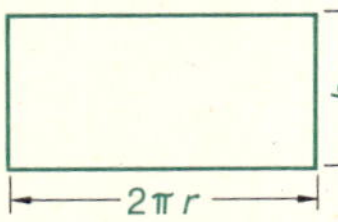

110.1. Abwicklung des Zylindermantels

Bemerkungen:

1. Man kann kurz sagen: Der Rauminhalt des Zylinders ergibt sich aus dem Prismeninhalt $V = Gh$ für $G = \pi r^2$. Schneidet man den Mantel längs einer Mantellinie auf und wickelt ihn in der Ebene ab, so erhält man ein Rechteck mit den Seiten $2\pi r$ und h (Fig. 110.1), also ist $M = 2\pi r h$.
2. Die Formel $V = \pi r^2 h$ gilt auch für den schiefen Kreiszylinder (Grund?). Warum ist dies für $M = 2\pi r h$ nicht der Fall?
3. Der Rauminhalt eines allgemeinen Zylinders (Fig. 109.1) mit dem Grundflächeninhalt G und der Höhe h ist $V = G \cdot h$ (Grund?).

Aufgaben

1. Welche Symmetrie hat a) ein senkrechter Kreiszylinder b) ein schiefer Kreiszylinder?

2. a) Zeige: $[g_3 \cdot h;\ G_3 \cdot h]$, $[g_6 \cdot h;\ G_6 \cdot h]$, $[g_{12} \cdot h;\ G_{12} \cdot h]$, ... stellen beim Beweis von S 4 eine Intervallschachtelung dar, welche $V = \pi r^2 h$ definiert.
b) Zeige dasselbe für $[u_3 \cdot h;\ U_3 \cdot h]$, $[u_6 \cdot h;\ U_6 \cdot h]$, $[u_{12} \cdot h;\ U_{12} \cdot h]$, ... bezüglich des Flächeninhalts des Mantels $M = 2\pi r h$.

3. Berechne Rauminhalt, Mantelinhalt und Oberflächeninhalt eines senkrechten Kreiszylinders mit a) $r = 3$ cm, $h = 5$ cm b) $r = 13$ cm, $h = 2{,}60$ m c) $r = 4$ mm, $h = 18$ cm d) $r = 1{,}20$ m, $h = 25$ cm
Zeichne den Zylinder bei a) im Grund- und Aufriß und im Schrägbild.

4. Eine *Plakatsäule* ist $h = 2{,}60$ m hoch und hat den Durchmesser $d = 1{,}20$ m. Wie groß ist die Fläche, die beklebt werden kann? Zeichne ein Schrägbild in Militärprojektion.

5. Bei einem senkrechten Kreiszylinder sind von den 5 Größen r, h, M, O, V gegeben:
a) $r = 6$ cm, $M = 4{,}5$ dm² b) $h = 35$ cm, $M = 0{,}3$ m²
c) $r = 7{,}6$ cm, $V = 2\,l$ d) $h = 4{,}8$ m, $V = 1$ m³
e) $r = 25$ mm, $O = 375$ cm² f) $M = 140$ cm², $V = 385$ cm³
Berechne jeweils die 3 fehlenden Größen (erst mit Variablen, dann in Zahlen).

6. Eine zylindrische *Regentonne* hat die lichte Weite $d = 60$ cm und die Höhe $h = 85$ cm.
a) Wieviel l faßt sie? b) Wie hoch stehen 150 l Wasser in ihr?
Zeichne ein Schrägbild im Maßstab 1 : 10 ($\alpha = 45°$, $k = \frac{1}{2}$).

7. Wieviel Blech benötigt man zu einer *Konservendose* mit Durchmesser d und Rauminhalt V, wenn für Verschnitt usw. 15% zugeschlagen werden?
a) $d = 10$ cm, $V = 1\,l$ b) $d = 8$ cm, $V = \frac{1}{2}\,l$

8. Ein *Standzylinder* mit der lichten Weite $d = 32$ mm soll als Meßglas geeicht werden. In welchen Abständen sind die Teilstriche für je 5 cm³ anzubringen?

9. Bei einem *Meßzylinder* sollen die 5 cm³-Teilstriche 5 mm Abstand haben. Wie muß die lichte Weite gewählt werden?

10. Welche Masse hat das „laufende Meter" *Rundeisen* von der „Stärke"
a) 20 mm b) 45 mm c) 9 mm? (Dichte $\varrho = 7{,}85$ g/cm³.)

11. Welche Masse hat das laufende Meter einer gußeisernen *Röhre* (Dichte $\varrho = 7{,}8$ g/cm³) mit der lichten Weite d und der Wandstärke s?
a) $d = 20$ mm, $s = 3$ mm b) $d = 70$ mm, $s = 5$ mm

12. Welche Masse hat ein zylindrisches Glasgefäß ($\varrho = 2{,}6$ g/cm³) mit der Höhe h, der lichten Weite d und der Wandstärke s?
a) $h = 18$ cm, $d = 8$ cm, $s = 2$ mm b) $h = 26$ cm, $d = 20{,}5$ cm, $s = 3$ mm

13. Ein *Mühlstein* hat den äußeren Durchmesser $d_1 = 1{,}74$ m und den Lochdurchmesser $d_2 = 20$ cm. Er ist $s = 56$ cm stark. ($\varrho = 2{,}6$ g/cm³.)

14. Ein *Fichtenstamm* hat die Länge $a = 8{,}60$ m und den mittleren Umfang $u = 1{,}75$ m ($\varrho = 0{,}45$ g/cm³).
a) Welchen Rauminhalt hat er? b) Welche Masse hat er?

15. Eine Rolle *Eisendraht* (Wichte $\gamma = 7{,}8$ p/cm³) wiegt $G = 13{,}500$ kp. Wie lang ist der Draht, wenn seine Dicke $d = 2{,}4$ mm beträgt?

16. 100 m *Kupferdraht* ($\gamma = 8{,}8$ p/cm³) wiegen 1,750 kp. Wie dick ist er?

17. Ein *Silberdraht* ($\gamma = 10{,}5$ p/cm³) von $a = 10{,}00$ m Länge und $G = 78$ p Gewicht soll mit $G' = 6$ p Gold vergoldet werden ($\gamma' = 19{,}3$ p/cm³).
a) Wie dick ist der Silberdraht? b) Wie dick wird die Vergoldung?

18. Um die lichte Weite einer feinen *Glasröhre* zu bestimmen, füllt man ein Stück von $a = 60{,}0$ cm Länge mit $G = 88$ mp Quecksilber ($\gamma = 13{,}6$ p/cm³).

19. Ein rechteckiges Blatt mit den Seiten a und b kann auf 2 Arten zu einem Zylinder gebogen werden. Wie verhalten sich die beiden Rauminhalte?

20. Wie ändert sich das Volumen und der Mantelinhalt eines senkrechten Kreiszylinders, wenn man a) den Radius r b) die Höhe h c) r und h verdoppelt (verdreifacht)?

98 Pyramide

Begriff der Pyramide

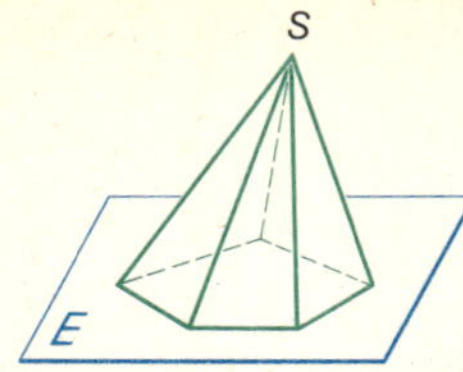

112.1. 5seitige Pyramide

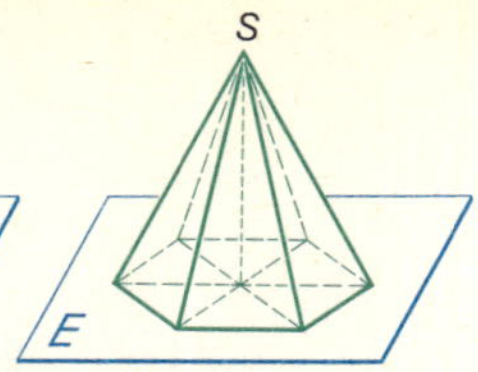

112.2. 6seitige regelmäßige Pyramide

D 1 **1.** Verbindet man alle Punkte der Fläche eines ebenen n-Ecks geradlinig mit einem Punkt S außerhalb der Fläche, so ist die Vereinigungsmenge der Verbindungsstrecken und des n-Ecks eine räumliche Punktmenge, die **Pyramide** heißt (112.1).

D 2 Die Vielecksfläche heißt die **Grundfläche** der Pyramide, der Punkt S ihre **Spitze.** Die Verbindungsstrecken von S mit den Vielecksecken sind die **Seitenkanten**, die Seiten des Vielecks die **Grundkanten.** Zwei benachbarte Seitenkanten begrenzen mit der zugehörigen Grundkante eine **Seitenfläche.** Die Vereinigungsmenge der Seitenflächen heißt der **Mantel.** Der Abstand der Spitze von der Vielecksebene heißt die **Höhe** h der Pyramide.

D 3 Ist die Grundfläche ein regelmäßiges Vieleck und liegt die Spitze senkrecht über dem Mittelpunkt des Vielecks, so spricht man von einer **regelmäßigen Pyramide** (Fig. 112.2).

S 1 Nach D 1 kann man sagen: Bei der Zentralprojektion eines ebenen Vielecks von einem Zentrum S aus begrenzen die Vielecksfläche und die Abschnitte der Projektionsgeraden zwischen S und dem Vieleck eine Pyramide, falls S nicht in der Vielecksebene liegt.

Rauminhalt der Pyramide

❶ Zeichne das Schrägbild eines Würfels $\left(\alpha = 30°, k = \frac{1}{2}\right)$ samt seinen räumlichen Diagonalen (Fig. 112.3). In wie viele Pyramiden zerfällt nun der Würfel? Vergleiche die Pyramiden miteinander. Vergleiche Grundfläche, Höhe und Rauminhalt einer Pyramide mit den entsprechenden Größen beim Würfel.

❷ Stelle einen Würfel aus einer Rübe her und versuche, ihn nach Fig. 112.4 in 3 Pyramiden zu zerschneiden. Zeichne ein Schrägbild $\left(\alpha = 60°, k = \frac{1}{2}\right)$. Warum sind die 3 Pyramiden kongruent? Vergleiche wieder Grundfläche, Höhe und Rauminhalt bei einer der Pyramiden und beim Würfel.

❸ Welche Formel für den Rauminhalt einer Pyramide mit der Grundfläche G und der Höhe h vermutet man nach Vorüb. 1/2? Prüfe die Formel, indem Du eine Pyramide aus Ton oder Plastilin in einen Meßzylinder wirfst und feststellst, um wie viele cm^3 das Wasser steigt.

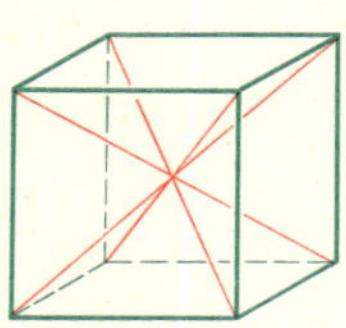
112.3.

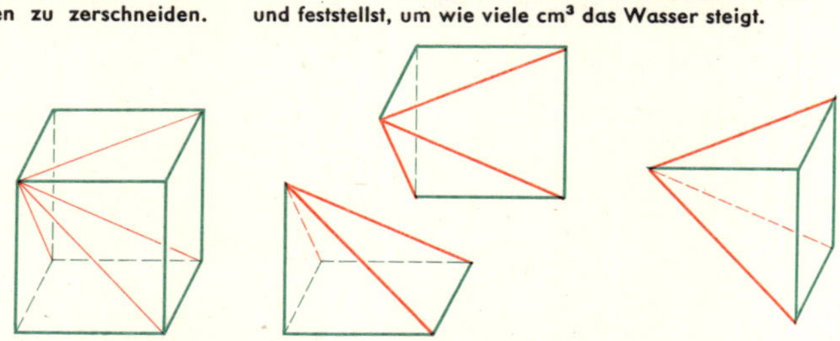
112.4. Zerlegung eines Würfels in quadratische Pyramiden

2. Erste Herleitung des Pyramideninhalts[1].

Um den Rauminhalt einer Pyramide zu gewinnen, leiten wir erst die Hilfssätze S 2 und S 3 her.

S 2 **Haben zwei Pyramiden gleiche Höhen und inhaltsgleiche Grundflächen in einer Ebene, so werden sie von jeder Parallelebene in inhaltsgleichen Figuren geschnitten.**

Beweis (Fig. 113.1): Es ist $A_1 : G = h'^2 : h^2$ und $A_2 : G = h'^2 : h^2$, also $A_1 = A_2$ (vgl. § 76).

1. Wir sagen „Herleitung" statt „Beweis", weil im Beweisgang der Pyramideninhalt erst definiert werden muß (vgl. S. 110).

Der (von uns nicht bewiesene) Satz von Cavalieri (S. 105) läßt nach S 2 den Satz vermuten:

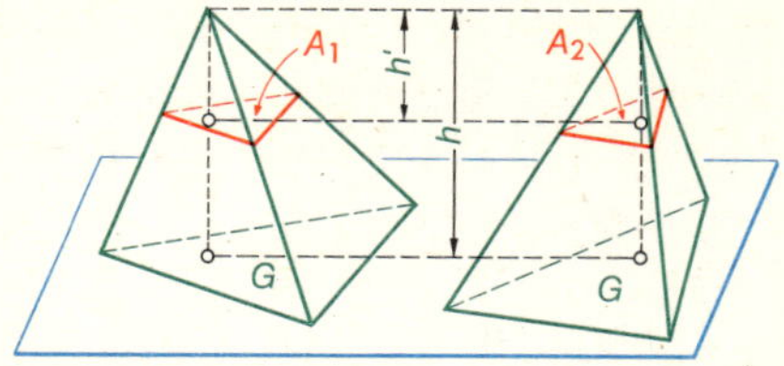

113.1. Zum Beweis von S 2

S 3 Zwei Pyramiden mit inhaltsgleichen Grundflächen und gleichen Höhen haben denselben Rauminhalt.

Herleitung (Fig. 113.2/3): Teilt man in beiden Pyramiden die Höhe in n gleiche Teile (im Bild ist $n = 5$) und legt durch die Teilpunkte Parallelebenen zur Grundfläche, so sind die Schnittfiguren nach S 2 paarweise inhaltsgleich.

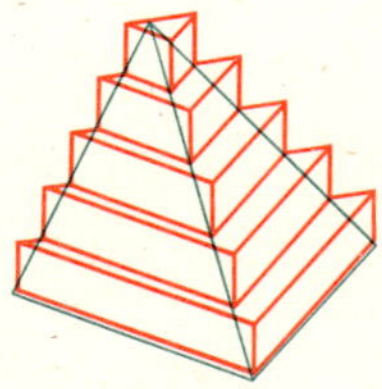

113.2. Äußerer Treppenkörper Erste Pyramide

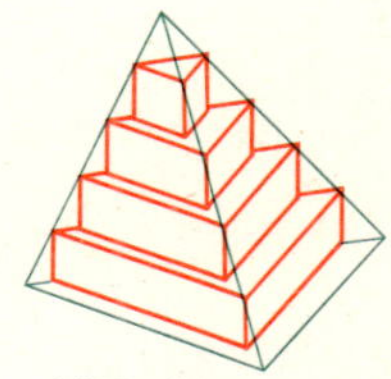

113.3. Innerer Treppenkörper Erste Pyramide

Baut man nun wie in Fig. 113.2 und 3 mit Hilfe dieser Schnittfiguren für jede Pyramide einen äußeren und einen inneren „*Treppenkörper*“ aus prismatischen Platten auf, so haben die beiden äußeren Treppenkörper denselben Rauminhalt V_a, ebenso die beiden inneren Treppenkörper den gleichen Rauminhalt V_i. Die Differenz $V_a - V_i$ ist gleich dem Inhalt der untersten Platte des äußeren Treppenkörpers. Wächst die Anzahl der Platten unbegrenzt, so wird der Inhalt der untersten Platte beliebig klein, also auch die Differenz $V_a - V_i$. Die Werte V_a bzw. V_i kommen daher von oben bzw. von unten einem gemeinsamen Wert beliebig nahe. Wie beim Zylinder (S. 110) *definieren* wir diesen gemeinsamen „*Grenzwert*“ von V_a und V_i als den Rauminhalt V jeder der 2 Pyramiden. (Vgl. hierzu noch Aufg. 3 und 4.)

S 2 und S 3 werden in Fig. 113.1/3 nur für dreiseitige Pyramiden veranschaulicht. Sie gelten aber auch für mehrseitige (warum?).

3. Die Vorübungen 1 bis 3, S. 112 lassen den Satz über den Rauminhalt der Pyramide vermuten:

S 4 Eine Pyramide mit dem Grundflächeninhalt G und der Höhe h hat den Rauminhalt $V = \frac{1}{3} Gh$

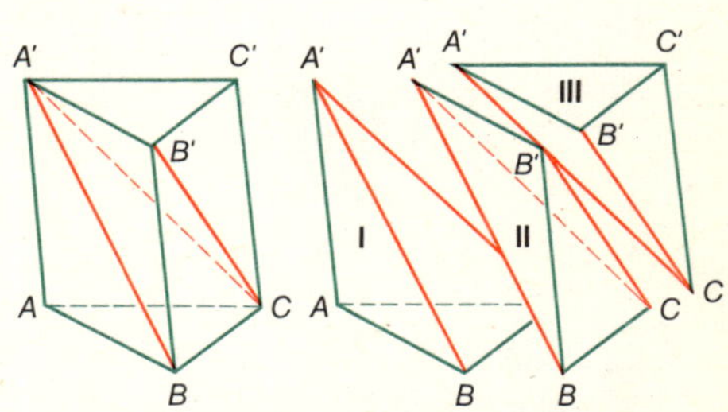

113.4. Zerlegung eines Prismas in 3 inhaltsgleiche Pyramiden

Beweis: a) *für dreiseitige Pyramiden* (Fig. 113.4): Ergänzt man die Pyramide $A'(ABC)$ zu einem dreiseitigen Prisma, so setzt sich dieses aus 3 inhaltsgleichen Pyramiden I, II und III zusammen. Es stimmen nämlich überein:

I und II in $\triangle\, ABC$ und $\triangle\, A'B'C'$ samt Höhe,
II und III in $\triangle\, BCB'$ und $\triangle\, C'B'C$ samt der zugehörigen Höhe, dem Abstand, den A' von $BCC'B'$ hat.

b) *für beliebige Pyramiden* (Fig. 113.5):
Man zerlegt die Grundfläche in Dreiecke und addiert die Rauminhalte der zugehörigen dreiseitigen Pyramiden.

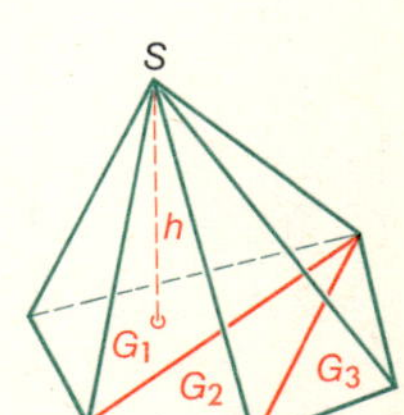

113.5. Zerlegung einer fünfseitigen Pyramide

Beispiel: $V = \frac{1}{3} G_1 h + \frac{1}{3} G_2 h + \frac{1}{3} G_3 h$
$= \frac{1}{3} (G_1 + G_2 + G_3)\, h = \frac{1}{3} Gh$

4. Zweite Herleitung des Pyramideninhalts

Teilt man die Höhe h einer Pyramide in n gleiche Teile und konstruiert den äußeren Treppenkörper (Fig. 113.2), so gilt für die Grundflächeninhalte $G_1, G_2, G_3, \ldots, G_n = G$ der Platten:

$$G_1 : G_2 : G_3 : \ldots : G_n = 1^2 : 2^2 : 3^2 : \ldots : n^2 \quad (\S\ 73)$$

Hieraus folgt: $G_1 = \frac{1^2}{n^2} G; \quad G_2 = \frac{2^2}{n^2} G; \quad G_3 = \frac{3^2}{n^2} G; \quad \ldots$

Die Plattendicke ist $\frac{h}{n}$, also ergibt sich für den Rauminhalt V_a des äußeren Treppenkörpers:

$$V_a = G_1 \cdot \frac{h}{n} + G_2 \cdot \frac{h}{n} + \cdots + G_n \cdot \frac{h}{n} = \frac{G h}{n^3} (1^2 + 2^2 + \cdots + n^2)$$

Nach der Formelsammlung[1] ist $1^2 + 2^2 + 3^2 + \cdots + n^2 = \frac{1}{6} n (n + 1) (2 n + 1)$

also $\quad V_a = \frac{G h}{n^3} \cdot \frac{n (n + 1) (2 n + 1)}{6} = \frac{G h}{3} \cdot \frac{n}{n} \cdot \frac{n + 1}{n} \cdot \frac{2 n + 1}{2 n}$

oder $\quad V_a = \frac{G h}{3} \left(1 + \frac{1}{n}\right) \left(1 + \frac{1}{2 n}\right)$

Setzt man für n immer größere Zahlen ein, so kommt sowohl $\left(1 + \frac{1}{n}\right)$ als auch $\left(1 + \frac{1}{2 n}\right)$ der Zahl 1 beliebig nahe, ebenso auch das Produkt $\left(1 + \frac{1}{n}\right) \left(1 + \frac{1}{2 n}\right)$; verdeutliche dies durch Einsetzen von 10, 100, 1000 für n. V_a kommt also beliebig nahe an $\frac{1}{3} Gh$ heran. Man sagt: V_a hat den *Grenzwert* $\frac{1}{3} Gh$. Wie beim Zylinder (vgl. D 5, S. 110) *definiert* man ihn als das Volumen der Pyramide: $V = \frac{1}{3} Gh$ (vgl. auch Aufg. 2 bis 4).

Aufgaben

Vorbemerkung: Zeichne bei den folgenden Aufgaben die vorkommenden Körper im *Schrägbild* oder auch in *Zweitafelprojektion*. Konstruiere *Netze* und stelle *Modelle* her.

1. Bei einer *senkrechten quadratischen Pyramide* sei a die Grundkante, s die Seitenkante, h die Höhe, h' die Höhe einer Seitenfläche. Berechne die fehlenden Stücke, ferner Rauminhalt und Oberflächeninhalt. Gegeben ist:
a) $a = 6$ cm, $h = 6$ cm — b) $a = 4$ cm, $s = 8$ cm
c) $h = 12{,}5$ cm, $s = 17{,}5$ cm — d) $a = 6{,}4$ cm, $h' = 7{,}2$ cm

2. Drücke bei der zweiten Herleitung des Pyramideninhalts den Rauminhalt V_i des inneren Treppenkörpers in Fig. 113.3 mit Hilfe der Höhe h und der Grundflächeninhalte $G_1, G_2, G_3, \ldots, G_{n-1}$ aus. Zeige, daß sich dabei ergibt:

$$V_i = \frac{G h}{n^3} \; \frac{(n - 1) \, n \, (2 n - 1)}{6} = \frac{G h}{3} \left(1 - \frac{1}{n}\right) \left(1 - \frac{1}{2 n}\right).$$

Welcher Zahl kommt $\left(1 - \frac{1}{n}\right) \left(1 - \frac{1}{2 n}\right)$ beliebig nahe, wenn man für n immer größere Zahlen wählt. Welchen Grenzwert hat also V_i?

---

1. Vgl. Sieber, Mathematische Tafeln (Klettbücher 715, 7161, 7162).

3. Zeige: Wählt man bei den Treppenkörpern in Fig. 113.2 und 3 für n nacheinander die Zahlen 3, 6, 12, 24, ..., so ergeben die zugehörigen Paare $[V_i;\ V_a]$ eine Intervallschachtelung, die das gleichgroße Volumen beider Pyramiden bestimmt.

4. Zeige wie in Aufg. 3, daß die Paare $[V_i;\ V_a]$ auch eine Intervallschachtelung bilden, wenn man für n nacheinander die Zahlen 2, 4, 8, 16, ... wählt.

5. Eine regelmäßige *sechsseitige* (*dreiseitige*) Pyramide hat
a) die Grundkante $a = 3$ m (15,6 cm) und die Höhe $h = 4$ m (25 cm)
b) die Grundkante $a = 2{,}8$ m (17,6 cm) und die Seitenkante $s = 5{,}4$ m (32,4 cm).
Berechne den Rauminhalt und den Inhalt der Oberfläche.

6. Berechne Höhe, Rauminhalt und Oberflächeninhalt eines regelmäßigen
a) *Oktaeders* b) *Tetraeders* mit der Kante $a = 4{,}8$ cm (10,5 cm). Zeichne!

▸ **7.** Wie lang ist die Kante eines regelmäßigen Oktaeders (Tetraeders), wenn
a) sein Oberflächeninhalt $O = 50\ \text{cm}^2$, b) sein Rauminhalt $V = 250\ \text{cm}^3$ mißt?

8. Berechne den umbauten Raum
a) bei dem *Pyramidendach* in § 86, Aufg. 8 b) bei dem *Walmdach* in § 87, Aufg. 1.

9. Ein *Turmhelm* hat die Gestalt einer regelmäßigen achtseitigen Pyramide mit Grundkante $a = 1{,}8$ m und Höhe $h = 5{,}6$ m (Seitenkante $s = 7{,}5$ m). a) Wie groß ist der Dachraum? b) Was kostet die Bedachung mit Zinkblech, wenn 1 m² auf 42,50 DM kommt?

10. In Fig. 115.1 ist eine dreiseitige Pyramide mit Grundflächeninhalt G, Höhe h und Rauminhalt V nach Halbierung ihrer Kanten in 2 Prismen und 2 Pyramiden zerlegt.
a) Zeige, daß der Inhalt jedes Prismas $\frac{1}{8}\,G\,h$ ist.
b) Warum sind die Teilpyramiden kongruent und zur gegebenen Pyramide ähnlich? Gib das Ähnlichkeitsverhältnis an.
c) Drücke den Inhalt einer Teilpyramide als Bruchteil des Inhalts V der gegebenen Pyramide aus (beachte § 76).
d) Stelle V als Summe der 4 Teilinhalte dar und beweise S 4.

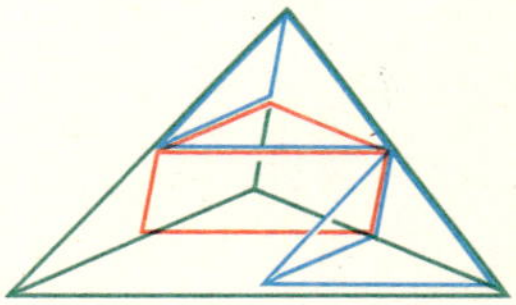
115.1.

11. Beweise: Wird bei einer senkrechten Pyramide mit regelmäßiger Grundfläche der Umfang der Grundfläche mit u und die Höhe einer Seitenfläche mit h' bezeichnet, so ist der Inhalt des Mantels der Pyramide $M = \frac{1}{2}\,u\,h'$.

12. Eine senkrechte quadratische Pyramide hat den Rauminhalt $V = 25\ \text{cm}^3$ und die Höhe $h = 6$ cm (die Seitenkante $k = 8$ cm). Wie lang ist ihre Grundkante?

13. Wie verhalten sich die Rauminhalte (Oberflächeninhalte) zweier regelmäßiger n-seitiger Pyramiden mit gleicher Höhe, wenn sich
a) ihre Grundkanten b) ihre Mantelinhalte wie 3 : 4 verhalten?

14. Welche Symmetrien besitzt eine regelmäßige Pyramide
a) bei gerader b) bei ungerader Eckenzahl der Grundfläche?

15. In welchem Abstand von der Spitze einer Pyramide mit der Höhe h muß eine Parallelebene zu der Grundfläche gelegt werden, wenn das abgeschnittene Stück dem Rauminhalt nach a) die Hälfte b) der n-te Teil der ursprünglichen Pyramide sein soll?

16. Schneide eine 4 seitige (5 seitige)-Pyramide, deren Grundfläche in der G.E. liegt
a) mit einer Parallelebene zur Grundfläche b) mit einer Ebene senkrecht zur A.E. (wie in Fig. 98.1/2). Bestimme den Grundriß und die wahre Größe der Schnittfläche (durch Umklappung in die G.E.). Zeichne das Netz und stelle ein Modell her.

99 Pyramidenstumpf

Begriff des Pyramidenstumpfes

❶ Welche Gegenstände haben die Gestalt eines Pyramidenstumpfes? (Vgl. Fig. 83.2 und 116.1).

❷ Bei dem quadratischen Pyramidenstumpf in Fig. 116.1 ist $a_1 = 5$ cm, $a_2 = 3$ cm, $h = 2{,}5$ cm.

a) Zeichne den Körper in Grund- und Aufriß.
b) Berechne die Höhe x der „Ergänzungspyramide".
c) Bestimme den Rauminhalt des Stumpfes als Differenz zweier Pyramideninhalte.

D 1 **1.** Schneidet man eine Pyramide mit einer Parallelebene zur Grundfläche, so erhält man einen **Pyramidenstumpf** und eine zu ihm gehörige **Ergänzungspyramide** (Fig. 116.1/2). Die beiden parallelen Flächen nennt man die **Grundflächen**, ihren Abstand die **Höhe** des Pyramidenstumpfes (Fig. 116.1/2).

D 2 Auch beim Pyramidenstumpf bezeichnet man die Vereinigungsmenge der *Seitenflächen* als **Mantel** des Körpers.

Rauminhalt des Pyramidenstumpfes

S 1 **2. Ein Pyramidenstumpf mit den Grundflächeninhalten G_1 und G_2 und der Höhe h hat den Rauminhalt** $V = \frac{1}{3} h \left(G_1 + \sqrt{G_1 G_2} + G_2\right)$

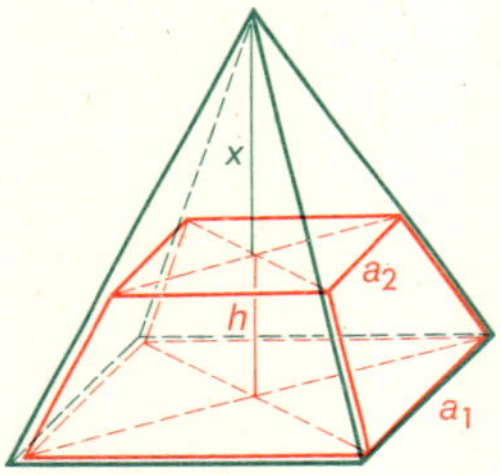

116.1. Senkrechter quadratischer Pyramidenstumpf

Beweis (Fig. 116.2):
Ist x die Höhe der Ergänzungspyramide,

so ist: $$V = \tfrac{1}{3} G_1 (h + x) - \tfrac{1}{3} G_2 x$$

oder: $$V = \tfrac{1}{3} [G_1 h + (G_1 - G_2) x]$$

Um x zu bestimmen, beachtet man, daß gilt:

$$\frac{G_1}{G_2} = \frac{(h+x)^2}{x^2} \quad \text{oder} \quad \frac{\sqrt{G_1}}{\sqrt{G_2}} = \frac{h+x}{x}$$

Daraus folgt: $$x = \frac{\sqrt{G_2}}{\sqrt{G_1} - \sqrt{G_2}} \cdot h$$

also erhält man: $$V = \tfrac{1}{3} h \cdot \left[G_1 + (G_1 - G_2) \frac{\sqrt{G_2}}{\sqrt{G_1} - \sqrt{G_2}}\right]$$

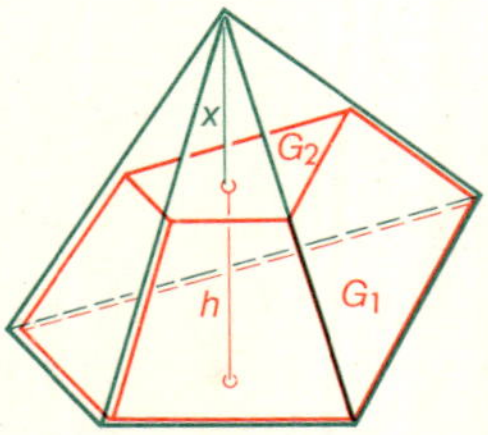

116.2. Pyramidenstumpf und Ergänzungspyramide

Schreibt man
$$G_1 - G_2 = \sqrt{G_1}^2 - \sqrt{G_2}^2 = \left(\sqrt{G_1} - \sqrt{G_2}\right)\left(\sqrt{G_1} + \sqrt{G_2}\right)$$

so ergibt sich: $$V = \tfrac{1}{3} h \left[G_1 + \left(\sqrt{G_1} + \sqrt{G_2}\right)\sqrt{G_2}\right]$$

oder: $$V = \tfrac{1}{3} h \left(G_1 + \sqrt{G_1 G_2} + G_2\right)$$

Bemerkung: Das Volumen des Pyramidenstumpfes kann als arithmetisches Mittel der Volumina dreier Prismen von der Höhe h gedeutet werden, deren Grundflächen G_1, G_2 und das geometrische Mittel von G_1 und G_2 sind. Sind die beiden Grundflächen kongruent, so ist $G_1 = G_2 = G$ und $\sqrt{G_1 G_2} = G$. Satz 1 ergibt dann $V = \frac{1}{3} h \cdot 3\,G = G \cdot h$, den Rauminhalt des entstandenen Prismas.

Aufgaben

1. a) Berechne den Inhalt des quadratischen Pyramidenstumpfes in Vorübung 2 nach S 1 und vergleiche mit dem früheren Ergebnis. b) Bestimme rechnerisch und zeichnerisch die Länge einer Seitenkante und den Inhalt einer Seitenfläche des Stumpfes.

2. In einem quadratischen Pyramidenstumpf (Fig. 116.1) ist $a_1 = 6$ cm, $a_2 = 4$ cm, $s = 3$ cm. Bestimme die Höhe h des Stumpfes und die Höhe h' einer Seitenfläche durch Konstruktion und Rechnung. Berechne den Rauminhalt V des Körpers und den Flächeninhalt M des Mantels.

3. Die beiden Grundflächen eines Pyramidenstumpfes sind a) regelmäßige Sechsecke mit den Seiten $a_1 = 4$ cm, $a_2 = 2$ cm b) gleichseitige Dreiecke mit den Seiten $a_1 = 8$ cm, $a_2 = 5$ cm. Ihre Mittelpunkte liegen auf einer Orthogonale zu den Grundflächen. Bestimme den Rauminhalt und den Inhalt der Oberfläche, wenn noch die Höhe $h = 4$ cm (die Seitenkante $s = 6$ cm) gegeben ist. Zeichnung! Modell!

4. Ein Pyramidenstumpf wird mit einer Parallelebene zu den Grundflächen geschnitten, welche die Höhe halbiert. Zeige, daß für den Inhalt A der Schnittfläche gilt:
$\sqrt{A} = \frac{1}{2}\left(\sqrt{G_1} + \sqrt{G_2}\right)$.

▸ **5.** Halbiere das Volumen des quadratischen Pyramidenstumpfes in Vorübung 2 durch eine Parallelebene zu den Grundflächen. Wie groß ist der Inhalt der Schnittfläche und die Höhe des kleinen Teilkörpers?

6. Was ergibt die Formel für den Rauminhalt eines Pyramidenstumpfes, wenn
a) $G_2 = G_1$ b) $G_2 = 0$ wird? Welche Gestalt hat dann der Körper?

7. a) Beweise: Sind in einem Pyramidenstumpf die Grundflächen regelmäßige Vielecke, deren Mittelpunkte auf einer Orthogonale zu den Grundflächen, so gilt für den Inhalt M seines Mantels: $M = \frac{1}{2}(u_1 + u_2) \cdot h'$. Dabei sind u_1 und u_2 die Umfänge der Grundflächen, h' ist die Höhe einer Seitenfläche.
b) Deute M als Flächeninhalt eines Trapezes. Welche Abmessungen hat dieses?

8. Ein regelmäßiger 6 seitiger Pyramidenstumpf hat die Mittelpunkte $M_1(5\,|\,5\,|\,0)$ und $M_2(5\,|\,5\,|\,5)$ der Grundflächen und die Ecken $A_1(5\,|\,0\,|\,0)$ und $A_2(?\,|\,3\,|\,?)$. Konstruiere den Grund- und Aufriß sowie ein Schrägbild des Körpers ($\alpha = 45°$, $k = \frac{1}{2}$). Berechne die Koordinaten der Ecken, den Rauminhalt und den Flächeninhalt der Grundflächen und des Mantels.

9. Ein Dach mit Plattform hat die Gestalt eines Pyramidenstumpfes mit der Höhe $h = 3{,}50$ m. Seine Grundflächen sind Rechtecke mit den Seiten $a_1 = 4{,}80$ m, $b_1 = 3{,}20$ m und $a_2 = 3{,}60$ m und $b_2 = 2{,}40$ m. Zeichne ein Schrägbild ($\alpha = 30°$, $k = \frac{2}{3}$) oder ein Bild in Militärprojektion. Berechne den Rauminhalt und den Inhalt der Dachflächen.

▸ **10.** Ein Kieshaufen ist $h = 85$ cm hoch und hat als Grundfläche ein Rechteck mit den Seiten $a = 5{,}40$ m und $b = 3{,}60$ m. Der Böschungswinkel beträgt 30°. Wieviel m³ Kies sind es? (Beachte: Der Haufen ist kein Pyramidenstumpf!)

11. Vergleiche den Rauminhalt des Pyramidenstumpfes in Fig. 116.1 mit dem Rauminhalt eines senkrechten quadratischen Prismas mit Höhe h und Grundkante
a) $\frac{1}{2}(a_1 + a_2)$ b) $\sqrt{\frac{1}{2}(a_1^2 + a_2^2)}$.

100 Kegel

Begriff des Kegels

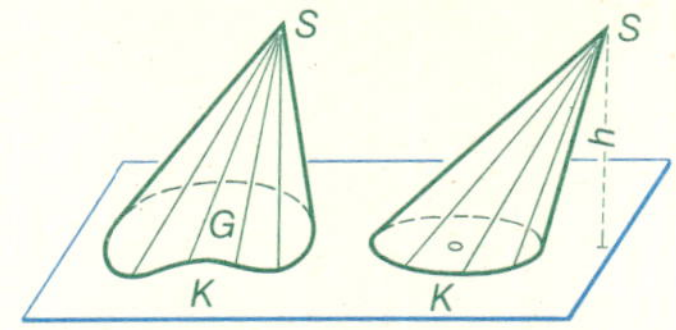

118.1. **Entstehung von Kegeln**

D 1 **1.** Verbindet man alle Punkte einer ebenen Fläche, die von einer Kurve K umschlossen wird, geradlinig mit einem Punkt S außerhalb der Kurvenebene, so ist die Vereinigungsmenge der Verbindungsstrecken und der Kurve K eine räumliche Punktmenge, die man als **Kegel** bezeichnet (Fig. 118.1).

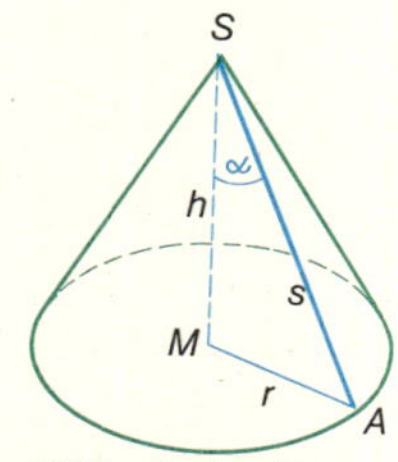

118.2. **Senkrechter Kreiskegel**

D 2 K berandet die **Grundfläche,** S ist die **Spitze,** ihr Abstand von der Grundfläche die **Höhe** h des Kegels. Die Vereinigungsmenge der Verbindungsstrecken von S mit Kurvenpunkten heißt **Mantel** des Kegels.

D 3 **2.** Ist die Grundfläche ein Kreis, so hat man einen **Kreiskegel.** Er heißt *senkrecht* oder *schief*, je nachdem er eine Drehachse besitzt oder nicht.

S 1 **3.** Bei der Zentralprojektion einer ebenen krummlinig begrenzten Fläche von einem Zentrum S aus bilden die Fläche und die Abschnitte der Projektionsgeraden zwischen S und der Fläche einen Kegel, falls S nicht auf der Flächenebene liegt.

S 2 Einen senkrechten Kreiskegel kann man durch eine Scherung auf einen schiefen abbilden.

S 3 Ein **senkrechter Kreiskegel** oder **Drehkegel** (118.2) kann durch Drehung eines rechtwinkligen Dreiecks AMS um eine Kathete MS erzeugt werden.

D 4 Bei der Erzeugung des senkrechten Kreiskegels durch Drehung nach Fig. 118.2 beschreibt A den **Grundkreis,** MA die *Grundfläche,* AS den *Mantel,* $\overline{MA} = r$ ist der **Grundkreisradius,** AS eine **Mantellinie,** (MS) die **Achse,** $\overline{MS} = h$ die *Höhe,* $\sphericalangle MSA = \alpha$ heißt der *erzeugende Winkel,* der doppelte Winkel wird als **Öffnungswinkel** des Kegels bezeichnet.

Rauminhalt des Kegels. Flächeninhalt des Mantels und der Oberfläche

S 4 **4. Bei einem senkrechten Kreiskegel mit dem Grundkreisradius r, der Höhe h und der Mantellinienlänge s beträgt:**

a) der Rauminhalt $V = \frac{1}{3}\pi r^2 h$

b) der Flächeninhalt des Mantels $M = \pi r s$

c) der Inhalt der Oberfläche $O = \pi r (r + s)$

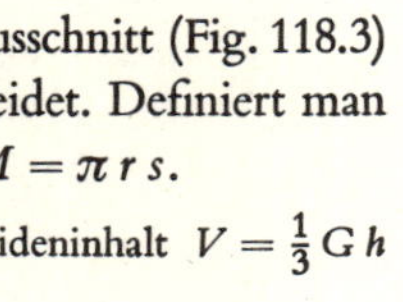

118.3. **Kegelmantel**

Herleitung von a) bis c):[1] Man verfährt wie auf S. 110 und ersetzt dabei „Zylinder" durch „Kegel", „Prisma" durch Pyramide.

Andere Herleitung von b): Durch Abwickeln des Kegels entsteht ein Kreisausschnitt (Fig. 118.3) mit Radius s und Bogen $2\pi r$, sofern man längs einer Mantellinie aufschneidet. Definiert man M durch den Ausschnittsinhalt, so folgt $M : \pi s^2 = 2\pi r : 2\pi s$, also $M = \pi r s$.

Bemerkungen: *1.* Man kann kurz sagen: Der Kegelinhalt ergibt sich aus dem Pyramideninhalt $V = \frac{1}{3} G h$ für $G = \pi r^2$, der Mantel aus $M = \frac{1}{2} u h'$ für $u = 2\pi r$ und $h' = s$.

2. Die Formel $V = \frac{1}{3}\pi r^2 h$ gilt auch für den schiefen Kreiskegel (Grund?).

3. Der Rauminhalt eines Kegels wie in Fig. 118.1 ist $V = \frac{1}{3} G h$ (Grund?).

---

1. „Herleitung" statt „Beweis", weil die Inhalte im Beweisgang erst definiert werden müssen (vgl. S. 112).

Aufgaben

1. Welche Arten von Symmetrie besitzt
a) ein senkrechter Kreiskegel b) ein schiefer Kreiskegel?

2. Wende den Satz von Cavalieri auf eine Pyramide und einen Kegel an, die in den Werten G und h übereinstimmen. Bestätige so die Formel für den Kegelinhalt.

3. Berechne Rauminhalt, Mantelinhalt und Oberflächeninhalt eines Kegels mit
a) $r = 3$ cm, $h = 6$ cm b) $r = 16$ cm, $h = 40{,}5$ cm
c) $r = 8$ mm, $h = 7{,}5$ cm d) $r = 3{,}5$ m, $h = 8{,}6$ m

4. Bei einem Kegel sind von den 6 Größen r, h, s, V, M, O gegeben:
a) $r = 5$ cm, $V = 1\,l$ b) $h = 20$ cm, $V = 2{,}5$ dm³
c) $s = 6{,}4$ cm, $M = 72$ cm² d) $r = 1$ dm, $O = 5\pi$ dm²
Berechne jeweils die 4 fehlenden Größen (erst mit Variablen, dann in Zahlen).

5. Wie groß ist der Mittelpunktswinkel des *Kreisausschnittes*, welcher den abgewickelten Mantel eines Kegels mit $r = 6$ cm (4 cm) und $h = 8$ cm (10 cm) darstellt? Zeichne im Maßstab 1 : 2.

6. Ein *Kreisausschnitt* mit dem Mittelpunktswinkel a) 90° b) 120° c) 180° d) 270° und dem Halbmesser 8 cm wird zu einem Kegel zusammengebogen. Wie groß ist dessen Rauminhalt? Vergleiche die Grundkreishalbmesser und die Rauminhalte in Aufg. a) bis d). Modelle!

7. Ein kreisförmiges Stück Filterpapier wird zu einem Viertelkreis zusammengefaltet und als *Filter* benützt. Welchen Öffnungswinkel muß der Trichter haben, wenn der Filter passen soll? Praktisch ausführen!

8. Ein rechtwinklig-gleichschenkliges *Zeichendreieck* mit der Hypotenuse c wird
a) um eine Kathete b) um die Hypotenuse gedreht. Welchen Oberflächeninhalt und welchen Rauminhalt hat der erzeugte Körper?

9. Drehe ein 30°-*Zeichendreieck* mit der Hypotenuse c
a) um die kleine Kathete b) um die große Kathete c) um die Hypotenuse.
Berechne jedesmal den Inhalt des Mantels und der Oberfläche sowie den Rauminhalt des erzeugten Körpers und vergleiche.

10. Ein Kelchglas mit dem (oberen) Durchmesser $d = 10$ cm und der Höhe $h = 15$ cm (jeweils im Lichten gemessen) soll als *Meßglas* geeicht werden. In welcher Entfernung vom oberen Rand sind die Teilstriche anzubringen für
a) 100 cm³ b) 200 cm³ c) 300 cm³?

11. Ein *Kelchglas* mit dem Öffnungswinkel 60° soll $\frac{1}{2}\,l$ fassen. Wie hoch muß es sein, wenn die Eichmarke 1 cm vom oberen Rand entfernt sein soll?

12. a) Wie groß ist der Rauminhalt V eines *schiefen Kreiskegels* (118.1) mit Grundkreishalbmesser r und Höhe h?
b) Bei einem schiefen Kreiskegel ist: $r = 4$ cm, die längste Mantellinie $s_1 = 9$ cm, die kürzeste $s_2 = 7$ cm. Berechne V. Zeichne!

13. Der Rauminhalt eines Kreiskegels ist durch eine Parallelebene zur Grundfläche
a) zu halbieren b) im Verhältnis 2 : 3 zu teilen.

101 Kegelstumpf

Begriff des Kegelstumpfes

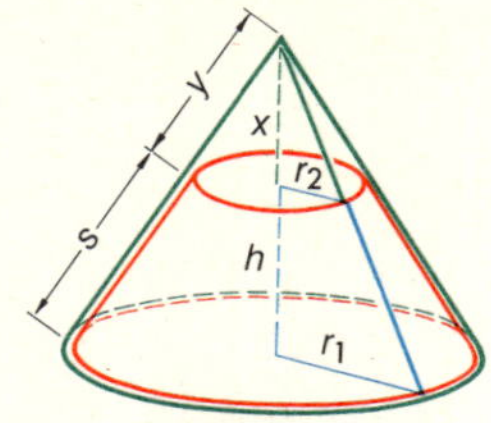

120.1. Senkrechter Kreiskegelstumpf

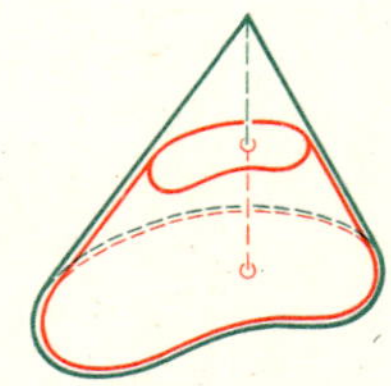

120.2. Kegelstumpf

❶ Gib Gegenstände an, welche die Form eines Kegelstumpfes haben (Fig. 120.1). Gemeinsame Eigenschaften?

❷ Bei einem Kegelstumpf ist $r_1 = 6$ cm, $r_2 = 3$ cm, $h = 4$ cm. (Bezeichnungen wie in Fig. 120.1.)

a) Zeichne den Körper in Grund- und Aufriß im Maßstab 1 : 2.

b) Gib die Höhe x des „Ergänzungskegels" an.

c) Bestimme den Rauminhalt als Differenz von Kegelinhalten.

d) Wende die Formel für den Rauminhalt eines Pyramidenstumpfes auf den Kegelstumpf an und vergleiche mit c).

e) Berechne den Inhalt des Mantels als Differenz von Kegelmänteln.

D 1 **1.** Schneidet man einen Kegel mit einer Parallelebene zur Grundfläche, so erhält man einen **Kegelstumpf** und einen zu ihm gehörigen **Ergänzungskegel** (Fig. 120.1/2). Die beiden parallelen Flächen heißen **Grundflächen,** ihr Abstand ist die **Höhe** h des Stumpfes.

D 2 **2.** Ein senkrechter Kreiskegel ergibt beim Schnitt mit einer Parallelebene zum Grundkreis einen **senkrechten Kreiskegelstumpf** mit den *Grundkreisradien* r_1 und r_2, der *Höhe* h und der *Mantellinienlänge* s (Fig. 120.1).

Rauminhalt des Kegelstumpfes. Flächeninhalt des Mantels

S 1 **3. Bei einem senkrechten Kreiskegelstumpf mit den Grundkreisradien r_1 und r_2, der Höhe h und der Mantellinienlänge s beträgt:**

a) der Rauminhalt $\quad V = \frac{1}{3}\pi h\,(r_1^2 + r_1 r_2 + r_2^2)$

b) der Flächeninhalt des Mantels $\quad M = \pi s\,(r_1 + r_2)$

Beweis (Fig. 120.1):

zu a):
$$V = \tfrac{1}{3}\pi r_1^2 (h + x) - \tfrac{1}{3}\pi r_2^2 x = \tfrac{1}{3}\pi\,[r_1^2 h + (r_1^2 - r_2^2)\,x]$$
Nun ist $\frac{r_1}{r_2} = \frac{h + x}{x}, \quad x = \frac{r_2 h}{r_1 - r_2}$

also
$$V = \tfrac{1}{3}\pi\,[r_1^2 h + (r_1 + r_2)\,r_2 h] = \tfrac{1}{3}\pi h\,(r_1^2 + r_1 r_2 + r_2^2)$$

zu b):
$$M = \pi r_1 (s + y) - \pi r_2 y = \pi\,[r_1 s + (r_1 - r_2)\,y]$$
Nun ist $\frac{r_1}{r_2} = \frac{s + y}{y}, \quad y = \frac{r_2 s}{r_1 - r_2}$

also
$$M = \pi (r_1 s + r_2 s) = \pi s\,(r_1 + r_2)$$

Andere Formel für den Mantelinhalt beim senkrechten Kreiskegelstumpf

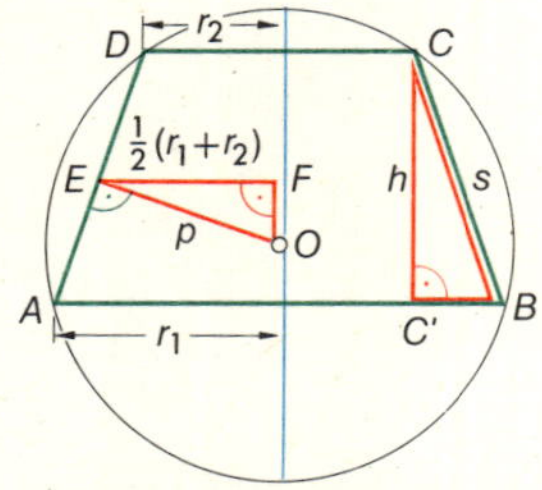

120.3. Zum Mantel des Kegelstumpfes

Zu jedem senkrechten Kreiskegelstumpf gibt es eine „Umkugel" (Fig. 120.3, Mittelpunkt O, $OE \perp AD$, $\overline{OE} = p$).

Es ist $\triangle BCC' \sim \triangle OEF$ (warum?)

also $s : h = p : \frac{1}{2}(r_1 + r_2)$

oder $s\,(r_1 + r_2) = 2\,p\,h$.

Nach S 1 gilt also mit den Bezeichnungen in Fig. 120.3:

S 2 *Mantelinhalt des Kegelstumpfes:* $\quad \boldsymbol{M = 2\pi p h}$

Aufgaben

1. Ein senkrechter Kegelstumpf mit den Grundkreisradien $r_1 = 4$ cm (4,5 cm) und $r_2 = 2$ cm (3 cm) hat die Höhe $h = 3$ cm (die Mantellinienlänge $s = 3{,}6$ cm). Berechne den Rauminhalt sowie den Inhalt von Mantel und Oberfläche. Zeichne Grundriß, Aufriß und Schrägbild und wickle den Mantel ab. Wie groß ist der Mittelpunktswinkel, der zu dem abgewickelten Mantel gehört?

2. Von einem senkrechten Kegelstumpf ist

a) gegeben: $r_1 = 8$ cm, $r_2 = 12$ cm, $V = 10\,l$; gesucht: h, M

b) gegeben: $r_1 = 9{,}6$ cm, $r_2 = 7{,}2$ cm, $M = 20\ \text{dm}^2$; gesucht: h, V.

3. Ein *Kork* hat die Gestalt eines Kegelstumpfes mit $r_1 = 18$ mm, $r_2 = 12$ mm, $h = 32$ mm. Welche Masse haben 1000 Stück? (Dichte $\varrho = 0{,}24\ \text{g/cm}^3$.)

4. Ein *Schornstein* in Gestalt eines Kegelstumpfes ist $h = 75$ cm hoch. Sein unterer Durchmesser mißt im Lichten $d_1 = 24$ cm, der obere $d_2 = 18$ cm. Die Wandstärke beträgt radial gemessen $w = 13$ cm. Welche Masse hat der Schornstein? Zeichne! ($\varrho = 1{,}8\ \text{g/cm}^3$.)

5. Mit welchem Gewicht drückt der *Schornstein* einer Fabrik auf die Unterlage, wenn (Aufg. 4) $h = 85$ m, $d_1 = 3{,}60$ m, $d_2 = 1{,}90$ m ist und die Wandstärke von $w_1 = 1{,}10$ m bis $w_2 = 0{,}25$ m nach oben gleichmäßig abnimmt? (Wichte $\gamma = 1{,}8\ \text{kp/dm}^3$.)

6. Der Stamm einer *Weißtanne* ist $s = 32{,}6$ m lang. Die Umfänge an den beiden Enden sind $u_1 = 2{,}20$ m und $u_2 = 80$ cm.

a) Welchen Rauminhalt besitzt er, wenn man ihn als Kegelstumpf auffaßt?

b) Welche Masse hat er, wenn $\varrho = 0{,}75\ \text{g/cm}^3$ ist?

c) Wieviel $^0/_0$ beträgt der Fehler, wenn man den Stamm als Zylinder mit dem Umfang $u = \frac{1}{2}(u_1 + u_2)$ behandelt?

d) Löse a) bis c) für einen *Mammutbaum* (*Sequoia gigantea*, Kalifornien) mit $h = 90$ m, $u_1 = 24$ m, $u_2 = 1$ m.

▸ **7.** Schneide einen Kegelstumpf mit einer Parallelebene zu den Grundflächen so, daß

a) der Rauminhalt b) der Mantel halbiert wird.

8. Andere Herleitung der Formeln für den Kegelstumpf: Wird dem Kegelstumpf ein n-seitiger Pyramidenstumpf mit der Höhe h und regelmäßigen Grundflächen einbeschrieben (umbeschrieben), so geht dieser in den Kegelstumpf über, wenn n immer mehr wächst.

a) Welchen Werten kommen dabei die Grundflächeninhalte G_1 und G_2 des Pyramidenstumpfes beliebig nahe?

b) Was folgt hieraus für den Rauminhalt und den Mantelinhalt des Pyramidenstumpfes? (Vgl. § 99, Aufg. 7.)

9. Was ergeben die Formeln für den Rauminhalt und den Mantelinhalt eines Kegelstumpfes, wenn a) $r_1 = r_2$ b) $r_2 = 0$ wird?

10. Deute $M = \pi s (r_1 + r_2)$ als Flächeninhalt eines Trapezes. Welche Abmessungen hat es?

11. Vergleiche den Rauminhalt des senkrechten Kegelstumpfes in Fig. 120.1 mit dem Rauminhalt eines senkrechten Kreiszylinders mit der Höhe h und

a) dem Grundkreisradius $\frac{1}{2}(r_1 + r_2)$ b) der Grundfläche $\frac{1}{2}\pi(r_1^2 + r_2^2)$.

102 Kugel

Begriff der Kugelfläche und des Kugelkörpers

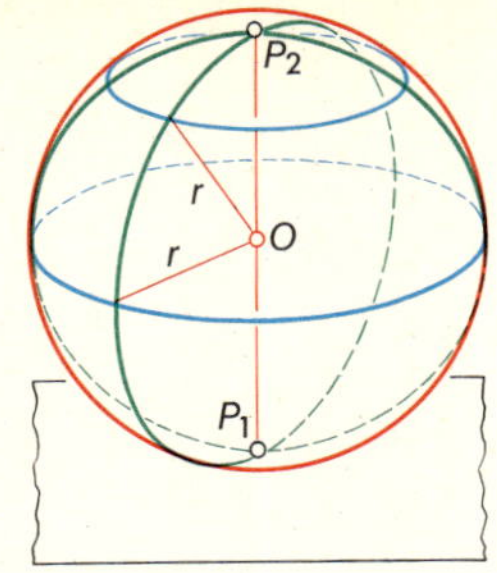

122.1.

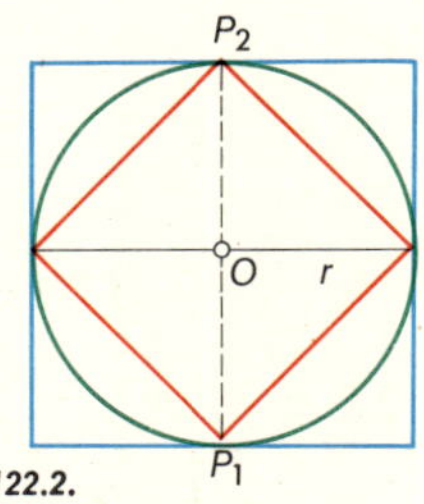

122.2.

D 1 **1.** Die Menge aller Raumpunkte, welche von einem festen Punkt O die konstante Entfernung r haben, heißt **Kugelfläche** mit ***Mittelpunkt*** O und *Radius* r (Fig. 122.1).

D 2 **2.** Die Menge aller Raumpunkte, welche von einem festen Punkt O eine Entfernung haben, die kleiner oder gleich r ist, nennen wir **Kugelkörper** oder kürzer **Kugel** mit Mittelpunkt O und Radius r.

3. Jede Ebene, die innere Punkte der Kugel enthält, schneidet die Kugel in einem Kreis (warum? vgl. Fig. 122.1).

D 3 Schnittkeise, deren Ebene durch den Kugelmittelpunkt gehen, heißen **Großkreise**; ihr Radius ist der Kugelradius r. Alle anderen Schnittkreise haben Radien kleiner als r; sie heißen **Kleinkreise.** Parallele Schnittebenen schneiden die Kugel in **Parallelkreisen.**

4. Verschiebt man eine Ebene parallel zu sich so, daß der Schnittkreis zu einem Punkt P_1 zusammenschrumpft, so berührt die Ebene die Kugel in P_1.

D 4 Eine Ebene, die mit einer Kugel nur *einen* Punkt P_1 gemeinsam hat, nennt man eine **Berührebene** oder **Tangentialebene.** P_1 heißt **Berührpunkt,** OP_1 heißt *Berührhalbmesser.*

Der Berührhalbmesser ist orthogonal zur Berührebene. (Grund?)

Bemerkung: Stellt Fig. 122.1 die „*Erdkugel*" dar und ist P_1 der *Südpol*, P_2 der *Nordpol*, (P_1P_2) die *Erdachse*, so stellt jeder Großkreis durch P_1 und P_2 zwei *Längenkreise* oder *Meridiane* dar. Die Parallelkreise sind die *Breitenkreise*, der größte Parallelkreis ist der *Äquator*.

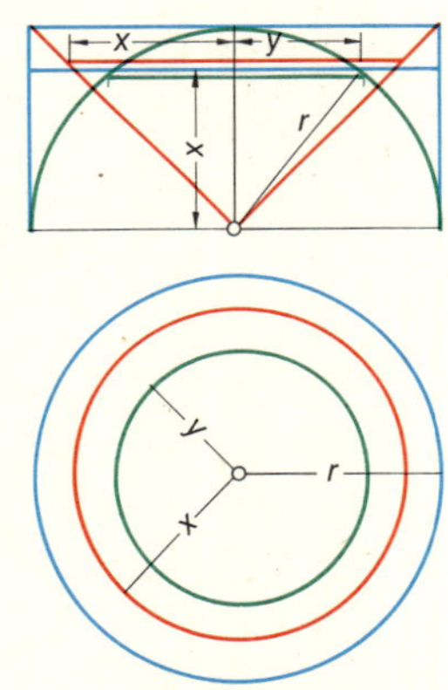

122.3. Zum Beweis von S 1 a)

Rauminhalt und Oberflächeninhalt der Kugel

1 Schätze den Kugelinhalt, indem du den Mittelwert aus dem Rauminhalt des umbeschriebenen Zylinders und dem des einbeschriebenen Doppelkegels bildest (Fig. 122.2).

2 Welche Potenz von r muß die Formel für den Kugelinhalt, welche diejenige für die Kugeloberfläche enthalten?

3 Warum liegt der Inhalt der Kugeloberfläche vermutlich zwischen $2\pi r^2$ und $6\pi r^2$? (Fig. 122.2.).

S 1 **Bei einer Kugel mit dem Halbmesser r beträgt:**

a) der Rauminhalt $V = \frac{4}{3}\pi r^3$ b) der Inhalt der Oberfläche $O = 4\pi r^2$

Beweis zu a) (von Archimedes von Syrakus): Fig. 122.3 zeigt in Grund- und Aufriß eine Halbkugel, der ein Zylinder umbeschrieben ist. Aus ihm ist ein Kegel herausgenommen worden, dessen Spitze der Kugelmittelpunkt ist. Schneidet man nun beide Körper parallel zur Grundfläche in der Höhe x (Fig. 122.3), so ist die Schnittfigur beim Restkörper ein Kreisring mit der Fläche $\pi r^2 - \pi x^2$, bei der Halbkugel ein Kreis mit der Fläche $\pi y^2 = \pi(r^2 - x^2)$. Nach dem Satz von Cavalieri (§ 95) sind also die Inhalte gleich. Der Halbkugelinhalt ist daher $\frac{1}{2}V = \pi r^3 - \frac{1}{3}\pi r^3 = \frac{2}{3}\pi r^3$, somit $V = \frac{4}{3}\pi r^3$.

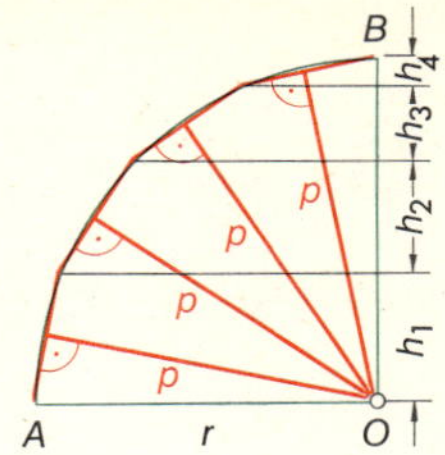

123.1.

Herleitung von b) (123.1): Teilt man den Viertelkreis $\widehat{AB}$ in n gleiche Teile (im Bild ist $n = 4$) und verbindet die Teilpunkte durch einen Sehnenzug, so entsteht bei Drehung der Figur um OB eine Halbkugel, der n Kegelstümpfe (darunter ein Kegel) mit den Höhen $h_1, h_2, h_3, \ldots, h_n$ einbeschrieben sind.
Nach S 2 von S. 120 ist der Gesamtflächeninhalt der Kegelstumpfmäntel:

$$M_n = 2\pi p\, h_1 + 2\pi p\, h_2 + \cdots + 2\pi p\, h_n = 2\pi p\,(h_1 + h_2 + \cdots + h_n) = 2\pi p \cdot r.$$

Setzt man für n immer größere Zahlen ein, so scheint die Vereinigungsmenge der Kegelstumpfmäntel der halben Oberfläche der Kugel beliebig nahe zu kommen. Dabei geht p in den Radius r über. M_n hat also den *Grenzwert* $2\pi r^2$. Es ist daher sinnvoll, diesen Grenzwert als Inhalt der Halbkugeloberfläche zu definieren.
Herleitung von a): Beschreibt man um die Kugel ein Vielfach, dessen n Flächen mit den Inhalten $G_1, G_2, G_3, \ldots, G_n$ die Kugel berühren, und verbindet seine Ecken mit dem Kugelmittelpunkt, so entstehen n Pyramiden. Ihre Höhe ist gleich dem Kugelhalbmesser r. Der Rauminhalt des Vielflachs ist daher

$$V_n = \tfrac{1}{3} G_1 r + \tfrac{1}{3} G_2 r + \cdots + \tfrac{1}{3} G_n r = \tfrac{1}{3} r (G_1 + G_2 + \cdots + G_n) \quad \text{oder}$$

$V_n = \frac{1}{3} r\, O_n$, wo O_n den Inhalt der Oberfläche des Vielflachs bedeutet.
Setzt man für n immer größere Zahlen und sorgt dafür, daß die Inhalte aller Flächen des Vielflachs gegen 0 rücken, so haben wir den Eindruck, daß V_n in den Kugelinhalt V und O_n in den Kugeloberflächeninhalt O übergeht. Dann ist $V = \frac{1}{3} r\, O$, also $V = \frac{1}{3} r \cdot 4\pi r^2 = \frac{4}{3}\pi r^3$.
Bemerkung: Auf S. 125 ist eine Herleitung von S 1a) auf Grund einer Intervallschachtelung.

Aufgaben (weitere Aufgaben zur Kugel s. S. 127)

1. Berechne den Kugelinhalt V und den Inhalt O der Kugeloberfläche für
a) $r = 3$ cm b) $r = 12{,}5$ cm c) $r = 75$ cm d) $r = 1$ m

2. Berechne von den drei Größen r, O, V die beiden fehlenden für
a) $O = 1\ \text{m}^2$ b) $O = 25\ \text{dm}^2$ c) $V = 1$ l d) $V = 27\ \text{cm}^3$

3. Drücke den Rauminhalt V und den Inhalt O der Oberfläche einer Kugel mit Hilfe des Durchmessers d aus und bilde Beispiele.

4. Was wiegt eine Kugel mit 100 cm Durchmesser, wenn sie a) aus Kork (0,24 p/cm³) b) aus Granit (2,9 p/cm³) c) aus Gold (19,3 p/cm³) besteht?

5. Was wiegt a) eine Kegelkugel ($\gamma = 0{,}7$ p/cm³) mit $d = 18$ cm b) eine Sandsteinkugel ($\gamma = 2{,}6$ p/cm³) mit $d = 36$ cm?

6. Welchen Durchmesser hat a) eine Glaskugel ($\gamma = 2{,}6$ p/cm³) b) eine Goldkugel ($\gamma = 19{,}3$ p/cm³) von 1000 p Gewicht?

7. Wie viele Schrotkörner von $d = 2$ mm Durchmesser kann man aus 1000 g Blei herstellen? ($\varrho = 11{,}4$ g/cm³).

8. Die Kugel auf einer Kirchturmspitze hat einen Durchmesser von $d = 38$ cm. Sie wird mit 10 g Gold vergoldet ($\varrho = 19{,}3$ g/cm³).

9. Wie dick ist die Wand einer Seifenblase von 80 mm Durchmesser, die aus einem 4 mm dicken Tropfen entstanden ist?

103 Kugelteile

Definition der Kugelteile

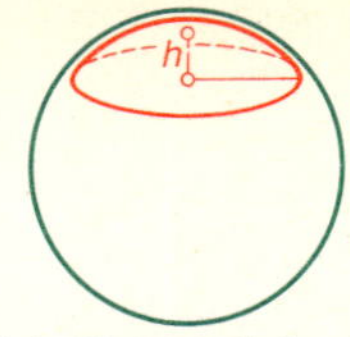

124.1. **Kugelabschnitt, Kugelkappe**

D 1 Eine die Kugel schneidende Ebene zerlegt den Kugelkörper in zwei **Kugelabschnitte,** die Kugelfläche in zwei **Kugelkappen** (Kugelhauben) (Fig. 124.1).

D 2 Der zwischen zwei parallelen Schnittebenen liegende Teil des Kugelkörpers heißt **Kugelschicht;** der von diesen Ebenen begrenzte Teil der Kugelfläche heißt **Kugelzone** (Fig. 124.2).

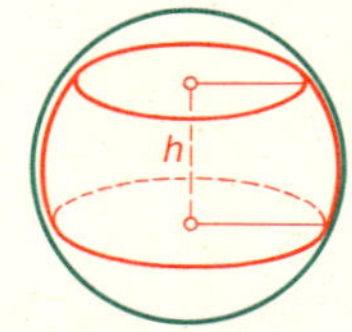

124.2. **Kugelschicht, Kugelzone**

D 3 Die Mantelfläche eines Kreiskegels, dessen Spitze sich im Kugelmittelpunkt befindet, zerlegt den Kugelkörper in zwei **Kugelausschnitte** (Kugelsektoren) (Fig. 124.3).

D 4 Die in Fig. 124.1 bis 3 mit h bezeichnete Strecke heißt die Höhe des betreffenden Kugelteils.

Bemerkung: Alle Kugelteile lassen sich durch Drehung von Kreisteilen erzeugen.

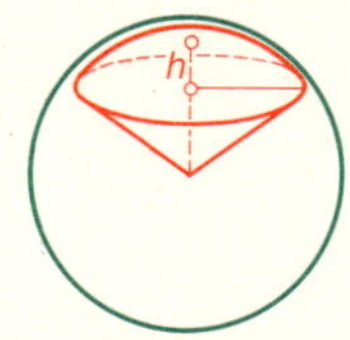

124.3. **Kugelausschnitt**

Rauminhalte und Flächeninhalte bei Kugelteilen

S 1 Ist r der Kugelradius und h die Höhe eines Kugelteils, so ist:

a) der Flächeninhalt der Kugelzone $A = 2\pi r h$

b) der Flächeninhalt der Kugelkappe $A = 2\pi r h$

c) der Rauminhalt des Kugelausschnitts $V = \frac{2}{3}\pi r^2 h$

d) der Rauminhalt des Kugelabschnitts $V = \frac{1}{3}\pi h^2 (3r - h)$

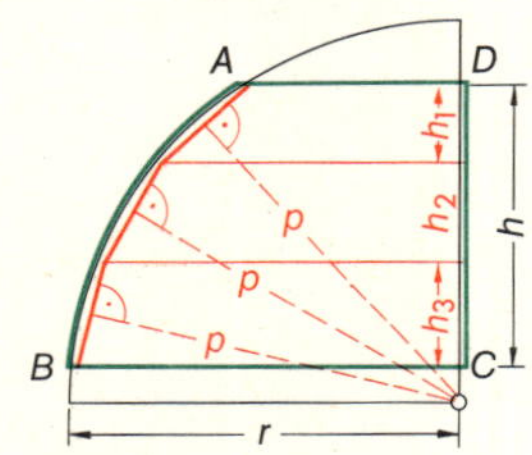

124.4.

Herleitung von a) und b) (Fig. 124.4): Teilt man den Kreisbogen $\widehat{AB}$ wie bei der Herleitung von S 1b) auf S. 123 in n gleiche Teile (im Bild ist $n = 3$) und verbindet die Teilpunkte durch einen Sehnenzug, so entsteht bei Drehung dieser Figur um CD eine Kugelschicht, der n Kegelstümpfe mit den Höhen $h_1, h_2, \dots, h_n$ einbeschrieben sind.
Der Gesamtflächeninhalt M_n der Kegelstumpfmäntel ist nach S 2 von S. 120:

$$\begin{aligned} M_n &= 2\pi p\, h_1 + 2\pi p\, h_2 + \cdots + 2\pi p\, h_n \\ &= 2\pi p\,(h_1 + h_2 + \cdots + h_n) = 2\pi p\, h. \end{aligned}$$

Mit wachsendem n strebt p gegen den Kugelhalbmesser r; M_n hat also den Grenzwert $2\pi r h$. Es erscheint daher sinnvoll, den Grenzwert $2\pi r h$ als Flächeninhalt der Kugelzone zu definieren. Dieselbe Überlegung gilt auch für die Kugelkappe.

Herleitung zu c): Wie bei der Herleitung von Satz 1a) auf S. 123 zeigt man, daß zwischen dem Rauminhalt V des Kugelausschnitts und dem Flächeninhalt A der Kugelkappe die Beziehung besteht: $V = \frac{1}{3} r A$. Daraus folgt $V = \frac{2}{3}\pi r^2 h$.

Erste Herleitung von d): Man definiert den Rauminhalt des Kugelabschnitts mit Hilfe des zugehörigen Kugelausschnitts und eines Kegels. Führe dies durch!

Zweite Herleitung von d) (zugleich auch für S 1a) von § 102):

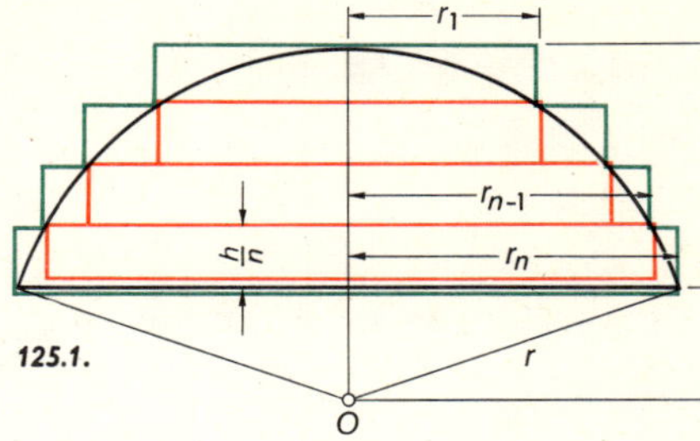

125.1.

Teilt man wie in Fig. 125.1 die Höhe des Kugelabschnitts in n gleiche Teile und bildet einen äußeren und inneren Treppenkörper aus zylindrischen Platten der Dicke $\frac{h}{n}$, so sind ihre Rauminhalte V_a und V_i:

$$V_a = \pi \frac{h}{n} (r_1^2 + r_2^2 + \cdots + r_n^2) \tag{1}$$

$$V_i = V_a - \pi \frac{h}{n} r_n^2, \text{ also } V_a - V_i = \pi \frac{h}{n} r_n^2 \tag{2}$$

Verdoppelt man die Plattenzahl n fortgesetzt, so ist geometrisch deutlich, daß V_a ständig abnimmt und V_i ständig zunimmt. Aus (2) folgt, daß die Differenz $V_a - V_i$ dabei beliebig klein wird. Zusammengehörige Paare $[V_i; V_a]$ bilden also eine *Intervallschachtelung* und bestimmen somit einen *Grenzwert V, den man als den Rauminhalt des Kugelabschnitts definiert* (vgl. D 5, S. 110). Im folgenden zeigen wir, daß sich $V = \frac{1}{3}\pi h^2 (3r - h)$ ergibt.

Für die Radien $r_1, r_2, r_3, \ldots, r_n$ gilt nach dem Satz des Pythagoras:

$$r_1^2 = r^2 - \left(r - \frac{h}{n}\right)^2 = \frac{2rh}{n} - \frac{h^2}{n^2} = \frac{2rh}{n} \cdot 1 - \frac{h^2}{n^2} \cdot 1^2$$

$$r_2^2 = r^2 - \left(r - \frac{2h}{n}\right)^2 = \frac{4rh}{n} - \frac{4h^2}{n} = \frac{2rh}{n} \cdot 2 - \frac{h^2}{n^2} \cdot 2^2$$

$$r_3^2 = r^2 - \left(r - \frac{3h}{n}\right)^2 = \frac{6rh}{n} - \frac{9h^2}{n^2} = \frac{2rh}{n} \cdot 3 - \frac{h^2}{n^2} \cdot 3^2$$

....

....

....

$$r_n^2 = r^2 - \left(r - \frac{nh}{n}\right)^2 = \frac{2nrh}{n} - \frac{n^2h^2}{n^2} = \frac{2rh}{n} \cdot n - \frac{h^2}{n^2} \cdot n^2$$

$$r_1^2 + r_2^2 + r_3^2 + \cdots r_n^2 = \frac{2rh}{n}(1 + 2 + 3 + \cdots + n) - \frac{h^2}{n^2}(1^2 + 2^2 + 3^2 + \cdots n^2) \tag{3}$$

Nach der Formelsammlung ist $1 + 2 + 3 + \cdots + n = \frac{1}{2} n (n+1)$ (4)

und $1^2 + 2^2 + 3^2 + \cdots + n^2 = \frac{1}{6} n (n+1)(2n+1)$ (5)

(4) und (5) in (3): $r_1^2 + r_2^2 + r_3^2 + \cdots + r_n^2 = rh(n+1) - \frac{h^2}{6n}(n+1)(2n+1)$ (6)

(6) in (1): $V_a = \pi h^2 r \left(1 + \frac{1}{n}\right) - \frac{1}{3}\pi h^3 \left(1 + \frac{1}{n}\right)\left(1 + \frac{1}{2n}\right)$ (7)

Läßt man die Plattenzahl unbegrenzt wachsen, so kommen die Faktoren $1 + \frac{1}{n}$, $1 + \frac{1}{2n}$ und $\left(1 + \frac{1}{n}\right)\left(1 + \frac{1}{2n}\right)$ der Zahl 1 beliebig nahe; sie haben den *Grenzwert* 1.

Das Volumen V_a (und auch V_i) hat also den Grenzwert

$$V = \pi h^2 r - \tfrac{1}{3}\pi h^3 = \tfrac{1}{3}\pi h^2 (3r - h), \quad \text{w.z.b.w.} \tag{8}$$

Für $h = r$ ist $V = \pi r^3 - \frac{1}{3}\pi r^3 = \frac{2}{3}\pi r^3$ wie in S 1a) von § 102.

Aufgaben zu den Kugelteilen

1. Wie erhält man aus Satz 1a) bis d) die Formeln für Oberflächeninhalt und Rauminhalt einer Kugel?

2. Vergleiche bei ein und derselben Kugel die Flächen aller Kugelzonen von gleicher Höhe h. (Beispiel: $r = 4{,}5$ cm, $h = 1{,}5$ cm.) Wie kann man das Ergebnis anschaulich verdeutlichen?

3. Bei einem Kugelabschnitt ist der Kugelhalbmesser $r = 4$ cm (4,8 cm), die Höhe $h = 2$ cm (der Grundkreishalbmesser $r_1 = 3{,}2$ cm). Wie groß ist a) der Rauminhalt des Abschnitts b) der Rauminhalt des zugehörigen Ausschnitts c) die Fläche der Kugelkappe? Zeichne Grundriß, Aufriß und Schrägbild ($\alpha = 90°$, $k = \frac{1}{4}$).

4. Drücke die Fläche der Kugelkappe und den Inhalt des Kugelabschnittes mit Hilfe der Höhe h und des Grundkreishalbmessers r_1 aus.

5. Auf der Kugel mit $r = 4{,}5$ cm ist eine Zone mit den Grundkreishalbmessern $r_1 = 3{,}6$ cm und $r_2 = 2{,}7$ cm gegeben. Berechne
a) die Fläche der Zone b) den Rauminhalt der Kugelschicht. Zeichne!

▸ **6.** a) Beweise: Eine Kugelschicht mit den Grundkreishalbmessern r_1 und r_2 und der Höhe h hat den Rauminhalt $V = \frac{1}{6}\pi h (3 r_1^2 + 3 r_2^2 + h^2)$.
b) Wie ergibt sich aus der vorstehenden Formel der Rauminhalt der Kugel?

7. Eine Kugel mit dem Halbmesser $r = 8$ cm wird zylindrisch so ausgebohrt, daß die Zylinderachse durch den Kugelmittelpunkt geht und der Durchmesser der Bohrung $a = 8$ cm beträgt. Welchen Rauminhalt hat der Restkörper?

8. Eine bikonvexe[1] *Linse*, die auf beiden Seiten gleich gekrümmt ist, hat einen Durchmesser von 15 cm und in der Mitte eine Dicke von 12 mm. Was wiegt sie? ($\gamma = 3{,}3$ p/cm³.)

9. Eine bikonvexe *Linse* hat die Krümmungshalbmesser $r_1 = 5$ cm und $r_2 = 10$ cm. Was wiegt sie, wenn sie a) in der Mitte 18 mm dick ist b) einen Durchmesser von 8 cm hat? ($\gamma = 3{,}3$ p/cm³.)

10. Welche Fläche könnte man aus $h = 5000$ m (8000 m) überblicken, wenn die Sicht unbeschränkt wäre und die Erde als Kugel aufgefaßt wird?

11. Wie hoch muß man mit dem Flugzeug aufsteigen, um ein Gebiet von 20000 km² überblicken zu können?

12. Um einen Globus ist ein Zylinder gelegt, der längs des Äquators berührt. Jeder Punkt auf dem Globus wird von dem Mittelpunkt des zugehörigen Breitenkreises auf den Zylinder projiziert und dieser dann zu einer Karte abgewickelt.
a) Wie verlaufen in dieser Karte die Bilder der Breiten- und Längenkreise?
b) Zeige, daß die Fläche jeder Kugelzone auf dem Globus gleich der Fläche des Bildes ist. (*„Flächentreuer“ Kartenentwurf* von *Archimedes.*)
c) Zeichne das Gradnetz dieser Erdkarte von 10° zu 10°. Trage nach dem Atlas den Umriß von Afrika ein.

---

1. bis (lat.), zweimal, convexus (lat.), gewölbt.

Wiederholende Aufgaben zur Kugel

13. Der Erdradius beträgt $r = 6370$ km. Berechne
a) die Äquatorlänge b) den Inhalt der Oberfläche c) den Rauminhalt
d) die Masse der Erde, wenn die durchschnittliche Dichte $\varrho = 5{,}56\ \text{kg/dm}^3$ ist.

14. Eine Halbkugel aus Kupfer ($\gamma = 8{,}8\ \text{p/cm}^3$) hat den äußeren Durchmesser $d = 24{,}0$ cm und die Wandstärke $s = 6$ mm. Was wiegt sie?

15. Eine Glaskugel ($\gamma = 2{,}6\ \text{p/cm}^3$) mit dem äußeren Durchmesser $d = 9{,}6$ cm hat das Gewicht $G = 1{,}5$ p. Wie dick ist die Wand?

16. Eine Hohlkugel hat die Radien $r_1 = 5$ cm, $r_2 = 4$ cm. Bei welcher Wichte des Materials schwebt sie im Wasser?

17. Drei gleich große Bleikugeln mit dem Durchmesser $d = 26$ mm werden zu einer einzigen zusammengeschmolzen. a) Welchen Durchmesser hat diese Kugel? b) Wie verhalten sich die Flächeninhalte der Kugeloberflächen?

18. Wie verhalten sich die Inhalte der Oberflächen (die Rauminhalte) zweier Kugeln, deren Halbmesser im Verhältnis a) $1:2$ b) $3:4$ c) $p:q$ stehen?

19. Wie verhalten sich a) die Radien b) die Oberflächeninhalte c) die Rauminhalte der In- und Umkugel eines Würfels?

20. Wie verhalten sich die Halbmesser zweier Kugeln, deren Oberflächeninhalte (Rauminhalte) im Verhältnis a) $1:2$ b) $1:8$ c) $2:5$ d) $p:q$ stehen?

21. Wie verhalten sich die Inhalte der Oberflächen zweier Kugeln, wenn ihre Rauminhalte im Verhältnis a) $8:27$ b) $1:5$ c) $2:5$ d) $p:q$ stehen?

22. Was ergibt sich bei der zentrischen Streckung folgender Körper:
a) Kugel b) Kreiskegel c) regelmäßige Pyramide d) regelmäßige Säule. Wie ändern sich dabei die Längen, die Oberflächeninhalte, die Rauminhalte?

Darstellung der Erdkugel samt Gradnetz

23. Zeichne das Bild der Längen- und Breitenkreise von 30° zu 30° in Grund- und Aufriß (Fig. 127.1). Benutze Ordnungslinien.

▸24. Drehe den Globus in 127.1 parallel zur Aufrißebene um 30° in die Lage von Fig. 127.2 und konstruiere dann wie in Fig. 88.3/4 den neuen Grundriß.

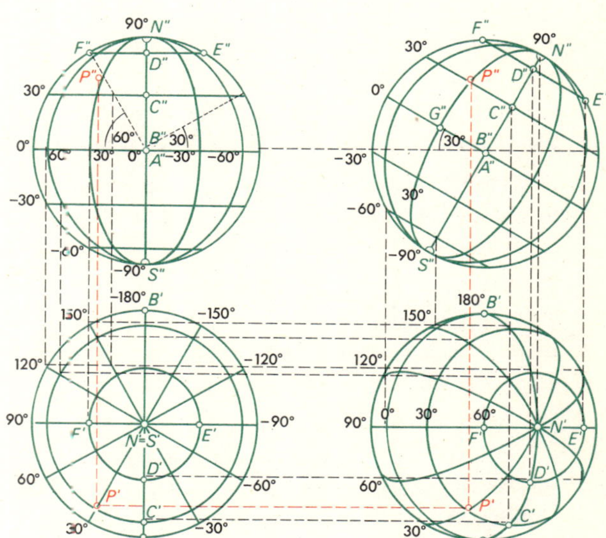

127.1. Längen- und Breitenkreise in Grund- und Aufriß

127.2. Drehung parallel zur A.E. um 30°

104 Die regelmäßigen Vielflache

❶ Welche Eigenschaften des regelmäßigen Achtflachs (Vierflachs) lassen sich aus 128.3 (128.1) bzw. aus 18.3 (18.5) oder an einem Modell unmittelbar ablesen?

❷ Warum bezeichnet man einen Würfel auch als regelmäßiges Sechsflach?

D 1 **1.** Ein **Vielflach** heißt **regelmäßig**, wenn es von kongruenten regelmäßigen Vielecken, von denen in jeder Ecke gleich viele zusammenstoßen, begrenzt wird, und wenn es keine „einspringenden" Ecken besitzt.

Statt Vielflach sagt man auch Polyeder[1]. Die regelmäßigen Vielflache werden häufig als *platonische Körper*[2] bezeichnet.

2. Die Winkelsumme an jeder Körperecke kann nur kleiner als 360° sein; ferner stoßen in ihr mindestens 3 Flächen zusammen (vgl. Aufg. 1). In jeder Ecke können daher zusammentreffen:
a) 3 gleichseitige Dreiecke (128.1): Vierflach oder **Tetraeder**[3],
b) 3 Quadrate (128.2): Sechsflach oder **Hexaeder**[3] (Würfel),
c) 4 gleichseitige Dreiecke (128.3): Achtflach oder **Oktaeder**[3],
d) 3 regelmäßige Fünfecke (128.4): Zwölfflach oder **Dodekaeder**[3],
e) 5 gleichseitige Dreiecke (128.5): Zwanzigflach oder **Ikosaeder**[3].
Andere Möglichkeiten gibt es nicht (vgl. Aufg. 1).

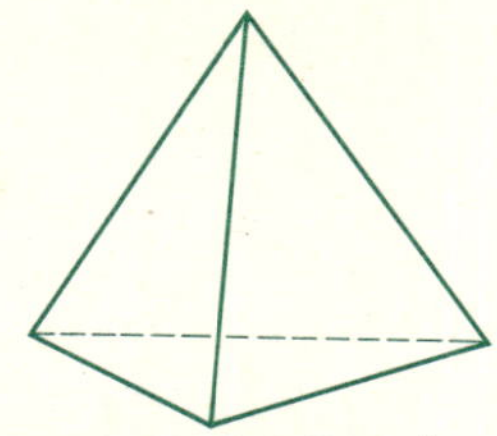
128.1. Vierflach, Tetraeder

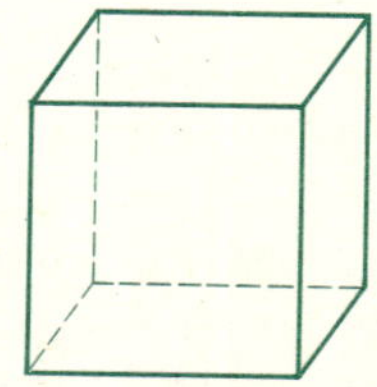
128.2. Sechsflach, Hexaeder

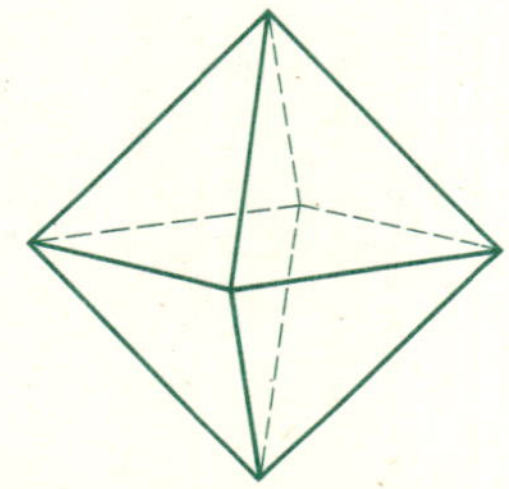
128.3. Achtflach, Oktaeder

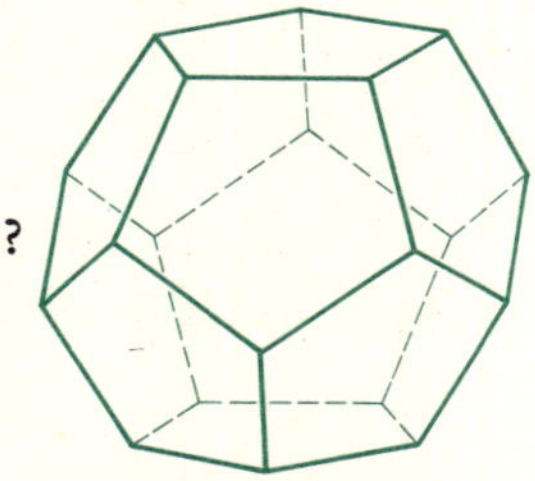
128.4. Zwölfflach, Dodekaeder

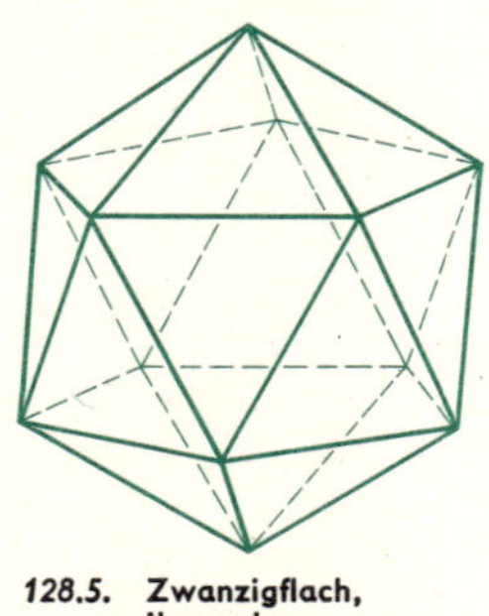
128.5. Zwanzigflach, Ikosaeder

Aufgaben

1. a) Gib die Innenwinkel im regelmäßigen 3-, 4-, 5-, 6-, 7-Eck an.
b) Warum bilden 6 gleichseitige Dreiecke (4 Quadrate, 4 regelmäßige Fünfecke, 3 regelmäßige Sechsecke) keine Ecke eines regelmäßigen Vielflachs?
c) Warum sind zu einer solchen Ecke mindestens 3 Flächen nötig?

2. Warum besitzen regelmäßige Vielflache eine Umkugel (Inkugel)?

3. Zeichne Netze der regelmäßigen Körper. Stelle Modelle her.

4. a) Wieviel Symmetrieebenen besitzen die platonischen Körper?
b) Wieviel 2- (3-, 4-, 5-, 6-) zählige Drehachsen haben sie?
c) Welche regulären Polyeder sind zentrisch symmetrisch?

▸ **5.** Zeichne die regulären Körper a) in Grund- und Aufriß b) im Schrägbild.

6. Berechne den Rauminhalt beim regulären Oktaeder (Tetraeder), wenn die Kantenlänge *a* gegeben ist.

---

1. poly (griech.), viel; hedra (griech.), Fläche.
2. *Plato* (427—347 v. Chr.), griech. Philosoph. Er betrachtete die regelmäßigen Polyeder als Grundbausteine der Welt.
3. tettares (griech.), vier; pente, fünf; hex, sechs; octo, acht; dodeka, zwölf; eikosi, zwanzig.

105 Vermischte Aufgaben (Rauminhalte und Oberflächeninhalte)

Kristallformen

1. Bestimme den Rauminhalt und den Oberflächeninhalt für
a) den *Pyramidenwürfel* in Fig. 93.2 (Würfelkante a)
b) das *Rautenzwölfflach* in Fig. 93.3 (Würfelkante a)
c) den *Zwilling* in Fig. 93.6 (Würfelkante a).

2. Die Ecken eines *Würfels* (regelmäßigen *Oktaeders*) mit Kante a werden durch Ebenen so *abgestumpft*, daß von je 3 (4) zusammenstoßenden Kanten Stücke von der Länge s wegfallen. Berechne Rauminhalt und Oberflächeninhalt des entstandenen Kristallkörpers. Wähle insbesondere a) $s = \frac{a}{2}$ b) $s = \frac{a}{4}$ c) s so, daß am Kristall regelmäßige Achtecke (Sechsecke) auftreten. Zeichne!

3. Die Ecken eines regelmäßigen *Tetraeders* mit der Kante a werden durch Ebenen *abgestumpft*, welche durch die Mitten der Kanten gehen. Welcher Körper entsteht? Berechne seinen Rauminhalt und seinen Oberflächeninhalt und vergleiche diese Werte mit den entsprechenden des *Tetraeders*. Zeichne!

4. Ein *Bergkristall* setzt sich zusammen aus einem regelmäßigen sechsseitigen Prisma mit der Grundkante $a = 5$ mm und der Höhe $h = 40$ mm sowie beiderseits aufgesetzten senkrechten Pyramiden mit der Höhe $h' = 15$ mm. Der Kristall wiegt 8,5 p. Wie groß ist die Wichte?

Aus der Physik

5. Ein schwimmender (zylindrischer) *Baumstamm* mit Durchmesser $d = 60$ cm ragt $h = 15$ cm hoch aus dem Wasser. Welche Wichte γ hat das Holz?

6. Eine schwimmende *Holzkugel* mit Durchmesser $d = 28$ cm ragt $h = 4$ cm hoch aus dem Wasser. Welche Wichte γ hat das Holz?

7. Eine eiserne *Hohlkugel* ($\gamma = 7{,}6$ p/cm^3) mit dem äußeren Durchmesser $d = 12$ cm sinkt bis zur Mitte in Wasser ein. Wie dick ist ihre Wand?

8. Wie tief sinkt eine (massive) *Stahlkugel* ($\gamma_2 = 7{,}8$ p/cm^3) mit dem Durchmesser $d = 36$ mm in Quecksilber ($\gamma_1 = 13{,}6$ p/cm^3) ein?

9. Ein Freiballon hat den Durchmesser $d = 18$ m.

a) Wie schwer ist die Hülle, wenn 1 m^2 Seidenstoff 40 p wiegt?

b) Was wiegt die Gasfüllung, wenn Leuchtgas ($\gamma_1 = 0{,}0006$ p/cm^3) bzw. Wasserstoff ($\gamma_2 = 0{,}00009$ p/cm^3) verwendet wird?

c) Wie groß ist der Auftrieb des Ballons?
(Die Wichte von Luft ist $\gamma_3 = 0{,}0013$ p/cm^3.)

d) Welche Nutzlast kann der Ballon tragen, wenn für den Korb und die sonstige Ausrüstung $P = 70$ kp berechnet werden?

Weitere Anwendungen

10. Ein *Gewichtsatz* aus Messing (8,5 p/cm³) besteht aus Zylindern, die doppelt so breit wie hoch sind. Welche Maße haben die Stücke zu 100 p, 200 p, 500 p?

11. Ein zylindrischer *Gasbehälter* soll $V = 50000\ \text{m}^3$ fassen und $h = 60\ \text{m}$ hoch werden. Wie breit wird er?

12. Die *Cheopspyramide* hat als Grundfläche ein Quadrat mit 233 m Seitenlänge. Sie war ursprünglich 148 m hoch und ist heute in 137 m Höhe abgestumpft.
a) Welche Gesteinsmasse wurde beim Bau bewegt ($\varrho = 2{,}7\ \text{g/cm}^3$)?
b) Welche Ausmaße hat die heute vorhandene Plattform auf dem Gipfel?

13. Ein *Zelt* hat die Gestalt eines regelmäßigen sechseitigen Pyramidenstumpfes mit den Grundkanten $a = 4{,}8\ \text{m}$ und $b = 3{,}6\ \text{m}$. Die Seitenkante mißt $s = 2{,}4\ \text{m}$.
a) Welchen Raum umschließt das Zelt? b) Wieviel Zeltstoff ist zur Herstellung nötig?

14. Ein *Lampenschirm* hat die Form eines Kegelstumpfes mit den Grundkreisdurchmessern $d_1 = 40\ \text{cm}$ und $d_2 = 24\ \text{cm}$ und der Höhe $h = 20\ \text{cm}$. Wie groß sind die Halbmesser und der Mittelpunktswinkel der Abwicklungsfigur?

15. Die Durchmesser von *Erde* und *Mond* verhalten sich rund wie $11:3$. Wie verhalten sich
a) ihre Halbmesser b) ihre Oberflächeninhalte c) ihre Rauminhalte?

Funktionen und ihre Graphen

16. Ein senkrechter *Kreiszylinder* hat den Grundkreisradius r, die Höhe h und das Volumen $V = 1\ l$. Gib die Funktion $r \to h$ an. Berechne h für $r \in \{4\ \text{cm};\ 8\ \text{cm};\ \ldots;\ 16\ \text{cm}\}$. Zeichne einen Graphen der Funktion. Lies aus dem Graphen die Werte r ab für $h \in \{8\ \text{cm};\ 10\ \text{cm};\ 12\ \text{cm}\}$.

17. Ein senkrechter *Kreiszylinder* hat den Oberflächeninhalt $O = 500\ \text{cm}^2$. Gib die Funktion $r \to h$ an. Berechne h für $r \in \{4\ \text{cm};\ 5\ \text{cm};\ 6\ \text{cm};\ \ldots;\ 10\ \text{cm}\}$. Zeichne einen Graphen.

18. Bei einem senkrechten *Kreiszylinder* ist die Höhe h gleich dem Grundkreisradius r. Gib für den Rauminhalt V, den Mantelinhalt M und den Oberflächeninhalt O die Funktionen $r \to V$, $r \to M$, $r \to O$ an. Zeichne Graphen.

19. Ein senkrechter *Kreiskegel* hat den Öffnungswinkel 90° (120°), den Rauminhalt V, den Mantelinhalt M und den Grundkreisradius r. Gib $r \to V$ und $r \to M$ an. Zeichne Graphen.

20. Gib für eine *Kugel* mit Durchmesser d an: $d \to V$ und $d \to O$. Zeichne Graphen.

▸ **21.** Ein Kreisausschnitt mit Radius $s = 6\ \text{cm}$ und Mittelpunktswinkel α wird zu einem Kegel zusammengebogen. Sein Volumen sei V. Gib die Funktion $\alpha \to V$ an.
Berechne V für $\alpha \in \{0°;\ 30°;\ 60°;\ \ldots;\ 360°\}$ und zeichne einen Graphen. Lies aus dem Graphen den Wert von α ab, für den V einen größten Wert hat.

22. Einem senkrechten *Kreiskegel* ($r = h = 5\ \text{cm}$) ist ein senkrechter *Kreiszylinder* einbeschrieben. Es sei M der Mantelinhalt, V das Volumen, x der Radius des Zylinders. Gib $x \to M$ und $x \to V$ an. Berechne M bzw. V für $x \in \{0\ \text{cm};\ 0{,}5\ \text{cm};\ 1{,}5\ \text{cm};\ \ldots;\ 5\ \text{cm}\}$. Lies aus den Graphen der Funktionen den Wert von x ab, für den V bzw. M am größten ist.

▸ **23.** Einer *Kugel* mit Halbmesser $r = 4$ cm ist ein senkrechter *Kreiszylinder* mit Grundkreishalbmessers x und Volumen V einbeschrieben. Gib die Funktion $x \rightarrow V$ an. Berechne V für $x \in \{0 \text{ cm}; 0{,}5 \text{ cm}; 1{,}5 \text{ cm}; \ldots; 4 \text{ cm}\}$ und zeichne einen Graphen. Lies aus dem Bild den Wert von x ab, für den V am größten wird.

▸ **24.** Löse Aufg. 23, wenn der Zylinder durch einen *Kegel* ersetzt wird.

▸ **25.** Einer *Kugel* mit $r = 2$ cm ist ein senkrechter *Kreiskegel* mit Grundkreishalbmesser x, Rauminhalt V, Mantelinhalt M und Oberflächeninhalt O umbeschrieben. Gib die Funktionen $x \rightarrow V$, $x \rightarrow M$, $x \rightarrow O$ an. Stelle Wertetafeln auf und zeichne Graphen. Lies aus der Zeichnung den Wert von x ab, für den V am kleinsten wird.

Regelmäßige Vielflache. Einbeschriebene Körper

26. Einer senkrechten quadratischen Pyramide mit der Grundkante $a = 6$ cm und der Höhe $h = 8$ cm ist ein Würfel so einzubeschreiben, daß seine Grundfläche in der Pyramidengrundfläche liegt und die 4 übrigen Ecken auf die Seitenkanten der Pyramide fallen. Wie groß ist die Würfelkante? Zeichnung und Rechnung!

27. Ersetze in Aufgabe 26 die Pyramide durch einen senkrechten Kreiskegel ($r = 3$ cm, $h = 6$ cm).

28. Einer Kugel mit Halbmesser $r = 4$ cm ist a) ein Würfel b) ein regelmäßiges Oktaeder c) ein regelmäßiges Tetraeder einzubeschreiben. Wie groß ist eine Kante?

29. Einer Kugel mit Halbmesser $r = 4{,}5$ cm sind 4 gleiche Kugeln einzubeschreiben, die alle einander berühren.

30. Verbinde die Mittelpunkte von je zwei benachbarten Flächen eines Würfels mit Kantenlänge a. Zeichne ein Schrägbild. Die Verbindungsstrecken sind die Kanten eines Körpers.
a) Um was für einen Körper handelt es sich? b) Welche Symmetrie hat der Körper?
c) Drücke seinen Rauminhalt (seinen Oberflächeninhalt) als Bruchteil des Rauminhalts (des Oberflächeninhalts) vom Würfel aus.

31. Wähle aus den Diagonalen der Flächen eines Würfels je eine Diagonale so aus, daß diese die Kante eines regelmäßigen Körpers ist. Zeichne!
a) Um was für einen Körper handelt es sich?
b) Drücke das Verhältnis der Rauminhalte (der Oberflächeninhalte) beider Körper aus.

Nachdenkliches

32. Vergleiche die Rauminhalte (Oberflächeninhalte) eines Würfels, eines regelmäßigen Oktaeders und einer Kugel, welche denselben Oberflächeninhalt $O = 150 \text{ cm}^2$ (denselben Rauminhalt $V = 125 \text{ cm}^3$) haben.

33. Aus einer Bleikugel mit Halbmesser $r = 1$ cm werden 1000 gleiche Schrotkörner hergestellt. Wie ändert sich dabei die Gesamtoberfläche? (Erst schätzen, dann rechnen.)

34. Wie ändert sich der Radius einer Kugel von der Größe der Erdkugel, wenn man
a) ihren Äquator um 10 m b) ihren Oberflächeninhalt um $10 \cdot 10 \text{ m}^2 = 100 \text{ m}^2$
c) ihren Rauminhalt um $10 \cdot 10 \cdot 10 \text{ m}^3 = 1000 \text{ m}^3$ vergrößert? Vergleiche!

XVI Trigonometrie

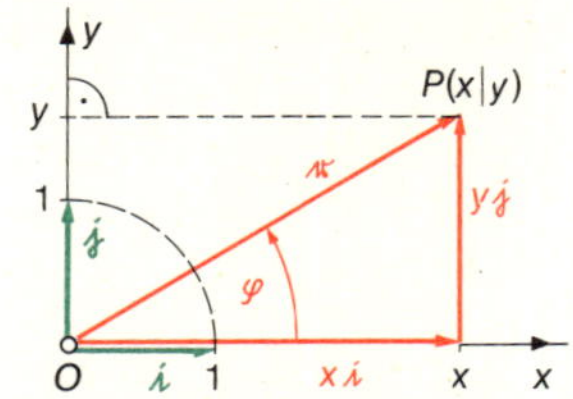

132.1 Einheitsvektoren $\mathfrak{i}$; $\mathfrak{j}$: $|\mathfrak{i}| = |\mathfrak{j}| = 1$; $|\mathfrak{r}| = 3$
$\mathfrak{r} = \begin{pmatrix} x \\ y \end{pmatrix} = \begin{pmatrix} 2{,}60 \\ 1{,}50 \end{pmatrix}$
$\mathfrak{r} = (\varphi; r) = (30°; 3)$

106 Sinusfunktion und Kosinusfunktion

Festlegung von Vektoren

❶ Wiederhole S. 30, D 2 und D 3, über Ortspfeile (Ortsvektoren).

❷ Wie kann man Pfeile (Vektoren) festlegen? (Vgl. S. 31.)

1. In Fig. 132.1 ist ein rechtwinkliges Achsenkreuz durch den Nullpunkt O und die Ortsvektoren $\mathfrak{i}$ und $\mathfrak{j}$ festgelegt; der Zahlenwert ihrer Länge ist 1.

D 1 Den Zahlenwert der Länge eines Vektors $\mathfrak{r}$ bezüglich einer Längeneinheit nennt man den **Betrag $|\mathfrak{r}|$ des Vektors.** Man schreibt oft r statt $|\mathfrak{r}|$. — In Fig. 132.1 ist $|\mathfrak{r}| = 3$.

D 2 Hat ein Vektor den Betrag 1, so heißt er **Einheitsvektor.** Wegen $|\mathfrak{i}| = |\mathfrak{j}| = 1$ sind also $\mathfrak{i}$ und $\mathfrak{j}$ Einheitsvektoren.

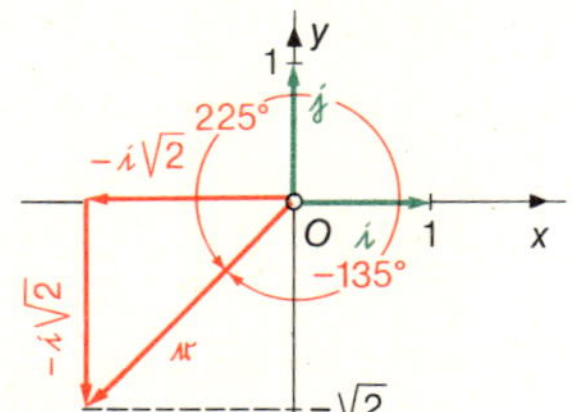

132.2.

2. Auf S. 30/31 sahen wir, daß der *Ortspfeil* (*Ortsvektor*) $\overrightarrow{OP} = \mathfrak{r}$ (Fig. 132.1) durch die *rechtwinkligen Koordinaten* x und y des Punktes P festgelegt ist. Man schreibt dann $\mathfrak{r} = \binom{x}{y}$ oder auch als Vektorsumme $\mathfrak{r} = x\,\mathfrak{i} + y\,\mathfrak{j}$.

Beispiele: In Fig. 132.1/2 ist $\mathfrak{r} = \binom{2{,}60}{1{,}50} = 2{,}60\,\mathfrak{i} + 1{,}50\,\mathfrak{j}$ bzw. $\mathfrak{r} = \binom{-\sqrt{2}}{-\sqrt{2}} = -\sqrt{2}\,\mathfrak{i} + (-\sqrt{2})\,\mathfrak{j} = -\mathfrak{i}\sqrt{2} - \mathfrak{j}\sqrt{2}$.

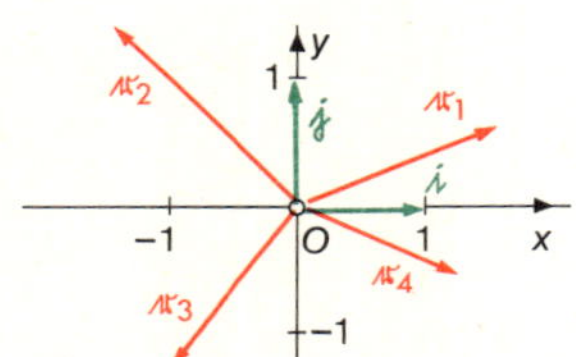

132.3.

D 3 $\mathfrak{r} = \overrightarrow{OP}$, mit $\mathfrak{r} \neq \mathfrak{o}$, kann auch festgelegt werden durch den Richtungswinkel $\varphi = \sphericalangle(\mathfrak{i}, \mathfrak{r})$ und den Betrag $|\mathfrak{r}| = r$. Wir schreiben $\mathfrak{r} = (\varphi; r)$ und nennen φ und r die *Polarkoordinaten* von $\mathfrak{r}$. Dabei ist $\varphi \gtreqless 0$ und bis auf ganze Vielfache von 360° bestimmt.

Beispiele (132.1/2): $\mathfrak{r} = (30°; 3) = (30° + k \cdot 360°; 3)$ mit $k \in \mathbb{Z}$; $\mathfrak{r} = (225°; 2) = (-135°; 2)$.

Ist ein Ortsvektor $\mathfrak{r}$ durch seine Polarkoordinaten φ und r gegeben, so kennen wir vorerst (außer in Sonderfällen) kein Verfahren zur Berechnung der rechtwinkligen Koordinaten x und y, und umgekehrt. Wie man diese Werte, die für viele Aufgaben der Naturwissenschaft und Technik nötig sind, näherungsweise bestimmt, wird auf S. 136 gezeigt.

Aufgaben

1. Zeichne die Ortsvektoren und gib ihre Polarkoordinaten an:
a) $\mathfrak{r} = \binom{4}{0}$ b) $\mathfrak{r} = \binom{0}{-2{,}5}$ c) $\mathfrak{r} = \binom{-2}{2}$ d) $\mathfrak{r} = 4\,\mathfrak{i} - 4\,\mathfrak{j}$ e) $\mathfrak{r} = \mathfrak{i}\sqrt{3} - \mathfrak{j}\sqrt{3}$

2. Gib $\mathfrak{r} = \binom{x}{y} = x\,\mathfrak{i} + y\,\mathfrak{j}$ an für a) $\mathfrak{r} = (60°; 6)$ b) $\mathfrak{r} = (135°; 5)$ c) $\mathfrak{r} = (-30°; 4)$

3. Schreibe $\mathfrak{r}_1$ bis $\mathfrak{r}_4$ in Fig. 132.3 als $\mathfrak{r} = \binom{x}{y}$ bzw. $\mathfrak{r} = x\,\mathfrak{i} + y\,\mathfrak{j}$ und $\mathfrak{r} = (\varphi; r)$.

Definition und Eigenschaften von $\sin\varphi$ und $\cos\varphi$

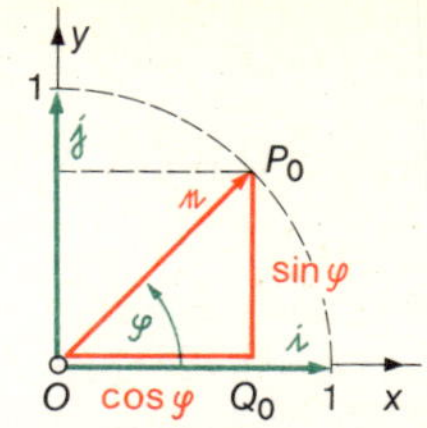

133.1. Definition von $\sin\varphi$ und $\cos\varphi$

3. Jeder Einheitsvektor $\mathfrak{n} = (\varphi; 1)$ hat eindeutig bestimmte Koordinaten x und y; diese sind somit Funktionen des Winkels φ.

D 4 **Die y-Koordinate des Einheitsvektors $\mathfrak{n} = (\varphi; 1)$ heißt $\sin\varphi$, seine x-Koordinate heißt $\cos\varphi$** (Fig. 133.1). Man hat dann für $0° \leqq \varphi \leqq 360°$ die eindeutige Zuordnung $\varphi \to \sin\varphi$, $\varphi \to \cos\varphi$.
$\varphi \to \sin\varphi$ definiert die Funktion sin, die Sinusfunktion[1],
$\varphi \to \cos\varphi$ definiert die Funktion cos, die Kosinusfunktion[2].

4. *Überblick über die Werte von $\sin\varphi$ und $\cos\varphi$ für $0° \leqq \varphi \leqq 360°$* (133.2/3). Zeichnet man $\odot$ (O; 1), den **„Einheitskreis"**, so liest man an ihm ab (↗: Wert steigend; $0° \leqq \varphi_1 < 90°$, $90° \leqq \varphi_2 < 180°$, usw.):

φ	0° ↗ 90°	90° ↗ 180°	180° ↗ 270°	270° ↗ 360°
$\sin\varphi$	0 ↗ 1	1 ↘ 0	0 ↘ −1	−1 ↗ 0
$\cos\varphi$	1 ↘ 0	0 ↘ −1	−1 ↗ 0	0 ↗ 1

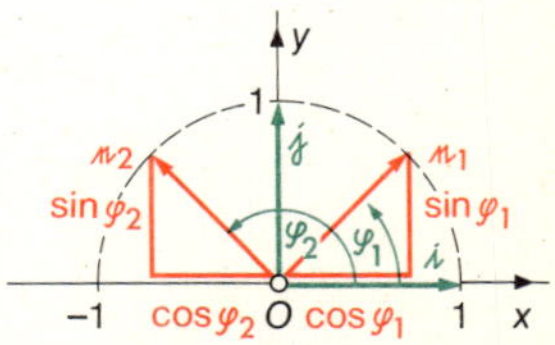

133.2. Werte von $\sin\varphi$ und $\cos\varphi$ für $0° \leqq \varphi \leqq 180°$

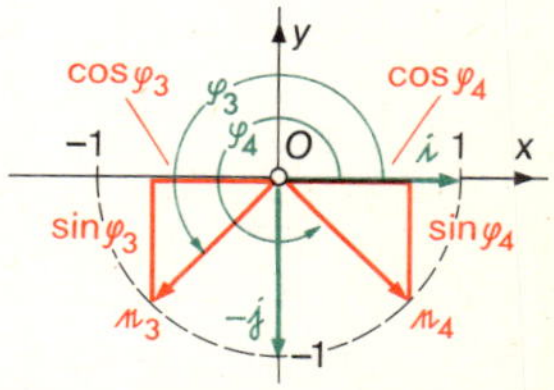

133.3. Werte von $\sin\varphi$ und $\cos\varphi$ für $180° \leqq \varphi \leqq 360°$

5. *Wertetafel von $\sin\varphi$ und $\cos\varphi$ für $0 \leqq \varphi \leqq 90°$*
Zeichnet man um O einen Viertelkreis mit $r = 1$ dm, so erhält man $\sin\varphi$ und $\cos\varphi$ als Zahlenwerte der zugehörigen Strecken (Fig. 133.1):

φ	0°	10°	20°	30°	40°	50°	60°	70°	80°	90°
$\sin\varphi$	0	0,17	0,34	0,50	0,64	0,77	0,87	0,94	0,98	1
$\cos\varphi$	1	0,98	0,94	0,87	0,77	0,64	0,50	0,34	0,17	0

6. *Beziehungen zwischen $\sin\varphi$ und $\cos\varphi$*
a) Aus den Dreiecken in Fig. 133.1/3 folgt für $0° \leqq \varphi \leqq 360°$:

S 1 $(\sin\varphi)^2 + (\cos\varphi)^2 = 1$, anders geschrieben $\mathbf{\sin^2\varphi + \cos^2\varphi = 1}$.

b) Aus Fig. 133.4 liest man für $0° \leqq \varphi \leqq 90°$ ab (vgl. Nr. 5):

S 2 $\mathbf{\cos\varphi = \sin(90° - \varphi)}$ $\qquad$ $\mathbf{\sin\varphi = \cos(90° - \varphi)}$

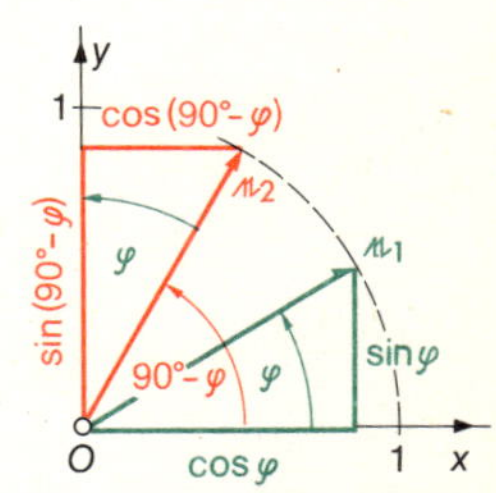

133.4. $\cos\varphi = \sin(90° - \varphi)$
$\sin\varphi = \cos(90° - \varphi)$

Aufgaben

4. Zeige nach 133.5: $\mathbf{\sin 30° = \cos 60° = \frac{1}{2}}$; $\mathbf{\sin 60° = \cos 30° = \frac{1}{2}\sqrt{3}}$.

5. Zeige nach Fig. 133.6: $\mathbf{\sin 45° = \cos 45° = \frac{1}{2}\sqrt{2}}$.

6. Bestimme zeichnerisch $\sin\varphi$ und $\cos\varphi$ für $\varphi \in \{22{,}5°; 15°; 7{,}5°\}$.

7. Drücke nach S 2 durch $\sin\varphi$ aus: a) $\cos 76°$ b) $\cos 56°40'$ c) $\cos 49°6'$

8. Drücke nach S 2 durch $\cos\varphi$ aus: a) $\sin 59°$ b) $\sin 68°17'$ c) $\sin 70°9'$

9. Berechne nach S 1 $\cos\varphi > 0$ für a) $\sin\varphi = 0{,}6$ b) $\sin\varphi = \frac{5}{13}$

10. Zeige (133.1/3): $\sin\varphi$ und $\cos\varphi$ nehmen jeden Wert $z \in \mathbb{R}$ an mit $|z| \leqq 1$.

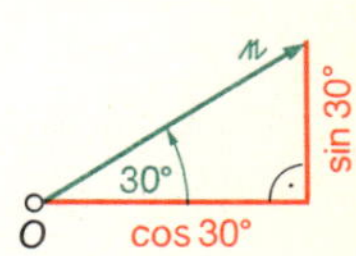

133.5.

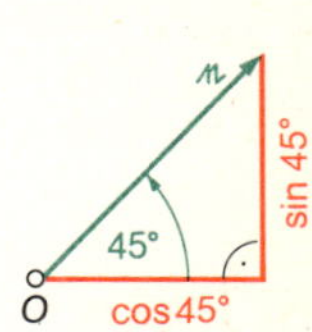

133.6.

1. Ursprünglich jiva (indisch) Sehne, daraus arabisch dschiba, verwechselt mit dschaib (arab.) sinus (lat.) Krümmung; Bucht.
2. cosinus: complementi sinus (lat.), Sinus des Ergänzungswinkels zu 90° (vgl. S 2).

Aufschlagen und Ablesen von Sinus- und Kosinuswerten und von Winkeln

Mit den Mitteln der höheren Mathematik hat man Tabellen für die Funktionen $\varphi \to \sin\varphi$ und $\varphi \to \cos\varphi$ aufgestellt. Unser Tafelwerk[1] enthält auf S. 25/47 eine 4-stellige *Sinus-* und *Kosinustafel* für $0° \leqq \varphi \leqq 45°$ von Winkelminute zu Winkelminute. Nach S 2 sind damit auch schon die Werte für $45° \leqq \varphi \leqq 90°$ in der Tafel enthalten. Man findet sie, wenn man vom unteren Blattrand ausgeht.

Beispiele: $\sin 1°40' = 0{,}0291$; $\sin 43°56' = 0{,}6938$; $\sin 46°56' = 0{,}7306$
$\cos 1°40' = 0{,}9996$; $\cos 43°56' = 0{,}7201$; $\cos 46°56' = 0{,}6828$

Aus Fig. 133.1 wird deutlich, daß es zu jedem Wert $\sin\varphi$ bzw. $\cos\varphi$ (zwischen 0 und 1) *genau einen* Winkel φ aus dem Intervall $0° \leqq \varphi \leqq 90°$ gibt. Man liest ihn aus derselben Tafel ab:

Beispiele: $\sin\varphi = 0{,}2016$; $\varphi = 11°38'$; $\sin\varphi = 0{,}9981$; $\varphi = 86°28'$
$\cos\varphi = 0{,}2016$; $\varphi = 78°22'$; $\cos\varphi = 0{,}0404$; $\varphi = 87°41'$

Sinus und Kosinus auf dem Rechenstab

Bei Rechenstäben befindet sich auf der Vorder- bzw. Rückseite meist auch eine *Sinusskala S.*
Auf der **Sinusskala** S ist $1 + \lg\sin\varphi$ abgetragen und φ angeschrieben; φ läuft von $\varphi_1 = 5°45'$ bis $\varphi_2 = 90°$, da $\sin\varphi_1 = 0{,}1$ und $\sin\varphi_2 = 1$, also $\lg\sin\varphi_1 = -1$ und $\lg\sin\varphi_2 = 0$ ist.

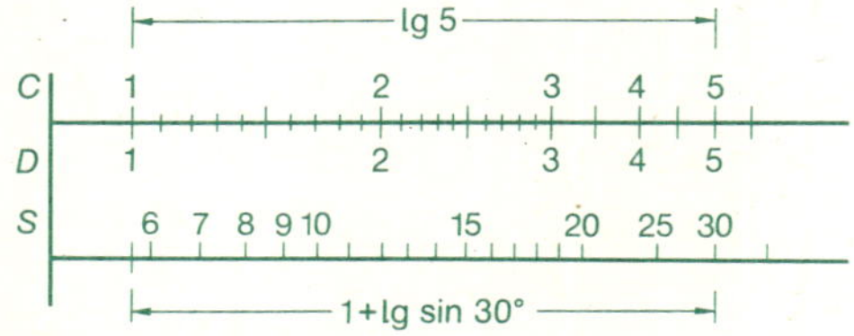

134.1. Die Sinusskala S

Auf Skala C bzw. D läßt sich dann $\sin\varphi$ ablesen, z.B. $\sin 30° = 0{,}5$ (beachte in Fig. 134.1, daß $1 + \lg\sin 30° = 1 + \lg 0{,}5 = 1 + (\lg 5 - 1) = \lg 5$ ist).
Der Kosinus ergibt sich aus $\cos\varphi = \sin(90° - \varphi)$ für $\varphi = 0°$ bis $\varphi = 84°15'$.

Aufgaben

11. Gib die Sinus- und Kosinuswerte an [bei k) bis s) auch mit dem Stab] für:

a) 13°18′ b) 42°9′ c) 47°0′ d) 76°59′ e) 89°1′ f) 48′
g) 44°58′ h) 45°2′ i) 67°29′ k) 45,0° l) 18,6° m) 50,4°
n) 6,9° o) 44,7° p) 45,7° q) 4,0° r) 88,5° s) 2,1°

12. Suche zu folgenden Werten die Winkel zwischen 0° und 90° (prüfe mit dem Stab nach):

a) $\sin\varphi = 0{,}1593$ b) $\sin\varphi = 0{,}6691$ c) $\sin\varphi = 0{,}3660$ d) $\sin\varphi = 0{,}9567$
e) $\cos\varphi = 0{,}9510$ f) $\cos\varphi = 0{,}6394$ g) $\cos\varphi = 0{,}1564$ h) $\cos\varphi = 0{,}7071$
i) $\sin\alpha = 0{,}9913$ k) $\sin\alpha = 0{,}9859$ l) $\sin\alpha = 0{,}9973$ m) $\sin\alpha = 0{,}9989$
n) $\cos\alpha = 0{,}9880$ o) $\cos\alpha = 0{,}9931$ p) $\cos\alpha = 0{,}9987$ q) $\cos\alpha = 0{,}9995$
r) $\sin\beta = 0{,}0182$ s) $\sin\beta = 0{,}0542$ t) $\sin\beta = 0{,}2146$ u) $\sin\beta = 0{,}5938$
v) $\cos\beta = 0{,}0554$ w) $\cos\beta = 0{,}0231$ x) $\cos\beta = 0{,}6476$ y) $\cos\beta = 0{,}6885$

---

1. Vgl. Sieber, Mathematische Tafeln (Klettbuch 715). Außerdem stehen noch zur Verfügung die beiden Kurzausgaben der Mathematischen Tafeln (Klettbücher 7161 und 7162).

Die Graphen der Sinus- und Kosinusfunktion für $0° \leqq \varphi \leqq 90°$

In Fig. 135.1 ist ein Viertel des *Einheitskreises* (Einheit 3 cm) gezeichnet. Mit seiner Hilfe sind wie in Fig. 133.1 die Sinus- und Kosinuswerte der Winkel 0°, 10°, 20°, …, 90° konstruiert. Um die Graphen der Sinus- und Kosinusfunktion zu erhalten, trägt man in einem rechtwinkligen x,y-Achsenkreuz in x-Richtung die Winkel und in y-Richtung die zugehörigen Sinus- und Kosinuswerte ab. Auf der y-Achse ist die Einheitsstrecke natürlich gleich dem Kreisradius (im Bild 3 cm). Auf der x-Achse trägt man als Maß des Winkels den Bogen ab, den seine Schenkel auf dem Einheitskreis abschneiden („*Bogenmaß*" des Winkels, vgl. Fig. 135.2 und S. 154). Da der Umfang des Einheitskreises den Zahlenwert 2π hat (warum?), so gehört z.B. zu 90° das Bogenmaß $\frac{\pi}{2}$ $\left(\text{im Bild } 3 \cdot \frac{\pi}{2}\,\text{cm} \approx 4{,}7\,\text{cm}\right)$, zu 30° gehört $\frac{\pi}{6}$ (im Bild 1,6 cm). Auf diese Weise wird auf *beiden* Achsen mit derselben Einheit gemessen.

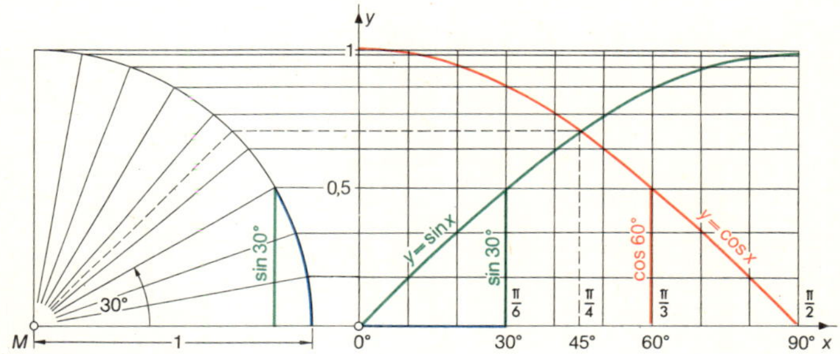

135.1 Sinus- und Kosinuskurve

Verbindet man die erhaltenen Punkte der x,y-Ebene, so entstehen die Graphen der Funktionen sin und cos, die **Sinuskurve** und die **Kosinuskurve.** Die zu den Graphen gehörenden Gleichungen sind $y = \sin x$ und $y = \cos x$.

Bemerkung: Das *Bogenmaß* x eines Winkels φ läßt sich auch ausdrücken als das *Verhältnis* von zugehörigem *Bogen zum Halbmesser* (Fig. 135.2):

$$x = \frac{b_1}{r_1} = \frac{b_2}{r_2}$$

Weitere Ausführungen über das Bogenmaß folgen auf S. 154.

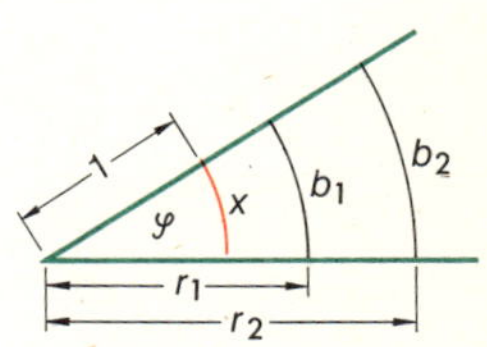

135.2 Bogenmaß

Aufgaben

13. a) Zeichne nach Fig. 135.1 die Graphen der Sinus- und der Kosinusfunktion. Wähle als Einheit 6 cm.

b) Wo schneiden sich die Kurven? Lies aus Fig. 133.1 den Grund ab! Wie groß ist die y-Koordinate des Schnittpunktes?

c) Wie entsteht die Kosinuskurve aus der Sinuskurve? Grund?

14. Bestimme φ zeichnerisch nach Fig. 133.1 und mit der Tafel aus

a) $\sin\varphi = \frac{1}{3}$ b) $\sin\varphi = 0{,}45$ c) $\cos\varphi = \frac{1}{4}$ d) $\cos\varphi = 0{,}55$

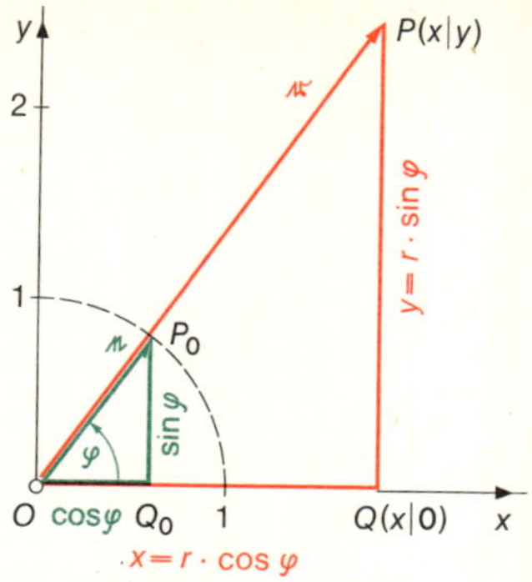

136.1. Streckung von $\triangle\, OP_0Q_0$

107 Die Sinus- und Kosinusfunktion am rechtwinkligen Dreieck

1. In Fig. 136.1 sei wie in Fig. 133.1 $\overrightarrow{OP_0} = (\varphi; 1)$. $\triangle\, OP_0Q_0$ werde nun durch $Z_{O;\,r}$, mit $r \in \mathbb{R}^+$ auf $\triangle\, OPQ$ abgebildet, und es sei $\overrightarrow{OP} = \begin{pmatrix} x \\ y \end{pmatrix}$. Dann gilt für $0° \leqq \varphi \leqq 360°$ und alle $r \in \mathbb{R}^+$:

$$\left\{\begin{aligned} \boldsymbol{x} &= \boldsymbol{r \cdot \cos\varphi} \\ \boldsymbol{y} &= \boldsymbol{r \cdot \sin\varphi} \end{aligned}\right. \qquad (1)$$

Sind φ, r gegeben, so sind also x, y nach (1) berechenbar.

2. Umgekehrt folgt aus (1) für $x, y \in \mathbb{R}$ und $r = \sqrt{x^2 + y^2} \neq 0$:

$$\left\{\begin{aligned} \boldsymbol{\cos\varphi} &= \boldsymbol{x : r} \\ \boldsymbol{\sin\varphi} &= \boldsymbol{y : r} \end{aligned}\right. \qquad (2)$$

Wenn man sich auf $0° < \varphi < 90°$ beschränkt (Fig. 136.1), so ist $x, y \in \mathbb{R}^+$, und es sind x, y, r die Zahlenwerte von $\overline{OQ}$, $\overline{QP}$, $\overline{OP}$. Nach § 63 ist dann $x : r = \overline{OQ} : \overline{OP}$, $y : r = \overline{QP} : \overline{OP}$. Bezeichnet man PQ in $\triangle\, OPQ$ als *Gegenkathete des Winkels* φ, OQ als *Ankathete*, so gilt nach (2):

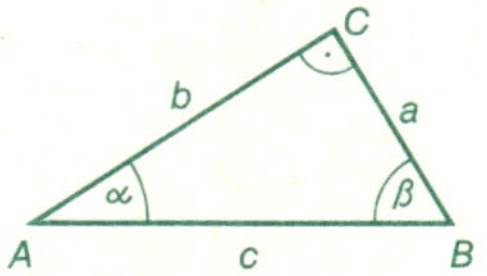

136.2.

S 1 **Im rechtwinkligen Dreieck ist der Sinus eines spitzen Winkels gleich dem Quotienten der Längen von Gegenkathete und Hypotenuse:** $\boldsymbol{\sin\varphi = \overline{PQ} : \overline{OP}}$.

S 2 **Im rechtwinkligen Dreieck ist der Kosinus eines spitzen Winkels gleich dem Quotienten der Längen von Ankathete und Hypotenuse:** $\boldsymbol{\cos\varphi = \overline{OQ} : \overline{OP}}$.

3. In $\triangle\, ABC$ (136.2) gilt: $\boldsymbol{\sin\alpha = \frac{a}{c}}$, $\boldsymbol{\cos\alpha = \frac{b}{c}}$, $\boldsymbol{\sin\beta = \frac{b}{c}}$, $\boldsymbol{\cos\beta = \frac{a}{c}}$ (3)

Ferner gilt nach dem Satz des Pythagoras: $a^2 + b^2 = c^2$. (4)

Sind von den Größen a, b, c, α, β entweder 2 Seiten oder aber eine Seite und ein Winkel gegeben, so kann man die übrigen nach (3) und (4) berechnen.

Beispiel: Gegeben $a = 25{,}4$ cm, $c = 44{,}2$ cm. *Lösung:* $\sin\alpha = \frac{a}{c}$; $\beta = 90° - \alpha$; $b = c \cdot \sin\beta$.
In Zahlen (Stab!): $\sin\alpha = \frac{25{,}4}{44{,}2} = 0{,}575$; $\alpha = 35{,}1°$; $\beta = 54{,}9°$; $b = 44{,}2\,\text{cm} \cdot 0{,}816 = 36{,}1$ cm.

Aufgaben (Überlege, welche Genauigkeit sinnvoll ist. Benütze den Rechenstab)

1. Bestimme zeichnerisch und rechnerisch die Winkel im $\triangle\, ABC$ (Fig. 136.2):
a) $a = 3$ cm, $c = 6$ cm b) $b = 4{,}3$ cm, $c = 5{,}0$ cm c) $a = 3{,}2$ cm, $c = 5{,}6$ cm
d) $b = 3$ cm, $c = 5$ cm e) $a = 3{,}6$ cm, $b = 4{,}8$ cm f) $a = 2{,}5$ cm, $b = 7{,}5$ cm

2. Bestimme die fehlenden Winkel und Seiten in $\triangle\, ABC$ (Fig. 136.2) aus:
a) $c = 8{,}0$ cm, $\alpha = 40°$ b) $c = 150$ m, $\alpha = 63°20'$ c) $c = 62{,}5$ m, $\beta = 36{,}8°$
d) $a = 5{,}0$ cm, $\alpha = 65°$ e) $a = 35{,}0$ m, $\beta = 77{,}5°$ f) $b = 280$ m, $\beta = 56{,}4°$

3. Eine Leiter mit Länge $s = 7{,}5$ m lehnt in Höhe $h = 6{,}6$ m (5,9 m) an der Wand. Bestimme ihren Neigungswinkel gegen die Horizontale (auf 0,5°) genau.

4. Ein gerades Straßenstück mit der Länge $s = 320$ m steigt unter $\alpha = 7{,}5°$ an. Wie lang ist es auf der Karte 1 : 25000?

5. Für $\overrightarrow{OP} = \mathfrak{r}$ in Fig. 136.1 sei $\varphi = 50°$ (44°), $r = 3{,}5$ (4,8). Bestimme $(x; y)$.

6. In Fig. 136.1 sei $x = 3{,}6$ (2,8), $y = 4{,}8$ (2,1). Bestimme r und φ.

108 Die Werte von $\sin\varphi$ und $\cos\varphi$ für beliebige Winkel

Auf S. 133 (Fig. 133.1/3) definierten wir $\cos\varphi$ bzw. $\sin\varphi$ für $0° \leqq \varphi \leqq 360°$ als x- bzw. y-Koordinate des Einheitsvektors $\mathfrak{n} = (\varphi; 1)$. Wir wollen nun diese Definition auf beliebige positive und negative Winkel ausdehnen und dabei Beziehungen zwischen den Sinus- bzw. Kosinuswerten beliebiger Winkel aufstellen. Der 1. Schenkel von φ falle mit $\mathfrak{i}$ zusammen.

1. *Vorzeichen von $\sin\varphi$ und $\cos\varphi$ in den 4 Feldern des Achsenkreuzes*

Liegt der 2. Schenkel von φ im Feld	I	II	III	IV
so ist das Vorzeichen von $\sin\varphi$	+	+	−	−
und das Vorzeichen von $\cos\varphi$	+	−	−	+

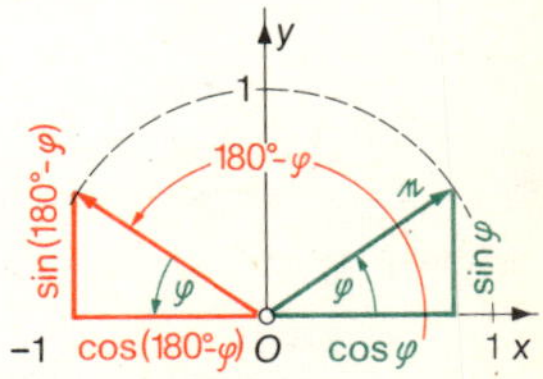

137.1. $\begin{cases}\sin(180°-\varphi) = +\sin\varphi\\ \cos(180°-\varphi) = -\cos\varphi\end{cases}$

2. Aus Fig. 137.1/3 liest man zunächst für $0° \leqq \varphi \leqq 90°$ ab:

$$\left.\begin{aligned}\sin(180°-\varphi) &= +\sin\varphi\\ \cos(180°-\varphi) &= -\cos\varphi\end{aligned}\right\}\ (1) \qquad \left.\begin{aligned}\sin(180°+\varphi) &= -\sin\varphi\\ \cos(180°+\varphi) &= -\cos\varphi\end{aligned}\right\}\ (2)$$

$$\left.\begin{aligned}\sin(360°-\varphi) &= -\sin\varphi\\ \cos(360°-\varphi) &= +\cos\varphi\end{aligned}\right\}\ (3) \qquad \left.\begin{aligned}\sin(-\varphi) &= -\sin\varphi\\ \cos(-\varphi) &= +\cos\varphi\end{aligned}\right\}\ (4)$$

Gleichung (1) bis (4) gilt auch für $90° < \varphi \leqq 360°$ (siehe Aufg. 5).

Beispiele: 1. $\sin 145° = \sin(180° - 35°) = \sin 35°$.
2. $\cos 213°40' = \cos(180° + 33°40') = -\cos 33°40'$.
3. $\sin(-145°) = -\sin 145° = -\sin(180° - 35°) = -\sin 35°$.

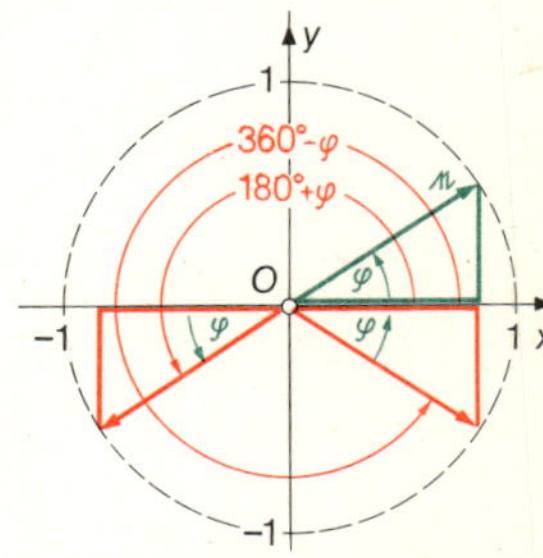

137.2. $\begin{cases}\sin(180°+\varphi) = -\sin\varphi\\ \cos(180°+\varphi) = -\cos\varphi\end{cases}$ $\begin{cases}\sin(360°-\varphi) = -\sin\varphi\\ \cos(360°-\varphi) = +\cos\varphi\end{cases}$

3. Es ist $\mathfrak{n} = (\varphi; 1) = (\varphi + k \cdot 360; 1)$, $k \in \mathbb{Z}$, also gilt für alle φ:

$$\left\{\begin{aligned}\sin(360°+\varphi) &= \sin\varphi\\ \cos(360°+\varphi) &= \cos\varphi\end{aligned}\right\}\ (5) \qquad \left.\begin{aligned}\sin(\varphi + k\cdot 360°) &= \sin\varphi\\ \cos(\varphi + k\cdot 360°) &= \cos\varphi\end{aligned}\right\}\ (6)$$

S 1 *Die Werte von $\sin\varphi$ und $\cos\varphi$ wiederholen sich nach 360°.*

Beispiele: $\sin 400° = \sin 40°$; $\cos(-390°) = \cos(-30°) = \cos 30°$.

Aufgaben

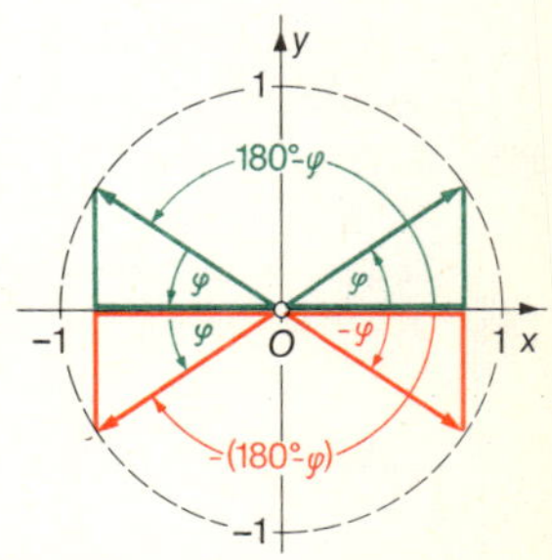

137.3. $\sin(-\varphi) = -\sin\varphi$
$\cos(-\varphi) = +\cos\varphi$

1. Schlage in der Tafel die Sinus- und Kosinuswerte auf für:
a) 160° b) 106°5′ c) 96,2° d) 211° e) 246°18′
f) 314° g) 286,8° h) −37° i) −126° k) −204,3°

2. Für welche φ ist a) $\sin\varphi > 0, \cos\varphi < 0$ b) $\sin\varphi < 0, \cos\varphi > 0$?

3. Für welche beiden Winkel zwischen 0° und 360° gilt:
a) $\sin\varphi = 0{,}2588$ b) $\cos\varphi = 0{,}9112$ c) $\sin\varphi = -0{,}9588$?

4. Bestimme den Winkel zwischen 0° und 360°, für den gilt:
a) $\sin\varphi = 0{,}7777$, $\cos\varphi < 0$ b) $\sin\varphi = -0{,}4782$, $\cos\varphi > 0$
c) $\cos\varphi = -0{,}0857$, $\sin\varphi > 0$ d) $\cos\varphi = -0{,}9112$, $\sin\varphi < 0$

5. a) Zeige an Figuren, daß die Gleichungen (1) bis (4) für $0° \leqq \varphi \leqq 360°$ gelten.
b) Wieso folgt dann aus Gleichung (6), daß (1) bis (4) für alle Winkel gelten?

6. Beweise an Figuren: a) $\sin(90° + \varphi) = \cos\varphi$ b) $\cos(90° + \varphi) = -\sin\varphi$

7. Bestimme ohne Tafel a) $\cos\varphi$, wenn $\sin\varphi = -\frac{1}{2}\sqrt{2}$ und $180° < \varphi < 270°$ ist
b) $\sin\varphi$, wenn $\cos\varphi = -\frac{1}{2}\sqrt{3}$ und $90° < \varphi < 180°$ ist.

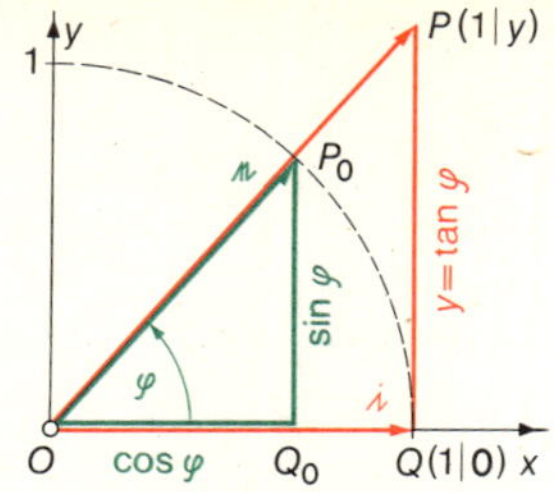

138.1. **Darstellung von tan φ**

109 Definition, Eigenschaften von tan φ und cot φ

1. In § 107, Fig. 136.2, ist $\sin\alpha = a:c$ und $\cos\alpha = b:c$. $a:c$ und $b:c$ sind durch α eindeutig bestimmt. Dasselbe gilt für $a:b$ bzw. $b:a$ wegen $\frac{a}{b} = \frac{c\cdot\sin\alpha}{c\cdot\cos\alpha} = \frac{\sin\alpha}{\cos\alpha}$, $\frac{b}{a} = \frac{\cos\alpha}{\sin\alpha}$.

D 1 Man definiert: $\mathbf{\frac{\sin\varphi}{\cos\varphi} = \tan\varphi}$ für alle $\varphi \neq 90° + k\cdot 180°$,
ferner $\mathbf{\frac{\cos\varphi}{\sin\varphi} = \cot\varphi}$ für alle $\varphi \neq k\cdot 180°$, $k \in \mathbb{Z}$.
Zu jedem solchen φ gehört genau *eine* Zahl $\tan\varphi$ bzw. $\cot\varphi$.
$\varphi \to \tan\varphi$ definiert die Funktion tan, die Tangensfunktion,
$\varphi \to \cot\varphi$ die Funktion cot, die Kotangensfunktion.

2. Bildet man $\triangle OP_0Q_0$ in 138.1 durch $Z_{O;k}$ mit $k = 1:\cos\varphi$ auf $\triangle OPQ$ ab, so ist (PQ) Tangente an den Einheitskreis in $Q(1\,|\,0)$; P hat dabei die y-Koordinate $\frac{1}{\cos\varphi}\cdot\sin\varphi = \tan\varphi$.

S 1 *Die durch den 2. Schenkel von $\sphericalangle(\mathfrak{i},\mathfrak{n}) = \varphi$ bestimmte Gerade (OP_0) schneidet die Tangente[1] durch $Q(1\,|\,0)$ an $\odot(O;1)$ in $P(1\,|\,\tan\varphi)$,* (138.1/2).

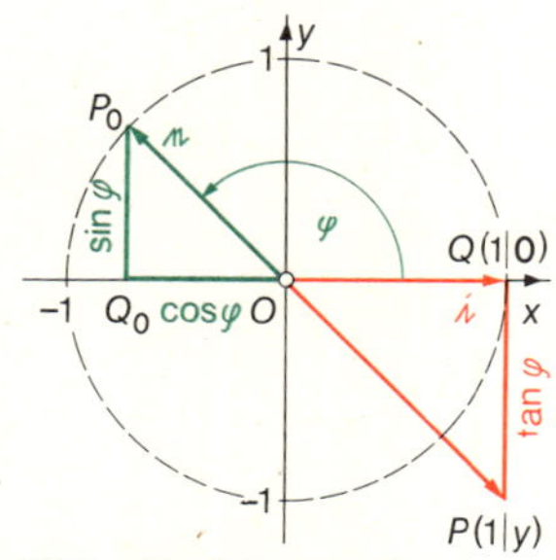

138.2. **Darstellung von tan φ**

S 2 *Die durch den 2. Schenkel von $\sphericalangle(\mathfrak{i},\mathfrak{n}) = \varphi$ bestimmte Gerade (OP_0) schneidet die Tangente durch $Q(0\,|\,1)$ an $\odot(O;1)$ in $P(\cot\varphi\,|\,1)$,* (138.3/4).

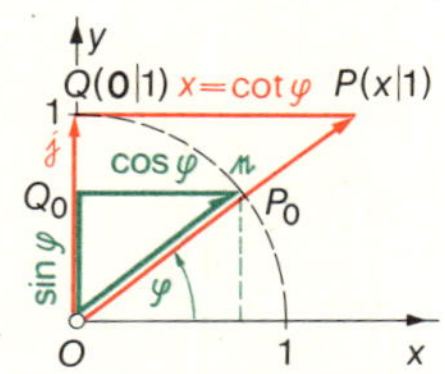

138.3. **Darstellung von cot φ**

3. *Wertetafel von $\tan\varphi$ und $\cot\varphi$ für $0° \leqq \varphi \leqq 90°$* (vgl. S. 133):

φ	0°	10°	20°	30°	40°	50°	60°	70°	80°	90°
$\tan\varphi$	0	0,18	0,36	0,58	0,84	1,19	1,73	2,75	5,67	
$\cot\varphi$		5,67	2,75	1,73	1,19	0,84	0,58	0,36	0,18	0

Fig. 138.1 zeigt: Rückt φ gegen 90°, so wächst $\tan\varphi$ unbegrenzt.
Fig. 138.3 zeigt: Rückt φ gegen 0°, so wächst $\cot\varphi$ unbegrenzt.

4. *Beziehungen zwischen $\tan\varphi$ und $\cot\varphi$* ($\varphi \neq k\cdot 90°$, $k \in \mathbb{Z}$)

S 3 Mit D 1 folgt[2]: $\mathbf{\cot\varphi = 1:\tan\varphi}$ oder $\mathbf{\tan\varphi\cdot\cot\varphi = 1}$

$\frac{\cos\varphi}{\sin\varphi} = \frac{\sin(90° - \varphi)}{\cos(90° - \varphi)}$ gibt mit D1:

S 4 $\mathbf{\cot\varphi = \tan(90° - \varphi)}$ und $\mathbf{\tan\varphi = \cot(90° - \varphi)}$

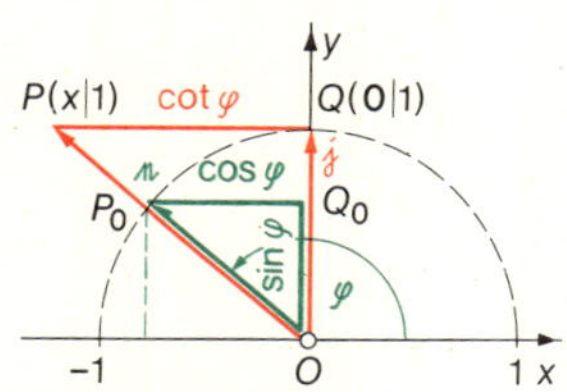

138.4. **Darstellung von cot φ**

Aufgaben (Beachte Fig. 138.1 bis 4 und S1 bis S4)

1. Zeige (Fig 133.5): a) $\mathbf{\tan 30° = \cot 60° = \frac{1}{3}\sqrt{3}}$ b) $\mathbf{\tan 60° = \cot 30° = \sqrt{3}}$.

2. Zeige (Fig. 133.6): $\mathbf{\tan 45° = \cot 45° = 1}$.

3. Bestimme zeichnerisch $\tan\varphi$ ($\cot\varphi$) für $\varphi \in \{22{,}5°; 75°\}$.

4. Gib $\cot\varphi$ an, wenn $\tan\varphi \in \{2; 0{,}4; 1{,}5; \sqrt{2}; \frac{1}{2}\sqrt{3}\}$ ist.

5. Drücke durch $\tan\varphi$ aus: a) cot 76° b) cot 29° c) cot 3,5°.

6. Warum schließt man in D1 und in S1 bis S4 einzelne Winkel aus?

1. Deshalb der Name „tangens". 2. cotangens bedeutet complementi tangens (vgl. S. 133).

5. *tan- und cot-Werte für* $180° + \varphi$, $(-\varphi)$, $\varphi + k \cdot 180°$, $(k \in \mathbb{Z})$

Nach D 1 von S. 138 und Gleichung (1) bis (6) von S. 137 gilt:

$$\left.\begin{aligned}\tan(180° - \varphi) &= -\tan\varphi\\ \cot(180° - \varphi) &= -\cot\varphi\end{aligned}\right\}(1) \qquad \left.\begin{aligned}\tan(180° + \varphi) &= \tan\varphi\\ \cot(180° + \varphi) &= \cot\varphi\end{aligned}\right\}(2)$$

$$\left.\begin{aligned}\tan(-\varphi) &= -\tan\varphi\\ \cot(-\varphi) &= -\cot\varphi\end{aligned}\right\}(3) \qquad \left.\begin{aligned}\tan(\varphi + k \cdot 180°) &= \tan\varphi\\ \cot(\varphi + k \cdot 180°) &= \cot\varphi\end{aligned}\right\}(4)$$

Für $0° < |\varphi| < 90°$ erhält man (1) bis (3) auch aus Fig. 139.1/2.
$\tan\varphi$ ist nicht definiert für die Winkel $90° + k \cdot 180°$,
$\cot\varphi$ nicht für die Winkel $k \cdot 180°$ mit $k \in \mathbb{Z}$.

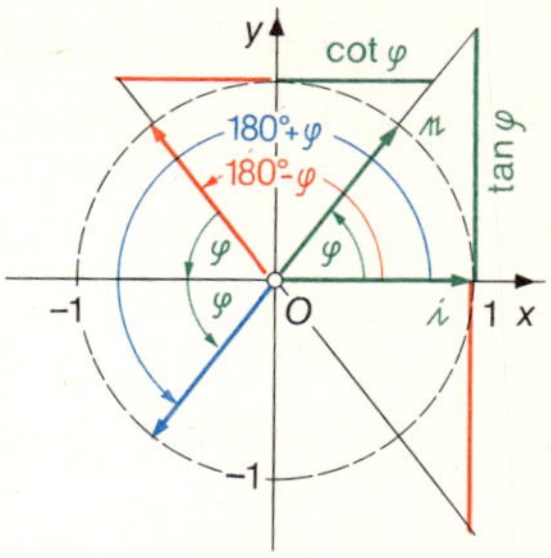

139.1. $\tan(180° - \varphi) = -\tan\varphi$
$\cot(180° - \varphi) = -\cot\varphi$
$\tan(180° + \varphi) = -\tan\varphi$
$\cot(180° + \varphi) = -\cot\varphi$

Aus (2) folgt:

S 5 *Die Werte von* $\tan\varphi$ *und* $\cot\varphi$ *wiederholen sich nach 180°.*

Beispiele:

1. $\tan 130° = \tan(180° - 50°) = -\tan 50°$; $\cot 130° = -\cot 50°$.
2. $\tan 210° = \tan(180° + 30°) = \tan 30° = \frac{1}{3}\sqrt{3}$; $\cot 210° = \sqrt{3}$.
3. $\tan 300° = \tan(360° - 60°) = -\tan 60° = -\sqrt{3}$.
4. $\tan(-45°) = -\tan 45° = -1 = \cot(-45°)$.

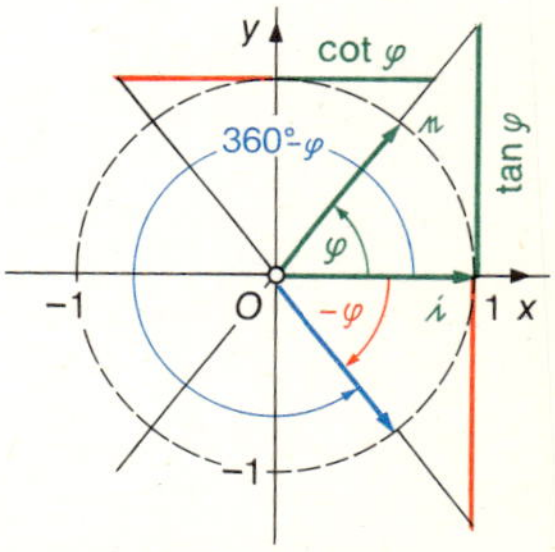

139.2. $\tan(360° - \varphi) = \tan\varphi$
$\cot(360° - \varphi) = \cot\varphi$
$\tan(-\varphi) = -\tan\varphi$
$\cot(-\varphi) = -\cot\varphi$

6. *Aufschlagen bzw. Ablesen von* $\tan\varphi$ *und* $\cot\varphi$ *und von Winkeln*

Nach S 4 und Gl. (1) und (2) braucht man in der Tafel nur die Werte von $\tan\varphi$ und $\cot\varphi$ für $0° \leqq \varphi \leqq 45°$ bzw. $0° < \varphi \leqq 45°$. Bei vielen Stäben ist auf Skala T_1 und T_2 φ von 5,5° bis 45° aufgetragen, bei manchen Stäben auf T_2 auch φ von 45° bis 84,5°. Auf Skala D sind φ die Werte $10 \cdot \tan\varphi$ zugeordnet (vgl. $\tan 45° = 1$, $\tan 60° = \sqrt{3} \approx 1{,}732$). Zu Winkeln zwischen 0,55° bis 5,7° auf Skala ST gehört auf Skala D der Wert $100 \cdot \sin\varphi \approx 100 \cdot \tan\varphi$. Man erhält $\cot\varphi$ als $\tan(90° - \varphi)$.

Aufgaben

7. Gib $\tan\varphi$ und $\cot\varphi$ an für die Winkel in Aufg. 11, S. 134 [bei k) bis s) auch mit dem Stab].

8. Mache dasselbe für die Winkel in Aufg. 1, S. 137.

9. Suche φ mit $0° < \varphi < 90°$ in der Tafel (prüfe mit dem Stab nach):

a) $\tan\varphi = 0{,}3249$	b) $\tan\varphi = 0{,}7341$	c) $\tan\varphi = 1{,}6287$	d) $\tan\varphi = 5{,}0581$
e) $\cot\varphi = 0{,}8356$	f) $\cot\varphi = 0{,}9965$	g) $\cot\varphi = 2{,}7326$	h) $\cot\varphi = 9{,}435$
i) $\tan\varphi = 0{,}1247$	k) $\tan\varphi = 0{,}5218$	l) $\tan\varphi = 1{,}8210$	m) $\tan\varphi = 4{,}93$
n) $\cot\varphi = 0{,}2265$	o) $\cot\varphi = 0{,}6404$	p) $\cot\varphi = 1{,}6639$	q) $\cot\varphi = 7{,}74$

10. Welche Vorzeichen haben $\tan\varphi$ und $\cot\varphi$ in den 4 Feldern des Achsenkreuzes?

11. Bestimme den Winkel φ zwischen 0° und 360°, für den gilt:

a) $\tan\varphi = 0{,}5392$ und $\cos\varphi < 0$ b) $\tan\varphi = -1{,}9697$ und $\sin\varphi > 0$

c) $\cot\varphi = 1{,}1100$ und $\sin\varphi < 0$ d) $\cot\varphi = -0{,}3057$ und $\cos\varphi > 0$

Die Graphen der Tangens- und Kotangensfunktion für $0° \leqq \varphi \leqq 90°$

12. a) Erläutere die Kurvenkonstruktion in 140.1.
b) Zeichne die Figur in doppelter Größe.
c) Wie schneiden sich die beiden Kurven? Grund?
d) Wie entsteht die eine Kurve aus der andern?
e) Beschreibe den Verlauf der Tangens (Kotangens)kurve, wenn φ nahe bei 90° (bei 0°) liegt.

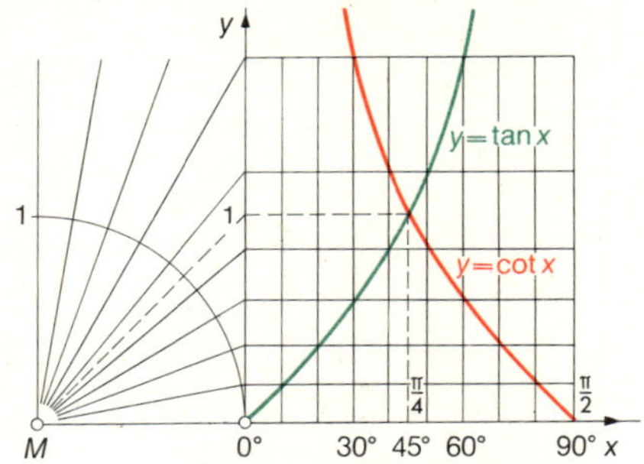

140.1. Die Graphen von $y = \tan x$ und $y = \cot x$

Die Tangens- und Kotangensfunktion am rechtwinkligen Dreieck

7. Auf S. 136 ergaben sich im rechtwinkligen Dreieck ABC (140.2) die Gleichungen:

$$\sin\alpha = \frac{a}{c}, \quad \cos\alpha = \frac{b}{c}, \quad \sin\beta = \frac{b}{c}, \quad \cos\beta = \frac{a}{c}$$

Nach D 1 folgt:

$$\tan\alpha = \frac{a}{b}, \quad \cot\alpha = \frac{b}{a}, \quad \tan\beta = \frac{b}{a}, \quad \cot\beta = \frac{a}{b} \qquad (5)$$

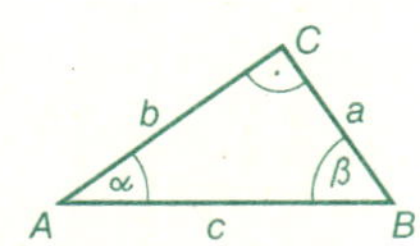

140.2.

S 6 **Im rechtwinkligen Dreieck ist der Tangens eines spitzen Winkels gleich dem Quotienten der Längen von Gegenkathete und Ankathete.**

S 7 **Im rechtwinkligen Dreieck ist der Kotangens eines spitzen Winkels gleich dem Quotienten der Längen von Ankathete und Gegenkathete.**

8. Auf S. 136 haben wir gesehen, daß man von den 5 Größen a, b, c, α, β in Fig. 140.2 alle übrigen berechnen kann, wenn entweder 2 Seiten oder aber eine Seite und ein Winkel bekannt sind. Sind die beiden Katheten oder aber eine Kathete und ein Winkel gegeben, so konnten wir nach Gl. (3) und (4), S. 136, nicht alle fehlenden Stücke *unmittelbar* berechnen; zusammen mit Gleichung (5), S. 140, ist dies nun möglich.

Beispiel 1: Gegeben: $a = 12{,}5$ m, $b = 22{,}3$ cm. *Lösung:* $\tan\alpha = \frac{a}{b}$; $c = \frac{a}{\sin\alpha}$.
In Zahlen (Stab!): $\tan\alpha = \frac{12{,}5}{22{,}3}$; $\alpha = 29{,}3°$; $\beta = 60{,}7°$; $c = \frac{12{,}5 \text{ m}}{0{,}489} = 25{,}5$ m.

Beispiel 2: Gegeben: $b = 28{,}4$ m; $\alpha = 36{,}2°$. *Lösung:* $a = b \cdot \tan\alpha$; $c = \frac{b}{\cos\alpha}$.
In Zahlen (Stab!): $a = 28{,}4 \text{ m} \cdot \tan 36{,}2° = 20{,}8$ m; $c = \frac{28{,}4 \text{ m}}{0{,}807} = 35{,}2$ m; $\beta = 53{,}8°$.

Bemerkung: Die Tangenswerte in Beispiel 1 und 2 braucht man nicht abzulesen.

Aufgaben (Überlege, welche Genauigkeit sinnvoll ist. Benutze den Rechenstab.)

13. Berechne fehlende Seiten und Winkel im rechtwinkligen Dreieck ABC (140.2) für:
a) $a = 6{,}0$ cm, $b = 2{,}5$ cm b) $a = 280$ m, $b = 360$ m c) $a = 24{,}8$ m, $b = 34{,}2$ m
d) $a = 47$ m, $\beta = 38°$ e) $b = 24{,}5$ m, $\alpha = 62{,}1°$ f) $a = 120$ m, $\alpha = 41{,}2°$
g) $c = 6{,}4$ km, $\alpha = 32°$ h) $a = 15{,}8$ m, $c = 24{,}3$ m i) $b = 39{,}2$ cm, $c = 56{,}4$ cm

14. Der Giebel eines Daches ist $b = 8{,}4$ m breit und $h = 5{,}4$ m hoch. Dachneigung?

15. Auf der Karte 1 : 25000 haben einige 20 m-Höhenlinien 5 mm (3 mm) Abstand. Berechne den Neigungswinkel an diesen Stellen.

16. Aus einer Entfernung $e = 60$ m erblickt man die Spitze eines Turmes unter dem *Erhebungswinkel* (Höhenwinkel) $\alpha = 27°34'$ (Fig. 141.1). Wie hoch ist der Turm, wenn die Augenhöhe $a = 1{,}50$ m beträgt?

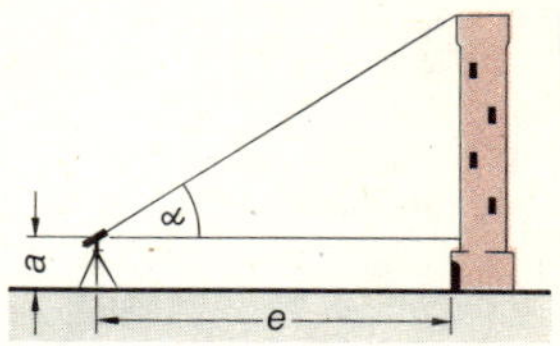

141.1.

17. Unter welchem Erhebungswinkel erscheint die Spitze des Ulmer Münsters ($h = 161$ m) von einer Stelle aus, die in waagrechter Richtung $e = 150$ m vom Fuß des Turmes entfernt ist? (Augenhöhe $a = 1{,}5$ m.)

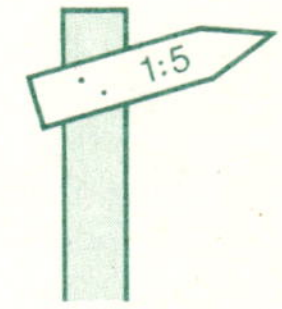

141.2.

18. Von einem Aussichtspunkt A aus sieht man einen Punkt B im Tal unter dem *Senkungswinkel* (Tiefenwinkel) $\beta = 39°21'$. Auf der Karte 1 : 25000 beträgt die Entfernung $\overline{AB} = 18$ mm. Wie hoch liegt A über B? (Senkungswinkel werden gegen die Horizontale gemessen.)

19. Der Giebel eines Satteldachs ist $b = 8{,}4$ m breit und $h = 5{,}4$ m hoch. Welche Neigung hat das Dach?

20. Ein Walmdach ist $a = 12$ m lang, $b = 8{,}8$ m breit und $h = 4{,}8$ m hoch. Die Firstlänge beträgt $l = 5{,}4$ m. Bestimme durch Zeichnung und Rechnung den Neigungswinkel a) der Dachflächen b) der Grate.

21. Das Schild in Fig .141.2 gibt die „Steigung" einer Zahnradbahn an. Dabei bedeutet 1 : 5, daß auf 5 m horizontale Entfernung ein Höhenunterschied von 1 m kommt.
a) Bestimme den Neigungswinkel zeichnerisch und rechnerisch.
b) Löse a) für die Steigungen 1 : 8 (1 : 4).
c) Bestimme die Steigung bei Neigungswinkeln von 10° (20°; 30°).
Bemerkung: Heute versteht man unter der „*Steigung*" bzw. dem Gefälle einer Bahn, einer Straße oder eines Hanges stets den *Tangens* des Neigungswinkels. Die Steigung wird vielfach in % angegeben.

22. Bei den folgenden Alpenpässen ist ihre größte Steigung in % angegeben. Berechne den zugehörigen Neigungswinkel. a) Semmering 8% b) Glocknerstraße 10% c) Arlberg 13% d) Fernpaß 15% e) Tauernhöhe 22% f) Katschberg 25%.

23. Wie lang ist der Schatten eines vertikalen Fluchtstabes von der Länge $h = 2$ m, wenn die Sonnenhöhe[1] $\alpha = 37{,}5°$ beträgt?

24. Von einem Schiff aus erscheint die Spitze eines Leuchtturms, der $h = 56$ m hoch ist, unter dem Höhenwinkel $\alpha = 5°40'$. Wie weit ist das Schiff von dem Leuchtturm entfernt, wenn sich das Auge des Beobachters $a = 5{,}8$ m und der Fuß des Turmes $b = 7{,}5$ m über dem Meeresspiegel befinden?

25. Vom 3. Stock eines Hauses ($h = 11{,}2$ m) erscheint das jenseitige Ufer eines Flusses unter dem Tiefenwinkel $\alpha = 8°15'$. Wie breit ist der Fluß, wenn das Haus vom diesseitigen Ufer $e = 3{,}5$ m entfernt ist?

26. Welchen Abstand haben zwei benachbarte 20 m-Höhenlinien auf der Karte 1 : 25000, wenn der Neigungswinkel β des Geländes a) 5,5° b) 14° c) 23,5° beträgt?

---

1. Die Sonnenhöhe ist der Winkel der Sonnenstrahlen mit der Horizontalebene.

110 Die Verwendung von Logarithmen in der Trigonometrie

❶ Wiederhole die Logarithmensätze und die Sätze über Zehnerlogarithmen (Alg. 2, § 70/73).

❷ Wie groß ist a) lg 10; lg 1; lg 0,1; lg 0,01 b) lg 34; lg 3,4; lg 0,34; lg 0,034? Regeln?

1. Will man genauer rechnen als mit dem Stab, so verwendet man die Logarithmentafel. Statt der bisher benutzten „natürlichen" Werte von $\sin\varphi$, $\cos\varphi$, $\tan\varphi$, $\cot\varphi$ verwendet man dabei ihre Zehnerlogarithmen und bezeichnet diese mit $\lg\sin\varphi$, $\lg\cos\varphi$, $\lg\tan\varphi$, $\lg\cot\varphi$. Unsere Tafel enthält 4-stellige Tabellen dieser Werte von 0° bis 90°.

2. Bei den **Kennzahlen** dieser Logarithmen ist zu beachten:

a) Für $0° < \varphi < 90°$ liegt $\sin\varphi$ und $\cos\varphi$ zwischen 0 und 1; **lg sin φ** und **lg cos φ** sind daher **stets negativ.** Statt 0,6843 −1 bzw. 0,8537 −2 schreibt man z.B. zweckmäßig 9,6843 −10 bzw. 8,8537 − 10. In der Logarithmentafel ist der Summand −10 weggelassen.

Beispiele: lg sin 15°26′ = 9,4251 − 10; lg cos 87°13′ = 8,6863 − 10.

b) Für **$0° < \varphi < 45°$** ist $0 < \tan\varphi < 1$, also **lg tan φ negativ;** verfahre wie in a). Für $45° < \varphi < 90°$ ist $\tan\varphi > 1$, also **lg tan φ positiv;** die Kennzahl steht in der Tafel. Bei **lg cot φ** ist die Kennzahl −10 noch anzufügen, falls $\varphi > 45°$ ist.

Beispiele: lg tan 15°26′ = 9,4410 −10; lg tan 74°34′ = 0,5590
lg cot 5°10′ = 1,0437; lg cot 87°13′ = 8,6868 − 10

Aufgabe: In △ ABC (Fig. 142.1) ist $c = 56{,}40$ m, $\alpha = 38°16'$. Berechne a, b, β.

Allgemeine Lösung:

$\sin\alpha = \frac{a}{c}$	$a = c\cdot\sin\alpha$
$\cos\alpha = \frac{b}{c}$	$b = c\cdot\cos\alpha$
$\alpha+\beta = 90°$	$\beta = 90° - \alpha$

Zahlenrechnung:

	num.	lg
$c = 56{,}40$ m	c	1,7513
$\alpha = 38°16'$	$\sin\alpha$	9,7919 − 10
$\beta = 51°44'$	$\cos\alpha$	9,8949 − 10
$a = 34{,}93$ m	a	1,5432
$b = 44{,}28$ m	b	1,6462

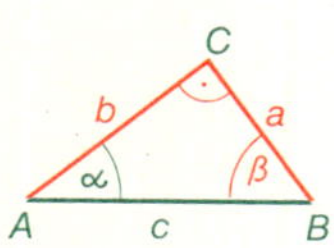

142.1.

Aufgaben

1. Schlage auf: a) lg sin 28°36′ b) lg sin 3°11′ c) lg cos 88°25′ d) lg tan 35°17′ e) lg tan 70°43′ f) lg cot 69°46′ g) lg cot 5°17′ h) lg cot 0°45′

2. Schlage zu folgenden Logarithmen die zugehörigen spitzen Winkel auf:
a) $\lg\sin\alpha = 9{,}8120 - 10$ b) $\lg\cos\beta = 9{,}0792 - 10$ c) $\lg\tan\gamma = 0{,}0160$
d) $\lg\cos\delta = 8{,}9948 - 10$ e) $\lg\tan\varepsilon = 9{,}0638 - 10$ f) $\lg\cot\omega = 1{,}2537$

3. Berechne im rechtwinkligen Dreieck ABC (142.1) die fehlenden Seiten und Winkel für:
a) $a = 148{,}2$ m, $\beta = 45°23'$ b) $b = 345$ m, $c = 2360$ m c) $a = 10{,}74$ m, $b = 6{,}48$ m

4. Bestimme mit dem Rechenstab (beachte S. 134 und 139):
a) $1{,}5\cdot\sin 30°$ b) $24{,}8\cdot\tan 18{,}4°$ c) $248\cdot\cos 42°20'$
d) $\frac{\sin 32°}{12{,}5}$ e) $\frac{51{,}6}{\sin 24{,}5°}$ f) $\frac{146}{\tan 35{,}6°}$

111 Weitere Aufgaben zur Berechnung rechtwinkliger Dreiecke

Rechtwinklige und gleichschenklige Dreiecke

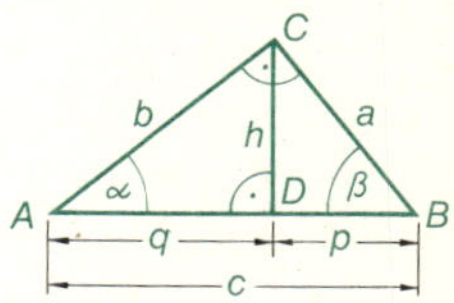

143.1.

1. Berechne fehlende Seiten und Winkel im $\triangle ABC$ (Fig. 142.1):
a) $c = 68{,}75$ m, $\beta = 57°43'$ b) $a = 43{,}60$ m, $\alpha = 37°9'$
c) $b = 275{,}6$ m, $\alpha = 64°56'$ d) $b = 1{,}365$ km, $\beta = 74°17'$
e) $b = 3{,}72$ m, $c = 11{,}28$ m f) $c = 57{,}8$ cm, $\alpha = 29°4'$
g) $a = 174{,}3$ m, $b = 239{,}6$ m h) $a = 4{,}650$ km, $c = 5{,}250$ km

2. Mache dasselbe (ohne Zahlenrechnung) in 143.1, wenn gegeben sind:
a) a, p b) q, h c) h, α d) p, β e) b, h f) a, β

3. Berechne mit dem Stab Seiten und Winkel im gleichschenkligen Dreieck (Grundseite c):
a) $b = 58{,}6$ m, $\alpha = 62{,}7°$ b) $a = 45{,}2$ m, $\gamma = 98°$ c) $c = 125$ m, $\beta = 36°$
d) $a = 51{,}4$ m, $h_c = 43{,}8$ m e) $c = 86$ m, $h_a = 78$ m f) $a = 4{,}8$ m, $h_b = 3{,}4$ m

4. Wie lang sind die Diagonalen einer Raute mit $a = 4{,}3$ cm (36 m) und $\alpha = 74°$ (118°)?

5. Bestimme Winkel und Diagonalen eines Drachens mit $a = 3{,}7$ cm, $b = 5{,}8$ cm, $\alpha = 112°$.

Messungen

6. Um die Breite eines Flusses zu bestimmen, hat man am Ufer die Standlinie AB mit $\overline{AB} = s = 85$ m abgesteckt. Der A gegenüberliegende Punkt C des anderen Ufers wird in B unter $\sphericalangle ABC = \alpha = 53°$ gepeilt.

7. Die Rohrleitung eines Kraftwerks fällt um 360 m. Auf der Karte 1 : 25000 mißt sie 3,2 cm. Berechne ihren Neigungswinkel und ihre Länge.

8. Eine Zahnradbahn steigt auf einer Strecke $s = 1350$ m mit 13,5%. Wie groß ist der Neigungswinkel und der Höhenunterschied?

9. Von einem Leuchtturm aus, der $a = 64$ m hoch ist, erblickt man ein Boot unter dem Senkungswinkel $\alpha = 3{,}8°$. Wie weit ist es vom Leuchtturm entfernt?

10. Von einem Turm ($h = 48{,}5$ m) erscheinen die beiden Ufer eines Flusses unter den Senkungswinkeln $\alpha = 62°40'$ und $\beta = 22°10'$. Wie breit ist der Fluß?

11. Von einem Turm ($h = 28{,}6$ m), der $e = 6{,}0$ m vom Ufer eines Flusses entfernt ist, erscheint die Flußbreite unter dem Sehwinkel $\alpha = 16{,}7°$. Wie breit ist der Fluß?

12. Um die Höhe eines Kirchturmes zu bestimmen, hat man eine horizontale Standlinie von der Länge $s = 65{,}00$ m abgesteckt, die auf den Turm zuläuft. In ihren Endpunkten erblickt man die Turmspitze unter den Höhenwinkeln $\alpha = 49°23'$ und $\beta = 26°58'$. Die Augenhöhe ist $a = 1{,}60$ m.

13. Von einem Fenster aus, das $h = 8{,}50$ m über dem Boden liegt, erscheint der Fuß eines Fabrikschornsteins unter dem Tiefenwinkel $\alpha = 14°20'$, die Spitze unter dem Höhenwinkel $\beta = 56°55'$. Wie hoch ist der Schornstein?

14. Ein Luftballon mit dem Durchmesser $d = 15{,}4$ m erscheint unter dem Sehwinkel $\alpha = 1{,}6°$, der untere Rand des Ballons unter dem Höhenwinkel $\beta = 37°40'$. Wie hoch steht der Ballon?

Vom Kreis

15. Im Kreis mit Halbmesser r gehören zum Mittelpunktswinkel α die Sehne s und der Bogen b. Berechne die fehlenden Stücke für:
a) $r = 3{,}2$ cm, $\alpha = 112°$ b) $b = 6{,}3$ cm, $\alpha = 137°$ c) $r = 74$ cm, $b = 185$ cm

16. Zwei Kreise haben die gemeinsame Sehne $s = 486$ mm. Die zugehörigen Mittelpunktswinkel sind $\alpha_1 = 78°46'$ und $\alpha_2 = 117°18'$. Wie groß ist das gemeinsame Flächenstück?

17. Im Kreis mit Halbmesser r gehöre zum Umfangswinkel α die Sehne a.
Beweise: $a = 2r \cdot \sin\alpha$.

18. Zwei gerade Eisenbahnstrecken schließen den Winkel $\alpha = 115°$ ein. Sie sollen durch einen Kreisbogen verbunden werden, der in A und B berührend in die Geraden übergeht. Wie groß ist sein Radius, wenn $\overline{AB} = 480$ m beträgt?

19. Ein Brückenbogen mit der Spannweite $s = 21{,}5$ m und der Höhe $h = 3{,}45$ m kann als Kreisbogen aufgefaßt werden. Wie groß ist sein Mittelpunktswinkel und sein Halbmesser?

▸ **20.** Zwei Riemenscheiben haben die Radien $r_1 = 35{,}4$ cm und $r_2 = 14{,}6$ cm. Der Mittelpunktsabstand ist $a = 1{,}45$ m. Wie lang muß der Riemen sein, wenn sich die Scheiben
a) im gleichen Sinn b) im entgegengesetzten Sinn drehen sollen?

Aus der Raumgeometrie

21. Berechne den Winkel, den die Raumdiagonale eines Würfels
a) mit einer Kante b) mit einer Fläche bildet.

22. Ein Quader hat die Kanten $a = 5$ cm, $b = 4$ cm, $c = 3$ cm.
a) Berechne die Winkel α, β, γ, welche die Raumdiagonale des Quaders mit den Kanten a, b, c bildet.
b) Zeige allgemein, daß $\cos^2\alpha + \cos^2\beta + \cos^2\gamma = 1$ ist.

23. Ein Turmdach hat die Form einer quadratischen Pyramide mit der Grundkante $a = 4{,}28$ m und der Höhe $h = 6{,}45$ m. Bestimme a) die Länge s und den Neigungswinkel α einer Seitenkante b) den Flächeninhalt A und den Neigungswinkel β einer Dachfläche.

24. Bei dem Turmdach in Aufg. 23 sei gegeben: $a = 5{,}32$ m, $s = 8{,}75$ m. Bestimme h, α, β, A durch Zeichnung und Rechnung.

25. Ein Turmhelm hat die Gestalt einer regelmäßigen sechsseitigen (achtseitigen) Pyramide mit der Grundkante $a = 2{,}8$ m (2,25 m). Die Seitenkanten sind unter $\alpha = 68°$ (75°) geneigt. Berechne a) die Höhe des Daches b) die Länge einer Seitenkante c) den umschlossenen Dachraum d) die Größe einer Dachfläche e) die Neigung einer Dachfläche.

26. Ein senkrechter Kreiskegel hat den Grundkreishalbmesser $r = 3{,}2$ cm und den Öffnungswinkel $\alpha = 53°$. Bestimme a) den Rauminhalt b) den Inhalt des Mantels.

27. Ein Walmdach ist $a = 12{,}4$ m lang und $b = 8{,}3$ m breit. Die trapezförmigen Dachflächen sind unter $\alpha = 35°$, die dreieckigen unter $\beta = 50°$ geneigt. Bestimme
a) die Höhe des Daches b) die Firstlänge c) die Länge der Grate
d) den Neigungswinkel der Grate e) die Größe der Dachfläche.

Aus der Physik

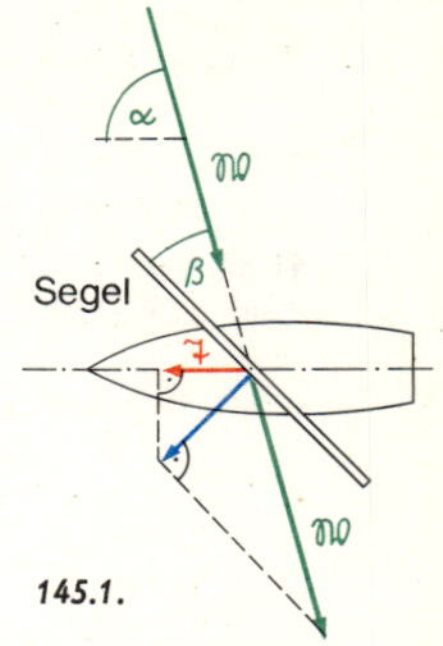

145.1.

28. In einem Punkt eines Körpers greifen zwei zueinander senkrechte Kräfte $\mathfrak{F}_1$ und $\mathfrak{F}_2$ an, deren Beträge $F_1 = 24{,}5$ kp und $F_2 = 17{,}8$ kp sind. Bestimme Betrag und Richtung der Resultierenden $\mathfrak{F}$.

29. Zerlege die Kraft $\mathfrak{F}$ vom Betrag $F = 74{,}2$ kp in zwei orthogonale Teilkräfte, von denen die eine mit $\mathfrak{F}$ den Winkel $\alpha = 37{,}5°$ bildet.

30. Ein Schiff wird vom Ufer aus mit der Kraft vom Betrag $F = 375$ kp an einem Seil gezogen, das mit der Fahrtrichtung den Winkel $\alpha = 15°$ bildet. Bestimme die vorwärtstreibende Kraft.

▶ **31.** Bei einem Segelboot, das gegen den Wind kreuzt, bildet die Windrichtung mit der Fahrtrichtung den Winkel α und mit der Segelstellung den Winkel β (Fig. 145.1). Bestimme die vorwärtstreibende Teilkraft $\mathfrak{T}$ der Windkraft $\mathfrak{W}$. Welche Bedeutung haben die übrigen auftretenden Teilkräfte? Beispiele: a) $\alpha = 75°$, $\beta = 30°$ b) $\alpha = 75°$, $\beta = 37{,}5°$.

32. Ein Wagen mit der Masse $m = 1{,}8$ t fährt auf einer Straße, die unter 4% ansteigt. Welche Kraft ist nötig, um ihn am Hinabrollen zu hindern, wenn die Reibung $2\frac{1}{2}$% des Druckes auf die Unterlage beträgt?

33. Vom Fenster eines fahrenden Zuges aus scheinen vertikal fallende Regentropfen mit der Vertikalen den Winkel $\alpha = 70°$ zu bilden. Welche Geschwindigkeit haben die Tropfen, wenn der Zug 12 Sekunden zu 100 m braucht?

34. Von einem Punkt eines Seeufers, der $h = 75$ m über dem Wasserspiegel liegt, erscheint eine kleine Wolke unter dem Erhebungswinkel $\alpha = 62{,}7°$, ihr Spiegelbild unter dem Senkungswinkel $\beta = 67{,}3°$. Bestimme die Höhe der Wolke.

Aus der Erd- und Himmelskunde

35. Wie groß ist der Halbmesser ϱ des Breitenkreises, der zur geographischen Breite φ gehört, wenn der Erdhalbmesser $r = 6370$ km mißt?
a) $\varphi = 49{,}4°$ (Heidelberg) b) $\varphi = 30{,}1°$ (Kairo) c) $\varphi = 64{,}2°$ (Reykjavik).

36. a) Wie groß ist der Umfang der Breitenkreise von Freiburg i. Br. ($\varphi_1 = 48°$) und von Hamburg ($\varphi_2 = 53{,}5°$), wenn der Äquator 40000 km mißt?
b) Welche Geschwindigkeit haben diese Orte bei der Erddrehung?
c) Welcher Umfang entspricht einem Grad (einer Minute) dieser Breitenkreise? (Vergleiche damit die entsprechenden Längen auf dem Äquator.)
d) Beantworte die Fragen a) bis c) für deinen Heimatort.

37. Unter der Horizontalparallaxe eines Gestirns versteht man den Winkel α (Fig. 145.2), unter dem der Erdradius $\overline{MB} = r$ vom Mittelpunkt O des Gestirns aus erscheint. (Für einen Beobachter in B befindet sich das Gestirn im Horizont.)
a) Wie weit ist der Mond von der Erde entfernt, wenn seine Horizontalparallaxe $\alpha = 57'$ beträgt?
b) Berechne die Entfernung Erde — Sonne ($\alpha = 8{,}8''$).

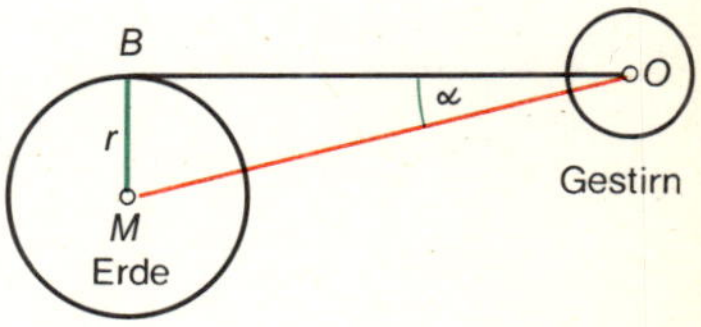

145.2.

112 Das skalare Produkt zweier Vektoren

❶ **Wiederhole die Herleitung des „Projektionssatzes" $a \cdot b_a = b \cdot a_b$ auf S. 20. Beachte insbesondere auch die „Bemerkung" auf S. 20.**

❷ **Wiederhole auch die Herleitung des verallgemeinerten Satzes von Pythagoras auf S. 20 (Fig. 20.3 und 20.4).**

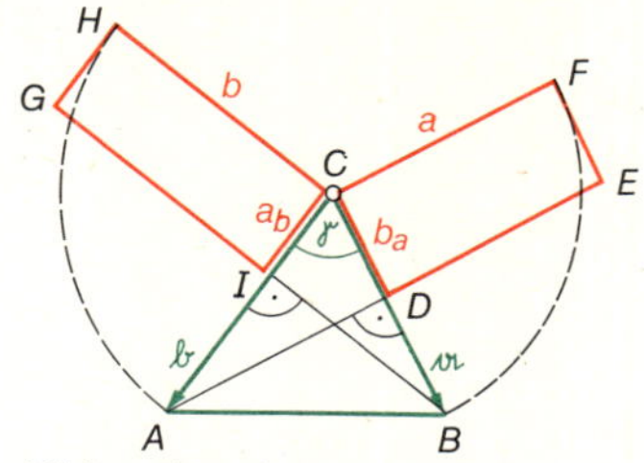

146 1. $a \cdot b_a = b \cdot a_b$

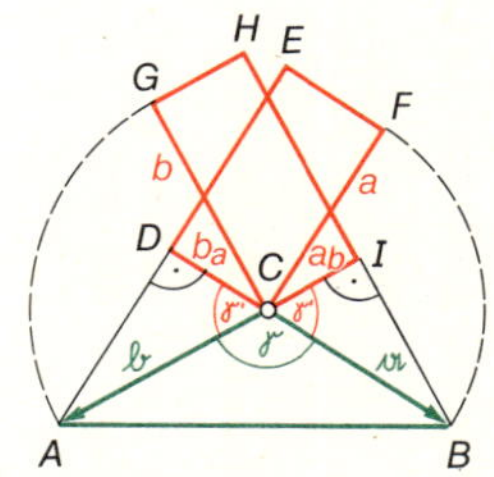

146.2. $a \cdot b_a = b \cdot a_b$

1. In Fig. 146.1/2 sei $b_a = \overline{CD}$ die Länge der orthogonalen Projektion von AC auf (BC), ferner $a_b = \overline{CI}$ die Länge der orthogonalen Projektion von BC auf (AC). In 146.1 ist γ spitz, $b_a = b \cdot \cos\gamma$, $a_b = a \cdot \cos\gamma$. In 146.2 ist γ stumpf, $b_a = b \cdot \cos\gamma' = b \cdot |\cos\gamma|$ und $a_b = a \cdot |\cos\gamma|$; also gilt für die roten Rechtecke:

S 1 **Projektionssatz** (S. 20): $\boldsymbol{a \cdot b_a = b \cdot a_b = a \cdot b \cdot |\cos\gamma|}$.

S 1 gilt auch für $\gamma = 90°$; es gilt dann

$$a \cdot b_a = b \cdot a_b = 0.$$

D 1 **2.** Den *Zahlenwert der Länge* jedes Repräsentanten eines Vektors $\mathfrak{a}$ nennt man den **Betrag** von $\mathfrak{a}$, gechrieben $|\mathfrak{a}|$. Sind $\overrightarrow{CB}$ und $\overrightarrow{CA}$ in 146.1/2 Repräsentanten der Vektoren $\mathfrak{a}$ und $\mathfrak{b}$, so ist $|\mathfrak{a}| \cdot |\mathfrak{b}| \cdot \cos\gamma$ der Zahlenwert von $a \cdot b \cdot \cos\gamma$. Das Produkt $|\mathfrak{a}| \cdot |\mathfrak{b}| \cdot \cos\varphi$ tritt bei vielen Problemen in Mathematik, Physik und Technik auf; man nennt es das „skalare Produkt" von $\mathfrak{a}$ und $\mathfrak{b}$:

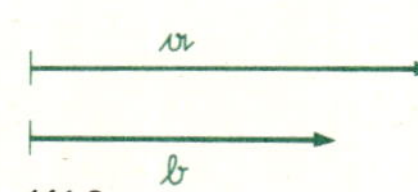

146.3.

D 2 **Das skalare Produkt $\mathfrak{a} \cdot \mathfrak{b}$ zweier Vektoren $\mathfrak{a}$ und $\mathfrak{b}$ mit $\sphericalangle(\mathfrak{a}, \mathfrak{b}) = \varphi$ ist die Zahl $\mathfrak{a} \cdot \mathfrak{b} = |\mathfrak{a}| \cdot |\mathfrak{b}| \cdot \cos\varphi$.**

Durch D 2 wird somit 2 Vektoren eine Zahl (ein Skalar) zugeordnet.

Bemerkungen: 1. Die Produktschreibweise wird in 6. deutlich.
2. Statt $\mathfrak{a} \cdot \mathfrak{b}$ schreibt man auch $\mathfrak{a}\mathfrak{b}$, statt $\mathfrak{a} \cdot \mathfrak{a}$ auch $\mathfrak{a}^2$.

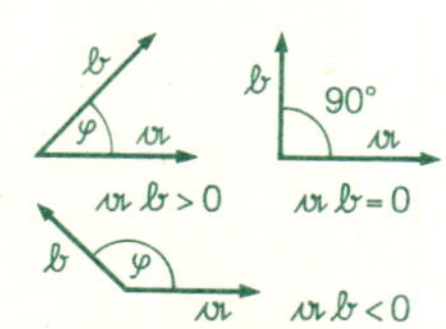

146.4. Vorzeichen von $\mathfrak{a}\mathfrak{b}$

3. *Vorzeichen von* $\mathfrak{a}\mathfrak{b}$ (146.4): Ist $0° \leqq \varphi < 90°$, so ist $\mathfrak{a}\mathfrak{b} > 0$; ist $90° < \varphi \leqq 180°$, so ist $\mathfrak{a}\mathfrak{b} < 0$; ist $\varphi = 90°$, so ist $\mathfrak{a}\mathfrak{b} = 0$. $\mathfrak{a}\mathfrak{b}$ ändert sich nicht, wenn man φ durch $(360° - \varphi)$ ersetzt.

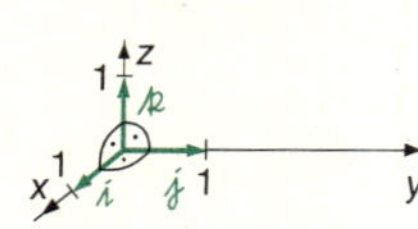

146.5.

4. *Sonderfälle:* a) $\mathfrak{a} = \mathfrak{b}$ gibt $\mathfrak{a}^2 = |\mathfrak{a}|^2 = 1$, da $\cos 0° = 1$ ist.
b) Sind $\mathfrak{a}$ und $\mathfrak{b}$ gleichgerichtet, so ist $\mathfrak{a}\mathfrak{b} = |\mathfrak{a}| \cdot |\mathfrak{b}|$ (146.3).
c) Ist $\sphericalangle(\mathfrak{a}, \mathfrak{b}) = 180°$, so ist $\mathfrak{a}\mathfrak{b} = -|\mathfrak{a}| \cdot |\mathfrak{b}|$, da $\cos 180° = -1$ ist.
d) Ist $\mathfrak{a} \perp \mathfrak{b}$, so ist $\mathfrak{a}\mathfrak{b} = 0$, da $\cos 90° = 0$ ist.
e) Sind $\mathfrak{i}, \mathfrak{j}, \mathfrak{k}$, Einheitsvektoren orthogonaler Achsen (146.5), so gilt:
$\boldsymbol{\mathfrak{i}^2 = \mathfrak{j}^2 = \mathfrak{k}^2 = 1}$, $\quad \boldsymbol{\mathfrak{i}\mathfrak{j} = \mathfrak{j}\mathfrak{k} = \mathfrak{k}\mathfrak{i}} = 0$
f) $\mathfrak{a} \cdot \mathfrak{o} = \mathfrak{o} \cdot \mathfrak{a} = \mathfrak{o} \cdot \mathfrak{o} = \mathfrak{o}^2 = 0$.

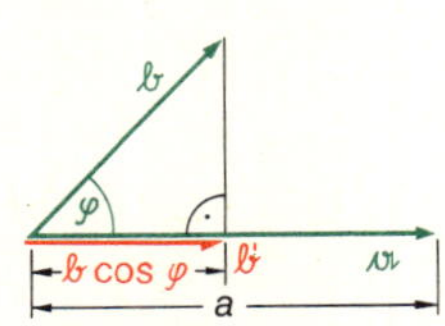

146.6. $\mathfrak{a} \cdot \mathfrak{b} = \mathfrak{a}\mathfrak{b}' = |\mathfrak{a}|\,|\mathfrak{b}'|$

5. In Fig. 146.6 ist $\mathfrak{b}'$ die orthogonale Projektion von $\mathfrak{b}$ auf $\mathfrak{a}$, also $|\mathfrak{b}'| = |\mathfrak{b}| \cdot \cos\varphi$, $\mathfrak{a}\mathfrak{b}' = |\mathfrak{a}| \cdot |\mathfrak{b}'| = |\mathfrak{a}| \cdot |\mathfrak{b}| \cdot \cos\varphi$, somit $\mathfrak{a}\mathfrak{b} = \mathfrak{a}\mathfrak{b}'$. Dies gilt auch für $\varphi \geqq 90°$ (146.7). Grund?

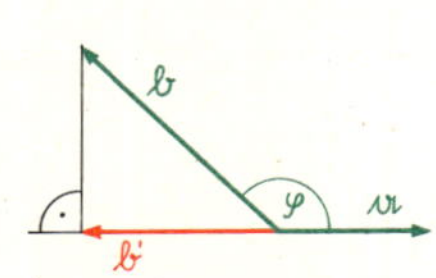

146.7. $\mathfrak{a}\mathfrak{b} = \mathfrak{a}\mathfrak{b}' = -|\mathfrak{a}|\,|\mathfrak{b}'|$

6. *Gesetze der skalaren Multiplikation*

KG *Kommutativgesetz:* $\mathfrak{a}\,\mathfrak{b} = \mathfrak{b}\,\mathfrak{a}$

S 2 $(k\,\mathfrak{a})\,\mathfrak{b} = k\,(\mathfrak{a}\,\mathfrak{b}) = \mathfrak{a}\,(k\,\mathfrak{b})$ mit $k \in \mathbb{R}$

DG *Distributivgesetz:* $\mathfrak{a}\,(\mathfrak{b} + \mathfrak{c}) = \mathfrak{a}\,\mathfrak{b} + \mathfrak{a}\,\mathfrak{c}$

Beweis:

1. KG und S 2 folgen direkt aus der Definition des skalaren Produktes.
2. In 147.1 ist ein Schrägbild dreier Repräsentanten von $\mathfrak{a}$, $\mathfrak{b}$, $\mathfrak{c}$ gezeichnet mit zwei Hilfsebenen senkrecht zu $\mathfrak{a}$. 147.2 zeigt dasselbe orthogonal zu $\mathfrak{a}$ projiziert. Wie in 146.7 ist $\mathfrak{a}\,\mathfrak{b} = \mathfrak{a}\,\mathfrak{b}'$; $\mathfrak{a}\,\mathfrak{c} = \mathfrak{a}\,\mathfrak{c}'$;

$$\mathfrak{a}\,(\mathfrak{b} + \mathfrak{c}) = \mathfrak{a}\,(\mathfrak{b}' + \mathfrak{c}') = \mathfrak{a}\,\mathfrak{b}' + \mathfrak{a}\,\mathfrak{c}' = \mathfrak{a}\,\mathfrak{b} + \mathfrak{a}\,\mathfrak{c}$$

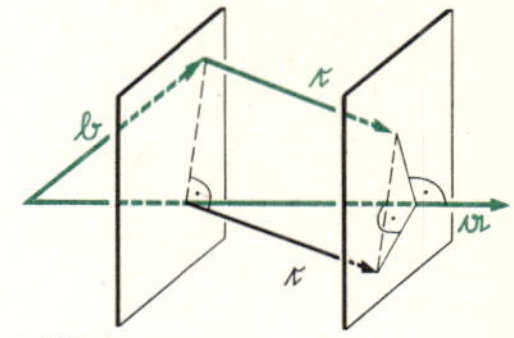

147.1.

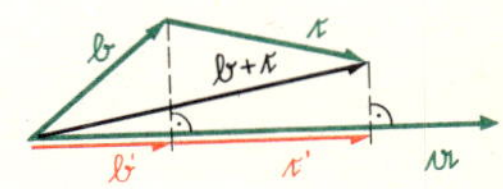

147.2.

Durch zweimalige Anwendung von DG folgt die *Klammerregel:*

S 3 $(\mathfrak{a} + \mathfrak{b})\,(\mathfrak{c} + \mathfrak{d}) = \mathfrak{a}\,\mathfrak{c} + \mathfrak{a}\,\mathfrak{d} + \mathfrak{b}\,\mathfrak{c} + \mathfrak{b}\,\mathfrak{d}$

Speziell gelten die Formeln:

S 4 $(\mathfrak{a} + \mathfrak{b})^2 = \mathfrak{a}^2 + 2\,\mathfrak{a}\,\mathfrak{b} + \mathfrak{b}^2$; $\quad (\mathfrak{a} + \mathfrak{b})\,(\mathfrak{a} - \mathfrak{b}) = \mathfrak{a}^2 - \mathfrak{b}^2$

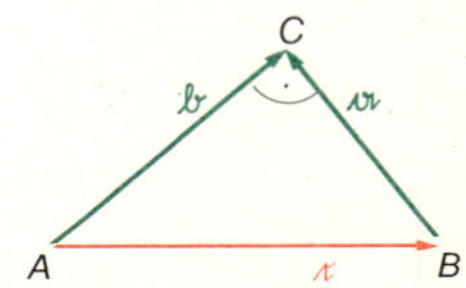

147.3.

Aufgaben

1. Begründe S 2 und das KG ausführlich. (Wähle auch $k < 0$.)

2. Setze in S 3 $\mathfrak{a} + \mathfrak{b} = \mathfrak{s}$; wende auf $\mathfrak{s}\,(\mathfrak{c} + \mathfrak{d})$ das DG an; ersetze dann $\mathfrak{s}$ durch $\mathfrak{a} + \mathfrak{b}$ und beweise so S 3.

3. Es sei $|\mathfrak{a}| = 5$, $|\mathfrak{b}| = 2$ und $\sphericalangle(\mathfrak{a}, \mathfrak{b}) = 60°$ (90°, 120°). Berechne $\mathfrak{a}\,\mathfrak{b}$.

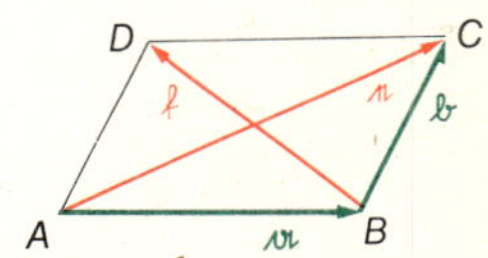

147.4.

4. Drücke in Fig. 147.3 $\mathfrak{c}$ durch $\mathfrak{a}$ und $\mathfrak{b}$ aus. Bilde $\mathfrak{c}^2$ und beweise so den Satz des Pythagoras.

5. Welche Forderungen bezüglich $\mathfrak{a}$, $\mathfrak{b}$ ergeben sich aus
a) $\mathfrak{a}\,\mathfrak{b} = 0$ b) $\mathfrak{a}\,(\mathfrak{a} - \mathfrak{b}) = 0$ c) $(\mathfrak{a} + \mathfrak{b})\,(\mathfrak{a} - \mathfrak{b}) = 0$?

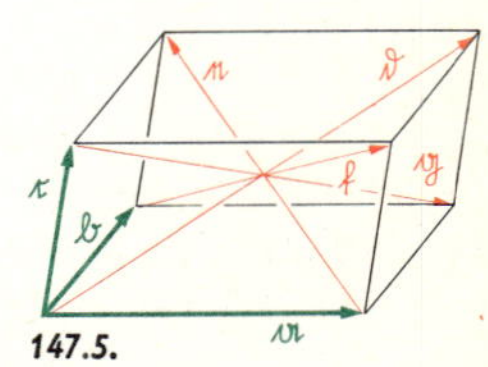

147.5.

6. Drücke im Parallelogramm von Fig. 147.4 $\mathfrak{e}$ und $\mathfrak{f}$ durch $\mathfrak{a}$ und $\mathfrak{b}$ aus. Bilde $\mathfrak{e}^2$ und $\mathfrak{f}^2$ und zeige: $e^2 + f^2 = 2\,(a^2 + b^2)$.

7. Drücke im Parallelflach der Fig. 147.5 $\mathfrak{d}$, $\mathfrak{e}$, $\mathfrak{f}$, $\mathfrak{g}$ durch $\mathfrak{a}$, $\mathfrak{b}$, $\mathfrak{c}$ aus. Bilde $\mathfrak{d}^2$, $\mathfrak{e}^2$, $\mathfrak{f}^2$, $\mathfrak{g}^2$; zeige so: $d^2 - e^2 + f^2 + g^2 = 4\,(a^2 + b^2 + c^2)$.

8. In Figur 147.6 gehört zum Punkt $P(x\,|\,y)$ der Ortsvektor $\overrightarrow{OP} = \mathfrak{r} = x\,\mathfrak{i} + y\,\mathfrak{j}$ (z. B. $\mathfrak{r} = 2\,\mathfrak{i} + 1{,}5\,\mathfrak{j}$).
Bilde $\mathfrak{r}^2$. Zeige so: $r = \sqrt{x^2 + y^2}$.

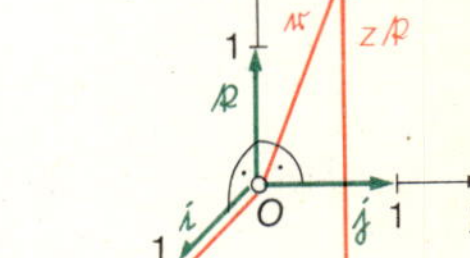

147.6.

9. In Fig. 147.7 legen $\mathfrak{i}$, $\mathfrak{j}$, $\mathfrak{k}$ ein orthogonales Achsenkreuz fest.
a) Zeige: Für den Punkt $P(2{,}5\,|\,2\,|\,3)$ ist $\overrightarrow{OP} = \mathfrak{r} = 2{,}5\,\mathfrak{i} + 2\,\mathfrak{j} + 3\,\mathfrak{k}$.
Für den Punkt $P(x\,|\,y\,|\,z)$ gilt: $\overrightarrow{OP} = \mathfrak{r} = x\,\mathfrak{i} + y\,\mathfrak{j} + z\,k$.
b) Bilde $\mathfrak{r}^2$ nach S 4 und zeige so: $|\mathfrak{r}| = r = \sqrt{x^2 + y^2 + z^2}$.
c) Berechne $\overline{OP}$ für 1) $P(2\,|\,6\,|\,3)$ 2) $P(-3\,|\,4\,|\,-5)$. Zeichne!

10. Gegeben: $\mathfrak{r}_1 = \overrightarrow{OP}_1$ und $\mathfrak{r}_2 = \overrightarrow{OP}_2$ mit $P_1(1\,|\,2\,|\,2)$, $P_2(2\,|\,3\,|\,6)$.
Berechne: a) r_1, r_2 b) $\sphericalangle(\mathfrak{r}_1, \mathfrak{r}_2) = \varphi$ aus $\mathfrak{r}_1\,\mathfrak{r}_2 = r_1\,r_2 \cos\varphi$.

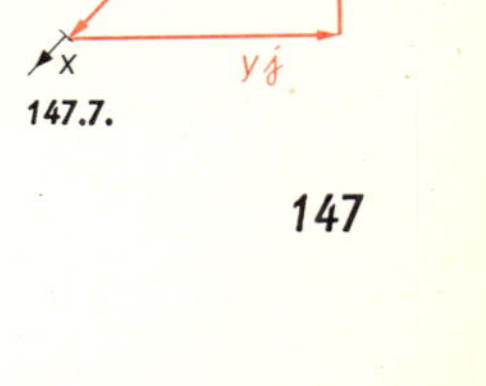

147.7.

113 Sinussatz und Kosinussatz beim Dreieck

Der Sinussatz

In $\triangle\ BCD$ und $\triangle\ ACD$ (148.1) ist $h = a \sin\beta$ und $h = b \sin\alpha$,

also $\quad a \sin\beta = b \sin\alpha$

oder $\quad \dfrac{a}{b} = \dfrac{\sin\alpha}{\sin\beta}$

In $\triangle\ BCD$ und $\triangle\ ACD$ (148.2) ist $h = a \sin\beta$ und $h = b \sin\alpha'$.

Wegen $\sin\alpha' = \sin(180° - \alpha) = \sin\alpha$

folgt $\quad \dfrac{a}{b} = \dfrac{\sin\alpha}{\sin\beta}$

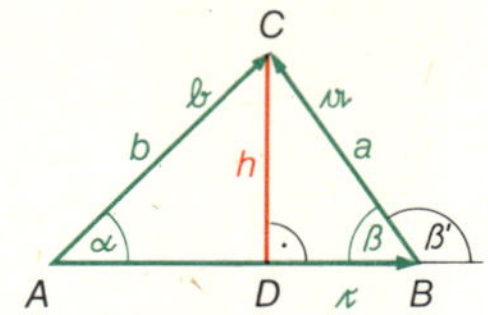

148.1. Zum Sinussatz

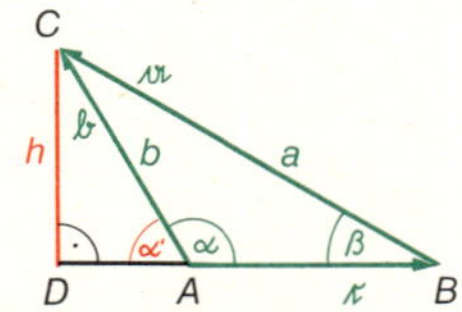

148.2. Zum Sinussatz

S 1 **Sinussatz: Im Dreieck verhalten sich die Längen von je zwei Seiten wie die Sinuswerte ihrer Gegenwinkel:**

$$\frac{a}{b} = \frac{\sin\alpha}{\sin\beta}; \quad \frac{b}{c} = \frac{\sin\beta}{\sin\gamma}; \quad \frac{a}{c} = \frac{\sin\alpha}{\sin\beta}$$

Aufgaben

1. Zeige an Fig. 148.3 den S 2 und beweise so S 1.

S 2 $$\frac{a}{\sin\alpha} = \frac{b}{\sin\beta} = \frac{c}{\sin\gamma} = 2r.$$

2. Wende S 1 auf ein rechtwinkliges Dreieck an. Was folgt?
3. Bestimme die fehlenden Seiten und Winkel von $\triangle\ ABC$ aus:
   a) $c = 6$ m, $\alpha = 40°$, $\gamma = 60°$ b) $a = 5{,}5$ m, $\alpha = 72°$, $\beta = 56°$
   c) $b = 5$ m, $c = 4$ m, $\beta = 70°$ d) $a = 6$ m, $c = 5$ m, $\alpha = 110°$

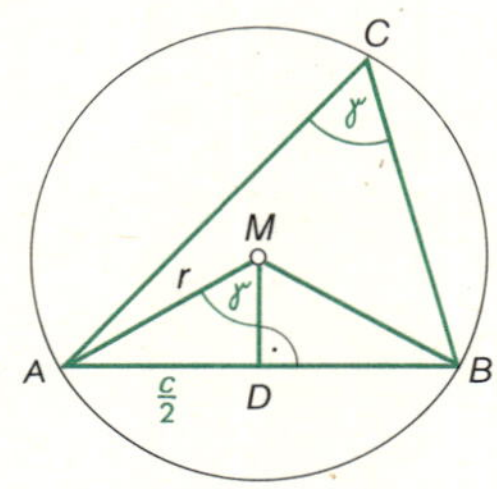

148.3. Zu Aufg. 1

Der Kosinussatz

In $\triangle\ ACD$ (Fig. 148.4) ist
$h = b \sin\alpha$ und $q = b \cos\alpha$.

Nach dem Satz des Pythagoras ist:

$a^2 = h^2 + (c - q)^2$, also

$a^2 = b^2 \sin^2\alpha + (c - b \cdot \cos\alpha)^2$

$a^2 = b^2 (\sin^2\alpha + \cos^2\alpha) +$
$\quad + c^2 - 2\,b\,c \cdot \cos\alpha$

$a^2 = b^2 + c^2 - 2\,b\,c \cdot \cos\alpha$

In $\triangle\ ACD$ (Fig. 148.5) ist
$h = b \sin\alpha'$ und $q = b \cos\alpha'$.

Nach dem Satz des Pythagoras ist:

$a^2 = h^2 + (c + q)^2$, also

$a^2 = b^2 \sin^2\alpha' + (c + b \cdot \cos\alpha')^2$

$a^2 = b^2 (\sin^2\alpha' + \cos^2\alpha') + c^2 +$
$\quad + 2\,b\,c \cdot \cos\alpha'$

$a^2 = b^2 + c^2 - 2\,b\,c \cdot \cos\alpha$ (wieso?)

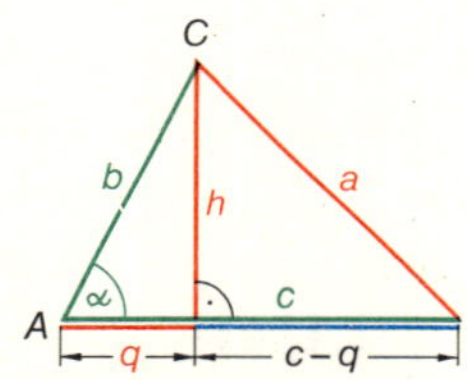

148.4. Zum Kosinussatz

S 3 **Kosinussatz:** $\quad \boldsymbol{a^2 = b^2 + c^2 - 2\,b\,c \cos\alpha}$

$\boldsymbol{b^2 = a^2 + c^2 - 2\,a\,c \cos\beta}; \quad \boldsymbol{c^2 = a^2 + b^2 - 2\,a\,b \cos\gamma}$

Vektorieller Beweis: In Fig. 148.6 ist $\mathfrak{c} = \mathfrak{a} - \mathfrak{b}$, also

$\mathfrak{c}^2 = (\mathfrak{a} - \mathfrak{b})^2 = \mathfrak{a}^2 + \mathfrak{b}^2 - 2\,\mathfrak{a}\,\mathfrak{b} =$
$\quad = |\mathfrak{a}|^2 + |\mathfrak{b}|^2 - 2\,|\mathfrak{a}| \cdot |\mathfrak{b}| \cdot \cos\gamma$.

Bemerkungen: 1. Ist γ stumpf, so ist $\cos\gamma < 0$, also $-2\,a\,b \cos\gamma > 0$.
2. S 3 ist der „verallgemeinerte Satz des Pythagoras" (S. 20).

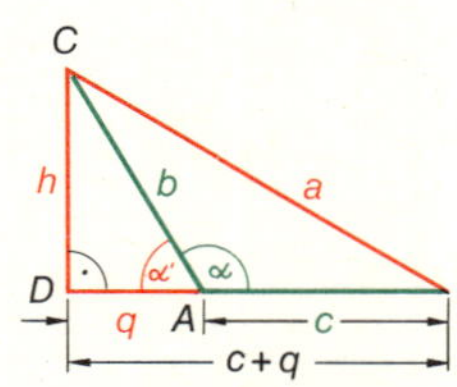

148.5. Zum Kosinussatz

Aufgaben

4. Wende S 3 auf ein rechtwinkliges Dreieck an. Was folgt?
5. Bestimme die fehlenden Winkel und Seiten eines Dreiecks aus:
   a) $a = 4$ m, $b = 5$ m, $c = 6$ m b) $a = 5$ m, $c = 4$ m, $\beta = 60°$
   c) $a = 5$ m, $b = 4$ m, $c = 8$ m d) $b = 7$ m, $c = 4$ m, $\alpha = 120°$

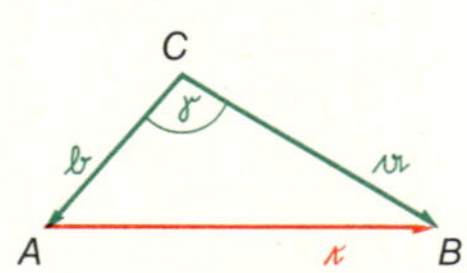

148.6. Zum Kosinussatz

114 Die Berechnung beliebiger Dreiecke

Wie bei der Konstruktion von Dreiecken unterscheidet man auch bei der trigonometrischen Berechnung fehlender Stücke 4 *Hauptaufgaben* (vgl. Geom. 1):

I. Gegeben sind drei Seiten (*s s s*).
II. Gegeben sind zwei Seiten und der eingeschlossene Winkel (*s w s*).
III. Gegeben sind eine Seite und zwei Winkel (*s w w* oder *w s w*).
IV. Gegeben sind zwei Seiten und ein Gegenwinkel (*s s w*).

Der Kosinussatz drückt eine Beziehung zwischen den 3 Seiten und einem Winkel aus; er eignet sich daher zur Lösung der Hauptaufgaben I und II.
Da der Sinussatz eine Beziehung zwischen zwei Seiten und ihren Gegenwinkeln ausdrückt, kann er zur Lösung der Hauptaufgaben III und IV verwendet werden.
Hat man in Aufg. I und II ein viertes Stück mit dem Kosinussatz berechnet, so wird man oft der Einfachheit halber weitere Stücke mit dem Sinussatz bestimmen.

Erste Hauptaufgabe: Berechne ein Dreieck aus den drei Seiten (*s s s*).

Beachte: Es ist zweckmäßig, zuerst den Winkel zu berechnen, welcher der kleinsten Seite gegenüberliegt, er ist sicher spitz, ebenso der nächst größere.

Verfahren A. Beispiel: $a = 24{,}0$ m, $b = 31{,}0$ m, $c = 50{,}0$ m.

Lösung: $\cos\alpha = \dfrac{b^2 + c^2 - a^2}{2\,b\,c}, \quad \cos\beta = \dfrac{a^2 + c^2 - b^2}{2\,a\,c}, \quad \gamma = 180° - (\alpha + \beta)$

In Zahlen (mit Stab): $\cos\alpha = \dfrac{961 + 2500 - 576}{2 \cdot 31 \cdot 50} = \dfrac{2885}{3100} = 0{,}931, \quad \underline{\underline{\alpha = 21{,}5°}}$

$$\cos\beta = \frac{576 + 2500 - 961}{2 \cdot 24 \cdot 50} = \frac{2115}{2400} = 0{,}881, \quad \underline{\underline{\beta = 28{,}2°}}, \quad \underline{\underline{\gamma = 130{,}3°}}$$

Verfahren B. Beispiel: $a = 67{,}4$ m, $b = 49{,}8$ m, $c = 77{,}6$ m.

Lösung: $\cos\beta = \dfrac{a^2 + c^2 - b^2}{2\,a\,c}, \quad \sin\alpha = \dfrac{a \sin\beta}{b}, \quad \gamma = 180° - (\alpha + \beta)$

Zahlenrechnung (mit Hilfe der Quadratzahltafel und Logarithmen):

$a = 67{,}4$ m	$a^2 + c^2 - b^2$	$13{,}9077 - 10$
$b = 49{,}8$ m	2	$0{,}3010$
$c = 77{,}6$ m	a	$1{,}8287$
$a^2 = 4543$ m² [1]	c	$1{,}8899$
$c^2 = 6022$ m²	$2\,a\,c$	$4{,}0196$
$b^2 = 2480$ m²		
$a^2 + c^2 - b^2 = 8085$ m²	$\cos\beta$	$9{,}8881 - 10$
$\beta = 39°23'$	$\sin\beta$	$9{,}8024 - 10$
$\alpha = 59°11'$	$a \sin\beta$	$11{,}6311 - 10$
$\gamma = 81°26'$	b	$1{,}6972$
$\alpha + \beta + \gamma = 180°0'$	$\sin\alpha$	$9{,}9339 - 10$

1. Es ist sinnlos, mehr als 4 geltende Ziffern anzugeben. (Warum?)

Zweite Hauptaufgabe:

Berechne ein Dreieck aus zwei Seiten und dem eingeschlossenen Winkel (*s w s*).

Beispiel: $a = 30{,}5$ m, $b = 37{,}5$ m, $\gamma = 104{,}0°$

Lösung: $c = \sqrt{a^2 + b^2 - 2\,a\,b\cos\gamma}$, $\sin\alpha = \frac{a\sin\gamma}{c}$, $\beta = 180° - (\alpha + \gamma)$

In Zahlen (mit Stab): $c = \sqrt{930 + 1405 - 2290 \cdot (-0{,}242)}$ m $= \sqrt{2890}$ m $= \underline{\underline{53{,}8 \text{ m}}}$,

$$\sin\alpha = \frac{30{,}5 \cdot \sin 76°}{53{,}8}, \quad \underline{\underline{\alpha = 33{,}4°}}, \quad \underline{\underline{\beta = 42{,}6°}}$$

Aufgaben

1. Bestimme die fehlenden Seiten und Winkel im $\triangle ABC$ aus:
   a) $a = 334$ m, $b = 178$ m, $c = 247$ m b) $a = 50{,}8$ m, $b = 53{,}6$ m, $c = 39{,}4$ m
   c) $a = 45{,}65$ m, $b = 67{,}80$ m, $\gamma = 77°36'$ d) $a = 226{,}3$ m, $c = 314{,}9$ m, $\beta = 103°16'$
2. Um die Entfernung zweier Punkte P und Q zu bestimmen, zwischen denen ein Hindernis liegt, wählt man einen Hilfspunkt A und mißt $\overline{AP} = p = 168$ m (89,6 m), $\overline{AQ} = q =$ $= 214$ m (177,8 m), $\sphericalangle PAQ = \alpha = 81°40'$ (117,6°).
3. Zwei waagrechte Stollen in einem Bergwerk gehen von einem Punkt A unter dem Winkel $\alpha = 75°$ aus und haben die Längen $\overline{AB} = 325$ m und $\overline{AC} = 275$ m. Wie lang wird ein Verbindungsstollen von B nach C. Unter welchen Winkeln gegen BA bzw. CA muß man ihn von B und C aus vortreiben?
4. Stuttgart (S), Mainz (M) und Freiburg i. Br. (F) bilden ein Dreieck mit den Seiten $\overline{SM} = 150$ km, $\overline{MF} = 225$ km, $\overline{FS} = 130$ km. Mainz liegt von Stuttgart aus in N 25° W. In welcher Richtung liegt Freiburg von Mainz (Stuttgart) aus?
5. Zwei Kräfte $\mathfrak{F}_1$ und $\mathfrak{F}_2$ mit den Beträgen $F_1 = 34{,}5$ kp und $F_2 = 57{,}2$ kp, die den Winkel $\alpha = 68°40'$ miteinander bilden, sollen zu einer resultierenden Kraft $\mathfrak{F}$ zusammengesetzt werden. Bestimme den Betrag und die Richtung von $\mathfrak{F}$.
6. Eine Kraft $\mathfrak{F}$ vom Betrag $F = 235$ kp ist in zwei Teilkräfte $\mathfrak{F}_1$ und $\mathfrak{F}_2$ mit den Beträgen $F_1 = 160$ kp und $F_2 = 135$ kp zu zerlegen.
7. Eine Kraft $\mathfrak{F}$ vom Betrag $F = 6{,}375$ kp soll in zwei Teilkräfte $\mathfrak{F}_1$ und $\mathfrak{F}_2$ zerlegt werden, die mit $\mathfrak{F}$ die Winkel $\alpha = 26°35'$ und $\beta = 48°25'$ bilden.

Dritte Hauptaufgabe:

Berechne ein Dreieck aus einer Seite und 2 Winkeln (*s w w*).

Beispiel: $c = 187$ m, $\alpha = 63°$, $\beta = 41°$

Lösung: $\gamma = 180° - (\alpha + \beta)$, $a = \frac{c\sin\alpha}{\sin\gamma}$, $b = \frac{c\sin\beta}{\sin\gamma}$

Die Stücke γ, a und b ergeben sich daraus in eindeutiger Weise.

In Zahlen: $\gamma = 76°$; $\frac{a}{\sin 63°} = \frac{187 \text{ m}}{\sin 76°} = \frac{b}{\sin 41°}$, $\underline{\underline{a = 172 \text{ m}}}$, $\underline{\underline{b = 126 \text{ m}}}$.

Bemerkung: Schreibt man den Sinussatz wie in § 113, Aufg. 1, so erkennt man, daß er sich besonders gut für die Berechnung mit dem Rechenstab eignet (vgl. Alg. 2, S. 290 unten). Stellt man nämlich γ auf Skala S und c auf Skala C oder D übereinander, so stehen auch α und a sowie β und b übereinander, a und b können also mit *einer* Einstellung unmittelbar abgelesen werden.

Vierte Hauptaufgabe:

Berechne ein Dreieck aus 2 Seiten und einem Gegenwinkel (*s s w*).

1. Fall: Der gegebene Winkel liegt der größeren Seite gegenüber.

Beispiel: $b = 254$ m, $c = 373$ m, $\gamma = 74{,}9°$.

Lösung: $\sin\beta = \frac{b \sin\gamma}{c}$ (1), $\alpha = 180° - (\beta + \gamma)$, $a = \frac{c \sin\alpha}{\sin\gamma}$ (2)

Aus (1) ergeben sich 2 Winkel für β, die sich zu 180° ergänzen. Es ist jedoch nur der spitze Winkel brauchbar, denn aus $b < c$ folgt $\beta < \gamma$. Es gibt nur ein Lösungsdreieck.

In Zahlen: $\frac{\sin\beta}{254\text{ m}} = \frac{\sin 74{,}9°}{373\text{ m}} = \frac{\sin\alpha}{a}$, $\beta = 41{,}1°$, $\underline{\underline{\alpha = 64{,}0°}}$, $\underline{\underline{a = 347\text{ m}}}$.

2. Fall: Der gegebene Winkel liegt der kleineren Seite gegenüber.

Beispiel: $b = 2316$ m, $c = 3666$ m, $\beta = 36°27'$

Lösung: $\sin\gamma = \frac{c \sin\beta}{b}$ (1), $\alpha = 180° - (\beta + \gamma)$ (2), $a = \frac{c \sin\alpha}{\sin\gamma}$ (3)

Aus (1) ergeben sich 2 Winkel γ_1 und γ_2 mit $\gamma_1 + \gamma_2 = 180°$. Zu jedem gehört nach (2) und (3) je ein Wert von α und a. Man erhält 2 Lösungen: $\triangle ABC_1$ und $\triangle ABC_2$ (Fig. 151.1).

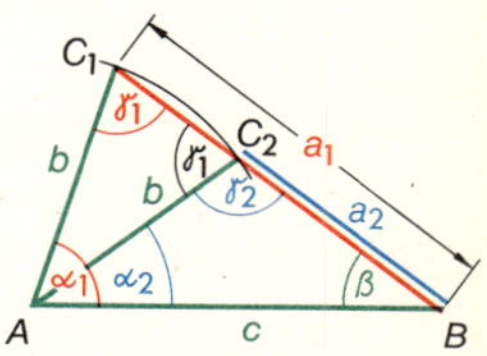

151.1. Zur 4. Hauptaufgabe

Zahlenrechnung:

$b = 2316$ m $c = 3666$ m $\beta = 36°27'$		c $\sin\beta$	3,5642 9,7739 — 10
		$c \sin\beta$ b	13,3381 — 10 3,3647
$\gamma_1 = 70°9'$ $\beta + \gamma_1 = 106°36'$ $\alpha_1 = 73°24'$ $a_1 = 3735$ m	$\gamma_2 = 109°51'$ $\beta + \gamma_2 = 146°18'$ $\alpha_2 = 33°42'$ $a_2 = 2162{,}5$ m	$\sin\gamma$	9,9734 — 10
		$\sin\alpha_1$ $\sin\alpha_2$	9,9815 — 10 9,7442 — 10
		$c \sin\alpha_1$ $c \sin\alpha_2$	13,5457 — 10 13,3084 — 10
		a_1 a_2	3,5723 3,3350

Bemerkung: Man erhält aus (1) zwei Werte von γ_1 und γ_2, wenn $c \sin\beta < b$ ist. Für $c \sin\beta = b$ ist $\sin\gamma = 1$, also $\gamma_1 = \gamma_2 = 90°$. Für $c \sin\beta > b$ ist $\sin\gamma > 1$; es gibt keine Lösung.

Aufgaben

8. Bestimme die fehlenden Seiten und Winkel im $\triangle ABC$ aus:
a) $b = 48{,}4$ m, $\alpha = 63{,}2°$, $\gamma = 81{,}3°$ b) $c = 275{,}3$ m, $\alpha = 32°8'$, $\beta = 104°17'$
c) $a = 57{,}6$ m, $b = 44{,}8$ m, $\alpha = 69{,}7°$ d) $a = 168{,}5$ m, $b = 196{,}0$ m, $\beta = 83°16'$

9. Punkt P ist unzugänglich. Um $\overline{AP}$ und $\overline{BP}$ zu bestimmen („Vorwärtseinschneiden"), mißt man $\overline{AB} = 265{,}7$ m (1645,3 m), $\sphericalangle PAB = 56°18'$ (35°7') und $\sphericalangle PBA = 72°43'$ (106°29').

10. Zwischen P und Q liegt ein Sumpf. Um $\overline{PQ}$ zu bestimmen, mißt man $\overline{AP} = 318{,}2$ m (246,8 m), $\overline{AQ} = 267{,}4$ m (412,6 m), $\sphericalangle AQP = 68°47'$ ($\sphericalangle APQ = 35°41'$).

115 Vermischte Aufgaben

Dreiecke und Vierecke

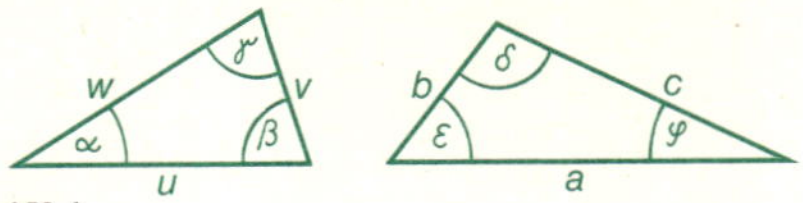

152.1.

1. Bestimme die fehlenden Stücke in Fig. 152.1 aus:
a) u, α, β b) v, w, γ c) u, v, α d) u, v, w e) w, α, γ
f) a, b, c g) b, δ, ε h) a, c, ε i) a, δ, φ k) a, c, φ

2. Berechne im $\triangle ABC$ die fehlenden Seiten und Winkel aus:
a) $b = 4{,}5$ cm, $c = 5{,}0$ cm, $h_c = 3{,}0$ cm b) $a = 55{,}6$ m, $c = 66{,}0$ m, $s_c = 32{,}7$ m
c) $b = 6{,}25$ m, $h_b = 5{,}12$ m, $s_b = 5{,}57$ m d) $c = 160$ m, $h_a = 91$ m, $w_\beta = 97$ m

3. a) Bestimme die Winkel eines Dreiecks aus $a : b : c = 3 : 5 : 7$.
b) Berechne Seiten und Winkel im $\triangle ABC$ aus $a : c = 5 : 8$, $b = 42{,}5$ m, $\gamma = 85°40'$.

4. Beweise:
S 1 Der Flächeninhalt des Dreiecks ABC ist $A = \frac{1}{2} b c \sin\alpha = \frac{1}{2} a c \sin\beta = \frac{1}{2} a b \sin\gamma$.

5. Leite aus der Flächeninhaltsformel in Aufg. 4 den Sinussatz her.

6. Berechne den Flächeninhalt eines Dreiecks aus:
a) $a = 4$ cm, $b = 5{,}2$ cm, $\gamma = 74°$ b) $a = 82$ m, $c = 53$ m, $\alpha = 118°$

7. Drücke den Flächeninhalt a) eines Parallelogramms b) einer Raute
mit Hilfe der Seiten und Winkel aus.

8. Berechne die Seiten, die Winkel und den Flächeninhalt eines Parallelogramms aus den Diagonalen $e = 58{,}76$ m, $f = 33{,}26$ m und $\sphericalangle(e, f) = \varepsilon = 101°48'$.

9. Bestimme die Schenkel, die Winkel und den Flächeninhalt eines gleichschenkligen Trapezes aus den Grundseiten $a = 16{,}45$ m und $c = 7{,}23$ m und der Diagonale $e = 14{,}16$ m.

10. Berechne fehlende Seiten, Diagonalen und Winkel eines Trapezes aus:
a) $a = 748{,}2$ m, $b = 532{,}4$ m, $c = 306{,}5$ m, $d = 452{,}7$ m
b) $a = 82{,}73$ m, $e = 143{,}52$ m, $\alpha = 98°27'$, $\beta = 109°42'$

11. Mache dasselbe für ein Sehnenviereck aus den Stücken:
a) $a = 5$ cm, $b = 4{,}5$ cm, $f = 5{,}5$ cm, $\delta = 120°$
b) $a = 546$ mm, $r = 326$ mm, $\beta = 68°10'$, $\gamma = 97°20'$

12. Berechne in einem Viereck die Stücke c, d, e, γ, δ aus:
$a = 37{,}26$ m, $b = 59{,}84$ m, $f = 63{,}72$ m, $\alpha = 111°7'$, $\beta = 98°16'$.

Entfernungen und Höhen

13. Zwei Punkte P und Q sind durch einen Bach getrennt. Um ihre Entfernung zu bestimmen, wählt man einen Punkt A, der nicht auf PQ liegt, und mißt $\overline{AP} = a = 86{,}4$ m (243,5 m), $\sphericalangle APQ = \alpha = 47°40'$ (28°47'), $\sphericalangle PAQ = \beta = 97°10'$ (51°13').

14. Um die Entfernung zweier unzugänglicher Punkte P und Q zu bestimmen, wählt man auf der Verlängerung von PQ einen Punkt A, legt eine Standlinie $\overline{AB} = s = 182{,}3$ m (124,8 m) fest und mißt $\sphericalangle PAB = \alpha = 53°26'$ (34°39'), $\sphericalangle PBA = \beta = 87°13'$ (126°27') und $\sphericalangle QBA = \gamma = 23°18'$ (58°37').

15. Um die Entfernung zweier unzugänglicher Punkte P und Q zu bestimmen, hat man eine Standlinie $\overline{AB} = a = 364{,}7$ m ($234{,}5$ m) abgesteckt und $\measuredangle\, PAB = \alpha = 68°14'$ ($111°47'$), $\measuredangle\, QAB = \beta = 34°51'$ ($41°23'$), $\measuredangle\, PBA = \gamma = 29°54'$ ($32°13'$), $\measuredangle\, QBA = \delta = 80°37'$ ($106°8'$) gemessen. (Vorwärtseinschneiden nach zwei Punkten.)

16. Zwei Punkte P und Q sind durch ein Hindernis getrennt. Um ihre Entfernung zu bestimmen, wählt man zwei Punkte A und B und mißt $\overline{AP} = a = 345{,}7$ m, $\overline{AB} = b = 287{,}3$ m, $\overline{BQ} = c = 264{,}9$ m, ferner $\measuredangle\, PAB = \alpha = 102°43'$, $\measuredangle\, QBA = \beta = 97°23'$. Berechne $\overline{PQ}$, wenn A und B

a) auf derselben Seite b) auf verschiedenen Seiten von PQ liegen.

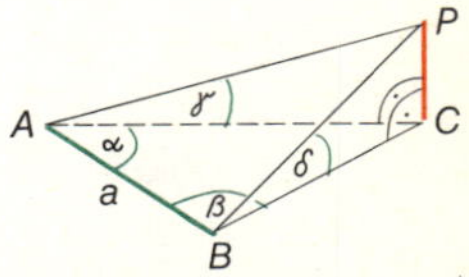

153.1. Höhenmessung

17. Um die Höhe eines Berggipfels P zu bestimmen, mißt man in den Endpunkten einer horizontalen Standlinie AB mit $\overline{AB} = a = 326{,}7$ m (Fig. 153.1) die Horizontalwinkel $\alpha = 83°6'$ und $\beta = 64°27'$, ferner den Höhenwinkel $\gamma = 26°3'$ und (zur Kontrolle) $\delta = 23°56'$. Wie hoch liegt P über A? (Vergleiche die beiden Werte von $\overline{CP}$, die sich aus γ bzw. δ ergeben.)

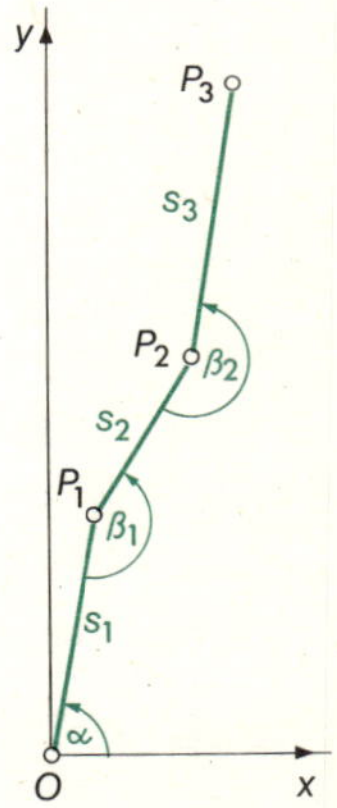

153.2. Polygonzug

18. Zwei gegenüberliegende Punkte A und B an den Ufern eines Flusses erblickt man von einem Aussichtspunkt C aus unter den Tiefenwinkeln $\alpha = 18°27'$ und $\beta = 25°49'$. Die Strecke AB erscheint unter dem Horizontalwinkel $\delta = 31°16'$.

a) Wie breit ist der Fluß, wenn C um $h = 186{,}5$ m über A und B liegt?

b) Unter welchem Sehwinkel erscheint AB?

19. In Fig. 153.2 stellt $OP_1P_2P_3$ einen Streckenzug (Polygonzug) dar, bei dem O Ursprung eines Koordinatensystems ist. Berechne die Koordinaten von P_3, wenn die Strecken $s_1 = 87{,}24$ m, $s_2 = 68{,}76$ m, $s_3 = 91{,}58$ m und die Winkel $\alpha = 79°16'$, $\beta_1 = 158°29'$, $\beta_2 = 203°7'$ gemessen werden.

Geschwindigkeiten

20. Ein Flugzeug hat eine Eigengeschwindigkeit vom Betrag $v = 280$ km/h und steuert den Kurs[1] $\alpha =$ rw. $255°$. Es weht ein Wind aus WNW von der Stärke $w = 8{,}5$ m/s. Welchen Weg legt das Flugzeug in einer Stunde zurück und um welchen Winkel wird es vom Kurs abgetrieben?

21. Welchen Kurs muß ein Flugzeug steuern, das eine Eigengeschwindigkeit vom Betrag $v = 320$ km/h besitzt und das genau nach Osten fliegen soll, wenn SW-Wind von der Stärke $w = 9$ m/s weht?

22. Ein Flugzeug, dessen Eigengeschwindigkeit den Betrag $v = 340$ km/h besitzt, steuert den Kurs[1] $\alpha =$ rw. $105°$. Es wird durch Wind aus SSO um $5°$ abgetrieben. Bestimme die Windgeschwindigkeit.

---

1. rw. (rechtweisend) bedeutet: von geographisch Nord, nicht von magnetisch Nord, gegen den Uhrzeigersinn gemessen.

116 Die Graphen der Kreisfunktionen für beliebige Winkel

Bogenmaß von Winkeln

1. In Fig. 135.1 und 140.1 haben wir die Graphen der Funktionen $x \to y$ mit $y = \sin x$, $y = \cos x$, $y = \tan x$, $y = \cot x$ für Winkel von 0° bis 90° gezeichnet. Der Radius des Einheitskreises war dabei die Einheit auf der y-Achse; auf der x-Achse haben wir den Winkel im „Bogenmaß" abgetragen. Wir wollen nun den Begriff des Bogenmaßes und den Zusammenhang zwischen Bogenmaß x und Gradmaß φ näher erläutern.

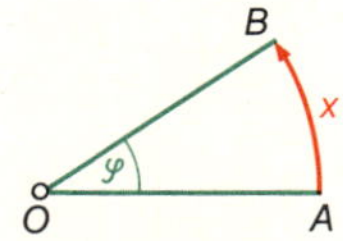

154.1. **Bogenmaß x**

D 1 Dreht man im Einheitskreis den Radius OA in die Lage OB (Fig. 154.1), so ist das **Bogenmaß x** des Winkels $\varphi = \sphericalangle AOB$ der **Zahlenwert der Länge des Bogens $\widehat{AB}$ im Einheitskreis.** Das Bogenmaß ist eine *positive Zahl*, wenn die Drehung gegen den Uhrzeigersinn erfolgt, im andern Fall ist es eine *negative Zahl*; zu $\varphi = 0°$ gehört $x = 0$.

2. *Beziehung zwischen Gradmaß und Bogenmaß:* Da der halbe Umfang des Einheitskreises den Zahlenwert π hat, gehört zu $\varphi = 180°$ das Bogenmaß $x = \pi$. Es gilt daher die Gleichung:
$x : \pi = \varphi : 180°$, also $x = \pi \cdot \frac{\varphi}{180°}$ (1) und $\varphi = \frac{180°}{\pi} \cdot x$ (2) (φ in Grad).
Nach (1) und (2) läßt sich das Gradmaß in das Bogenmaß umrechnen und umgekehrt. Die Logarithmentafel enthält Tafeln zur Umrechnung (vgl. Sieber, Klettbuch 715, S. 24).
Aus (1) folgt: 1° hat das Bogenmaß $\frac{\pi}{180}$; man schreibt kurz: $1° = \frac{\pi}{180} = 0{,}01745$ (3).
Auf dem Rechenstab ist zur Umrechnung 1,745 markiert und mit ϱ bezeichnet.
Beispiele: $20° = 0{,}349$; $20{,}9° = 0{,}365$; nach der Tafel: $20°54' = 0{,}349 + 0{,}016 = 0{,}365$.

D 2 **3.** Da die Funktionen sin, cos, tan, cot am Einheitskreis definiert werden (S. 133 und 138), bezeichnet man sie als **Kreisfunktionen.**

Aufgaben

1. Gib folgende Winkel im Bogenmaß an (als Vielfache oder Bruchteile von π):
a) 180°; 90°; 60°; 45°; 30°; 15° b) 120°; 135°; 150°; 225°; 270°
c) 450°; 540°; 720°; 900°; 1440° d) 36°; 75°; 6°; 67,5°; 105°; 54°

2. Gib folgende Bogenmaße im Gradmaß an:
a) π; $\frac{1}{3}\pi$; $\frac{1}{4}\pi$; $\frac{1}{6}\pi$; $\frac{1}{9}\pi$; $\frac{1}{10}\pi$ b) $\frac{3}{2}\pi$; $\frac{2}{3}\pi$; $\frac{3}{4}\pi$; $\frac{5}{6}\pi$; $\frac{7}{10}\pi$; 7π

3. Bestimme nach der Tafel oder mit dem Stab das Bogenmaß von
a) 38°; 124°; 243°; 308°; 425° b) 15°20′; 32°45′; 82,6°; 115,3°; 206,8°

Der periodische Verlauf der Kreisfunktionen

4. Dreht man in Fig. 133.1 und 137.1 den Einheitsvektor $\mathfrak{n}$ beliebig oft um O im positiven oder negativen Sinn und definiert die Funktionen sin, cos, tan, cot auch für $x > 2\pi$ wie auf S. 133 und 138, so wiederholen sich die Sinus- und Kosinuswerte jeweils nach 360° bzw. 2π, die Tangens- und Kotangenswerte nach 180° bzw. π. Für $k \in \mathbb{Z}$ gilt daher:

S 1 $\sin(x + 2k\pi) = \sin x$; $\cos(x + 2k\pi) = \cos x$; $\tan(x + k\pi) = \tan x$; $\cot(x + k\pi) = \cot x$.
Man sagt dafür: **Die Funktionen sin und cos haben die Periode 2π;**
die Funktionen tan und cot haben die Periode π.

Die Graphen der Funktionen $x \to y$ mit $y = \sin x$, $y = \cos x$, $y = \tan x$, $y = \cot x$.

5. Fig. 155.1/2 zeigen die Graphen der 4 Kreisfunktionen für beliebige Winkel. Sie stellen Fortsetzungen der Graphen von S. 135 und 140 auf beliebige Winkel dar. Auf der x-Achse sind die Winkel im Bogenmaß abgetragen.

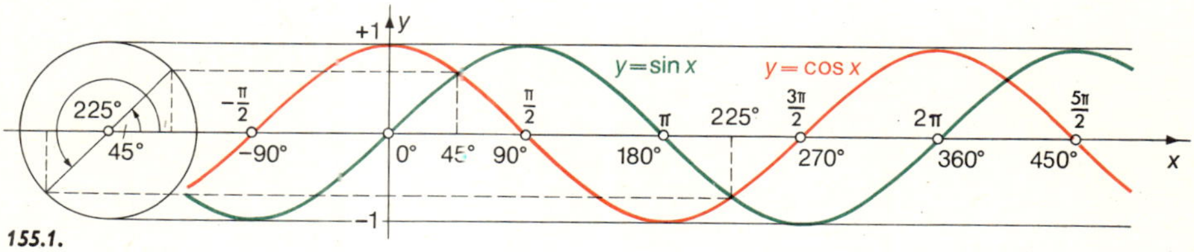

155.1.

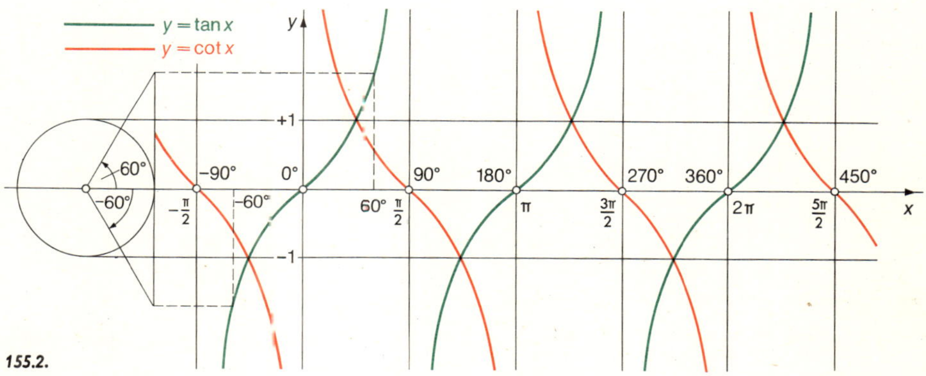

155.2.

Aufgaben

4. Erläutere die Konstruktion einzelner Kurvenpunkte in Fig. 155.1/2.

5. Zeichne die Kurven in Fig. 155.1/2. Wähle als Einheit 3 cm (5 cm).

6. Für welche Winkel haben $\sin x$ ($\cos x$, $\tan x$, $\cot x$) den Wert a) 0 b) 1 c) -1?

7. Für welche Winkel haben a) $\sin x$ und $\cos x$ b) $\tan x$ und $\cot x$ gleiche Werte?

8. Durch welche Verschiebung wird a) jede der 4 Kurven auf sich selbst abgebildet b) die Sinuskurve auf die Kosinuskurve?

9. Welche Achsensymmetrie (Punktsymmetrie) besitzt jede der 4 Kurven?

10. Welche Geradenspiegelungen bilden a) die Sinuskurve auf die Kosinuskurve b) die Tangenskurve auf die Kotangenskurve ab?

11. Wie drücken sich die folgenden Gleichungen in den Graphen aus:
a) $\sin(\pi - x) = \sin x$ b) $\sin(-x) = -\sin x$, c) $\cos(-x) = \cos x$
d) $\tan(-x) = -\tan x$ e) $\cos(\pi - x) = -\cos x$ f) $\tan(\pi - x) = -\tan x$?

12. Stelle auf dem Rechenstab C 180 über D π. Verwandle mit dieser Zungeneinstellung:
a) $\varphi \in \{24°;\ 37°;\ 46°;\ 68°;\ 84°;\ 190°\}$ b) $x \in \{1{,}2;\ 1{,}53;\ 0{,}67;\ 0{,}78;\ 0{,}90\}$

117 Die Additionssätze der Kreisfunktionen

Kreisfunktionen bei Winkelsummen

1 Berechne und vergleiche

a) sin (60° + 30°) und sin 60° + sin 30°

b) cos (60° + 30°) und cos 60° + cos 30°

c) sin (60° − 30°) und sin 60° − sin 30°

d) tan (60° − 30°) und tan 60° − tan 30°

Sind die Werte der Kreisfunktionen für zwei Winkel α und β bekannt, so kann man die Werte dieser Funktionen für $\alpha+\beta$ und $\alpha-\beta$ berechnen, ohne die Winkel α und β selbst zu kennen. Es gelten nämlich die Formeln:

S 1

$$\sin(\alpha+\beta) = \sin\alpha\cos\beta + \cos\alpha\sin\beta \qquad \text{(Ia)}$$

$$\sin(\alpha-\beta) = \sin\alpha\cos\beta - \cos\alpha\sin\beta \qquad \text{(Ib)}$$

$$\cos(\alpha+\beta) = \cos\alpha\cos\beta - \sin\alpha\sin\beta \qquad \text{(IIa)}$$

$$\cos(\alpha-\beta) = \cos\alpha\cos\beta + \sin\alpha\sin\beta \qquad \text{(IIb)}$$

$$\tan(\alpha+\beta) = \frac{\tan\alpha+\tan\beta}{1-\tan\alpha\tan\beta} \qquad \text{(IIIa)}$$

$$\tan(\alpha-\beta) = \frac{\tan\alpha-\tan\beta}{1+\tan\alpha\tan\beta} \qquad \text{(IIIb)}$$

$$\left(\alpha, \beta, \alpha+\beta \neq 90° + k\cdot 180° \text{ mit } k\in\mathbb{Z}\right)$$

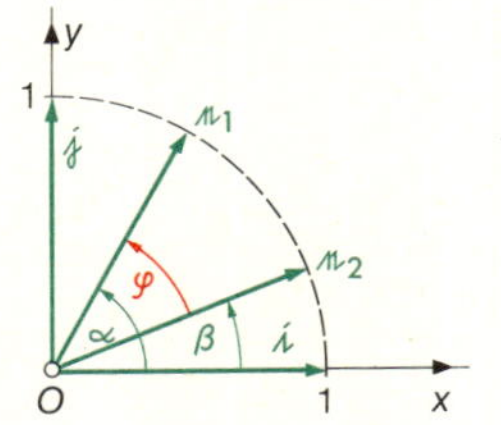

156.1.

Beweis zu (IIb): In Fig. 156.1 seien die Einheitsvektoren $\mathfrak{n}_1 = \mathfrak{i}\cos\alpha + \mathfrak{j}\sin\alpha$ und $\mathfrak{n}_2 = \mathfrak{i}\cos\beta + \mathfrak{j}\sin\beta$ gegeben und $\varphi = \alpha-\beta$. Nach S. 146/147 folgt hieraus: $\mathfrak{n}_1\mathfrak{n}_2 = 1\cdot 1\cdot\cos\varphi$; in Koordinaten $\mathfrak{n}_1\mathfrak{n}_2 = \cos\alpha\cos\beta + \sin\alpha\sin\beta$. Dies ergibt (IIb). Dieser Beweis und damit (IIb) gilt für jedes α und jedes β (vgl. Aufg. 1).

Beweis zu (IIa): $\cos(\alpha+\beta) = \cos[\alpha-(-\beta)]$. Nach (IIb) und der vorstehenden Zeile ist aber $\cos[\alpha-(-\beta)] = \cos\alpha\cos(-\beta) + \sin\alpha\sin(-\beta) = \cos\alpha\cos\beta - \sin\alpha\sin\beta$.

Beweis zu (Ia):
$\sin(\alpha+\beta) = \cos[90°-(\alpha+\beta)] = \cos[(90°-\alpha)-\beta] = \sin\alpha\cos\beta + \cos\alpha\sin\beta$.

Beweis zu (Ib): $\sin(\alpha-\beta) = \sin[\alpha+(-\beta)] = \sin\alpha\cos\beta - \cos\alpha\sin\beta$ (nach (Ia)).

Beweis zu (IIIa) und (IIIb): Setze $\tan(\alpha+\beta) = \sin(\alpha+\beta) : \cos(\alpha+\beta)$. Vgl. Aufg. 2.

Aufgaben

1. Zeige: Der Beweis zu (IIb) bleibt gültig, wenn man in Fig. 156.1 vertauscht:
a) α mit β b) β mit $-\beta$ c) α mit $-\alpha$ d) α und β mit $-\alpha$ und $-\beta$.

2. Beweise (IIIa) und (IIIb) nach der obigen Anleitung. Kürze mit $\cos\alpha\cos\beta \neq 0$.

3. Drücke $\cot(\alpha+\beta)$ und $\cot(\alpha-\beta)$ durch $\cot\alpha$ und $\cot\beta$ aus.

4. Berechne die Werte der 4 Kreisfunktionen für
a) 75° b) 15° c) 105° aus ihren bekannten Werten für 30°, 45°, 60°.

5. Berechne:
a) $\sin(30°+\alpha) + \sin(30°-\alpha)$
b) $\cos(30°+\alpha) - \cos(30°-\alpha)$
c) $\sin(45°+\alpha) - \sin(45°-\alpha)$
d) $\cos(25°+\alpha) + \cos(45°-\alpha)$
e) $\tan(45°+\alpha)$ f) $\tan(45°-\alpha)$ g) $\cot(45°+\alpha)$ h) $\cot(45°-\alpha)$

Kreisfunktionen beim doppelten und halben Winkel

Setzt man in den Formeln (I a), (II a) und (III a) $\beta = \alpha$, so ergeben sich die folgenden Formeln für den doppelten Winkel. Ersetzt man darin α durch $\frac{1}{2}\alpha$, so erhält man die ebenso gebräuchlichen Formeln für den halben Winkel:

S 2

$\sin 2\alpha = 2 \sin\alpha \cos\alpha$ (IV a)	$\sin\alpha = 2 \sin\frac{\alpha}{2} \cos\frac{\alpha}{2}$ (IV b)
$\cos 2\alpha = \cos^2\alpha - \sin^2\alpha$ (V a)	$\cos\alpha = \cos^2\frac{\alpha}{2} - \sin^2\frac{\alpha}{2}$ (V b)
$\tan 2\alpha = \frac{2\tan\alpha}{1-\tan^2\alpha}$, $\alpha \neq 45° + k \cdot 90°$ $(k \in \mathbb{Z})$ (VI a)	$\tan\alpha = \frac{2\tan\frac{\alpha}{2}}{1-\tan^2\frac{\alpha}{2}}$, $\alpha \neq 90° + k \cdot 180°$ $(k \in \mathbb{Z})$ (VI b)

Mit Hilfe der Formel $\sin^2\alpha + \cos^2\alpha = 1$ läßt sich (V a) und (V b) in der Form schreiben:

$$\cos 2\alpha = 1 - 2\sin^2\alpha = 2\cos^2\alpha - 1 \quad \text{bzw.} \quad \cos\alpha = 1 - 2\sin^2\frac{\alpha}{2} = 2\cos^2\frac{\alpha}{2} - 1 \qquad \text{(VII)}$$

Aufgaben

6. Führe die Herleitung der Formeln (IV) bis (VII) im einzelnen durch.
7. Berechne $\sin 2\alpha$, $\cos 2\alpha$, $\tan 2\alpha$ und $\cot 2\alpha$, wenn gegeben ist:
   a) $\sin\alpha = 0{,}8$ (α spitz) b) $\cos\alpha = \frac{5}{13}$ c) $\tan\alpha = \frac{1}{2}$
8. Beweise nach (VII): $\left|\sin\frac{\alpha}{2}\right| = \sqrt{\frac{1-\cos\alpha}{2}}$; $\left|\cos\frac{\alpha}{2}\right| = \sqrt{\frac{1+\cos\alpha}{2}}$ (VIII)
9. Berechne aus bekannten Funktionswerten die Werte der 4 Kreisfunktionen für
   a) 15° b) 7,5° c) 22,5°
10. Forme um: a) $\frac{\sin 2\alpha}{2\sin\alpha}$, $\alpha \neq k \cdot 180°$ $(k \in \mathbb{Z})$ b) $\cos^2\alpha - \cos 2\alpha$ c) $\frac{1-\tan^2\alpha}{\cos 2\alpha}$, $\alpha \neq 45° + k \cdot 135°$ $(k \in \mathbb{Z})$

Summen von Funktionswerten bei den Kreisfunktionen

Nach (I) gilt:

$$\sin(\gamma + \delta) = \sin\gamma\cos\delta + \cos\gamma\sin\delta$$
$$\sin(\gamma - \delta) = \sin\gamma\cos\delta - \cos\gamma\sin\delta$$

Hieraus folgt:

$$\sin(\gamma + \delta) + \sin(\gamma - \delta) = 2\sin\gamma\cos\delta$$
$$\sin(\gamma + \delta) - \sin(\gamma - \delta) = 2\cos\gamma\sin\delta$$

Setzt man $\gamma + \delta = \alpha$, $\gamma - \delta = \beta$, so ist $\gamma = \frac{\alpha+\beta}{2}$, $\delta = \frac{\alpha-\beta}{2}$, und man erhält:

S 3 $$\sin\alpha + \sin\beta = 2\sin\frac{\alpha+\beta}{2}\cos\frac{\alpha-\beta}{2}; \qquad \sin\alpha - \sin\beta = 2\cos\frac{\alpha+\beta}{2}\sin\frac{\alpha-\beta}{2}$$

Aus (II) ergibt sich entsprechend (rechne nach!):

S 4 $$\cos\alpha + \cos\beta = 2\cos\frac{\alpha+\beta}{2}\cos\frac{\alpha-\beta}{2}; \qquad \cos\alpha - \cos\beta = -2\sin\frac{\alpha+\beta}{2}\sin\frac{\alpha-\beta}{2}$$

Aufgaben (Überlege, welche Winkel in Aufg. 11 und 12 auszuschließen sind)

11. Vereinfache: a) $\frac{\sin\alpha + \sin\beta}{\cos\alpha + \cos\beta}$ b) $\frac{\sin\alpha - \sin\beta}{\cos\alpha - \cos\beta}$ c) $\frac{\cos\alpha - \cos\beta}{\cos\alpha + \cos\beta}$
12. Forme um: a) $\tan\alpha + \tan\beta$ b) $\tan\alpha - \tan\beta$ c) $\frac{\tan\alpha + \tan\beta}{\cot\alpha + \cot\beta}$

118 Sinuskurven

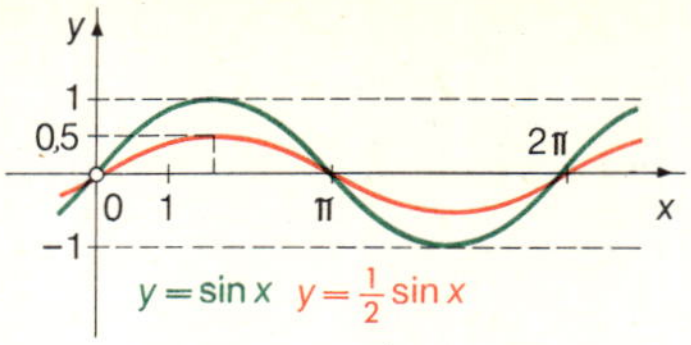

158.1. $y = \sin x$; $y = \frac{1}{2} \sin x$

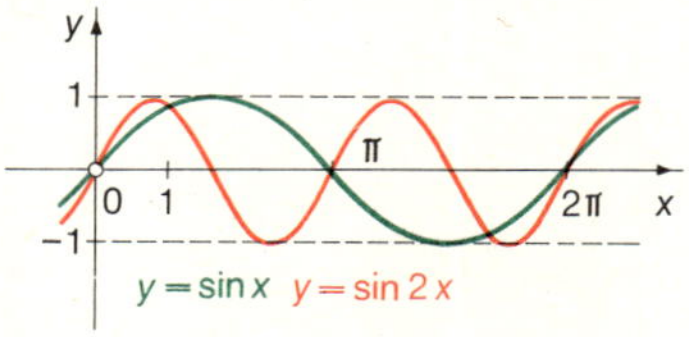

158.2. $y = \sin x$; $y = \sin 2x$

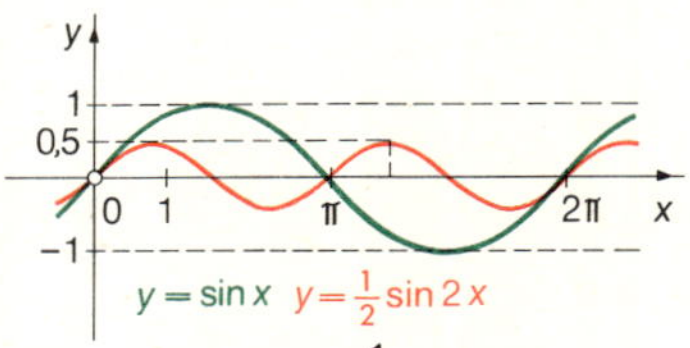

158.3. $y = \sin x$; $y = \frac{1}{2} \sin 2x$

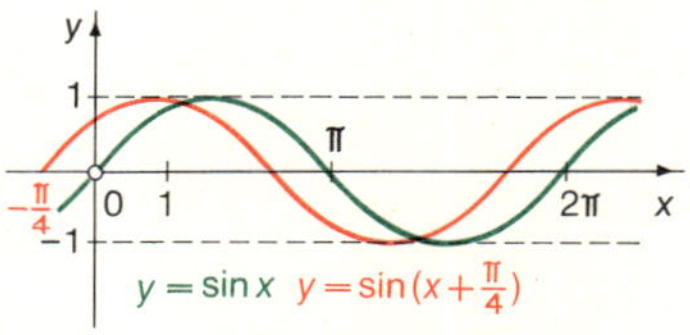

158.4. $y = \sin x$; $y = \sin\left(x + \frac{\pi}{4}\right)$

Die Funktionen und Graphen in § 116 sind grundlegend für die Lehre von den *Schwingungen.* Der *Periode* der Funktion entspricht bei den Schwingungen die *Schwingungsdauer*; das Maximum der y-Werte heißt *Amplitude.*

1. Der Graph von $y = \frac{1}{2} \sin x$ (Fig. 158.1) entsteht aus dem Bild von $y = \sin x$ durch Halbierung der y-Werte.

S 1 *Der Graph von $y = a \cdot \sin x$ hat die Amplitude $|a|$ und Periode 2π.* Er entsteht aus dem Graphen von $y = \sin x$ durch Pressung oder Dehnung in y-Richtung im Verhältnis $a : 1$ (orthogonale Affinität). $0 < a < 1$ ergibt eine *Pressung,* $a > 1$ eine *Dehnung*; bei $a < 0$ kommt eine *Spiegelung* bez. der x-Achse hinzu.

2. Bei $y = \sin 2x$ (Fig. 158.2) wiederholen sich die y-Werte, wenn $2x$ um 2π, also x um π wächst.

S 2 *Der Graph von $y = \sin kx$, $(k \neq 0)$, hat die Amplitude 1 und die Periode $2\pi : |k|$.* Er entsteht aus dem Graph von $y = \sin x$ durch Pressung oder Dehnung in x-Richtung im Verhältnis $|k| : 1$ (orthogonale Affinität). Für $k > 1$ hat man eine *Pressung,* für $0 < k < 1$ eine *Dehnung*; bei $k < 0$ kommt wegen $\sin(-z) = -\sin z$ eine *Spiegelung* an der y-Achse hinzu.

3. Bei $y = \frac{1}{2} \sin 2x$ (Fig. 158.3) hat man die Amplitude $\frac{1}{2}$ und die Periode π.

S 3 *Der Graph von $y = a \cdot \sin kx$, $(k \neq 0)$, hat die Amplitude $|a|$ und die Periode $2\pi : |k|$.* Er entsteht aus dem Graph von $y = \sin x$ nach Nr. 1 und 2 durch Verketten einer orthogonalen Affinität bez. der x-Achse mit einer orthogonalen Affinität bez. der y-Achse.

4. Bei $y = \sin\left(x + \frac{\pi}{4}\right)$ (158.4) ist $y = 0$ für $x = -\frac{\pi}{4}$; die Schwingung beginnt in $\left(-\frac{\pi}{4} \middle| 0\right)$.

S 4 *Der Graph von $y = \sin(x - x_0)$ bzw. von $y = a \cdot \sin[k(x - x_0)]$ entsteht aus dem Graph von $y = \sin x$* bzw. von $y = a \cdot \sin kx$ durch *Verschiebung um $x_0 \cdot \mathfrak{i}$.*

Aufgaben

1. Zeichne Graphen der durch die folgenden Vorschriften gegebenen Funktionen $x \rightarrow y$. Gib jedesmal Amplitude und Periode an. Wähle die Einheit passend.
a) $y = 2{,}5 \sin x$ b) $y = \frac{5}{4} \sin x$ c) $y = -2 \sin x$ d) $y = \pi \cos x$

2. Ebenso: a) $y = \sin \frac{1}{3} x$ b) $y = \sin \frac{3}{2} x$ c) $y = \sin \pi x$

3. Ebenso: a) $y = \frac{1}{2} \sin 3x$ b) $y = \frac{2}{3} \sin \frac{3}{4} x$ c) $y = 2 \sin \frac{\pi}{2} x$

4. Bestimme Amplitude, Periode, Verschiebung und zeichne:
a) $y = \sin\left(x + \frac{1}{2}\pi\right)$ b) $y = \frac{3}{2} \sin\left(x - \frac{2}{3}\pi\right)$ c) $y = 2 \sin\left(\frac{1}{2} x + \frac{1}{3}\pi\right)$

Sinuskurven als Graphen von Schwingungen

5. Bewegt sich ein Punkt P gleichförmig auf $\odot(M; a)$ und projiziert man ihn orthogonal auf einen Schirm S (159.1), so führt der Schattenpunkt P' auf- und abgehende *Schwingungen* aus. Ist z der Drehwinkel, so gilt für die y-Koordinate bez. M': $\boldsymbol{y = a \cdot \sin z}$. Dreht sich $\overrightarrow{MP}$ mit der Winkelgeschwindigkeit ω um M, so hat sich $\overrightarrow{MP}$ von der Nullage $\overrightarrow{MP_0}$ aus in der Zeit t um den Winkel $z = \omega t$ weitergedreht. Es gilt also: $\boldsymbol{y = a \cdot \sin \omega t}$. Die Schwingung hat die Periode (die Schwingungsdauer) $T = \dfrac{2\pi}{\omega}$.

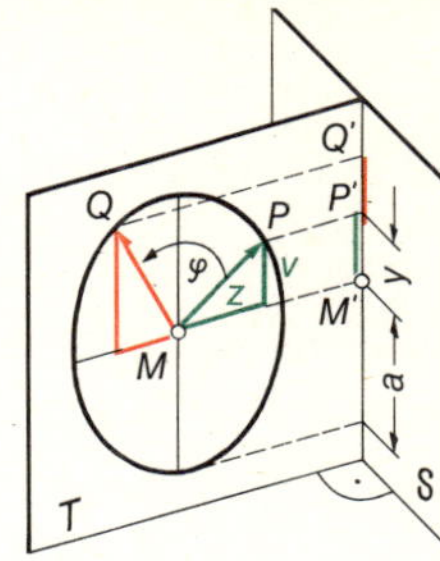

159.1.

6. Betrachtet man einen Punkt Q des Kreises, dessen Radiusvektor $\overrightarrow{MQ}$ mit $\overrightarrow{MP}$ den Winkel φ einschließt, so gilt für den Schattenpunkt Q': $\boldsymbol{y = a \sin(\omega t + \varphi)}$.
ωt heißt *Phase* der Schwingung, φ heißt *Phasenverschiebung*.

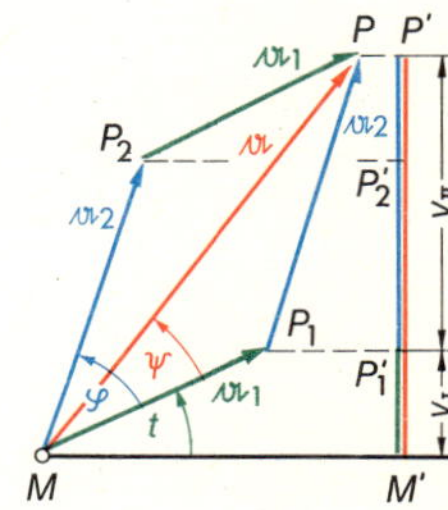

159.2.

Überlagerung von Sinusschwingungen

7. Soll ein Punkt in der Gerade $(M'P')$ gleichzeitig zwei Schwingungen ausführen (Fig. 159.1), so kommt es zur *Überlagerung* (*Superposition*) dieser Schwingungen. Dabei addieren sich die Koordinaten y_I und y_{II}, die zu den Einzelschwingungen gehören. Sind 2 Schwingungen mit *Periode* $T = 2\pi$ und *Amplitude* a_1 und a_2 durch $y_I = a_1 \sin t$ (1) und $y_{II} = a_2 \sin(t + \varphi)$ (2) gegeben, so gilt für die Gesamtschwingung: $y = y_I + y_{II} = a_1 \sin t + a_2 \sin(t + \varphi)$ (3). Auch für (3) ist $T = 2\pi$. Um weitere Eigenschaften von (3) zu erkennen, stellen wir (1) und (2) wie in 159.1 mit Hilfe gleichförmiger Kreisbewegungen dar (Fig. 159.2). Wegen $T = 2\pi$ ist $z = t$. Zu (1) gehört P_1 auf $\odot(M; a_1)$, zu (2) gehört P_2 auf $\odot(M; a_2)$; (2) hat gegenüber (1) die Phasenverschiebung φ. P_1' und P_2' haben die Koordinaten y_I und y_{II}. Addiert man $\overrightarrow{MP_1} = \mathfrak{v}_1$ und $\overrightarrow{MP_2} = \mathfrak{v}_2$, so entsteht $\overrightarrow{MP} = \mathfrak{v}$. Dem Punkt P entspricht P' mit der Koordinate $y = y_I + y_{II}$; P' gehört also zu (3). Mit der Drehung von $\overrightarrow{MP_2}$ um M dreht sich auch $\square\, MP_1PP_2$; also auch $\overrightarrow{MP}$. Daraus ergibt sich:

S 5 *Die Schwingung mit* $y = a_1 \sin t + a_2 \sin(t + \varphi)$ *ist die Sinusschwingung:* $\boldsymbol{y = a \sin(t + \psi)}$ (3′)

Amplitude (Fig. 159.3): $a = \sqrt{a_1^2 + a_2^2 + 2\, a_1 a_2 \cos\varphi}$ (4)

Phasenverschiebung ψ: $\tan\psi = \dfrac{a_2 \sin\varphi}{a_1 + a_2 \cos\varphi}$ (5)

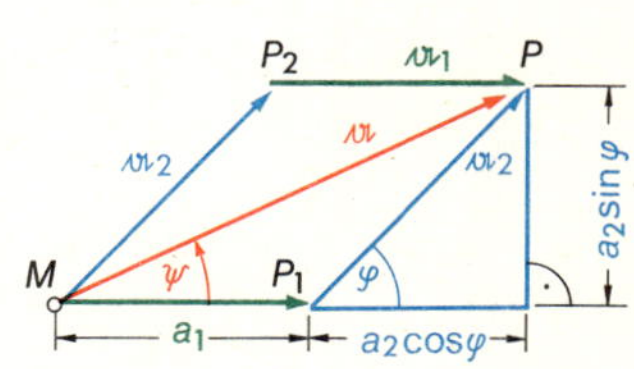

159.3. $t = 0$

Beispiel (Fig. 159.4): $y_I = 2 \sin t$, $y_{II} = \sin\left(t + \dfrac{\pi}{3}\right)$.

Man erhält $a = \sqrt{7}$, $\tan\psi = \frac{1}{5}\sqrt{3} = 0{,}3464$, $\psi = 19°6'$.

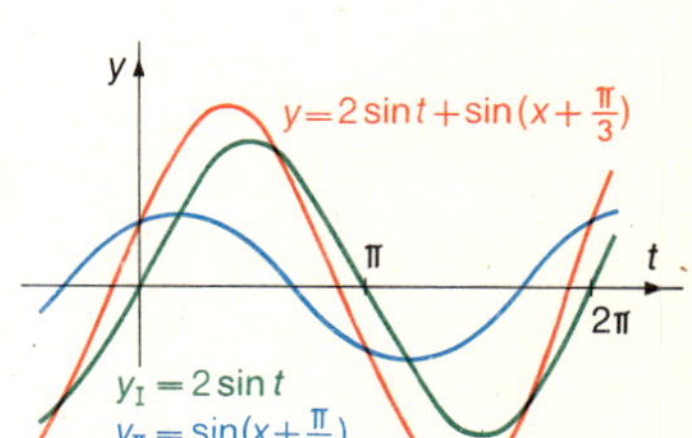

159.4.

Aufgaben

5. Lies die Formeln (4) und (5) aus Fig. 159.4 ab.

6. Verfahre wie im obigen Beispiel bei
a) $y = \frac{1}{2} \sin t + \sin(t - \frac{1}{2}\pi)$ b) $y = \sin t + \cos t$

119 Trigonometrische Gleichungen

D 1 Gleichungen, die trigonometrische Terme eines Winkels enthalten, heißen **trigonometrische Gleichungen** oder auch *goniometrische Gleichungen.*

Beispiele: a) $\sin^2 x + \cos^2 x = 1$ b) $\sin x = 3$ c) $2\sin^2 x - \sin x = 1$

Lösung trigonometrischer Gleichungen:

Enthält eine trigonometrische Gleichung Terme, in denen außer Zahlen nur *einer* der 4 Terme $\sin x$, $\cos x$, $\tan x$, $\cot x$ vorkommt, z.B. $\sin x$, so faßt man diesen Term als Variable z auf und löst dann die Gleichung nach den Regeln der Algebra.

Hierher gehören die Beispiele b) und c).

Kommen in der Gleichung *mehrere* trigonometrische Terme vor, so formt man die Gleichung so um, daß nur noch *einer* der Terme auftritt (vgl. Beispiel d) und e)). Manchmal ist dabei zweckmäßig, den halben oder doppelten Winkel einzuführen.

Ist D der Definitionsbereich der Gleichung, so gibt es hinsichtlich der Lösbarkeit 3 Möglichkeiten:

1. Die Gleichung ist *allgemeingültig*, d.h. sie wird durch alle $x \in D$ erfüllt. Dies ist in Beispiel a) der Fall, wie auch D gewählt wird.
2. Die Gleichung ist *unlösbar*, d.h. für kein $x \in D$ erfüllt (Beispiel b)).
3. Die Gleichung ist *lösbar*, d.h. für eine Teilmenge $L \subset D$ erfüllt (Beispiel c), d), e)).

Beispiel c): $2\sin^2 x - \sin x = 1$

Lösung: Man setzt $\sin x = z$

und erhält: $2z^2 - z - 1 = 0$

$z = 1$, also $\sin x = 1$

$x_1 = \frac{1}{2}\pi;\ \varphi_1 = 90°$

$z = -0{,}5$, also $\sin x = -0{,}5$

$x_2 = \frac{7}{6}\pi;\ \varphi_2 = 210°$

$x_2 = \frac{11}{6}\pi;\ \varphi_2 = 330°$

Beispiel d): $4\sin x = 3\cos x$

Lösung: Man dividiert durch $\cos x \neq 0$:

(für alle Lösungen ist ja $\cos x \neq 0$)

$4\tan x = 3$

$\tan x = \frac{3}{4}$

$x_1 = 0{,}6435;\ \varphi_1 = 36°52'$

$x_2 = 3{,}785;\ \varphi_2 = 216°52'$

Bemerkung: Da $\sin x$ die Periode 2π hat, so erhält man weitere Lösungen, wenn man zu x_1, x_2, x_3 Vielfache von 2π addiert. Doch sollen hier und im folgenden nur die Lösungen aus den Intervallen $0 \leqq x < 2\pi$ bzw. $0° \leqq \varphi < 360°$ angegeben werden.

Beispiel e): $3\sin x - 2\cos x + 3 = 0$

Lösung: Man setzt $\cos x = \sqrt{1 - \sin^2 x}$

und erhält $3\sin x + 3 = 2\sqrt{1 - \sin^2 x}$

$$\sin x = \frac{-9 \pm \sqrt{81 - 65}}{13}$$

$\sin x = -\frac{5}{13}$

$x_1 = 3{,}5363;\ \varphi_1 = 202°37'$

$x_2 = 5{,}8884;\ \varphi_2 = 337°23'$

$\sin x = -1$

$x_3 = 1{,}5\pi;\ \varphi_3 = 270°$

Probe für x_1: $3 \cdot \left(-\frac{5}{13}\right) - 2 \cdot \left(\frac{12}{13}\right) + 3 > 0$, x_1 ist keine Lösung, dagegen x_2 und x_3.

Bemerkung: Wenn bei der Auflösung eine Wurzel auftritt, die durch Quadrieren beseitigt wird, so ist eine Probe unerläßlich (vgl. Algebra 2, S. 224).

Aufgaben

Löse die folgenden Gleichungen und mache die Probe:

1. a) $2\sin^2 x - 3\sin x + 1 = 0$ b) $2\cos^2 x + 3\cos x + 1 = 0$

2. a) $3\sin x - 5\cos x = 0$ b) $\cos x + 4\sin x = 0$

3. a) $\tan x = 3\cot x$ b) $3\tan x - \cot x + 2 = 0$

4. a) $2\sin x - \tan x = 0$ b) $\cos x + \cot x = 1 + \sin x$

5. a) $\cos^2 x - 3\sin^2 x = 1$ b) $3\sin^2 x + 7\cos^2 x = 9$

6. a) $2\sin x = 3\cot x$ b) $5\tan^2 x = 6\sin x$

7. a) $3\sin x - 4\cos x = 5$ b) $5\sin x + 2\cos x = 4$

8. a) $12\sin^2 x - 7\sin x\cos x = 12\cos^2 x$ b) $9\sin^2 x + 6\sin x\cos x + \cos^2 x = 0$

9. a) $\sin 2x = 1{,}2\sin x$ b) $\cos 2x = \cos x$

10. a) $\cos 2x - \sin 2x = (\sin x + \cos x)^2$ b) $\tan 2x + \cos^2 x = \sin^2 x$

11. a) Bringe die Kurven mit der Gleichung $y = \sin x$ und $y = 2\cos x$ zum Schnitt und löse so zeichnerisch die Gleichung $\sin x = 2\cos x$. Begründung?

12. Löse die Gleichungen:

a) $\cos 2x + \sin 2x \cdot \tan x = 1$ b) $2\cot 2x = \cot x - \tan x$

13. Wie groß sind die Winkel einer Raute mit der Seite $a = 4$ cm und dem Flächeninhalt $A = 10\text{ cm}^2$?

14. Unter welchem Winkel muß man zwei Bretter von der Breite $a = 25$ cm zusammenfügen, damit eine Rinne mit der Querschnittsfläche $A = 250\text{ cm}^2$ entsteht? Wie viele Möglichkeiten gibt es?

▸ **15.** Bestimme die Lösungen der folgenden Systeme von Gleichungen mit zwei Variablen:

a) $\sin x + \sin y = 1{,}5$, $\quad x + y = \frac{2}{3}\pi$

b) $\cos x - \cos y = 0{,}25$, $\quad x + y = \frac{3}{4}\pi$

c) $\dfrac{\sin x}{\sin y} = \dfrac{5}{3}$, $\quad x + y = \frac{5}{12}\pi$

d) $\dfrac{\cos x}{\cos y} = \dfrac{1}{2}$, $\quad x - y = \frac{5}{18}\pi$

Anleitung zu a) und b): Wende die Formeln von § 117 an und bestimme $x - y$.

Anleitung zu c): Bestimme durch ensprechende Addition und Subtraktion (vgl. Algebra 1, S. 118) den Wert von $\dfrac{\sin x - \sin y}{\sin x + \sin y}$ und verfahre dann wie bei a).

Bemerkung: Man kann Aufgabe a) bis d) auch nach dem Einsetzungsverfahren durch Elimination einer Variablen lösen (vgl. Algebra § 38).

Flächensätze beim Dreieck

Der Satz, der den Namen des griechischen Philosophen *Pythagoras von Samos* trägt, stammt nicht ursprünglich von diesem. Er war schon im Anfang des 2. Jahrt. v. Chr. den *Babyloniern* bekannt. Auf Keilschrifttafeln aus dieser Zeit wird z. B. die Diagonale c eines Rechtecks mit den Seiten $a = 40$ und $b = 10$ auf Grund der Beziehung $c^2 = a^2 + b^2$ bestimmt. Auch finden sich in babylonischen Texten „pythagoreische Zahlen" wie 3, 4, 5; 5, 12, 13; 8, 15, 17; 20, 21, 29 (vgl. § 59, Aufg. 15; § 61, Aufg. 10/12).

In einem alten *ägyptischen* Papyrus (1700 bis 1900 v. Chr.) begegnet man den Gleichungen $8^2 + 6^2 = 10^2$ und $1^2 + \left(\frac{3}{4}\right)^2 = \left(1\frac{1}{4}\right)^2$, die auf $4^2 + 3^2 = 5^2$ zurückgehen. Man darf annehmen, daß die Ägypter das zugehörige rechtwinklige Dreieck kannten, und daß bei der Grundsteinlegung von Tempeln und Pyramiden die „Seilspanner" auf Grund dieses Dreiecks mit einer Knotenschnur aus $3 + 4 + 5 = 12$ gleichen Teilen rechte Winkel im Gelände absteckten (vgl. Fig. 21.6).

Bei den *Indern* gehörte der Satz $c^2 = a^2 + b^2$ schon vom 12. Jahrh. v. Chr. ab zu den Hilfsmitteln, mit welchen man die sehr genauen Forderungen heiliger Bücher über Gestalt und Größe von Altären zu erfüllen wußte. Schließlich soll der Satz um 1100 v. Chr. auch den *Chinesen* bekannt gewesen sein.

Wenn auch den *Griechen* die babylonischen, ägyptischen oder indischen Kenntnisse zugute kamen, so bleibt *Pythagoras von Samos* (580—500 v. Chr.) und seinen Schülern doch das Verdienst, den Satz erstmals streng *bewiesen* zu haben (um 500 v. Chr.). Auch fanden sie ein Verfahren zur Auffindung beliebig vieler *pythagoreischer Dreiecke* (§ 61, Aufg. 10).

Der älteste überlieferte Beweis stammt von *Euklid* (365—300 v. Chr.) und krönt das 1. Buch seiner „Elemente". Euklid beweist zuerst den *Kathetensatz*. Er bringt auch den *Höhensatz* und den *verallgemeinerten pythagoreischen Satz* (S. 20). Heute gibt es über 90 Beweise des Satzes von Pythagoras. Sie benutzen Flächenverwandlungen (Fig. 14.2, 16.5 und 16.6), Flächenzerlegung (Fig. 16.7), Flächenberechnung (Fig. 16.8) oder die Lehre von der Ähnlichkeit (§ 74).

Der *Satz des Pythagoras* hat sich als einer der wichtigsten Grundsteine im Bau der Mathematik und als ein vielgebrauchtes Hilfsmittel erwiesen.

Zur Entdeckung des Irrationalen

In der Frühzeit der Mathematik bis in die Zeit der Pythagoreer galt es als selbstverständlich, daß man das Verhältnis zweier Streckenlängen (Flächeninhalte, Rauminhalte) stets durch ein Verhältnis *natürlicher* Zahlen ausdrücken könne. Auf dieser Annahme gründete man die Beweise geometrischer Sätze und errichtete so ein Gebäude der Geometrie.

Überraschend und unheimlich mußte nun gegen Ende des 5. Jahrh. v. Chr. die Entdeckung der Pythagoreer wirken, daß sich die Länge der Quadratdiagonale und der Quadratseite nicht als Quotient ganzer Zahlen ausdrücken läßt, daß also $\sqrt{2}$ kein Bruch ist (vgl. S. 10/11). Der Lehrer *Platos*, *Theodoros* von Kyrene (um 400 v. Chr.), zeigte dasselbe für $\sqrt{3}$, $\sqrt{5}$, …, $\sqrt{17}$. Die Griechen nannten solche Quotienten „*unausdrückbar*", im Gegensatz zu den durch natürliche Zahlen „*ausdrückbaren*". Im Lateinischen wurden die beiden Wörter mit „*irrational*" bzw. „*rational*" übersetzt.

Es gelang vor allem *Eudoxos* von Knidos (408—355 v. Chr.), die hinfällig gewordenen Beweise neu zu führen und dadurch das ins Wanken gekommene geometrische Gebäude auf tragfähige Grundlagen zu stellen.

Euklid, Lehrer in Alexandria, faßte dann die mathematischen Erkenntnisse seiner Zeit in 13 Büchern, den „Elementen", zusammen; in ihnen wird die Geometrie folgerichtig auf Axiomen aufgebaut. Das Werk enthält die meisten Sätze der heutigen Schulgeometrie und wurde noch im vorigen Jahrhundert als Schullehrbuch benutzt.

Zentrische Streckung. Ähnlichkeit

Die ältesten Spuren führen auch hier zu den *Babyloniern*. So wird z.B. in einer babylonischen Aufgabe (um 2000 v. Chr.) gesagt, daß man aus dem rechtwinkligen Dreieck mit den Seitenmaßzahlen 3, 4, 5 durch Streckung mit dem Faktor 20 das ähnliche rechtwinklige Dreieck mit den Maßzahlen 60, 80, 100 erhält. Es muß auch der Satz bekannt gewesen sein, daß sich die Inhalte ähnlicher Dreiecke wie die Quadrate entsprechender Seitenlängen verhalten.

Es sind jedoch wieder die *Griechen*, welche die Lehre von den Proportionen und der Ähnlichkeit sorgfältig wissenschaftlich ausbauen und zu einem Abschluß bringen. Den Anfang machen die *Pythagoreer* mit ihrer Lehre von den rationalen Quotienten. Nach der Hereinnahme des Irrationalen durch *Eudoxos* gibt *Euklid* im 5. und 6. Buch der „Elemente" eine zusammenfassende Darstellung der Ähnlichkeitslehre; sie enthält fast alle Sätze, die im Buch erwähnt sind.

Die Deutung der zentrischen Streckung als *Abbildung* der Ebene auf sich, die Charakterisierung und Gliederung der *Ähnlichkeitsabbildungen* mittels der *Gruppeneigenschaften*, sowie die Verwendung von *Vektoren* und ihren Rechengesetzen ist in der Geometrie erst in neuer Zeit üblich geworden.

Regelmäßige Vielecke. Kreisberechnung

Regelmäßige Vielecke der *Vierecks*- und *Dreiecksfolge* verwenden schon die *Ägypter* und *Babylonier* auf Gemälden und bei Verzierungen. Bei den Babyloniern treten zudem auch recht genaue Beziehungen zwischen Seiten, In- und Umkreisradien und Flächeninhalten beim regelmäßigen 5-Eck, 6-Eck und 7-Eck auf.

Die Konstruktion des regelmäßigen Fünfecks auf Grund der Teilung nach dem goldenen Schnitt schreibt man den *Pythagoreern* zu; das Pentagramm (Fig. 65.3) war sogar ihr Geheimzeichen. Die Konstruktion in Fig. 65.2 stammt von *Heron von Alexandria* (um 75 n. Chr.). Die Namen „stetige" oder „göttliche Teilung" bzw. „goldener Schnitt" für eine solche Teilung kamen erst im 16. bzw. 19. Jahrh. auf, als man in dieser Proportion ein Gesetz der Schönheit in Natur und Kunst zu sehen glaubte.

Nachdem 2000 Jahre lang die Frage nicht geklärt werden konnte, welche regelmäßigen n-Ecke „exakt" *mit Zirkel und Lineal* konstruierbar sind und welche nicht, bewies der 19jährige *Carl Friedrich Gauß* (1796): Das n-Eck ist dann und nur dann konstruierbar, wenn n eine Primzahl von der Form $2^{2^k} + 1$ ist oder ein Produkt aus verschiedenen solcher Primzahlen und einer Potenz von 2, oder aber eine Potenz von 2. Dabei ist $k \in \mathbb{N}_0$.

Die 3 großen geometrischen Probleme des Altertums waren die *Würfelverdopplung* (Alg. 2, S. 269), die *Dreiteilung des Winkels* (S. 71) und die *Quadratur des Kreises* (S. 71). Nach vielen vergeblichen Lösungsversuchen gelang 1882 durch *F. Lindemann* der Nachweis, daß die Quadratur des Kreises mit Zirkel und Lineal nicht exakt, sondern nur näherungsweise gelöst werden kann. Dasselbe gilt dann für die *Rektifikation des Kreises* (S. 71) und die *Konstruktion von π* mit Zirkel und Lineal (S. 71), denn mit der Lösung eines dieser beiden Probleme wäre auch die Quadratur gefunden.

Einen Überblick über Näherungswerte und -konstruktionen für π gibt § 82. Von besonderer Bedeutung war das *Exhaustionsverfahren* von *Archimedes* (S. 67 und 70). Es wurde zum Vorbild anderer Verfahren (S. 70) und führte in der Neuzeit zur Berechnung beliebiger Flächen mit Hilfe der Integralrechnung.

Darstellung und Berechnung von Körpern

Auf *ägyptischen* und *babylonischen* Wandzeichnungen werden räumliche Gebilde meist im *Aufriß*, gelegentlich auch im *Grundriß* dargestellt. Hie und da sind beide Risse auch in seltsamer Weise verkoppelt: Ein Teich erscheint z.B. im Grundriß, an seinen Rand werden aber rundum Bäume im Aufriß angefügt. *Schrägbilder* treten auf griechischen Vasen und pompejanischen Wandgemälden auf; sie sind heute noch in der *chinesischen* und *japanischen* Kunst üblich.

Die wissenschaftliche Behandlung der Darstellenden Geometrie erfolgt erst in der Neuzeit. Ihr eigentlicher Begründer ist der Franzose *Gaspard Monge* (1746—1818). Er baute hauptsächlich das *Zweitafelverfahren* aus. Die *schiefe Parallelprojektion* wurde durch den Elsässer *J. H. L. Lambert* (1728—1777) besonders gefördert.

Die alten Völker vermochten schon sehr früh einfache Körper wie Würfel, Quader, Säule *genau* zu berechnen, Pyramide, Kegel, Kugel dagegen nur näherungsweise. Eine Ausnahme macht der senkrechte quadratische Pyramidenstumpf; erstaunlicherweise ist in einem ägyptischen Papyrus (um 1900 v.Chr.) sein Inhalt richtig mit $V = \frac{1}{3} h (a^2 + a b + b^2)$ angegeben (Höhe h, Grundseiten a, b), vgl. S 1 auf S. 116. *Eudoxos* von Knidos bewies nach der Exhaustionsmethode als erster den Satz, daß der Pyramideninhalt $\frac{1}{3}$ des zugehörigen Prismeninhalts ist (§ 98). Die Berechnung von Oberflächeninhalt und Rauminhalt der Kugel und Kugelteile gelang *Archimedes* (287—212 v.Chr.).

Trigonometrie

Den ersten Anstoß zu trigonometrischen Berechnungen gab die Astronomie. Wir wissen, daß die *Babylonier* schon in früher Zeit gute Sternbeobachter waren und Himmelserscheinungen, wie z.B. Sonnen- und Mondfinsternisse, vorausberechnen konnten. Hierzu waren ohne Zweifel trigonometrische Kenntnisse nötig. Näheres ist allerdings nicht überliefert.

Auch bei den alten *Ägyptern* finden sich Ansätze zu trigonometrischen Überlegungen. Im Rechenbuch des *Ahmes* (zwischen 1700 und 1900 v.Chr.) kommen z.B. Aufgaben vor, in welchen dem Steinmetz die Neigung von Pyramidenflächen durch ein Verhältnis zweier Längen angegeben wird, das den Namen seqt trägt und wohl dem Kotangens entspricht.

Die wissenschaftliche Behandlung der Trigonometrie beginnt bei den *Griechen*. Die wichtigsten Arbeiten leisteten auch hier die Astronomen. So bestimmte *Aristarch* von Samos (um 270 v.Chr.) aus den Winkeln rechtwinkliger Dreiecke das Verhältnis der Entfernungen von Sonne, Mond und Erde (vgl. 145.2). Der größte Astronom des Altertums, *Hipparch* von Nikäa (um 150 v.Chr.), untersuchte den Zusammenhang zwischen Mittelpunktswinkel und zugehöriger Sehnenlänge im Kreis und stellte für diese Sehnenfunktion eine Tabelle auf. Eine Zusammenfassung der damaligen trigonometrischen Kenntnisse (d.h. der Sehnenrechnung) gab *Claudius Ptolemäus* (85—165 n.Chr. in Alexandria) in dem astronomischen Hauptwerk der Griechen, dem „Almagest“[1]. Dieses Werk enthält eine Sehnentafel, die von 30′ zu 30′ fortschreitet und eine Genauigkeit hat, die 5 Dezimalen entspricht. Zu ihrer Berechnung diente der in § 70, Aufg. 17, erwähnte Satz. Schiefwinklige Dreiecke werden bei Ptolemäus mit Hilfe von Höhen auf rechtwinklige zurückgeführt.

Die *Inder* drückten im 4. Jahrhundert n.Chr. statt der Sehnen des Hipparch die halben Sehnen durch die zugehörigen halben Mittelpunktswinkel aus und kamen so zur *Sinusfunktion* und dann auch zum Kosinus. In einem Werk des *Aryabhata* (um 500 n.Chr.) findet sich eine Sinustafel, die von $3\frac{3}{4}^\circ$ zu $3\frac{3}{4}^\circ$ fortschreitet.

---

1. Das (verstümmelte) griech.-arab. Wort bedeutet „große Zusammenstellung“.

Sie wurde durch fortgesetztes Halbieren des Winkels 60° unter Anwendung von Sätzen wie (VII) in § 117 gewonnen. *Bhaskara* (um 1150 n. Chr.) verbesserte die Tafel, indem er als Schrittlänge 1° wählte. Bei der Berechnung ging er davon aus, daß sin 1° mit großer Genauigkeit durch das Bogenmaß von 1° (also durch $\frac{\pi}{180}$, vgl. § 116) ersetzt werden kann. Zum Aufbau der Tafel benutzte er dann die Summenformel für $\sin(\alpha + \beta)$. Auch die Inder zerlegten schiefwinklige Dreiecke in rechtwinklige.

Die *Araber* übernahmen die Ergebnisse der Griechen und Inder und bauten sie weiter aus. Sie führten im 9. Jahrhundert die Begriffe *Tangens* und *Kotangens* ein und berechneten Tafeln für diese Funktionen. Sie gelangten zu den neuen Begriffen wahrscheinlich bei der Aufgabe, den Schatten eines horizontalen (vertikalen) Stabes *s* auf eine vertikale (horizontale) Wand zu bestimmen, wenn die Sonnenhöhe *h* gegeben ist. Hierher rührte der frühere Name *umbra versa* bzw. *umbra recta* („umgekehrter" bzw. „richtiger Schatten") für die beiden Funktionen. Der Name Tangens wurde erst im 16. Jahrhundert üblich.

Eine besondere Leistung der Araber war die Auffindung und der Beweis des *Sinussatzes*. Der erste Beweis stammt von *Abu Nasr* (um 1000), weitere Beweise brachte der persische Astronom *Nasir Eddin Tusi* (1201—1274), dessen Werk „Über die Figur der Schneidenden" zum erstenmal die Trigonometrie als selbständige Wissenschaft darstellt. Auch den *Kosinussatz* hat ein Araber, der persische Astronom *Albiruni*, erstmals ausgesprochen (1036), allerdings ohne seine allgemeine Bedeutung zu sehen. In der Form des allgemeinen pythagoreischen Lehrsatzes war er freilich schon den Griechen bekannt (vgl. S. 20).

Auf das Werk des Nasir Eddin Tusi stützte sich der deutsche Mathematiker *Regiomontan* (Joh. Müller aus Königsberg in Franken, 1436—1476). Sein Buch „*de triangulis omnimodis*" wurde grundlegend für die Entwicklung der Trigonometrie im *Abendland*. Von den zahlreichen Mathematikern, die bei der Ausgestaltung der Trigonometrie mitwirkten, sind besonders *Francois Vieta* (1540—1603) und *Leonhard Euler* (1707 bis 1783) zu nennen. Der erstere sprach den *Kosinussatz* allgemein aus und stellte die *Dreiecksberechnung* systematisch dar; der letztere dehnte die Winkelfunktionen auf *beliebige Winkel* aus und gab der Trigonometrie mit Hilfe der modernen *Formelsprache* ihre heutige Form.

Mathematische Zeichen und Begriffe

Bezeichnungen von Punktmengen

$A, B, C, \ldots$	Punkte
$f, g, h, \ldots$	Geraden
$\alpha, \beta, \gamma, \ldots$	Winkel
$AB = BA$	Strecke von A bis B
$\overline{AB} = \overline{BA}$	Länge der Strecke $AB = BA$
$(AB) = (BA) = g$	Gerade durch A und B
$(\overrightarrow{AB}) = \vec{g}$	Speer, gerichtete Gerade
$\overrightarrow{AB}$	Pfeil, gerichtete Strecke
g_1, g_2	Halbgeraden von g
$\vec{g}_1$	Strahl, gerichtete Halbgerade
$E = ABC$	Ebene E durch A, B, C
E_1, E_2	Halbebenen von E
$\odot\ (M; r)$	Kreis um M mit Radius r
$\odot\ (M; \overline{MA})$	Kreis um M mit $r = \overline{MA}$
$\widehat{AB} = \widehat{BA}$	Kreisbogen von A nach B
$\sphericalangle ASB =$ $\sphericalangle (g_1, h_1) = \alpha$	Winkel von $g_1 = (SA)$ nach $h_1 = (SB)$
⊾	rechter Winkel

Bezeichnungen beim $\triangle ABC$

a, b, c	Seiten gegenüber A, B, C
α, β, γ	Innenwinkel bei A, B, C
M, r	Umkreismittelpunkt, -radius
O, ϱ	Inkreismittelpunkt, -radius
O_a, ϱ_a	Ankreismittelpunkt, -radius
$h_a = \overline{AH_a}$	Höhe
$w_\alpha = \overline{AW_a}$	Winkelhalbierende
$s_a = \overline{AM_a}$	Seitenhalbierende
S	Schwerpunkt

Bezeichnungen beim Viereck

▭ Rechteck, ▱ Parallelogramm,
⏢ Trapez, ⏢ allgemeines Viereck

a	Seite AB und Länge $\overline{AB}$
e	Diagonale AC und $\overline{AC}$
ε	Winkel der Diagonalen
m	Mittelparallele im Trapez

Bezeichnungen bei Flächen und Körpern

$G.E.$	Grundrißebene
$A.E.$	Aufrißebene
$S.E.$	Seitenrißebene
A	Flächeninhalt
V	Volumen (Rauminhalt oder Inhalt) eines Körpers
G	Grundfläche und zugleich deren Flächeninhalt bei Prisma, Pyramide, Zylinder und Kegel
h	Höhe eines Körpers
O	Oberfläche (Begrenzungsfläche eines Körpers) und zugleich deren Flächeninhalt
M	Mantel eines Körpers und zugleich Flächeninhalt des Mantels
P', P'', P'''	Grundriß, Aufriß, Seitenriß des Raumpunktes P
$P'(z)$	kotierte Projektion des Raumpunktes P

Relationen (Beziehungen)

$A \prec B$	A liegt vor B auf (AB)
$B \succ A$	B liegt hinter A auf (AB)
$A \prec B \prec C$ $C \succ B \succ A$	B liegt zwischen A und C auf (AC)
$g \parallel h$	g parallel h
$g \nparallel h$	g nicht parallel h
$g \perp h$	g senkrecht h
$a > b$	a größer b
$a < b$	a kleiner b
$a \geqq b$	a größer oder gleich b
$a \leqq b$	a kleiner oder gleich b
$\triangle ABC \cong \triangle DEF$	$\triangle ABC$ kongruent $\triangle DEF$
$\triangle ABC \sim \triangle DEF$	$\triangle ABC$ ähnlich $\triangle DEF$

$A \in g$	A ist Element von g
$D \notin g$	D ist nicht Element von g
$AB \subset g$	AB ist Teilmenge von g
$g \cap h$	g geschnitten mit h
	Beispiel: $g \cap h = \{S\}$, vgl. Fig. 25.4
$g_1 \cup g_2$	g_1 vereinigt mit g_2
	Beispiel: $g_1 \cup g_2 = g$; die Gerade g ist die Vereinigung der Halbgeraden g_1 und g_2
$S_g \circ S_h$	Verkettung (Hintereinanderausführung) der beiden Geradenspiegelungen S_g und S_h.

$P \rightarrow P'$	P wird abgebildet auf P' oder P' ist das Bild von P bei einer Abbildung
$x \rightarrow f(x)$	Funktion f. Jedem x aus dem Definitionsbereich wird genau ein Wert $f(x)$ zugeordnet.
	Beispiel: $x \rightarrow \sin x$, $x \rightarrow \cos x$
$A \Rightarrow B$	aus A folgt B
	Beispiel: $(g \perp h) \Rightarrow (g \cap h \neq \{\})$
$A \Leftrightarrow B$	aus A folgt B und umgekehrt
	Beispiel: $(g \parallel h) \Leftrightarrow (g \cap h = \{\}$ oder $g = h)$

Intervallschachtelungen

Eine Intervallschachtelung ist eine Folge von Intervallen $[a_1; b_1]$, $[a_2; b_2]$, $[a_3; b_3]$, …, für die $a_n \leqq a_{n+1} \leqq b_{n+1} \leqq b_n$ für alle n gilt und $(b_n - a_n)$ mit wachsendem n gegen 0 strebt (anschaulich gesprochen jedes Intervall liegt ganz im vorhergehenden Intervall).
Ist $a_n, b_n \in \mathbb{Q}$, so definiert jede Intervallschachtelung genau eine Zahl $z \in \mathbb{R}$.

Vektoren

$\mathfrak{a}, \mathfrak{b}, \mathfrak{c}, \ldots$ oder $\vec{a}, \vec{b}, \vec{c}, \ldots$ Vektoren, Klassen gleichlanger und gleichsinnig paralleler Pfeile.

Einen Vektor können wir festlegen:

1. durch die Angabe der *Länge* eines Repräsentanten $\overrightarrow{AB}$ und seines *Richtungswinkels* (von der Rechtsachse aus gegen den Uhrzeigersinn gemessen); z. B. $\mathfrak{a} = (30°; 2\text{ cm})$;
2. durch die Angabe eines Repräsentanten $\overrightarrow{AB}$ mit Hilfe der Koordinaten von A und B; z. B. $A(0 \mid 1)$, $B(3 \mid -1)$;
3. durch die Angabe des zugehörigen Ortspfeils mittels der Koordinaten der Pfeilspitze P; für $P(2 \mid 4)$ ist z. B. $\overrightarrow{OP} = \mathfrak{r} = \binom{2}{4}$, vgl. Fig. 30.2.

$|\mathfrak{a}|$ oder a, **Betrag** des Vektors $\mathfrak{a}$, d. h. Zahlenwert der Länge zugehöriger Repräsentanten.

$\mathfrak{a} \cdot \mathfrak{b} = \mathfrak{a}\mathfrak{b} = |\mathfrak{a}| \cdot |\mathfrak{b}| \cdot \cos\gamma$ mit $\gamma = \sphericalangle(\mathfrak{a}, \mathfrak{b})$, das **skalare Produkt** der Vektoren $\mathfrak{a}$ und $\mathfrak{b}$. $\mathfrak{a}\mathfrak{b}$ ist eine Zahl (ein Skalar).

Deutsches Alphabet

$\mathfrak{a}$ $\mathfrak{b}$ $\mathfrak{c}$ $\mathfrak{d}$ $\mathfrak{e}$ $\mathfrak{f}$ $\mathfrak{g}$ $\mathfrak{h}$ $\mathfrak{i}$ $\mathfrak{j}$ $\mathfrak{k}$ $\mathfrak{l}$ $\mathfrak{m}$ $\mathfrak{n}$ $\mathfrak{o}$ $\mathfrak{p}$ $\mathfrak{q}$ $\mathfrak{r}$ $\mathfrak{s}$ $\mathfrak{t}$ $\mathfrak{u}$ $\mathfrak{v}$ $\mathfrak{w}$ $\mathfrak{x}$ $\mathfrak{y}$ $\mathfrak{z}$

Griechisches Alphabet

Alpha	Beta	Gamma	Delta	Epsilon	Zeta	Eta	Theta	Iota	Kappa	Lambda	My
α	β	γ	δ	ε	ζ	η	ϑ	ι	$\varkappa$	λ	μ

Ny	Xi	Omikron	Pi	Rho	Sigma	Tau	Ypsilon	Phi	Chi	Psi	Omega
ν	ξ	o	π	ϱ	σ	τ	υ	φ	χ	ψ	ω

Abbildungen

Sind zwei Mengen A und B gegeben, dann heißt jede Vorschrift, durch die jedem Element von A ein und nur ein Element von B zugeordnet wird, eine Abbildung von A in B. In der Geometrie sind die beiden Mengen A und B meistens gleich, nämlich die Menge der Punkte unserer Zeichenebene (oder auch des Raumes).

Kongruenzabbildungen

S_g Spiegelung an der Gerade g
S_M Spiegelung am Punkt M
S_E Spiegelung an der Ebene E
$V_{\mathfrak{u}}$ Verschiebung mit Schiebungsvektor $\mathfrak{u}$
D_α bzw. $D_{O;\alpha}$ Drehung um O mit Drehwinkel α
$G_{\mathfrak{u};g}$ Gleitspiegelung mit Verschiebung $\mathfrak{u}$ und Achse g

$S_g \circ S_h = I$, $S_M \circ S_M = I$, I ist die identische Abbildung (die Identität).
$S_g \circ S_h = S_M$ mit $g \cap h = \{M\}$ und $g \perp h$.
$S_g \circ S_h = V_{\mathfrak{u}}$ mit $g \parallel h$ und $\frac{1}{2}\mathfrak{u}$ als Abstandsvektor von g zu h.
$S_g \circ S_h = D_\alpha$ mit $g \cap h = \{O\}$ und $\sphericalangle (g, h) = \frac{1}{2}\alpha$.
$V_{\mathfrak{u}} \circ V_{\mathfrak{v}} = V_{\mathfrak{w}}$ mit Verschiebungsvektor $\mathfrak{w} = \mathfrak{u} + \mathfrak{v}$.
$D_\alpha \circ D_\beta = D_\gamma$ mit gemeinsamem Drehpunkt und Drehwinkel $\gamma = \alpha + \beta$.
$V_{\mathfrak{u}} \circ S_g = G_{\mathfrak{u};g}$ mit Verschiebungsvektor $\mathfrak{u}$ und Gleitspiegelachse $g \parallel \mathfrak{u}$.

Ähnlichkeitsabbildungen

$Z_{O;k}$ zentrische Streckung mit Zentrum O und Streckfaktor $k \in \mathbb{R} \setminus \{0\}$.
$Z_{O;k} \circ Z_{O;1:k} = I$ identische Abbildung (Identität).
$Z_{O;k_1} \circ Z_{O;k_2} = Z_{O;k_3}$ mit $k_3 = k_1 k_2$.
$Z_{O_1;k_1} \circ Z_{O_2;k_2} = Z_{O_3;k_3}$ mit $k_3 = k_1 k_2$ und $O_3 \in (O_1 O_2)$, falls $O_1 \neq O_2$ und $k_1 \cdot k_2 \neq 1$.
$Z_{O_1;k_1} \circ Z_{O_2;k_2} = V_{\mathfrak{u}}$ mit $\mathfrak{u} \parallel (O_1 O_2)$, falls $O_1 \neq O_2$ und $k_1 \cdot k_2 = 1$.
$Z_{O;k} \circ V_{\mathfrak{u}} = V_{\mathfrak{u}} \circ Z_{O;k} = Z_{O';k}$ mit $OO' \parallel \mathfrak{u}$.

$D_{O;\alpha} \circ Z_{O;k} = Z_{O;k} \circ D_{O;\alpha}$ Drehstreckung.
$Z_{O;k} \circ S_g = S_g \circ Z_{O;k}$ Streckspiegelung (Klappstreckung).

Affine Abbildungen

A_s *ebene axiale Affinität* mit der Affinititäsachse s; dabei kann die Richtung der Affinitätsgeraden und das Affinitätsverhältnis (der Affinitätsfaktor) k vorgegeben werden. Für $k = -1$ erhält man eine *Schrägspiegelung* an der Achse s; sind dabei die Affinitätsgeraden orthogonal zu s, so entsteht eine *Geradenspiegelung*.

Die Verkettung zweier Schrägspiegelungen mit gemeinsamer Achse s ergibt eine *ebene Scherung* mit Scherungsachse s.

A ist die Menge *aller* affinen Abbildungen der Ebene auf sich.

Gruppen

Eine Menge M heißt bezüglich einer Verknüpfung $\star$ **abgeschlossen,** wenn jedem Paar (a, b) von Elementen a und b der Menge M durch die Verknüpfung (in dieser Reihenfolge) genau ein Element c der Menge M zugeordnet wird.

Eine Menge M heißt bezüglich einer Verknüpfung $\star$ eine **Gruppe,** wenn sie die folgenden vier Eigenschaften hat:

I. Die Menge M ist bezüglich der Verknüpfung $\star$ **abgeschlossen.**

II. Es gilt das **Assoziativgesetz;** das heißt:
Für alle $a, b, c \in M$ gilt: $(a \star b) \star c = a \star (b \star c)$.

III. Es gibt in M ein **neutrales Element** e so, daß
für alle $a \in M$ gilt: $a \star e = e \star a = a$.

IV. Es gibt zu jedem Element a der Menge M ein inverses Element $\bar{a}$ aus M so, daß
für alle $a \in M$ gilt: $a \star \bar{a} = \bar{a} \star a = e$.

Gilt außerdem noch das **Kommutativgesetz,** das heißt, gilt für alle $a, b \in M$: $a \star b = b \star a$, so nennt man die Gruppe **kommutativ.**

Beispiele: Folgende Mengen von Abbildungen bilden bez. der Verkettung $\circ$ als Verknüpfung $\star$ eine Gruppe:

1. Die Menge der affinen Abbildungen.
2. Die Menge der Ähnlichkeitsabbildungen.
3. Die Menge der Streckungen und Verschiebungen (perspektive Ähnlichkeitsabbildungen).
4. Die Menge der Streckungen mit gemeinsamem Zentrum O.
5. Die Menge der Kongruenzabbildungen.
6. Die Menge der gleichsinnigen Kongruenzabbildungen (Schiebungen und Drehungen).
7. Die Menge der Schiebungen mit fester Schiebungsrichtung.
8. Die Menge der Drehungen um einen festen Punkt O.

Besteht eine Gruppe aus endlich vielen Elementen, so heißt die Anzahl der Elemente die *Ordnung* der Gruppe.
Enthält eine Gruppe nicht endlich viele Elemente, so heißt sie *unendliche* Gruppe.

Beispiele:

1. Die Gruppen 1 bis 8 von oben sind unendliche Gruppen.
2. Die Drehungsgruppe eines regelmäßigen n-Ecks hat die Ordnung n.
3. Die Gruppe Re der Deckabbildungen des Rechtecks (Geom. 1, S. 103) hat die Ordnung 4.

Ist eine Menge M bez. einer Verknüpfung $\star$ eine Gruppe und bildet bereits eine Teilmenge M' von M bez. derselben Verknüpfung $\star$ für sich allein eine Gruppe, so heißt M' eine **Untergruppe** von M bez. der Verknüpfung $\star$.

Beispiele (s. auch Seite 103):

1. Die Kongruenzabbildungen sind bezüglich der Verkettung eine Untergruppe der Gruppe der Ähnlichkeitsabbildungen.
2. Die Gruppe der Drehungen um einen Punkt ist bez. der Verkettung eine Untergruppe der Gruppe der Kongruenzabbildungen.

Die Grundsätze

Mit Hilfe der Grundsätze G 1 bis G 26 haben wir in Geometrie 1 die Geometrie der Kongruenzabbildungen aufgebaut. Diese Grundsätze reichen auch aus, um in Geometrie 2 den abbildungsgeometrischen Aufbau der euklidischen Geometrie zur Ähnlichkeitslehre fortzusetzen sowie die Flächen- und Volumenberechnung und die Trigonometrie abzuhandeln.

G 1 Durch zwei verschiedene Punkte gibt es genau eine Gerade (S. 7).

G 2 Jede Gerade ist eine unendliche Punktmenge (S. 7).

G 3 Für die Punkte einer beliebigen Gerade g gibt es zwei einander entgegengesetzte natürliche Anordnungen. Hat man eine davon gewählt so gilt:
a) Sind P und Q zwei verschiedene Punkte von g, so ist entweder $P \prec Q$ oder $Q \succ P$.
b) Liegen P, Q, R auf g, so folgt aus $P \prec Q$ und $Q \prec R$, daß $P \prec R$ ist. Man schreibt dafür: $P \prec Q \prec R$ (S. 8).

G 4 Sind A und B verschiedene Punkte auf dem Speer $\vec{g}$ mit $A \prec B$, so gibt es unbegrenzt viele Punkte auf g, a) die zwischen A und B liegen, b) die vor A liegen, c) die hinter B liegen (S. 8).

G 5 Wenn zwei verschiedene Punkte A und B einer Ebene E angehören, dann gehört jeder Punkt der Gerade (AB) zu E (S. 10).

G 6 Jede Ebene ist eine unendliche Punktmenge. Ihre Punkte liegen nicht alle auf einer Gerade (S. 10).

G 7 Durch 3 nicht auf einer Gerade liegende Punkte A, B, C gibt es genau eine Ebene, die Ebene ABC (S. 10).

G 8 Durch einen Punkt $P \notin g$ gibt es höchstens eine Parallele zu g (S. 10).

G 9 Gehören die nicht auf g liegenden Punkte P und Q zu verschiedenen Halbebenen, so liegt auf der Strecke PQ genau ein Punkt S von g. Gehören die nicht auf g liegenden Punkte T und U zu derselben Halbebene, so liegt kein Punkt der Strecke TU auf g (S. 11).

G 10 Auf einem von O ausgehenden Strahl gibt es zu AB genau einen Punkt P, so daß $AB \cong OP$ ist (S. 12).

G 11 Kongruente Strecken haben gleiche Länge (S. 12).

G 12 Setzt sich eine Strecke aus Teilstrecken zusammen, so ist ihre Länge die Summe der Teilstreckenlängen (S. 12).

G 13 Liegen 3 Punkte A, B, C nicht auf einer Gerade, so gilt:
$\overline{AB} + \overline{BC} > \overline{AC}$, $\overline{AC} + \overline{BC} > \overline{AB}$, $\overline{AB} + \overline{AC} > \overline{BC}$ (S. 13).

G 14 Erfüllen die Radien r_1 und r_2 zweier Kreise und ihr Mittelpunktsabstand a die 3 Dreiecksungleichungen, so schneiden sich die Kreise genau in 2 Punkten (S. 16).

G 14a Sind die 3 Strecken AB, PQ, RS gegeben, welche die Dreiecksungleichungen erfüllen, so gibt es genau einen Punkt C auf der einen Seite der Gerade (AB) und einen Punkt C' auf ihrer anderen Seite, so daß $\overline{AC} = \overline{AC'} = \overline{PQ}$ und $\overline{BC} = \overline{BC'} = \overline{RS}$ ist (S. 16).

G 15 Bei einer Achsenspiegelung gilt:
I. Das Bild eines Punktes ist wieder ein Punkt.
II. Das Bild einer Strecke ist eine gleichlange Strecke.
III. Liegt ein Punkt R auf g, so fällt sein Bild R' mit R zusammen; es ist $R = R'$.
IV. Ist $P\,(Q)$ ein innerer Punkt von $E_1\,(E_2)$, so ist sein Bild $P'\,(Q)$ ein innerer Punkt von $E_2\,(E_1)$ (S. 17).

G 16 Kongruente Winkel haben gleiche Größe (S. 26).

G 17 Setzt sich ein Winkel aus Teilwinkeln zusammen, so ist seine Größe gleich der Summe der Teilwinkelgrößen (S. 26).

G 18 Für das Addieren von Winkelgrößen gelten dieselben Gesetze wie für das Addieren von Zahlen, insbesondere das Kommutativ- und Assoziativgesetz:
$\alpha + \beta = \beta + \alpha \qquad (\alpha + \beta) + \gamma = \alpha + (\beta + \gamma)$ (S. 29).

G 19 Es gibt Punkte, die nicht alle in einer Ebene liegen (S. 105).

G 20 Wenn zwei Ebenen einen Punkt gemeinsam haben, dann haben sie mindestens eine Gerade gemeinsam (S. 106).

G 21 Durch einen Punkt außerhalb der Ebene E gibt es genau eine Ebene F, die parallel zu E ist (S. 106).

G 22 Die Kongruenzsätze gelten für jede Lage eines Dreiecks im Raum (S. 107).

G 23 Kongruente Flächen haben gleiche Flächeninhalte (S. 112).

G 24 Zerlegt man eine Fläche in Teilflächen, oder setzt man Flächen zu einer Gesamtfläche zusammen, ohne daß sie sich gegenseitig überdecken, so ist der Flächeninhalt der Gesamtfläche gleich der Summe der Inhalte der Teilflächen (S. 114).

G 25 Kongruente Körper haben gleiche Rauminhalte (S. 120).

G 26 Zerlegt man einen Körper in Teilkörper oder setzt Teilkörper zu einem Gesamtkörper zusammen, ohne daß sich die Teilkörper überdecken, so ist der Rauminhalt des Gesamtkörpers gleich der Summe der Inhalte der Teilkörper (S. 123).

Verzeichnis wichtiger, oft gebrauchter Sätze aus Geometrie 1

§ 6: **G 13** Liegen 3 Punkte A, B, C nicht auf einer Gerade, so gilt:
$\overline{AB} + \overline{BC} > \overline{AC}$, $\overline{AC} + \overline{BC} > \overline{AB}$, $\overline{AB} + \overline{AC} > \overline{BC}$ (S. 13).
(Dreiecksungleichungen bzw. Dreiecksbedingungen).

§ 7: **G 15** Bei einer Achsenspiegelung gilt:

I. Das Bild eines Punktes ist wieder ein Punkt.
II. Das Bild einer Strecke ist eine gleichlange Strecke.
III. Liegt ein Punkt R auf g, so fällt sein Bild R' mit R zusammen; es ist $R = R'$.
IV. Ist $P(Q)$ ein innerer Punkt von $E_1(E_2)$, so ist sein Bild $P'(Q')$ ein innerer Punkt von $E_2(E_1)$ (S. 17).

S 9 Die Verbindungsstrecke spiegelbildlicher Punkte wird von der Achse halbiert und ist senkrecht zu ihr (S. 20).

§ 8: **S 1** Wenn ein Punkt auf der Mittelsenkrechte einer Strecke liegt, dann hat er von ihren Endpunkten gleiche Entfernungen: $\overline{AC} = \overline{BC}$ (S. 22).

S 2 Wenn ein Punkt von den Endpunkten einer Strecke gleiche Entfernungen hat, dann liegt er auf der Mittelsenkrechten der Strecke (S. 22).

S 5 Zwei Geraden s und t, die sich schneiden, haben zwei Achsen g und h; diese gehen durch den Schnittpunkt der Geraden und sind orthogonal (S. 22).

S 6 Bei einer Geradenspiegelung gehen Parallelen in Parallelen über (S. 23).

S 11 Wenn Punkte auf der Mittelparallele m zweier Parallelen f und g liegen, dann haben sie von f und g denselben Abstand d (S. 24).

S 12 Wenn Punkte von zwei Parallelen f und g gleichen Abstand haben, dann liegen sie auf der Mittelparallele m von f und g (S. 24).

S 13 Zwei parallele Geraden haben überall denselben Abstand (S. 24).

S 16 Wenn ein Punkt auf einer Achse zweier Geraden liegt, dann hat er gleiche Abstände von den Geraden (S. 25).

S 17 Wenn ein Punkt gleiche Abstände von zwei Geraden hat, dann liegt er auf einer Achse der Geraden (S. 25).

§ 9: **S 2** Geradenspiegelungen lassen Streckenlängen und Winkelgrößen unverändert (S. 26).

S 4 Nebenwinkel ergeben zusammen 180° (S. 28).

S 5 Scheitelwinkel sind gleich groß (S. 28).

§ 12: **S 5** Eine Punktspiegelung S_M kann erzeugt werden durch Aufeinanderfolge zweier Geradenspiegelungen S_g und S_h mit orthogonalen Achsen g und h durch M (S. 34).

§ 13: **S 2** Die Mittelparallele eines Streifens halbiert jede Querstrecke (S. 36).

S 8 Wechselwinkel an geschnittenen Parallelen sind gleich groß (S. 37).

S 9 Stufenwinkel an geschnittenen Parallelen sind gleich groß (S. 37).

§ 14: **S 2** Jede Mittelparallele eines Dreiecks ist halb so lang wie die zugehörige Seite (S. 38).

§ 15: **S 1** Die Summe der Innenwinkel eines Dreiecks beträgt 180° (S. 39).

S 2 Im Dreieck ist jeder Außenwinkel gleich der Summe der beiden nicht anliegenden Innenwinkel (S. 39).

§ 18: **S 1** Sind g und h parallele Geraden, so erzeugt die Verknüpfung $S_g \circ S_h$ der zwei Geradenspiegelungen S_g und S_h eine Verschiebung (S. 46).

§ 21: **S 1** Sind g und h Geraden, die sich in O schneiden, so erzeugt die Verknüpfung $S_g \circ S_h$ der zwei Geradenspiegelungen S_g und S_h eine Drehung um den Drehpunkt O (S. 53).

§ 22: ***sss*** Erster Kongruenzsatz: Wenn Dreiecke in den drei Seiten übereinstimmen, dann sind sie kongruent (S. 57).

sws Zweiter Kongruenzsatz: Wenn Dreiecke in zwei Seiten und dem eingeschlossenen Winkel übereinstimmen, dann sind sie kongruent (S. 58).

sww*, *wsw Dritter Kongruenzsatz: Wenn Dreiecke in einer Seite und zwei gleichliegenden Winkeln übereinstimmen, dann sind sie kongruent (S. 59).

Ssw Vierter Kongruenzsatz: Wenn Dreiecke in zwei Seiten und dem Gegenwinkel der größeren übereinstimmen, dann sind sie kongruent (S. 60).

Verzeichnis wichtiger, oft gebrauchter Sätze aus Geometrie 2

Flächensätze

§ 59 **S 1** Kathetensatz: Im rechtwinkligen Dreieck ist das Quadrat über einer Kathete inhaltsgleich dem Rechteck aus der Hypotenuse und dem der Kathete anliegenden Hypotenusenabschnitt: $a^2 = c \cdot p \qquad b^2 = c \cdot q$ (S. 13)

S 2 Satz des Pythagoras: Im rechtwinkligen Dreieck ist die Summe der Inhalte der Kathetenquardate gleich dem Inhalt des Hypotenusenquadrats: $a^2 + b^2 = c^2$ (S. 14)

S 3 Höhensatz: Im rechtwinkligen Dreieck ist das Quadrat über der Höhe inhaltsgleich dem Rechteck aus den beiden Hypotenusenabschnitten: $h^2 = p \cdot q$ (S. 15)

Eigenschaften der zentrischen Streckung

§ 63 **S 3** Jede Gerade durch das Zentrum O ist Fixgerade von $Z_{O;k}$ (S. 24)

S 4 Das Bild einer Gerade g, die nicht durch O geht, ist eine Parallele g' zu g. (S. 25)

S 5 Die Bilder paralleler Geraden sind parallele Geraden. (S. 25)

S 6 Das Bild eines Winkels ist ein kongruenter Winkel. (S. 25)

S 7 Das Bild einer Strecke ist eine zu ihr parallele Strecke von $|k|$-facher Länge. k ist dabei der Streckfaktor. (S. 26)

S 8 Das Verhältnis der Längen zweier Strecken bleibt bei zentrischer Streckung erhalten. (S. 26)

S 9 Das Bild eines Dreiecks (Vielecks) ist ein Dreieck (Vieleck) mit k^2-fachem Inhalt. (S. 26)

Vektoren

§ 64 **AG** $k_1 \cdot (k_2\, \mathfrak{a}) = (k_1\, k_2) \cdot \mathfrak{a} = k_2 \cdot (k_1\, \mathfrak{a})$ (Assoziativgesetz für Vektoren) (S. 29)

DG $(k_1 + k_2) \cdot \mathfrak{a} = k_1\, \mathfrak{a} + k_2 \mathfrak{a}$ (1. Distributivgesetz für Vektoren) (S. 29)

DG $k \cdot (\mathfrak{a} + \mathfrak{b}) = k \cdot \mathfrak{a} + k \cdot \mathfrak{b}$ (2. Distributivgesetz für Vektoren) (S. 29)

Die Strahlensätze

§ 65 **S 1** Erster Strahlensatz: Wird ein Geradenbüschel von Parallelen geschnitten, so verhalten sich die Längen der Abschnitte auf einer Gerade wie die Längen der entsprechenden Abschnitte auf irgend einer anderen. (S. 32)
S 1 gilt auch, wenn man „Geraden“ durch „Strahlen“ ersetzt.

S 2 Zweiter Strahlensatz: Wird ein Geradenbüschel (Strahlenbüschel) von Parallelen geschnitten, so verhalten sich die Längen entsprechender Abschnitte auf den Parallelen wie die Längen der vom Scheitel aus gemessenen Abschnitte auf einer Gerade (einem Strahl). (S. 33)

Ähnlichkeitssätze für Dreiecke

§ 73 **S 1** Erster Ähnlichkeitssatz: Wenn Dreiecke im Verhältnis der Längen ihrer drei Seiten übereinstimmen, dann sind sie ähnlich. (S. 54)

S 2 Zweiter Ähnlichkeitssatz: Wenn Dreiecke im Verhältnis der Längen zweier Seiten und dem eingeschlossenen Winkel übereinstimmen, dann sind sie ähnlich. (S. 54)

S 3 Dritter Ähnlichkeitssatz: Wenn Dreiecke in zwei Winkeln übereinstimmen, dann sind sie ähnlich. (S. 54)

S 4 Vierter Ähnlichkeitssatz: Wenn Dreiecke in dem Verhältnis der Längen zweier Seiten und dem Gegenwinkel der größeren übereinstimmen, dann sind sie ähnlich. (S. 54)

Kreisumfang und Kreisinhalt

§ 79 **S 3** Der Kreis mit dem Durchmesser d bzw. dem Radius r hat den Umfang $u = \pi d$ bzw. $u = 2\pi r$. (S. 67)

S 4 Auf 4 Dezimalen genau ist $\pi \approx 3{,}1416$; häufig benutzt man $\pi \approx 3{,}14$ bzw. $\pi \approx 3\frac{1}{7}$.

S 6 Der Kreis mit dem Radius r hat den Flächeninhalt $A = \pi r^2$. (S. 67)

Stereometrische Formeln

	Rauminhalt	Flächeninhalt von Mantel und Oberfläche
Prisma	$V = G h$	$M = u h$; $O = 2G + M$
Senkr. Kreiszylinder	$V = \pi r^2 h$	$M = 2\pi r h$ $O = 2\pi r (r + h)$
Pyramide	$V = \frac{1}{3} G h$	$O = G + M$
Pyramidenstumpf	$V = \frac{h}{3}(G_1 + \sqrt{G_1 G_2} + G_2)$	$O = G_1 + G_2 + M$
Kegel	$V = \frac{1}{3}\pi r^2 h$	$M = \pi r s$; $O = \pi r (r + s)$
Kegelstumpf	$V = \frac{1}{3}\pi h (r_1^2 + r_1 r_2 + r_2^2)$	$M = \pi s (r_1 + r_2)$
Kugel	$V = \frac{4}{3}\pi r^3$	$O = 4\pi r^2$
-abschnitt	$V = \frac{1}{3}\pi h^2 (3r - h)$	$O = 2\pi r h + \pi r_1^2$
-ausschnitt	$V = \frac{2}{3}\pi r^2 h$	$O = 2\pi r h + \pi r r_1$
-zone	$V = \frac{\pi h}{6}(3 r_1^2 + 3 r_2^2 + h^2)$	$O = 2\pi r h + \pi (r_1^2 + r_2^2)$

Register (Die Zahlen geben die Seiten an)